白砺为王

胡文斐 著

北京日报出版社

图书在版编目（CIP）数据

自砺为王 / 胡文斐著. －北京：北京日报出版社，2024.4
ISBN 978-7-5477-4507-6

Ⅰ.①自… Ⅱ.①胡… Ⅲ.①成功心理－通俗读物 Ⅳ.①B848.4-49

中国国家版本馆 CIP 数据核字（2023）第 007180 号

自砺为王

出版发行：	北京日报出版社
地　　址：	北京市东城区东单三条 8-16 号东方广场东配楼四层
邮　　编：	100005
电　　话：	发行部：（010）65255876
	总编室：（010）65252135
印　　刷：	武汉鑫佳捷印务有限公司
经　　销：	各地新华书店
版　　次：	2024 年 4 月第 1 版
	2024 年 4 月第 1 次印刷
开　　本：	787 毫米×1092 毫米　1/16
印　　张：	22.25
字　　数：	436 千字
定　　价：	88.00 元

版权所有，侵权必究，未经许可，不得转载

犹忆飞狐在雪山　独有斐语留心中

◎ 辛秉文

对于武侠胡斐，大凡喜欢金庸武侠小说者，自然想到《雪山飞狐》或《飞狐外传》。书中或剧中武侠胡斐相貌堂堂，英姿飒爽，武功非凡，理智处事，无私欲心，为了人生的大事业，他信念坚定，忠诚仁义，几乎就是英雄的化身。

在众多观者闻者都在想着念着武侠胡斐的时候，我用我的眼光和思维推介一位文武双全的"胡斐"，也许是他父母亲有先见之明，或稳操期望值，故名曰"胡文斐"。

文斐先生在我眼中就是一位"大侠"式的文人，也是"文人"一样的大侠！定有一些读者疑虑，文斐先生能有如此之能耐？我的回答是"是！"，并且是"肯定是！"，我钦佩文斐先生，我也相信文斐先生的事业永远是一个拾级而上的状态。

亲情与孝行天下

读胡文斐先生《自砺为王》这本书，我们可以认识文斐先生的"根"与"本"，从"根"来讲，他是农民的儿子，出生于农村，兄弟姐妹三人，而他是长子。作为家中的长子，就要早早帮父母亲分担家务和带动兄弟姐妹成长，这就是他的起跑线。他在书中写到帮母亲卖艾草，按照时下经济账来算，这属于廉价的劳动力，收效不高，而文斐先生必须顺从母亲的意图，陪母亲去做这项收益不高的事情。作为在外创业的文斐，早已具备赡养母亲的经济能力，而问题就在于中国式的农民母亲勤于操劳持家，用一生的勤劳品质激励着儿女们勇往直前。面对父亲的脾性，文斐和弟弟从年幼时的抵触情绪，到"活生生"地遗传了父亲的性格，毫无夸张和掩饰地叙述着家族性格，也很本真地对待着岁月和亲情的过往。从"本"来讲，他一直坚守着农民儿子的本分，不论创业到什么程度，骨子里一直流淌和沉淀着质朴憨厚的血液，离不开不忘初心的"根"与"本"。换言之，当一个人不懂得感恩的时候，那就是"无本之源"的开始，终将会"泰极否来"，后果不堪设想。在人生的过往中，身边那些不懂得感恩的故事，此起彼伏，也在不断地重复，只不过换了个主角与配角而已。

读这本书，我们可以认识文斐先生对家庭的"态"与"度"，面对工作压力和工作节奏，常常深夜回家或者回家后疲惫不堪，而妻子和女儿是他心中的宝贝，也是推进事业奋发的催化剂和助力器。即使在工作压力非常大的时候，也要哄着妻子和女儿，首先说他没有把"官"当到家里来。在这一方面，我非常认同文斐先生，也和文斐先生一样。我认为家里就需要温馨温情温暖，我们可以将浑身的疲惫转化为打拼的动力，我们可以用爱人的饭菜忘记昨天的伤痛，我们可以用孩子纯真的笑脸和爱人的期待重整行装，在留恋与不舍中挥汗如雨，无泪无悔。亲情是这个家的重要组成部分，妻子和女儿始终活跃着家庭氛围，嬉笑怒骂，叽叽喳喳，总有一种人生说不尽的往复。这种说不尽的往复中，我们需要把握"度"，如文斐在女儿想去上海的时候，权衡如何向老师请假，这些犹如家中的柴米油盐酱醋茶，需要在"度"的标准下调剂。在家中，我们可以讲原则，那是为了避免因爱而逆生纵容和娇惯，也是为了避免因为盲从而让家庭关系偏离正轨。由此，从这本书，我们可以走进文斐先生的家庭和亲情世界，可以看到他在亲情面前的爱和孝。我常认为，人对家庭和父母的态度决定着自身的生活质量。人生一世，草木一秋，在生命的过程中，善待亲情，就是做好了做人的本分。而文斐先生，无愧于心，无愧于人，无愧于亲。孝行天下，只为感恩图报，是作为自然人和社会个体的道德规范，也是家庭和睦的根基。

初心与终身学习

文斐先生其实就是个"理工男"，从南昌航空大学环境工程毕业到就业，从独自创业到四十余人的公司，从几十平方米的办公条件到一千多平方米的公司新址，可以说这是文斐从创业到现在的进步过程。

在优胜劣汰、弱肉强食的自然生存法则中，很多动物都在强劲地竞争着，成为领地的"王"，更何况人类世界呢?!为什么文斐先生进步如此迅速？

读这本书，我们可以一览无余地看到文斐先生自身能力成长过程中的"学习"。

学习是一种深刻的认识，还是付诸行动的行为方式。如他靠什么从农村走出来？简单说就是"努力学习"，再深入一点就是学会了书本知识，用"考大学"的方式走出来了。他为什么能从农村走出来？从根源上来说就是因为"穷"，需要用知识改变命运。多少学子因为穷困绊倒在追求梦想的路上。贫穷的窘迫让我们在艰难困苦中坚韧地成长，从吃饱饭穿暖衣到住好房看好病，让我们有了奋斗目标。《中庸》道："好学近乎知，力行近乎仁，知耻近乎勇。"

从孔子的"有教无类"到"满朝朱紫贵，尽是读书人""万般皆下品，唯有读书高"。文斐的父母亲对他们兄妹三人的期望反映了二十世纪中国社会的现状，也是几千年来"中国式"父母亲对儿女的初心与使命。

就目前而言，社会民众一致认为：改变家庭状况和自己未来状况的捷径就是读书，不断地学与习，让"寒门"出"孝子""才子"，通过工薪和创造的经济实力逐渐改变家庭窘迫现状。因此，文斐先生在这本书中谈到自己成为一个书虫的经历，以及为了提高公司全体员工读书水平而举办读书会的举措。读书改变的不仅是自己、他人和公司，也是社会走向高度发达和文明的象征。读这本书，我们应该明白自己适合读什么书，为什么要读书，怎样读书。若要事业进步，人生价值得到更大、更好、更久远的实现，读书在即。

思考与事业并进

读这本书的时候，经常可以看到文斐先生不断地"思"与"行"，思考和观察身边的人与事是他每天的必修课。善思者必成，善行者必胜。成功的秘诀就是：思考+努力+目标=成功。用思考规划航向，用技术解决难题，用毅力紧盯目标，终会实现自己的愿望。

读这本书，我们可以看到文斐先生如何处理企业授权、竞争、个性偏执、自身烦恼等方面的问题，他认为"幸福生活，建立在高效健全的人生认知体系上"。他说道："一个人没有强大的内心，没有超强的抗压能力，没有自我否定的精神，是不可能服众的，也当不好一个主管，甚至不可能有晋升的机会。"

现实生活中的职场，就是在矛盾中不断竞争。不会思考的人生，无法成为人生的赢家。

文斐先生常常这样提醒自己："人存在于世间，意义在于创造，塑造全新的自己，创造更美好的生活，正向地影响他人，推动社会进步。"

他在日常生活中一直思考，时刻提醒自己，"能力不足，就要去学习"。

文斐先生通过学习、不断思考充实自己的学养，用现实生活中发生的事例时刻对比分析权衡自己，用循序渐进的步履追求奋斗目标，却又用父母妻子的家庭生活圈子讲述自己的平实。

我喜欢这种做法，在家里我们就是普通人，就是儿子、丈夫和父亲，没有董事长、总经理和职员，我们打拼事业的初衷就是让家人过上衣食无忧的好日子。

我们努力读书，我们拼命干事业，我们用一生来感恩尽孝，我们用一辈子爱值得爱的人，就如文斐先生所说："做一个有敬畏心的人，敬畏他人，敬畏自己，敬畏自然，才是一个让人放心的人。"

为此，我相信文斐一定能做出大事，我也坚信文斐一定能实现自己的梦想！

辛秉文 1974年生，硕士，青海省艺术研究所研究员，中国音乐家协会会员、中国舞蹈家协会会员、中国文艺评论家协会会员。

目 录

第一篇　做自己的王

第一章　自我情绪管理 / 002
戒除情绪 / 002
管理欲望 / 003
有好心态才有好生活 / 005
接受这个世界本来的样子 / 006
安天命，尽人事 / 007
别让偏执害了你自己 / 008
与众不同 / 009
与自己和解 / 010
自信自知 / 012
压力管理 / 013
佛性和佛系 / 015
永远不要放弃对生活的热爱 / 016
进取心和忍耐力 / 017
欲望与克制 / 018
与内心和谐相处 / 019
一个人的幸福都写在脸上 / 020
幸福感来自小小的感动 / 021
别让不好意思害了你 / 022
战胜恐惧 / 023
与自己和谐相处 / 024
有一种病叫缺爱 / 026
释然 / 027

第二章　态度决定一切 / 029
认知竞争 / 029
思维模式改变人 / 030

知识分享的意义 / 031
概念清晰、人云亦云和科学思考 / 032
思想的贫穷 / 034
舍弃和放下 / 035
舍得不仅仅靠勇气 / 036
无知和无知无畏 / 037
坚持到底 / 039
改变命运的几个因素 / 040
把命运握在自己手中 / 042
成事之一：认知 / 043
成事之二：行动 / 044
成事之三：热情 / 046
成事之四：坚持 / 047
成事之五：信仰 / 049
正能量 / 050
正视现实，不向生活俯首称臣 / 051

第三章　活好自己的人生 / 052
为什么我们懂了那么多道理，却依然过不好人生 / 052
矛盾的人生 / 053
人生大敌，无非"贪惰"两字 / 054
人生三重境界 / 055
不争，才是最高的智慧 / 056
人生的意义 / 057
枷锁 / 058
谈修行 / 059
人必然是一个矛盾的综合体 / 060
研究自我 / 061
先论是非，无关对错，讲求适合 / 063

别去证明自己 / 065
其实你并没有想象中了解你自己 / 066
如何克服自卑 / 067
思想改变性格，性格改变命运 / 068
先成为人才，才能有人脉 / 071
人生的深度 / 072
你要的是幸福，还是对错 / 073

第四章　人际：以人为镜，可以明得失 / 076
索取、交换和付出 / 076
知礼 / 077
接地气 / 077
好的关系，都是麻烦出来的 / 079
放下权势和地位 / 079
平等地看待他人和外界 / 080
不解释的智慧 / 081
赞美的价值 / 082
为老要有成就他人的心 / 084
感恩之心 / 085
感恩，不能只停留在嘴上 / 086
情商可以训练吗？ / 087
靠自己 / 087
做自己就行，不要太自我 / 088
别忘了，你只是一个纯粹的人 / 089
个人认知与外界评判 / 091
说真话的勇气 / 092
迎合他人与展示真我 / 093
有事说事，没事别"撩拨" / 095
谈说教 / 096
怎么讲道理，和谁讲道理 / 097
人性最大的恶，是见不得别人好 / 099
人生最大的悲剧，是总把自己当成主角 / 099
不要以为藏得深，就不会有伤害 / 101
遇事别走极端 / 102
别在无谓的人和事上耗费精力 / 102
造谣、信谣、传谣和辟谣 / 103
沟通的艺术之一：给选择，不要威胁 / 104
沟通的艺术之二：感觉麻木 / 106
沟通的艺术之三：别把人当坏人 / 107

沟通的艺术之四：和谐的人际关系就是"你对我错" / 109
正确的隐私观 / 110
被需要和求助力 / 113

第二篇　痛苦与成长

第五章　成长：练就强大的内心 / 116
一切都是最好的安排 / 116
不要总想着依附谁 / 118
反叛的价值 / 118
我的成长观之一：为什么家会伤人 / 120
我的成长观之二：父母的羁绊 / 121
我的成长观之三：成长中的三次"断奶" / 123
我的成长观之四：心智的成熟 / 125
我的成长观之五：警惕枕边人 / 126
痛苦与成长 / 127
无条件的爱 / 128
成长无关乎环境 / 130
信仰的缺失 / 131

第六章　家庭：学会如何去爱家人 / 133
好的关系是改变自己，影响对方 / 133
人生的幸福源于良好的亲密关系 / 134
如何维持一段高质量的婚姻 / 135
放养的孩子 / 136
不奖励的勇气 / 137
给考生父母几点建议 / 138
你所谓的爱，其实都是善意的绑架 / 141
为什么要让孩子吃苦 / 142
请站在孩子的角度看问题 / 143
谈走入婚姻的条件 / 144
女性需要什么 / 146

第三篇　实力与远方

第七章　年轻人要懂的道理 / 150
这个世界没有人欠你的(一) / 150
这个世界没有人欠你的(二) / 151

人和人之间的差距是如何被拉开的 / 152
你具备被人帮的条件吗？/ 155
梦想还是要有的，但是能力更重要 / 156
素质提升 / 157
学会好好说话 / 159
信息、知识、认知和智慧 / 160
提升认知永远比知道很多更重要 / 162
自我驱动和习惯养成 / 163
我为什么坚持在朋友圈写作 / 165
你是否真正想让别人记住你 / 167
不成功最终还是因为不努力 / 168
幸运是因为你比别人足够努力，别无其他 / 169
奉献提升格局 / 170
有用与无用 / 171
人，要选择做一些难的事情 / 173
如何达成既定目标 / 174
年轻人，你急什么？/ 176
迷失方向，就无法抵达目标 / 177
如何赢得高人指点 / 178
为自己而活 / 180
外部瓶颈，还是自我设限？/ 182

第八章　好习惯来自坚持 / 184

你的坏习惯正在杀死你 / 184
坚持的力量 / 185
长大，从学会得体地拒绝开始 / 186
定位与标准 / 187
专注的力量 / 188
逆向思维 / 189
思辨力 / 189
领悟力 / 191
表现力 / 192
目标感 / 193
界限感 / 195
谈激情 / 197
为什么要自我实现 / 198
内向和外向 / 200
事事认真、人后努力和为人谦卑 / 201

认知、行动与习惯 / 202
与陌生人建立信任 / 207
平庸，是因为你甘于平庸 / 208
成大事者首要看决心 / 209

第九章　学习是获取本领的最快方法 / 211

工作是赢得尊重的最直接方式，学习是获取本领的最快方法 / 211
如何学习 / 212
如何学习才有用 / 213
怎样学习才有效 / 216
学习还是要靠自己 / 217
你多久能读完一本书？/ 218
不读书有多可怕！/ 219
我与书的故事（一）/ 221
我与书的故事（二）/ 223
闲暇时多读读历史 / 225
谈读史的益处 / 226
我是如何读书的 / 228
为什么读了那么多书，还是老样子 / 231
谈谈读书那点事 / 232
再谈读书 / 233
还谈读书 / 234
如何阅读之一：我们为什么要阅读 / 236
如何阅读之二：如何养成阅读习惯 / 238
如何阅读之三：如何选书 / 239
如何阅读之四：高阶阅读 / 241
如何阅读之五：阅读的误区 / 243
多读书，摆脱盲从 / 245
读书有什么用 / 247
人为什么要终身学习 / 249

第四篇　你缺的就是冲动

第十章　创业需要冲劲 / 252

老本还能吃多久？/ 252
创业的本质是什么？/ 253
给年轻人的几点建议 / 253

创业抓两头 / 256
也谈大学生创业 / 257
永远不要指望别人告诉你答案 / 258
理论应用于实践的难度 / 260
克服恐惧 / 261
你缺的，可能就是冲动 / 262
冲动与决断 / 263
不是能不能做，而是谁来做、怎么做 / 264
远离负能量的人 / 265
远离没有敬畏心的人 / 266
创业成功的要素 / 267
成功的人都是关注细节的 / 269

第十一章　创业需要能力 / 271

能力不足 / 271
机会是给有准备的人的 / 272
独自上路 / 273
自我激励 / 274
如何拓展人脉圈子 / 276
成功是因为有人提携 / 277
当你开始自满时，你的上升通道已被堵死 / 278
矛盾的人生 / 279
蹩脚的销售 / 280
初创企业是否应该打造企业文化 / 281
我就是公司 / 282
企业的核心资产 / 284
恐惧失败，比失败更可怕 / 285
让自己配得上成功 / 287
人生还是要靠自己 / 289

第五篇　你就是光

第十二章　职场感悟 / 292

慎独 / 292
职场新人"八忌" / 293
职场层级，你在哪层？ / 296
工作是赢得尊严的最直接方式 / 297
浅谈办公室政治 / 299

让心静下来 / 301
人生最大的成本——选择成本 / 303
如何构建互信组织 / 304
企业经营三要务 / 305
企业最大的危机是什么？ / 306
你的企业为什么做不大？ / 307
企业做不大之一：公私不分 / 309
企业做不大之二：能力陷阱 / 310
企业做不大之三：跟风投机 / 311
企业做不大之四：私欲太盛 / 313
企业做不大之五：成本考量 / 314
企业做不大之六：观念固化 / 315
企业做不大之七：先己后人 / 316
企业做不大之八：激情消退 / 318
企业做不大之九：心中无爱 / 319

第十三章　管理心得 / 321

管理，是严格要求自己，影响他人 / 321
领导者要务 / 322
新晋管理者的窘境 / 323
有效授权 / 325
精力管理 / 326
快速培养一个人的方法 / 327
个人领导力提升之一：感召力 / 328
个人领导力提升之二：前瞻力 / 330
个人领导力提升之三：计划力 / 331
个人领导力提升之四：决断力 / 332
个人领导力提升之五：控制力 / 333
个人领导力提升之六：影响力 / 334
个人领导力提升之七：执行力 / 335
个人能力提升之一：观察力 / 337
个人能力提升之二：学习力 / 338
个人能力提升之三：思考力 / 340
个人能力提升之四：决断力 / 341
个人能力提升之五：行动力 / 342
阻碍思考力之一：他人说 / 343
阻碍思考力之二：我以为 / 345

自砺为王

做自己的王

第一篇

现实是用来正视的，生活是用来征服的；现实是自己的现实，生活是自己的创造。

第一章　自我情绪管理

戒除情绪

　　去年十二月，我出差去鄂西，乘车返回武汉，回到家后，发现钱夹不翼而飞，包内寻找，家里搜寻，最终未见。钱夹中有银行卡数张，还有不少现金，懊悔自己太过粗心大意，心情烦闷。于是躲在办公室大半天，读完一本书，才解去心中郁闷，过了数日挂失银行卡补办，心绪才得平息，还好身份证未装入钱夹，省去了诸多麻烦。自这件事起，我已四个月未用现金。

　　任何人都会有情绪，但人与人的差别，在于每个人如何感知和处理自己的情绪，钱夹丢时，我深深懊恼于自己的粗心大意，事后回忆，应是在车上人与包距离太远，自己粗心大意，与友人闲聊，终给小偷可乘之机，最终损失了点儿小钱，给自己添了点儿麻烦，不管小偷如何可恶，终还是自己疏忽。因为知道自己可能会将情绪发泄出来，伤及他人，于是一人独处，找一物事消磨时间，独自消化吸纳。

　　人对于情绪的处理，有三种方式：

　　一、任由情绪泛滥，不加控制。暴怒之人，忧伤过度之人，皆属此类。此类人任由情绪如决堤洪水肆意泛滥，最终伤及无辜，害人害己。暴怒之人，将怨气施加在他人身上，最终无人敢惹，也无人敢于亲近，人际关系紧张；幽怨之人，自叹自怜，必抱怨不断，负能量满满，自己心境不佳，也必会影响到身边之人，正义之人也会远离，最终弃他而去，如果在一个组织之中，迟早会被清理出局。同情心谁都有，偶尔为之是人之天性，但长期索要别人同情，就是可怜之人，久而久之，必成为可恨之人。

二、压抑自己的情绪。肆意发泄自己的情绪，会伤害他人；而压抑自己的情绪，则会造成内伤。很多人因心理上的压抑，导致生理上的疾病，许多人患癌症，除去遗传因素外，大多由于情绪的长期累积而起。处处压抑自己情绪的人，有人变成老好人，处处迎合他人，伪装自己；有的逼自己变成强人，勉力支撑，为谋外界好评而将自己装扮得完美无缺，实质上也是不可取的。压抑内心情绪的人，往往看上去人际关系良好，但却因内心孱弱，最终会被更大的事件，或者长期积累的情绪压垮后失控。很多看似温文尔雅之人突然暴怒，完美无缺之人突然崩溃，即是此种缘由。

三、感知疏导自己的情绪。人生不如意事十之八九，没有谁的人生会一帆风顺。当你遇到难事时，你能认识到是自己无能，或者是条件还不具备，于是坦然接受自己的无能为力。这种人能认识到自己此时是忧伤的，慢慢地消化接纳，最终会走出忧伤。当遇到喜事时，可以感受自己成功的喜悦，想想曾经的辛苦付出，此时的境遇来之不易。悲痛之时，号啕大哭，暗自流泪也无妨，感受下痛失我爱的酸楚，也是一种独特的感受。

怎么处理情绪最终还是自己的事情，该发泄发泄，该展露展露，把范围控制到最小，与三两好友倾诉即可，不可范围太广。情绪就像洪水，可疏而不可堵。

世上还有一种人，就是已经戒掉了情绪，生死他已经看淡，你我已无二致，成败名利不是他的欲求，得之，接纳，失之，接受。当人生中任何事情发生时，他都能淡然处之。他亦不会再花时间，或者尽可能地少耗精力去处理自己的情绪，因为他几无情绪。他们朝着自己的目标，日日精进，岂有不成之理。

古今中外，凡大成者，基本都已戒除了情绪。一个人如果常常被情绪所困，说明他还未成熟，常常被情绪绑架的人，年龄再大，也还是一个幼儿。真正活得潇洒之人，会如同婴儿，痛则哭，喜则笑，迅速切换，绝不陷于其中。

你的情绪，戒掉了吗？

管理欲望

曾经遇到一个朋友，在武汉定居多年，小孩刚上小学，丈夫和她的工作也都稳定体面，她还在单位担任不大不小的领导职务。她和丈夫经过十年打拼，在武汉城区已经拥有两套商品房，当时她正为了第三套房而努力，拼命工作，持续出差，也逼着老公上进，目的就是为了赚更多的钱，支付高额的房贷。与此同时，她又抱怨小孩无人照顾，自己压力太大，没有时间休息，常感身心疲惫。

现实中，许多人也会像这位朋友一样，因为欲望太多，过得郁郁寡欢。我对她说：想过为什么要买这么多房子吗？她说：儿子长大了，总要有婚房吧？父母年老了，总要住在附近方便照顾吧？和父母住在一起又不太方便，这些都要提早谋划。其实她的父母年纪并不大，儿子也很小，这些所谓的担忧并不需要当下就去解决的。一个人，神经绷得紧紧的，当然就很难快乐了！

我们在追求目标时，总说太累了，得到了就歇一歇，可等真正得到了，又会不由自主地定下更高的目标。我还有一位朋友，夫妻收入颇丰，到现在已经买下五套房子，依然背负着沉重的贷款，问他为什么买这么多，他说母亲要单独住，岳父岳母也要单独住，儿子的婚房还要准备。看来人对物质的需求，对占有的执着，是一个无底洞。

曾经遇到一个年轻人，刚参加工作，就想着要买房、要结婚、要养孩儿，还要有存款以备不时之需。于是拼命地工作，神经极度紧张，开始失眠多梦，脾气可以说一点就着，暴躁易怒，与同事和家人的关系都很紧张。他周围的每个人都小心翼翼，生怕踩了"地雷"。为了实现财富自由，他两年换了三家单位，但却总找不到"钱多事少离家近"的理想工作。

有欲望并不是件坏事，用好了可以激励人进步，但用得不好，则会让自己陷入焦虑的泥潭，不能自拔。有的人甚至在欲望的驱使下，冲破道德底线和法律红线，最终鸡飞蛋打，自食恶果。有的人为了购置三四套房，不惜离婚再复婚多次，稍有不慎，假戏真做，家破人离。

现实中，我们要管好自己的财物，守住自己的内心，更要学会管理自己的欲望。要学会管理欲望，需要做到如下三点：

有明确目标

现实中，我们许多人做事不是为了目标，而是为了目的。有目的并不是有目标，例如赚钱就是目的，花钱消费才是目标，很多人一辈子赚钱存钱，却处处精打细算，纵然拥有亿万身家，生活品质却连普通打工族都不如。例如房子，人只能住一套，最多再有一套供度假或者周末小住，更多的，都成了负累。

不盲目从众

人是特别容易随大流的，许多人做选择，都是看别人在做，自己就去做，或者是看别人有，自己就要有。我曾经询问一个求职者为什么30岁还未婚，他说，像他们这样的年轻人，都是到了30多岁才考虑结婚的事情。这个年轻人能力尚可，但最终没有被录用，因为他没有主见。一个20多岁的年轻人盲从可以原谅，但一个过了30岁的人还没有思想，是不可被原谅的。

有精神追求

物质需求很重要，但精神需求更重要。物质和金钱可以让你过得富足，但精神需求才能使你过得快乐。有一名软件工程师，坐拥三套房，遭遇辞退后，选择跳楼结束自己的生命。卖套房，让父母回乡居住，让妻子外出工作，都是解决问题的办法，但他选择的却是一条不归路。还有一些人，自诩自己有精神追求，但开口闭口都是豪宅豪车，财富排行。

让人难以自拔的欲望，还有名望、权力、自我等等。这里送大家一句："人到无求品自高，事能知足心常乐！"希望大家记在心里，付诸行动，而不是只将这句话装裱了挂在墙上。

有好心态才有好生活

有一年轻朋友加我微信，通过后问我为什么把她删了，我说真不知道，可能是操作失误。我表达了歉意后讲，这不是又加上了吗！

我想对方肯定很生气，但其实真有必要去生气吗？这位年轻朋友在外省，也许是通过抖音引流来的朋友，私下和我基本没有交流，她的朋友圈发的都是美食、游逛之类的"小确幸"，在我微信好友里是可有可无的。我们平常会为很多事情生气、发火甚至暴怒，这是因为很多事情不如我意，没有按照自己的想法和意志去发展，但世间的事，怎么可能完全由着自己的意志转移呢？

近年来，我在微信里加了不少朋友，有的是当面"扫一扫"的，有的是通过微信群加我的，有的是我加别人的。有的人，隔一段时间欲问候一句，发现已经被对方拉黑，我刚开始还有一点儿小小的不快，但现在基本上无感了。有时候，我也会定期清理一些朋友，有的人在朋友圈骂娘，看得多了就删；有的人去一个景点玩，发十几段视频霸屏，屏蔽；有的人朋友圈全是吃喝玩乐，竟然一点儿文字不配，人生苍白得无以复加，只好在朋友圈雪藏起来。当然也有很多年轻人通过朋友圈的内容展示出应有的朝气、对生活的热爱，和我尽管没什么交流，但依然保留。

我也有加别人微信时通不过的情况，我就再加，还通不过就算了。主不主动是我的自由，接不接受是他人的自由，加了后删不删也是他人的自由，你左右不了他人,但是可以掌控自己。

想当年,我开始创业的时候,加了他人的微信,主动跟他打招呼,别人不回,朋友圈给他点赞,也不回复,我慢慢地也就习惯了。部分人我在加之前不知道对方是什么人,通过其朋友圈的内容发现对方是成功人士,成功人士多数是很孤独的,时间也宝贵,不回复是他的权利,不愿意被打扰是他的权利,不回应是因为他们惜时如金,心气就顺了。别人把你留在朋友圈,让你了解他们的心境和生活,而且他们发的原创和转载文章,你读了本身就是学习,何必要计较这么多呢?

我劝朋友不要太在意他人对你的看法,而要致力于提升自己的价值。能够根据他人对你的态度,反省自己、修正自己,也敢于坚持自己认为对的东西即可。通过八年创业,五六年坚持不断地学习、自省后总结提升,很多朋友都说我这几年变化很大。慢慢地,朋友圈的成功人士也开始和我互动了,甚至也可以约在一起喝茶交流,当然还有人依然只是熟悉的陌生人。

微信只是一个社交工具,加了微信,留在朋友圈的,未必都是朋友。我们只有在认识到"人与人有差距"的基础上才能进步。人与人之间,平等的是人格和尊严,但社会地位和社会影响是有差距的,两者不能等同。

一件简单的事,例如微信朋友圈的接受与删除,其实可以看出一个人处世的心态。多反思自己,少苛求他人;多提升自己,少逢迎他人;多帮助他人,少索取无度,你一定会发现这个社会的美好。

人活着,就是活一个好心态,心态好才能生活好!

接受这个世界本来的样子

一个年轻人来咨询,说自己最近刚刚从基层岗位提拔为主管,工作压力很大,有点扛不住了,让我给一些建议,我给了他三点建议。

守好底线,做最坏打算

我说他之所以被提拔,一定是因为以前工作中的闪光点打动了领导,领导给予了提拔的机会,让他升迁到较为重要的岗位。在新的岗位上还没适应之时,有压力属于正常现象,但只要尽了自己的全力,即使发现自己能力欠缺,干不好,再退回原来的岗位也没有什么损失。我说:"假想你不知道会被提拔,没有这个机会,在基层还不是可以干得好好的?再说了,得到提拔不也是证明你过往表现优秀?"这怎么想都是好事,可人的苦恼就在于,已经得到的,就不愿意放手,这其实是思维模式的问题。

打开思路，不背包袱放手去搏

年轻人做事，难免会犯错误。很多人为了不犯错误，太过于瞻前顾后、犹豫不决、思前想后，结果错失了出手的机会，办砸了事。在职场，永远要相信你的领导比你高明，这并不是说领导处处都比你强，而是说领导掌握资源的数量比你多，调动资源的能力比你强，看问题比你全面、深刻。还有一点，领导随时准备着去帮你担责，你会犯什么错误，能犯什么错误，犯错了会造成多大损失，领导其实都心中有数。你犯的错，领导都能帮你担，帮你去摆平，你只要做到多请教、多汇报、多沟通，不犯态度方面的错误就行。一个高明的领导，就是要看着员工犯错，让员工自己找出原因，自行改正而成长。如果领导时时处处提醒下属，那么成长的只能是领导，这样不但不能使员工成长，反而让他放不开手脚。

努力学习，立足本职，适应新岗位

年轻人说，自从成为主管，领导安排工作就变得含糊不清，说一半留一半，让他捉摸不透。我跟他讲，在基层岗位，工作主要靠执行，主管要将工作交代清楚，或者让员工靠标准流程工作；在主管岗位，你要去计划自己和下属的工作，要会灵活变通，最重要的是要学会思考任务是什么，如何做，安排谁去做，做到什么程度。领导之所以讲话含糊不清，并不是领导愚笨，而是你糊涂。我问他，领导交代完，他不懂，有没有主动去找领导问清楚？他说没有，我说既然想不清楚，为什么不主动请教？作为主管，以及更高职位的领导，必须积极主动，永远不要指望上级领导把你的工作都安排好，因为他还有自己的工作要去做。自己没有计划和思考能力，又不积极主动，不是领导错了，而是自己做得还不够，这其实是一个认知高度的问题。

最后我给年轻人建议，多读书，多思考，多总结，多向高人请教，胡思乱想是没办法提升的。这个世界从来都按着内在的规律在运转，不可能变成你想要的样子，你需要做的是去认识这个世界本来的样子。

安天命，尽人事

生活中，我们很多人情绪不稳，往往是因为心气不顺。为什么心气不顺？因为很多的事情没搞明白。如果我们能够理顺日常生活中的很多事情，心气会顺畅很多。

人一生遇到的事情，只有三件：自己的事，他人的事，老天的事。

老天的事情，顺从即可，例如生老病死，天阴下雨。很多人在亲人离开后，伤心得难以自拔，以至于压抑了情绪，伤害了身体。我们总想留住亲近的人，但是生老病死是自然规律，是老天的事情，我们无法掌控，也无法改变；很多人特别讨厌雨天、厌恶冬天，而这一切不会因为某个人的意志或者喜好而改变。因此，对于老天的事情，我们只能顺从。

很多人之所以每天闷闷不乐，或狂躁暴怒，大多是因为他人的事情，比如同事打小报告啦，老公晚归啦，小孩调皮捣蛋啦，凡此等等，其实以上的事情均是他人的事情，不管对方是不是你最亲最近的人。例如，在家等待丈夫回家的妻子，本想丈夫回家会给自己一个温暖的拥抱，结果丈夫因为工作不顺，回到家玩起游戏，妻子由于希望落空，哀怨生气，甚至暴怒造成家庭矛盾。

他人的事情，接纳即可。选择积极的态度，尽自己最大的努力把事情朝着正确的方向推进就好。某次看到女儿的数学成绩只有 70 分，我帮助她订正的时候，只指出她错在哪里，没有发火。我本身也常有失误，何必要去苛责女儿？

在这个世界上，一个人能够掌控的只有自己，能够调动的最大资源就是自己，但是我们却把目光和精力投向了外界，因为人最难做到的事情就是自我否定。如果一个人能够认识到自己的问题，能够凡事从自身出发去解决，那么遇到的问题往往迎刃而解。工资低，是自己的能力不够；奖金少，是自己的工作成果太少；朋友太少，是自己的付出太少；老公不愿意回家，是因为家庭营造的温馨氛围不够；创业失败，是自己对于风险的预估不足；没有人愿意投资，是因为自己从事的事业没有前景；工作太累，是因为没有找到对路的方法。只要找到的都是自己的问题，那么距离解决问题就已经很近了。承认问题的根源在于自己，并不是弱小的标志，而是一个人真正变得强大的开始。

其实，世间的事情并不像想象中那么复杂，只是我们没有办法将事情简化理清而已。

别让偏执害了你自己

都说执着是个好的习惯，用执着的精神去做事，通常都会有好结果，但是盲目地把执着用在人际关系方面，却往往适得其反，更不用说把握不好度，执着变成固执，偏执甚至偏激的时候，很多事情将变得不可收拾。今天，我就来聊聊人为什么会偏执，或者说固执。

首先，人之所以固执，最根本的原因就是脑袋里只能装下一种观点，只能接受一种观点。只要认定什么是对的，就认为其他不同的观点就是错的；凡是不喜欢的观点，就一味地去反对；所有的事情，只有见到的才是真实的，凡是没看到，就都是虚假的。抱有这种思想的人，人生就会充满了对立与冲突，不安和焦虑。

其次，固执主要是因为见识太少。一个人，一定要抽空多外出，多走走看看，才能知道这个变幻无穷的世界多姿多彩。我们习惯于认为自己看到的世界才是真实的，但实际上，我们能看到的世界极其有限。比如我生在北方，看到山药都是棍状的，就认为山药只有棍状的，后来得知湖北某地竟然有生姜状的山药，还有一地有佛手状的山药，令我眼界大开。行万里路，阅人无数，才能打开你的视野，拓宽你的眼界，进而变得不再偏执。

最后，避免固执，需要变得开放，防止封闭，尤其是防止思想封闭。我说的"封闭"不单指整天宅在家里，因为很多人也旅游，也见过很多人，也读过不少书，但是不管到了哪里，都说到的地方不如自己住的地方舒服，风景没有家乡好，饮食没有家里合胃口……结果一场旅游变成了抱怨之旅。有的人也见很多人，听很多观点，也参加培训，但是培训的时候，总认为老师讲得不对，又不去关注老师讲课的内容，反而对老师的穿着打扮、授课风格品头论足，然后用自己的观点去评判或者反击老师的观点。有的人，与人交流时不去认真听取别人的观点，不去深入思考为什么别人有如此的看法，总想着如何辩赢对方，甚至专门抬杠，乃至人身攻击，活脱脱就是一"杠精"。有人也读书，但只读一种书，只读自己喜欢的书，还喜欢对作者的观点进行批判、反驳，认为作者浅薄，自己博学。思想封闭的人，难以与外界进行交流，长此以往，他会认为他认识的世界就是整个世界，而他就是世界的霸主。

坚持，也许能让你成就一些事情，执着，也许会让你成就大事，但是固执甚至偏激只会让你赢了争论，输了世界。世间没有绝对的对错，但一定要把握尺度和场合，总之，别让偏执毁了你自己！

与众不同

某日妻子说，女儿觉得压力有点儿大，心里很烦。说是女儿这次考试成绩比往常好，某门课程的分数比科代表还高，结果两个好朋友不陪她玩了，还有同学说她是因为作弊才考得好。我说，没事，过两天就好了。没多久妻子陪女儿参加了同学的生日会，看着她们在一起快乐地玩耍，好像也看不出什么隔阂了。

为了稳妥起见，在女儿休息前，我给她分析了一下事情的来龙去脉，告诉她如何处理，尽管她似懂非懂，但是肯定听进去了一部分。我说："人与人之间，有四种认识，你认识自己，你认识他人，他人认识他人，他人认识你。其中你如何认识自己非常重要，其次是他人如何认识你和你如何认识他人，最后是他人如何认识他人。第一种认识决定你能成为一个什么样的人，第二种决定你是否有良好的人际关系，第三种就不要投入精力了。就考试成绩的事而言，只要你没有作弊，就不要担心。"女儿问："如果有人跟老师告状呢？"我说："那是他人如何认识他人的问题，你当作不知道就行，要相信老师是不会冤枉好学生的。"我还跟女儿讲："如果有人问你为什么这次比原来考得好很多，你也不要说你很用功，也不要说是运气好，就把你考试答题的方法给别人讲一下，别人之所以质疑你，是因为你成绩的突然变化，你不要把一次的好成绩当作炫耀的资本，更不要骄傲，要努力提升自己平时的成绩，当同学们都接受了，也就不质疑了。爸妈对你的成绩没有过分地关注，但是一直关注你是否努力，有没有偷懒，一次成绩的好与坏，代表不了什么。"女儿听了我的分析，安然地睡去。

人都有攀比的心态，还往往会滋生出嫉妒心理。一个人要变得出众、与众不同，就得接受来自外界的质疑。别人怎么看，怎么说，你左右不了，但是你却能掌控自己的想法和心态。你左右不了他人，但是可以掌控自己，不要因为外界的风言风语，就自乱阵脚，忘记了目标，更不能为了博得别人所谓的理解而盲目从众。

我曾经也有过这些烦恼。很多年前，我放假后要帮家里干活，别的小伙伴则在玩耍；上中学时，同学之间经常串门走动，而我待在学校的时间居多；大学时，同学们放假就去旅游，我囊中羞涩，只能在校园游走。同学们说我不合群，我也感觉自己和他人不一样，为此烦恼不已。但是时过境迁，回顾往事，感觉这些根本就不算烦恼，别人看你，只是说说而已，其实每个人关心的还是自己，他人都是酒足饭饱后的谈资，谈完了就烟消云散了。因此，我们别太在意他人，而要关注自己，专注于自己的目标。

一个人的出众，往往是从与众不同开始的，千万不要因为与他人不同而苦恼，也不要委屈自己去盲目从众，不要试图让所有人都接受你，因为你做不到，也不可能，更没必要。

与自己和解

某日翻看朋友圈，发现一位年轻人将在原单位工作时发的状态全部删除了，我本来还比较看好这个年轻人，但发现这个行为后，便在微信中将他删掉了。

　　一个人没有白走的路，每一段历程都会留下痕迹，你不可能将一切印记擦得干干净净。任何人和组织都有优势存在，也都有不足存在，会有这样那样的问题，与其竭力掩盖矛盾，不如向他人展示你对矛盾冲突的态度以及做出的行动。对这位年轻人来说，入职一家公司，是自己选的，离开一家公司，也是自己选的。就算产生了不可调和的矛盾，既然都选择离开了，自己释然即可，可否定这一段经历，其实是在全盘地否定自己。一个不认可自己的人，很难有大的前途，这也是我删掉他的原因。

　　同样的道理，很难想象一个与前任（前夫前妻、前男友前女友）划清界限，试图从现实中和脑海里抹去对方的人，能够在下一段爱情里找到幸福。一个人处理不好与他人的关系，其实是处理不好与自己的关系、与内在自我的关系。一个人要是学不会接纳自己，学不会接纳自己的不足，做不到与自己和解，就很难容纳下他人和外界。

　　这个年轻人心里肯定存在着愤恨与不甘，可放不下过往的不堪，就是放不过自己。再往深里讲，是接纳不了前单位对自己的"不公平"或者"非正义"的待遇，其实是对自己的"不够好"和"不够优秀"的不接纳，进而选择了逃避。

　　我们总把眼光投向外界，却很难审视自己的内心，这也是很多人无法进步的原因。我们来到这个世界，本就是不完美的，只有承认自己不足够好，承认自己不完美，才会去追求完美，才会进行自我批判和自我修正，才能使自己变得足够好，变得更优秀。

　　要是一个人不接纳自己，无法与自己达成和解，就很难干成点儿事情，哪怕干成点儿事情也不会快乐，更不会幸福。前一次在课堂上，我去听课，老师讲，自信的人不一定能够成功，但是没有自信的人却一定不会成功。有自信，还要有能力去支撑，有了能力，还要对自己的能力有一个客观的认识。没有自信的人，能力永远难以提高，或者说永远对自己没有一个客观的认识，没有自信就是看低自己，在遇到机会的时候一般都会选择逃避。一个没有胆识和勇气的人，是不值得去帮的，也不值得投资。

　　"我不足够好"的情结，来自把自我评价建立在不断积累的外部评价上，进而把所有的精力投入到迎合外界的评判标准里去，不断地去迎合别人、取悦别人、讨好别人，但唯独不会对自我进行深度的审视、客观的评判，最后，不仅众口难调，众意难平，还会在现实世界中迷失自己。将自己封闭起来、隐匿起来、隔离开来，是最不明智的做法。人生而自私，你都不去探索自己，谁还有心情去研究你？封闭是走向死寂的前奏,要进步,必须学会拥有开放的心态。

这个世界上没有最帅的人,也没有完美的人。只有接纳了自己的"不足够好",同时认为自己足够优秀,才能变得更优秀。这也是我近些年的人生态度,朋友圈发的个人照片,基本都不美颜,大腹便便,自黑自嘲,因为我接纳我自己。我还不断地进行文字输出,有很多朋友私下或者公开指出文章的错别字和语句不通之处,我就说声谢谢后改掉。改掉缺点,弥补不足,就能进步,将自己藏匿起来,别人看不到你,你自己不去审视自己,谁还有精力去关注你?

人生来都是不完美的,只有接受自己的不完美,才能够建立自信,建立自信了,才能够善待外界的褒奖和批评,冷静面对吹捧和非议,才能勇敢地做自己,才能让自己变得更优秀。接纳自己,和自己和解,真的很重要。

自信自知

前几日读完《松下幸之助全传》,书中松下先生总结了他成功的三条秘诀:一、好学;二、善于沟通;三、自信自知。今天我们就来谈谈自信自知。

一个人有自信不一定能够成功,但没有自信却一定不能成功。自信相对容易树立,但要做到自知就太难了。

前几日,和一个好朋友聊天,谈到了某位评论家。这位评论家做了好几次心脏搭桥手术,而且经常彻夜失眠。我和朋友说:"我读过他的作品,但发现他好像没有自传类的作品。"朋友说确实没有。我说:"这位高人在研究人性、研究社会、批评他人、批判社会,但好像基本上没有或者很少去批判、反思、反省自己。"

这位高人无疑是才华横溢的,是自信满满的,在国内享有很高的知名度,但因为身体健康问题,尽管已经实现了财务自由,但是生活品质还是受到了一定的影响。朋友说,这位高人,日常起居都有助理照顾,基本上端茶倒水的事情都不自己做,只是安心地创作,如果离开助理,估计生活会变得一团糟。

当一个人还年轻,职位和地位较低时,还容易听到他人的意见和长辈高人的批评指正,但有了声誉、地位、金钱,或者说在世俗方面已经获得成功后,被鲜花和掌声包围着,被众人簇拥着,各种赞美甚至谄媚、阿谀奉承接踵而来时,保持自知就很难了。这个时候就需要有自我批判的精神、有自我反省的意识、有自我剖析的能力,因为这个时候,已经很难有他人给你提意见,更不用说批评了。

朋友说,他曾经的一位领导才华横溢,在他所在的领域有很高的建树,但是听不得任何不同的声音，工作中凡事都要按着自己的意思办，如果有人提出异议就暴跳如雷。这位领导在单位里，下属怕他，上级让着他，以致他喜欢什么大家就给他什么，下面供着，上面护着，这样基本上就很难听到真话了。

不自知的人，一般脾气都不怎么好，情绪波动也较大，因为不会去自我反思反省，自我批评批判，又倚仗自己某方面有过人之处，养成了恃才傲物的品行，进而就会养成挑剔的性格、苛责的习惯。遇到事情，他们一般都是从他人身上找毛病，从外界找理由，总之一句话，我都对，我没错。对于不自知的人，众人一般都是供着、捧着、哄着，生怕什么时候不小心引爆了他，殃及自己。

也许大家会问，是不是不自知的人就不会去学习，不会去读书？其实这类人也是读书的，甚至口口声声说在研究人性。他们也会帮助人，但由于初心不同，读了再多书也没有用。读书是为了改变自己，可他们读书是为了给别人挑刺，为了改变别人；他们研究人性，也是为了能够更好地操纵或者利用他人，为了取得更大的功名。帮助他人是为了怜悯他人，显示自己的优越，或者希望利用他人，给自己传播好的声名。朋友说，读书要读"无用"书，而不是只读"有用"书，我的意见是"有用""无用"的书都要读。任何事情，大家都在做，貌似都一样，但是初心不同，结果就大不相同。

自信而不自知的人，单向的沟通能力都很强，都能够做到敢于和善于表达自己，但是却做不到倾听，甚至学不会倾听。他们之中，直接一点儿的会说："你不要讲了，你讲的我都知道！"委婉一点儿的会说："我这会还有点儿事情，先行告辞一步！"更有甚者，根本不给他人任何表达的机会。

最后，把松下先生的成功秘诀再陈述一遍：一、好学（改变和修正自己）；二、善于（双向）沟通；三、（不盲目）自信（客观的）自知。

压力管理

现代人好像压力都很大，升学压力、就业压力、房贷压力、人际关系压力，来自父母的婚嫁压力，好像没有压力就不能正常工作生活一样。有一定的压力是好事，但压力过大会让自己背上沉重的负担，可实际上压力真有那么大吗？我们提到的压力真的都是压力吗？对于如何减轻压力，我提几点我的看法。

减少攀比，认清自己的客观实际

人的烦恼，大多都是攀比出来的，别人家孩子比自己孩子成绩好，别人老公赚钱比自己老公多，别人家老婆比自己老婆漂亮，隔壁老王又换了豪车，谁又被提拔了，谁家又生了二胎……如果整日这样攀比，心绪就很难平静。

我们很多人的所谓攀比，都是横向对比，而非纵向对比。其实，别人家的事情，跟我们关系不大，最重要的是如何研究自己。我们可以和自己的过去比，只要你每天都努力了，比昨天都进步了，就已经足够了。攀比最大的问题就是罔顾现实条件的差异，别人有，我就必须要有，而不知道比较是有前提条件的。真正有益的对比应该是别人为什么如此，而我为什么是这个样子？找出原因，要么接受，要么找出差距努力弥补。

拥有底线思维，预估最坏的打算

世间还有一种人，整日患得患失，孩子刚出生，就担忧高考的录取率不高，然后开始节衣缩食给孩子攒钱买房；约会还没有几次，就想着万一表白被拒绝了怎么办；第二天一早的飞机，彻夜害怕误点……其实很多事情，如果将最坏的打算预估到了，也许就不会有那么大的压力了。学历并不能代表一切，上个职高也并不代表一辈子就完了；表白前对方不是你恋人，表白后被拒绝了也依然不是，好像没损失什么；这班飞机乘不上，可以坐下一班……世间的很多事，唯有生死是大事，其他的一切都是小事，既然都是小事，看开些就行。

切忌胡思乱想，培养专注习惯

人都有想象力，但是并不代表人都会科学地思考、客观地思考。很多人总是想着，事情办砸了，领导对我印象是不是不好了？会不会因此不重用我，不给我重要工作做了？同事是不是开始对我有看法，不会帮助支持我？结果手头的工作无心投入，没做好的事，又成了明日悔恨的对象。

互联网时代，各种信息分散了我们的注意力，使得我们不再专注，可不沉下心来去做一件事情，是很难有成果的。很多人看似在电脑前忙了一整天，其实思绪早已不知道飞到哪里去了。有个故事这样讲道：小和尚问大和尚，为什么同样都是吃饭睡觉扫地，自己的修行却不如老和尚？老和尚说他吃饭时吃饭，睡觉时睡觉，扫地时就扫地，而小和尚却是吃饭时想睡觉，睡觉时想扫地，扫地时想吃饭。

为了培养自己的专注力，周末不忙的时候，我会将手机丢在楼上，坐在办公室专注地看书，有时候三个小时左右就能看完一本两百多页的书。心静自然凉，让心平静下来做一些事情，培养出专注的能力，也许压力就小了很多。

一个人自己强大了，目标清晰了，意志力坚决了，能独立思考了，能找到更多的方法了，也许压力就小了很多，否则压力可能会压垮你。

佛性和佛系

有一段时间，因为新冠肺炎疫情，各个地方都有不少小区被封闭管理。那么封闭起来，我们做什么？和朋友聊天，我问他这个问题，他说用手机玩麻将游戏，我不禁回忆起那时在乡隔离的我。

自2020年1月23日开始，到3月25日返回武汉的两个月期间，我读了约40本书，从3月5日开始，坚持不断地写作，这个习惯一直保持到今天。

隔离在家，或在酒店，不能外出、不能聚会，可以认为是种逆境或者困境。其实，人和人的差距，并不来自顺境的作为，而是来自面对逆境时的态度。面对逆境，很多人选择"躺平"，还有很多人选择逆袭，态度不同，结果就大不相同。现在很多人喜欢谈佛系，谈佛性，也有很多朋友说我有点佛系，逆来顺受，不务正业，无所作为。下面我就来谈谈我对佛性和佛系的理解。

先说佛系，很多人眼中的佛系就是什么事情都是可做可不做的，开心就做，不开心就不做；喜欢了就干，不喜欢就不干；舒服了就有作为，不舒服了就无所作为。特别是一些家庭条件较为优越的年轻人，由于衣食无忧，表现就更为明显。其实这种心态也可以用一个核心词来形容，就是"爽"，爽了什么都可以，不爽的时候就什么都不行。

再说佛性，佛性的概念来自佛教，来自禅宗。我曾经到过一家寺院小住了一天，发现比丘和信众并不轻松，早晨要做晨课，中午要做午课，晚上还要做晚课。他们诵一段经文后，要向佛像磕三个响头，复又跪着诵经，如果是我，估计膝盖早就受不了了。以前总听人说，如果混不下去了，就去当和尚，先不说受戒要硕士学位，以混的态度，估计连一个信众都做不好，还去做什么比丘？人生态度不端正，抱着混的态度，什么事情都做不好，做乞丐起码也要早起抢个好的位置。

佛法的智慧很博大，我只是略知皮毛。佛法讲不执着，就是接受无常，也就是接纳变化，接纳生老病死，接受变幻无常。病毒肆虐，是我们作为一个个体无法阻止的，与其烦躁不安，不如接纳，正好可以把自己曾经照顾不到的爱好捡起，把曾经想做又没有时间做的事情完成。道理很浅显，但并不是所有人都能够理解，都能够做到的。佛法讲施舍，讲给予，而佛系却是讲自我，就是根据我爽不爽，决定我的行为或者作为，其实就是讲欲望的满足与不满足。

对比佛系和佛性，佛系可以理解为无所追求的状态下无所事事，佛性可以理解为无所事事时依然有所追求，只是在有些追求无法达到时，转个方向，再做正向的选择。病毒蔓延时，有的人会做好自己的防护工作，即便被禁锢在酒店，被隔离在家里，也在读书写作思考，把往日因为忙碌无法独处完成的事情重新拾起来，依然在积蓄力量，提升自我，等待疫情结束重新上路。

人生没有白走的路，每一步都有它的价值，就算是弯路，思考和总结都有其意义，怕的是你没有方向，也不去思考。佛系和佛性，只有一字之差，但含义却大不相同，佛系只是不愿意作为的人为自己的不作为找的一个借口而已，而佛性是积极进取又接纳现实，依然有所追求的向上的人生态度。

人这一辈子，最怕的就是无知，还喜欢自己欺骗自己。

永远不要放弃对生活的热爱

几年前，步行回家路上，路边有个书摊，偶尔会捎带几本书，一来二去，慢慢和老板熟悉起来。近几年，尽管看的书不是很多，却买了不少，去书店稍有不便，在网上选书，又会占用不少时间，倒是在书摊买过几本书以后，老板摸清了我的喜好，有好的书就会给我推荐。

由于城市改造，很多地方的道路挖了修，修好了挖，加之市容管理日趋严格，他的摊点不断地变换着位置。有一段时间连续出差，他发微信给我说他进了几本我喜欢的类型的书，邀我前去选购，但临时有事，又加之天气突变，下起大雨，我只好取消，也很难想象他是如何避雨收摊的。

一次碰面闲聊，我问他为何不开个小书店，这样有合规稳定的地方，方便常客前来光顾，他回答说，现在门面房租金太高，加之喜欢阅读的人实在太少，摆个摊能够养家糊口就行。

近期天气转冷，气温甚至降到零摄氏度以下，路面结冰，路过他曾经的摊点，我在想他是否已经改行，或者近期不会出摊，但实在太忙，这个念头一闪而过，又忙于各种琐事中。

在公司忙完，已过9点，想想时间还早，于是步行回家，一来掉掉肉，二来降降血压。到小区附近的车站时，已接近10点，在广告灯箱后，站着一个中年男人，正在为几个装满书的布袋扎口，地下铺的塑料布还没有收起，走近一看，才发现是书摊的老板。

我说好久不见，还以为他早就改行了，他说没有，一直在出摊，在现在的车站旁已经有月余。大概是由于天寒地冻，近期我一直偷懒，都是以车代步，公交坐得都很少了便没遇上他。他说有几本很好的书，急忙松开袋子，从袋子中翻找，由于书籍并没有归类，翻出的书并不是我想要的类型，但最后我还是选了本杂文集，付款道别。

茫茫人海，有的人锦衣玉食，甚至不用付出太多的努力就可以衣食无忧，但是仍有许多人，就算风餐露宿，披星戴月，也只能够勉强糊口，甚至日日劳作，仍捉襟见肘，家用难以为继。有的人，坐拥数套房产，却整日郁郁寡欢，甚至陷于焦虑，或困于情感旋涡不能自拔。还有些人，物质上并不丰富，精神世界却丰盈。

像我提到的书摊老板，不管天气如何，坚持出摊，迫于环境的改变，不断寻找着人流量密集的地段。我想很多书的前言和推荐序他都是读过的，否则他可能只会吆喝，根本无法为目标客户荐书。几次交往，他不卑不亢，殷勤热忱，而且心态平和。我想他日常出摊中，肯定遭受不少白眼，遇上天气突变时，也不免手忙脚乱。

任何人的生活都不会一帆风顺，甚至努力后也无法保证飞黄腾达，但我们依然可以选择笑着面对现实，热情地走向未来。不管现实如何蹂躏我们，都永远不要放弃对生活的热爱！

进取心和忍耐力

对任何一个人来说，想要取得一定的成就和建树，就必须有一定的进取心。进取心可以理解为达成目标的欲望和决心，也可以理解为改变自我的愿望和意愿。对于各方面都自我感觉良好的人、安于现状的人、漫无目标的人来说，培养进取心非常重要。封闭在小圈子里的人，与周围的人相比，发现他人各个方面条件跟自己都差不多，或者不如自己，就会滋生傲慢之心，进而失去进取心。安于现状的人，也许习惯了长辈营造的舒适环境，认为不用付出任何努力，就能拥有一切，于是得过且过。但如果把时空拉长了看，往前看，已经拥有的，不过是父辈辛勤努力换取的；往后看，自己不去创造，父辈积累的，总有一天会消耗殆尽。漫无目标的人，没有考虑过生命的意义和人生的价值，以为苟活着就是人生的全部，何其悲哉。

比进取心更重要的，是一个人的忍耐力。

现代人，越来越追求即时满足感，丧失了忍耐力，不愿意等待，不愿意追求，更不用说忍耐和忍辱。小孩子的学习求速成，购物靠秒杀，结婚都是闪婚，创业想一夜成为富豪。结果孩子成了学习机器，生活却不能自理；购物尽管便宜，买来的却是无用的东西；婚闪结得快，闪离得也快；创业三年没成为马云，却把父母的家底败得一文不剩。

星云法师说："忍耐是人间最大的力量！"如果一个人只知道进取，而不知道等待，好似一辆只有油门，没有刹车的豪车，冲进壕沟，粉身碎骨只是迟早的事情。

一个成功的人，应能做到能上能下，收放自如。很多位居高位、富可敌国的人最终落入谷底，原因便是只知进、不知退。当一个人高高在上，执着于功名利禄，而忘记了与民同乐，深入群众的时候，最终都会摔得很惨。距离群众太远，就远离了常识，常识少了，栽跟头就不足为怪了。

做人，别把自己不当回事，就是指要有上进心；别把自己太当回事，就是指要有忍耐力。处于人生巅峰时，不傲慢，别把自己当回事，要有忍耐力；处于人生低谷时，不丧气，要把自己当回事，要有进取心。

欲望与克制

我们一家所滞留的应城解封，于是开车进城购物，但因商场购物人员过多，只得中途返回。

两日后再要进城时，昨晚还为了进城欢欣雀跃的女儿却说不愿意去了，要留在家里。问她为什么，说城里人多，有病毒。女儿跟随我们在乡下已经有两月，虽说在乡下的日子粗茶淡饭也没发现有什么不适应，此次不愿进城玩耍却出乎我意料。

我想她要玩耍的欲望还是有的，特别是她的小表姐也去城里，而家里已经没有小玩伴的情况下，她决定不去，是克制了欲望。当然，城里已经没有病毒，但我也没有给孩子多作解释，留下来做点儿有意义的事情，总比陪着大人闲逛要好。

我为女儿的克制感到高兴，这些日子进行网课学习，我和妻子也没少费口舌，女儿做完作业就拿出手机刷抖音、玩游戏。我们并没有像其他家长一样没收手机，坚决杜绝，而是让她在学习之余，自己选择休息方式。玩的时间结束了，稍加提醒，她也就停止了游戏。刷抖音并不完全是坏事，我发现她从抖音中学习了很多我和妻子都不知道的知识。

这些天为了防止女儿长时间地玩游戏，我坚持每天给她讲相关的知识，包括"人生九商""人生九大定律""人际沟通原则"等等，就效果看，女儿还是听进去了不少。从打断她玩游戏时的表情看，她已经不再抗拒，最多只是有点小小的不愿意而已。我给她讲我近日听到的故事——一位富豪在他14岁离家时，他的父亲送他的三句话:"自己的事情自己干,别人的事情抢着干,做任何事情想想爹妈会如何认为,爹妈如果允许就干,不允许就不干。"女儿开始变了,刚开始我让她帮我干点儿什么,她都讨价还价,心不甘情不愿地去干,现在是"好嘞,马上去"并带着笑容跑开。女儿说这三句话,第一句是让一个人不被讨厌,第二句是让一个人变得受人喜欢,第三句是教人如何把事做对。我说,记住了,就这样干。

人有欲望是可以理解的,没有欲望就没有进步的可能;有了欲望就需要有与欲望匹配的能力,只有能力能够满足欲望时,才能进步;欲望就像吹牛,想吹多大有多大,能力就像登山,需要拾级而上,步步提升,当你的能力满足不了你的欲望的时候,你需要的是克制。

朋友,面对外界的诸多诱惑,面对自己无限膨胀的心魔,你学会克制了吗?

与内心和谐相处

生活中的人际关系紧张,看似是人与他人,或者与外界的关系紧张,实质上却是他与自己内心的相处不够和谐。不管是自卑还是自负,实质是内心在发出一种声音,就是"我不够好"。只是自卑的人一直在逃避这个问题,自负的人则一直力图否认。自卑的人看别人,觉得谁都瞧不起他;自负的人怕别人瞧不起他,就反过来使劲瞧不起别人。自负实质上也是一种自卑,是外强中干的自卑。

与他人和外界不能和谐相处,最根本的原因是自尊水平的低下。一个人的自尊是由自己构建的,而非来自外界。自卑和自负,均依赖于外界投来的尊重程度。

与他人和外界关系紧张,实质上还是缺爱的表现,自卑的人因为缺爱,害怕得不到,就不愿意去求索,或者怕付出后得不到回报,为避免受伤就不付出。自负的人,动作过于猛烈,他所谓的付出只是为了引起外界关注的手段而已。内心荒芜,没有爱,就付出不了爱,也接受不了爱。自己不懂爱,就算别人给予了爱,也很难接收到,就像频谱不同,便无法共振一样。要与他人和谐相处,首先要提高自己的自尊水平,重拾自信,要能分辨出真正的爱,能给出爱,学会关爱自己,关心他人。

最重要的是要认识到自己足够好,出身足够好、童年足够好、长相足够好、脾气足够好等等,把那些自己深埋起来的所谓隐私统统晒在阳光下,不要太当回事。与外界和谐相处,与他人和谐相处,最根本的是要与自己内心和谐相处,要认识到外界的赞誉和毁谤,与你拥有一颗强大的内心相比都不算什么。外界的表扬和批评,本质来说都是对你的评判,只是你个人真实状态的反应或者评价,并不涉及你的本质。你极力逃避的，或者用夸张的手法去掩盖的，其实都不是他人所关心的，你所谓的手法只是想掩盖自己孱弱的内心而已。

爱自己，相信自己就是世间最美好的那一个，只要做到与自己内心和谐相处，你就会发现这个世界是那么美好。

一个人的幸福都写在脸上

一日，跟一个朋友聊天，他说他特别佩服在疫情期间勇敢当志愿者的人，他们不顾个人安危，自费开车接送医护工作者，运送医疗和生活物资，真的令人钦佩。我说我也一样，但我谈了另外一个观点。

从结果上看，做志愿者，承担了大量的工作，遏制了疫情的扩散，使得救治工作有条不紊地开展，肯定是好事。但实际上，做志愿者的人其实可以分两类：一类是具有同理心的，就是看到医生护士不顾自身安危勇敢前行，看到外地医护工作者从外地来到武汉还要担心通勤和生活，还有大量的物资无法运输和分发到需要的人手里，患者无法送医救治，于是，他们挺身而出，贡献自己的力量，集合众人的力量去解决；另一类人，是抱有同情心的，看到别人可怜，自己心里难受，为求心里宽慰，决定行动起来帮助恢复秩序。不管出于什么样的初心去报名当志愿者，我都十分敬佩。

我见到过几个志愿者，前者是内心平和的，面容祥和的；而后者内心是经常处于激动亢奋之中的。我能感受到，前者讲述他们帮助他人的事件时，传递的是发自内心的喜悦，而后者传递的是痛苦结束后的宽慰。两者最大的区别，是关注点不同，前者关注自己的内心，后者眼光放在别人的痛苦和烦恼上。

一个人的幸福感，来自良好的社会关系，当然也包括亲密关系。一个人一生要处理好三种关系：与他人的关系，与外界的关系，与自己内心的关系。

对于他人要接受和包容，要处理好与他人的关系，首要是做好自己，很多家贫的人自卑，是因为对自己出身的不接受，他们要提升自尊水平，再去接受和影响他人。如果你看到这个社会到处都秩序混乱，哪里都需要改变和重塑，那么你很难处理好与外界的关系。对于外界，接纳和臣服，是正确的选择。认识它，接纳它，有力量时去改造它，但很多处理不好与外界关系的人，内心充满了抗拒和征服欲。与自己内心的关系，是最难处理的，因为太多的人为了功名利禄忙碌奔波，而没有认真地考虑过自己内心真正的需求，或者说也许从没关注过自己的内心。很多人追求快乐，将快乐建立在物质追求上，结果得到的是世俗目标达成后的空虚，而内心真正的需求是喜悦，不是外界的评判与反馈。一个人的幸福，一定是洋溢在脸上的，一个人的不幸，也都挂在脸上，无须多言，皆可洞察。

幸福感来自小小的感动

当今社会，很多人为了追求名车、豪宅、权力而不懈努力着，可牺牲了自己的爱好，牺牲了与家人的团聚时光，结果无论追求到了多少名权利色，依然不快乐。其实有时候，幸福感跟物质无关，跟权力无关，而跟一个人在生活中的一些"小确幸"有关，跟你的观察和体验有关。

培训结束，要从其他城市换乘航班，一位曾经因工作关系结识的朋友说要趁着转机的时候碰个面。朋友曾在武汉工作，后迁居到上海，也算故知，由于转机间隙还有时间，于是如约相见。疫情期间，登机前的手续比以往复杂，还好朋友熟悉，带着我办理登机安检，颇为顺利，比自己摸索省时不少，其间还享用了来自朋友家乡的美食。

飞机落地后打开手机，就看到一位同学回复的信息和语音，赶紧回复。赶上"6·18"，总想踩着节点占点便宜，于是将近期积累的书单发给同学让她帮忙购买，原因无他，同学热爱学习，工作认真，还是理财高手。当时她回复我，在开会，让我自己买，我还在想这个"便宜"估计是占不上了。惊喜的是，同学后来又询问我，哪些书名字迹潦草，需要核实；哪几本书缺货；哪本书可以凑单，问我需不需要。我赶紧回复。最终同学赶在12点之前下了单，还发了个朋友圈。其实毕业20年，只见过同学一面，但是她的认真严谨、热情乐观却是从未改变。

本打算自己打车去酒店，弟弟说他来机场接我，走到停车场已过零点，到达酒店已经凌晨1点，途中跟弟弟拉了一路家常，半年没见，弟弟瘦了一些，也成熟了不少。这么多年，我出门在外，老家的事情全靠弟弟和弟媳在张罗，而作为兄长的我基本上没有帮上什么忙。

有一位朋友是上海的成功人士，邀请我去做客，那时我已经飞机落地，赶紧回复抱歉，定下下次去的约定。手机里还有一个未接电话，我却懒得去回——这位朋友很多年前相识，前年通过朋友引荐，复又联系上，他有一个事情需要我们公司帮忙，于是我安排同事忙活了好一阵子，结果由于条件实在不能满足，于是如实相告，对方知道后什么都没有说，一句回复都没有。两年间没有任何的联络，近日又有事情，于是不断地发 QQ 信息，打电话，我简单回复他，这个事情我们条件不足，办不了。并不是我耍酷，而是我们每个人的精力是有限的，我们只能去团结那些可以和我们并肩一起走得更远、更久的人，而急功近利，只为一己私利的人，实在是没有时间去应付。

幸福，其实来自一连串小小的感动，值得感动的事每天都有，你缺的可能只是去感知的心情。烦恼来自你想去迎合所有人，但现实是很多人只是把你当作棋子，别为不值得的人去消耗自己有限的热情，也不要因为小部分人的冷嘲热讽而迷失了自我。

有舍有得，方可从容，点点喜悦，幸福人生。

别让不好意思害了你

人类自诞生以来，就面临各种各样的竞争与威胁，来自其他动物种群的，来自大自然的，更多的是来自同类的。远古时代，太多的竞争均是你死我活的竞争，很多竞争的结果就是置对方于死地而后快。现如今，一些落后国家或者欠发达地区的竞争依然如此，这也是那些流血冲突发生的原因。

进入工业社会，再到如今的后工业化社会，由于生产力的极大提升，社会物质资源的供应极大充足，人与人、国与国、种族与种族之间的竞争虽然没有那么残酷，但竞争依然无处不在。

竞争的存在，是由于资源的短缺。人类的欲望随着社会的进步水涨船高，资源的短缺也会一直存在下去，因此，竞争是人类社会的一种常态。造成此现象有两个原因：一方面是人异于其他动物的本性的根本特征，即思考和想象；另一方面是因为人的社会属性，人是群居动物，群居就会产生对比，有差异就会产生不平衡，有不平衡存在，就会有人想去弥补差异。

既然资源的相对短缺会一直存在，那么竞争就会一直长存，因此如何面对竞争，如何在竞争中取胜，如何在竞争中保持相对优势，会是人类毕生要面对的问题。很多人，解决了温饱问题，最低层级的欲望得到了满足，就开始享乐，忘记了风险的存在，也忘却了人更高层级的需求——精神满足，最终溃败而亡。历史中的很多人物，以及许多王朝的衰亡即是此理。人类社会的进步，是由人的欲望推动的，但当欲望降低到原始状态的时候，危机就会离你越来越近。还有很多人为了避免竞争，将自己封闭起来，或者将自己置于狭小的空间内，选择性地忽视自己的缺点和不足，沉溺于妄自尊大、孤芳自赏的感觉，久而久之，最终也会被突如其来的竞争打败，或者独自枯萎凋零。

资源会永远短缺，竞争不可避免，因此就必须要保持相对优势，要在竞争中生存，在竞争中前进或者取胜，必须要克服封闭的心态，发挥想象力和思考力，并不断地主动出击。

既然竞争无处不在，那么逃避竞争，就是最不可取的态度。由于人的需求会随着环境的变化不断发展和膨胀，那么逃避很难解决竞争带来的诸多问题。一些人的不进步，甚至倒退，直至失败，其实是来自不愿竞争的心态，外在表现就是"不好意思"。

当有一个竞聘机会的时候，你不好意思报名；当有一个心仪的女孩出现的时候，你不好意思表达爱慕之情；当领导进行调研的时候，你不好意思说真话；当企业有困难需要克服时，你不好意思去承担；当创业机会来临时，你不好意思放弃看似舒适的安乐窝。于是留给你的就是机会一次次地错失。

但凡世上能够做出大成果的事情，都不是水到渠成的；凡是人人都想要的东西，都是稀缺的，有稀缺就会有竞争，也许你什么都不缺，缺的就是一点点的勇气，尽管勇气也许只占1%的因素，却是最关键的因素。

面对竞争，面对机会，也许你就有出人头地的可能，但别让"不好意思"害了你，空留遗憾。

战胜恐惧

世间有许多人，智商很高，情商也不低，却碌碌无为，其中原因有很多，但缺的可能往往是面对逆境时的大无畏的勇气，即所谓的"逆商"。人在内心深处是渴求稳定，恐惧变化的。这个世界，无时无刻不在发生着变化，环境在变，他人在变，自己的年龄在增长，身体在衰老。要保持一个动态的稳定，我们必须不断地改变，去适应环境、适应他人、适应自我。

智商是决定我们有多大能力的前提；情商决定了我们能否顺畅地与他人合作；而逆商决定我们是否有变革的勇气，是否有大无畏的精神战胜困难。逆商低，外在的表现是恐惧，是害怕改变，优柔寡断和犹豫不决。恐惧并不等于胆小，胆小的表现可能是谨慎，但不会是缺少勇气。

一个既有能力又有合作意识的人，有可能因为他人的阻挠而放弃自己的目标，因为迎合他人的需求而迷失自我，为了博得别人的好感而放弃自己的追求。他们每天忙忙碌碌，看似人际关系良好，但最终却无法坚持自身的立场、坚持自我的选择、追逐自己的目标，最终"拼命想为每一个人好，但却没有一个人说自己好"。

恐惧，是阻碍人从平凡变为非凡的拦路虎。许多人得到提拔的机会，却恐惧要承担更多的责任，于是轻易放弃；许多人想去创业，但恐惧创业的失败，而没能坚持；有些人遇到心仪的对象，恐惧被拒绝而不敢表白；还有的人，面对矛盾，因恐惧而选择逃避；还有的人恐惧批评，始终不敢尝试新鲜事物，最终无法成长；还有的人太过在乎别人的眼光，恐惧异样的眼光，处处迎合他人，丧失了独立的个性。

恐惧的根本来源，是远古人对于生存的渴求。在群居时代，只有首领具有领导族群的特权，如果一个人特立独行，那么就可能因排斥异己被赶出族群。在禽兽出没的远古时代，单个的人力量太过弱小，必须听从统一指挥，集合众人力量才有生存可能。在恶劣的生存环境下，任何一个意外都可能导致丧生，远古人必须保持高度的警惕，躲避各种横祸和危险，才能存活下去，保证基因传承。因此，存活于现世的我们，基因里已经深深地埋下了恐惧的种子。

现代社会保障措施良好，生存的威胁其实早已不再存在，但是我们基因里的恐惧依然操纵着我们的大脑。买房，就像寻找一个安全的山洞；存款，就像拼命打猎存过冬的食物；聚会，就像在篝火边跳舞，以证明彼此是同类。当生存的威胁解除时，内心的恐惧不再是保护我们的因素，而是束缚我们变革的枷锁。我们追求安全感，但是拥有太多的金钱，拥有至高权力的人，安全感并不比普通人的安全感强烈，就是这个道理。

恐惧，让我们优柔寡断；恐惧，让我们裹足不前；恐惧，让我们麻木不仁。你有恐惧吗？你惧怕恐惧吗？你能够战胜恐惧吗？

与自己和谐相处

一个人活在世间，要获得内心的满足，必须处理好三方面的关系：与他人的关系，与外界环境的关系，与自己内心的关系。其中最难处理好的是后者。

与他人的关系，要达到和谐融洽，就要学会换位思考，为他人着想，就要克服人性的弱点。除了学会换位思考外，还要提升自己的能力，毕竟意愿再强，没有能力，也只能算作一个老好人。

与外界环境的关系，取决于看清事物的本来面目并不断适应的能力，例如一个人从北方来到南方，是否能够适应南方的天气、饮食和人际关系。当一个人弱小时，只能去适应环境，毕竟现实是很难改变的；当一个人强大到一定程度时，可以用自己的影响力去改变环境，但这样的人毕竟只占少数。一个人如果有太多的不可以去做，那么适应环境的能力一定偏弱。

三种关系中最难处理的是与自己内心的关系，即独处的能力。现代人的失眠、亢奋、封闭，无不是因为与自己内心和谐相处的能力较差。有的人不接纳自己的过去，逃避自己过往的经历，有的人家庭贫苦，于是百般掩饰不愿提起过往；有的人内心脆弱，不喜欢别人对自己评头论足，将自己封闭起来；有的人一味地想博得外界的好评，铆足了劲去迎合别人，结果迷失了自己；有的人为了表现自己的强大，为了与众不同而特立独行，听不得任何人的意见和建议，坚持着自己所谓的原则和底线，变得固执，甚至偏执。

难以与自己内心和谐相处的人，最终也很难做到与他人和外界和谐相处。他们与他人关系看似融洽，但却大多是装腔作势，内心无尽委屈；他们与外界相处，处处去适应环境，屈从外界的压力，却压抑了自己的内心，自然不会感到开心和愉悦。

一个人要真正与自己的内心和谐相处，就要学会接纳自己，接纳自己的过去。发生的，已经无法改变；接纳自己的现在，才是能够把握的；接纳你的未来，对于未来可能的得与失进行取舍，并果断地放弃或不懈地追求。

很多人不愿意提自己的童年、家庭和成长经历，这其实是在逃避一个问题，即"我从哪里来"。世间每一个人的生命都是独特的，很多人只看到了自己不如他人的地方，看不到他人不如自己的地方、自己所特有的地方，这样的人一般会显得脆弱或者懦弱。

现代人容易过度社交，与他人相处时，神采奕奕；自己独处时，则狂躁、忧伤、失眠多梦。这其实是不能与现在的自己和谐相处，要么是想要得太多，行动得太少，或者说能够用于交换的资本太少。还有就是不知道自己当下的真正需求是什么，而是看到别人有什么，就认为自己必须有什么。这样的人会显得非常盲目、多变，性格怪异的人多属如此。很多人与他人相处，总抱着无限憧憬而去，明明自己的交换资本有限，却总想着从别处得到巨大回报，最终失望而归时，变得歇斯底里，敏感异常。

活在他人眼光里的人，总在考虑别人的需求是什么，为了博得别人的好感或者好评，不惜牺牲自己的利益而去博得别人欢心，却丧失了自己的原则、追求和个性，最终他人难受，自己苦闷，"总想着为所有人好，但最终没有一个人说你好！"这句话就是写照。一个没有未来，不能创造未来的人，是很难有影响力和吸引力的。没有目标，没有对目标的执着，没有舍弃的勇气，总想着逢迎他人，迷失自己，是不可能有未来的。只为自己活，会显得自私；只为他人活，又没有生气；燃烧自己，照亮他人,才是良方。

与自己和谐相处,要接纳自己的过去,要心无旁骛地把握好当下,要有执着的追求,学会取舍,学会不趋炎附势地看待他人的眼光。毕竟只有你强大了,别人才会高看你;毕竟你对别人有用了,别人才会善待你;毕竟你变得光彩夺目了,别人才会喜欢你。与自己和谐相处了,与他人和环境的关系才能变得融洽。

每一个生命都是独特的,不要把自己变得和众人一样。一个人的命运由自己掌控,与他人无关,接纳自己,需要一点点智慧,更需要的是勇气。

一个人开始承认自己弱小的时候,才是他变得真正强大的开始。

有一种病叫缺爱

世间诸事最原始的推动力量是爱,甚至创新的推动力也源于爱,但却有一类人,因为缺爱,表现出种种"症状"。

玻璃心

有一类人,遇到挫折后就自怨自艾,独自伤神。他们经常会制定各种宏伟的目标,却总是习惯性地放弃,目标的制定和达成的过程中受到很多外界的影响和干预,大多时候要么是冲动地决定,轻易地放弃,要么是不顾一切、背水一战地坚持。当别人给予阳光时,花枝招展;被否定时,脆弱得不堪一击。此类人的目标是"证明",所作所为均是为了证明自己给别人看,结果忽略了自身真正的需求。久而久之,他们练就了一颗晶莹剔透,但易损易碎的玻璃心。这类人成长的家庭里,一定有一对苛责的父母,永远能从孩子的身上挑出毛病,给孩子的永远是严格要求,却总缺乏表扬肯定。这类孩子总在追求完美,遇到任何瑕疵都会产生极大的挫败感和焦虑感。

暴脾气

世间有一种人,脾气一点就爆,遇到一点儿小事就火山爆发,事情有点儿不顺,就要找人拼命干架,本来可以小事化了的事情总被他搞得不可收拾。这样的人往往难以有良好的社会关系,家庭关系也一般不佳,因为动不动就撕破面子的歇斯底里会得罪太多的人。他们内心装的不是爱和宽容,而是恨和恐惧,他们必须表现得貌似强大,才能找到存在感。这样的人,童年一定生活在父母强势的家庭中,父母管教小孩靠压制,压制不得就靠暴怒,最终小孩永远活在父母的意志之下,迷失了自我。成年后他们就一直在寻找自我,如果对方没有按照自己的意志行事,就走上父母的老路，复制暴怒。暴怒是外强中干的表现，究其原因还是缺爱，他们要用暴脾气驱赶内心的恐惧，却最终不得如愿。

行为异常

世间总有人经常做出一些惊世骇俗之举，让大家看他犹如异类，凡是在一个集体内破坏团结的，跟领导作对的，不合群的便属此类。这样的人在上学时往往是最调皮捣蛋的，他们干的事情可以归结为"损人不利己"，常人往往难以理解他们为什么喜欢搞事，却无所企图。此类人的童年有一个特征，就是被忽视。他们或者是父母不负责任，或者是从小就被寄养在爷爷奶奶或者亲戚家，他们做些惊世骇俗之举无非是为了引起别人的关注，或者博取关爱。

佛系

佛系这个词，被我们现代人彻底"玩坏"了，我们往往用其形容"与世无争，这也可以，那也可以的人"。这类人往往存在一个共同的特点，即衣食无忧，毫无生气。他们在现实生活中显得被动、无积极性，缺乏激情和动力，更深层次的叫爱无力。他们不谈恋爱，不走入婚姻，不愿意生养小孩。很多权贵或者富裕家庭的孩子容易走入如此境地，原因在于他们的父母整日追求权力和财富，以为给子女创造优渥的生长环境，给予足够的物质基础就已尽到职责，却忘记了去呵护子女的心灵。父母对孩子的有求必应、及时满足，最终会导致孩子认为，自己该有的都有了，还需要去努力和奋斗吗？可悲的是，在我们国家经过多年的和平发展之后，这样的趋势在普通的家庭有蔓延之势。

一个眼里装满了物质和世俗的人，他的孩子往往也会如此，毕竟敢于反抗父母的孩子只有极少数。太多的父母以为自己辛苦努力，就是为了给孩子创造优越的环境，但是我们不要忘了，种子才是长成参天大树的根本。人其实不仅仅是为了物质财富而活，还要为精神财富而活。富裕的家庭，给子女留够足够的物质财富的同时，还要给孩子注入足够的血性。

爱的反义词不是不爱，也不是恨，而是恐惧、压制、无视。朋友，你心中有爱吗？你能给出去爱吗？

释然

人与人关系紧张，很大一部分原因是对他人的不认可，以及对自己的不接受。我们如果不经过后天的训练，就只会与自己性格相近的人产生共鸣，而对和自己性格迥异的人避而远之。

人的幸福感在一定程度上是与金钱挂钩的，但随着收入的增加，相关的程度会逐步降低。曾经有一位高人讲，他和别人交往，会从对方的行为方式中，探索背后的动机因素，如果知晓一些，他就会分析他人的性格特质和成长环境。当他弄清楚对方为什么有如此的表现后，就可以坦然平静地面对对方。但很多人，只愿意看到表象或者现象，而不愿意深究藏在背后的动机因素。

相较于接受他人，更难的是接纳自己，我们太多人往往会把精力用在满足自我的需求和欲望方面，而不是去思考为什么自己是现在这个样子。

很多人已经很优秀了，但是依然认为自己不够好，非要强迫自己去做超出能力范围的事情，每日疲惫不堪，但又停不下来。自己不接纳自己，就会变得不自信，要么自卑，要么自负。世间的每一个人都是独特的，但太多的人却热衷攀比，总希望和他人一样，从而忘掉了自身的与众不同，这才是很多人烦恼的来源。

其实我们每个人并没有想象中那么了解自己，因为我们把大部分的精力都投到了外在，只花很少的时间或者不花时间去研究自己。一个人的成长历程、求学过程、家庭环境、工作经历、兴趣爱好等因素都会对一个人的性格产生影响，其中原生家庭的影响最大，父母在家庭中的排位，自己在兄弟姐妹中的排位，是否独生子女，家庭中的秘密和亲人变故，亲人的非正常离世等因素，都对一个人的性格产生巨大影响。

与自己和解都需要后天的学习和训练，但太多的人为了生存或者为了生活得更好，却不去学习这些"无用"的知识，因此当"外在"的物质已经极大满足后，依然过得闷闷不乐。人的苦恼大都来自不接受他人，不接纳自己。

了解了他人，我们才能学会坦然地了解自己。学会这一切，你就会学会放下，学会释然，从而也就抓住了幸福。

第二章　态度决定一切

认知竞争

当今社会人与人的竞争，看似是家世的竞争、财富的竞争，抑或能力的竞争，但最终都是认知的竞争。

认知，即对某一特定事物的认识和看法、观点和态度，也可以理解为认识事物本质的能力。认知指导行动，深刻的认知产生的行动，接近于本质的认知产生高效的行动。认知改变，是一个人人生"开挂"的第一步。

一个年轻人到了适婚年纪，提到娶妻，首先要过未来丈母娘这一关，不少的未来丈母娘都不愿女儿受苦，要求男方必须准备一套房，于是，年轻人拿出辛苦工作的积蓄，加上父母从牙缝里省来的养老金，还有从亲朋好友那里借来的钱，凑了一套房的首付，开始了节衣缩食的房奴生活。在他的认知里，丈母娘喜欢的是房子，但喜欢就是有真实的需求吗，未必如此。现实中，太多的富豪年轻时一贫如洗，也照旧走进了婚姻，后来事业有成，家庭幸福；也有太多的人，房产十几套，家财万贯，依然找不到真爱。

两个人经过恋爱，走入婚姻，到底是为了什么？也许很多大龄单身青年并不清楚。有的人认为婚房是结婚的前提条件，于是拼命攒钱买房；有的人认为婚姻的前提是缘分，就痴痴地等着天赐福缘；有的人认为婚姻就是感觉，于是渴望着高颜值的异性向自己射来丘比特之箭。

但这一切，也许都是表象，恋爱的本质是"吸引"，只有自己足够优秀了，才会吸引来各方面都非常优秀的异性，但是太多的人却放弃了自我的提升，或者提升太慢。婚姻依然是围绕人这个本质，在东方社会，人们关注的是男性是否有担当，是否能够撑起一个家，是否能够创造财富，创造未来；女性是否能做到持家有序，教子有方。许多人渴望浪漫，渴望自由，也渴望婚姻，但却很难让愿意走进婚姻的异性判断出他们是否有如此的潜能经营好婚姻，于是单着，恨嫁着。

婚姻，是构建在未来之上的，是以人为中心的。一个人要将一生托付给另一个人的时候，其实是要将一生寄托于对方的未来，寄托于对方能够创造未来，在未来创造物质财富、精神财富，创造幸福的能力。别人将未来托付于你，托付的则是希望，托付的中心依然是"人"，托付给的是这个"人"的理想与梦想。如果作为中心的"人"看不到未来，那么退而求其次，就会渴求现在，能看到的都是现在——车子、房子、票子，看不到的才是未来——理想、梦想、希望。作为两辈人，丈母娘更看重当下，而子女更看重未来，其实房子，并不必是婚姻的必要条件。规划未来，需要有想象力，但太多的人只用上了眼睛，只盯着当下。

人跟人的差距，是认知的差距，更是认知架构的差距。很多人在某方面取得一定的成就，但是人生其他方面依然混乱，实则是体系不够健全。

幸福生活，建立在深入全面的人生认知体系上。

思维模式改变人

某日，与一个朋友聊天，他说工作多年，辗转于多个单位，如今有些迷茫，不知道选择什么样的岗位，他想要找一个好的平台，但却不知道什么样的平台是好的。

大家的时间是宝贵的，我就直抒胸臆，说了我的看法。我说，你待过好几个单位，说平台都不如意，那么这个平台是不是你选择去的？他说是的。我说，有没有想过是不是自己身上有一些地方，不足以被优秀的平台吸引，或者自己对优秀的平台认识还不够？他一开始不置可否，最终还是点了头。

当今社会，我们太过于看重资源，看重关系，看重学历，但是却很少反省过自己的思维模式。我曾在公司开会讲过，我们很多的同事学历并不高，工作也不卖力，如何得到自己想要的一切？遇事不顺，有的同事认为是对他的歧视，耿耿于怀，积怨久了，就拍屁股走人。如果我们学历不如人，能力不如人，我们可以用刻苦去补上。但如果看到别人的长处，通过对比，总是心情郁闷，那是自寻烦恼。

有的人进到一家公司，总是看到这不规范，那不满意，于是整日闷闷不乐。但是如果换一个思路，通过改变自己去影响他人，通过正确的渠道提出意见去改变，使公司解决了问题，岂不更好？如此还能体现自己的价值。

其实现实中的很多事情，换一种方式去看待，就能得到截然不同的结果。很多人看到的往往是负面的东西，不外乎过多考虑自己的利益得失；不愿意承认自己的不足且懒于改变；索取的心态太盛而给予的心态不足。总之，遇到事情就把自己的责任推得一干二净，然后将不作为的原因归结于他人和外界。

思维模式的改变，不仅仅是转变一个方向而已，更重要的是要有强大的内心和无畏的勇气。认识到自己的不够好，承认自己的缺点和不足，这本身就需要自信。但人性的自恋，使很多人不敢也不愿意暴露自己的不足，很多人甚至宁可藏在一个套子里，过着暗无天日的生活，也不愿意享受阳光的普照，他们的理由是阳光会刺伤人。

如果抱怨自己收入低，想想到底是公司发得少，还是自己赚得不多；如果自己没有被提升，可以和上级对比下，自己缺什么优秀的素质，而不是熬了多久；想去创业，不应该去担心自己没有什么，而要看到自己有什么优势，能把什么发挥到极致，以及能够争取到什么。

世界一直都是它本来的样子，你很难改变别人，你能掌控的只有自己，能够最快改变的是自己的心态，最重要的是改变自己的思维模式！

知识分享的意义

听一位教授授课，教授给出了一个观点，就是知识分享是社会进步的最大推手。我们以前说社会进步是由于生产力的提升，但仔细一想，这还不是最根本的原因，而只是次生原因。

回想下，在印刷术没有普及之前，读书只是少数权贵阶层的特权，普通人是没有办法读书的，无法读书，那么知识就无法普及。很多的手艺靠师父手把手地教授，甚至还有传男不传女的传统，使得很多的知识和经验无法广泛传播，况且很多的手艺人也不识字，无法将知识和经验记录、传承开来。

在手抄书的年代，知识没有办法广泛散播，造成社会进步缓慢。但如今是信息爆炸、知识泛滥的时代，知识唾手可得，但是太多的娱乐休闲活动占用了人们的时间，太多的屏幕吸引了我们的注意力，使得知识的获取依然不易。

再说到知识分享，我来引申一下，这对于一个人来说，是不断提高个人价值的重要推手。一个人的价值,有时候和你占有多少物质财富和精神财富的关系并不大,而在于你影响了多少人,帮助了多少人;一个人的成功,亦是因为有多人愿意你成功,帮助你成功。因此,一个人的影响力对他的成功帮助很大。

知识分享,是扩大影响力的重要方法。首先,你要有价值,要有足够的知识储备,有鲜明客观的观点,有把一件复杂事物"肢解"的能力;其次,要有开放的心态,愿意分享,愿意帮助他人,愿意惠及更多的人,两方面都缺一不可。

近几年,我从一个寂寂无闻的创业者不断成长,再回头对照教授的论述,其实一直在做着知识分享的事情,而且是原创的,尽管观点可能有时候有点偏激,但思考却一直伴随着我的写作和分享。最初,我在朋友圈写作,一方面是为了锻炼我的能力,另一方面是为了让"大众"监督,但无意中却做了知识分享的工作,间接帮助了一些人看清了一些事物,进而我的影响力也慢慢地提升起来。

有时候拜访朋友,很多朋友说:"我一般不看朋友圈,但会看你的,或者会看几个人的,而你是其一。"这些话让我如坐针毡,原本我只是将发朋友圈当作一个爱好,或者兴趣,有时候随意为之,也不重质量,但现在我迫使自己尽量写出高质量、有价值的文章。朋友的期许,变成了我进步的最大动力。

做一个有深度的人,提升自己的价值;做一个正能量的人,持开放的态度,干创造和传递价值的事,最终你会使得众人刮目相看,最终你会变得很不一般。

概念清晰、人云亦云和科学思考

以前提到坚毅,我们会用"有毅力的坚持"解释,通俗点则会用"傻傻地坚持"替代,但我们真要去做一件事情的时候,依然没有毅力和意志去坚持,也做不到"傻傻地坚持"。有一天,我读了一本叫作《坚毅》的书,才知道坚毅有六层含义。

同样,情商二字,绝对不仅仅是情绪的管理能力,也不只是换位思考。情商的提出者,出了一套五卷本的《情商》。同样地,情商也有六层含义,包括自我激励能力等。概念不清,概念理解得不深,最终也很难指导好实践。

以前碰到一位年轻的老板,他说他很焦虑,我说为什么很焦虑,他说公司有30多人,他感觉有点失控,因为他不能同时知道他的每一个员工都在做什么。我说没必要人人事事都要你管啊,他说那怎么行,不管他心里不踏实,我也就没再多说什么。

管理的终极目的是不需要管理,团队里的每个人都知道自己的目标,并能找到达成目标的方法,有步骤有计划地进行。人其实是不愿意被管理的,但需要被指明方向，给予激励，给予反馈。年轻老板一定知道管理的相关概念，但是却没有接受，没有深刻的理解，因此行动与概念相悖。要深刻地理解一个概念，要有一定的知识储备，要有一定的领悟力，还要有一定的实践经历。例如你给一个男人说生孩子的痛苦，他绝对没有一个生过孩子的妇女领悟得深刻。

"人云亦云"，为什么要提到这个词语？因为现实中太多的人自认为自己做的都是正确的事情，应该做的事情，但很少去思考为什么要这样做，到底在做的事情是否有价值、是否正确。其实我们都很盲从，放假时高速路上的拥堵，景区的爆满，都是盲从的结果。

一个人未来是否能够成就一些事情，跟他的三观有很大的关系。有高人讲，一个不读书的人，他的世界观来自他最要好的十个朋友。很难想象一个保安能和一个上市公司董事长或者市长成为朋友，因此改造自己的世界观，最快的捷径就是读书，通过自我提升更新自己的朋友圈。老的物件用了顺手，老的朋友相处舒服，但老的事物给予的帮助却有限。相伴一生的朋友，有两种原因：一是两者共同成长，二是两者共同不成长。只要一方不成长，就没办法做长久的朋友，做朋友是因为三观相近，这个道理同样适用于夫妻。

破除盲从，破除人云亦云的方法就是学会科学地思考，客观地思考，但太多的人只会做相悖的事，你瞧不起我，我还瞧不起你呢！你批评我，我恨死你，我跟你绝交！你给我提意见，我到网上去骂你！这其实都不叫科学的思维。

你瞧不起我，我努力干出成绩让你瞧得起；你批评我，批评得对我接受，批评得不对我坚持我自己；你给我提意见，我接纳，找高人咨询是否客观，试试看看效果如何，对的坚持，不对的再修正。

现实中我们太多的人脑袋里只能装下一个观点，就是自己认为正确的观点。一位哲人曾经说过，一个人成熟的标志是脑袋里能否装下两个截然不同的观点。你在做着传宗接代、生儿育女的事情，但不能说出家修行的人就是做出了错误的人生选择。你认为追求舒适、贪图享乐是人生，但不能说殚精竭虑、勤奋拼搏的人过的就不是人生。

学会科学思考的人，都练就了心静如水的心态；每天胡思乱想的人，总被各种欲望驱使，很难做到从容淡定。会科学思考的人，知道自己需要什么，追求什么，放弃什么，拒绝什么，活得一般都比较洒脱快乐；不会科学思考的人，知道自己要什么，还要什么，别人有什么我就要有什么，每天都想着"我要，我还要"，但很难做到放弃、放手和放下，显得疲惫不堪且疲于应付，手脚不会停止，心里也很难宁静。

思想的贫穷

前些年,在一个聚会上认识一位年轻的女士,后来基本上没有交往,但加了微信。约一年后,我收到了她的微信邀请,说"世界那么大,我想去看看"。她打算去趟国内某景区,但经费不足,希望朋友们众筹,还列出了某某老总等已经资助她的金额数量。本来对于这位女士有点好感,但由于不在一所城市,没有交往,也没有深入了解,收到这个微信,一股厌恶感突然萌生,于是我果断拉黑了她。

自从有了众筹这个概念,很多事情都开始众筹。对于某些事情,众筹的方式的确起到了极大的正向促进作用,例如有些创业项目的众筹,筹措的资金帮助了热血创业青年,某些医疗筹款帮助很多低收入家庭战胜了病魔,挽救了珍贵的生命,但"众筹"的滥用,也引起了不少的非议和负面评价。

但凡看到某些筹款的信息,有交情的,有共同情感共鸣的,我多少会捐一点钱。但是如果有人让我去转发他的众筹链接,我基本上不予答应。一来判断不了真伪,二来我不想因与我不相关的事情打扰我的朋友,消费朋友们的善良。病可能是真的,但患者家是否有自救的能力和实力,我无法判断。

在人世间,我们要分清楚几种事,一种是自己的事,一种是别人的事,还有一种是社会的事,分清楚后,很多的事情思路就清晰了,即使求助后遭到他人拒绝,也会坦然很多。自己的事,与他人无关,尽量不要去给别人添麻烦。前文提到的女士去旅游,属于自己的事,量力而行,想旅游,旅费自己赚,有足够多的钱,出国,甚至上火星都可以,但你得花自己的钱,而不能让别人众筹(施舍)。

还有一次,一位女士发来一个链接,说她要与女儿参加某夏令营,要我支持。我与此女士从未谋面,毫无交情可言,想了很久后,我回复了一句"花自己的钱去",对方来了句"多少都可以"。就她朋友圈发送的内容来看,她的经济状况应该不错,我不知道她是想消费下她的人脉,还是想考验下她朋友们的人性,不管怎么样,我屏蔽了她。

自己的事情,自己去扛,跟别人无关,但有些事情发展到一定程度,就与他人有关了。例如突发疾病倒地的老人,还有丢失财物无法回家的流浪者,等等。可悲的是,现在很多人靠消费人性的善良"发财致富",进而助长了社会民众的冷漠。以前遭遇乞讨,由于怕被骗,我基本上也是抱爱莫能助的心态,现在看到了,也丢个十元八元,万一遇到的事情是真的,相当于帮助了人,就算被骗了,也承担得起。

还有一类事情，属于你想干干不了，但是他人去干会干成，别人求助到你，这类事情大家众筹一点，是可以接受的。例如戈壁滩徒步，凡是求助到我的，有点交情，或者没有交情，我都会支持下。我想办，办不到，别人去办，精神和意志鼓舞了我，本身也是一种相互加持。

孙中山干革命，仁人志士慷慨解囊；抗日战争，多少华人华侨捐款捐物，这些事情是人民的事情，是中国社会的事情，我们领不了头，但是我们可以量力支持。汶川大地震、新冠疫情等这些事情，作为民众，我们可能无法奔赴前线，但是可以根据自己的实力捐助一点儿共渡难关。

还有些事情，是自己的事情，自己的确有困难，向亲朋好友求助是没有问题的，但是要扪心自问，自己是否曾经帮助过他人。如果帮助过，估计求助可能会得到回应。我一个朋友出书，都会得到朋友的资助。因为他有大爱，曾经帮助过不少人，尽管出书是他自己的事情，但是朋友们都愿意帮助他达成心愿。如果你从未帮助过他人，估计也很难有人帮你。不要因私事上的困难，去求助毫无交情的朋友，你不该提，别人也没有义务去帮。

回到标题，一个人的贫穷，绝不只是物质上的贫穷。物质上即使贫穷，但精神上很富裕，也会很快乐幸福。物质上优越，精神上贫穷了，也会烦恼不断，苦恼缠身。一个人精神上富裕了，如果他愿意努力打拼，迟早物质上也会变得富有，就是物质上收获不多，也不会影响他开心快乐地生活。

但如果是思维上贫穷了，估计物质和精神方面都不会富有，也许物质上富有了，但仍可能过得郁郁寡欢。

舍弃和放下

当你两手都抓着东西时，你就无法再去抓取更多，除非你把当前手里的东西放下。一个学不会舍弃和放下的人，能够得到的只有当下，永远无法得到更多。

老朋友曾经给我推荐过一个人才，见面后洽谈，感觉个人能力和待人接物都很不错。他凭着多年工作经验和积累的人脉，从事贸易工作，注册了公司，每年赚取的利润足以让他和家人过得衣食无忧，由于公司没有其他人员，时间上也没有约束，不忙的时候可以来个说走就走的旅行。但苦恼总是有的，因为他的事业梦想无法实现。多年后，他的同学朋友有事业小成的，拉他入伙，他也动心过，考虑过，也行动了，但最终尝试过三四次后，都没有坚持下去，因为他无法放下自己的生意，遇到冲突和矛盾时，又习惯性地退了回去。

距离第一次相见过了四年，看朋友圈他就在我附近，我又约他一起交流。四年过后，他依然和当初一样，在四处寻找着机会，每一次都进行了尝试，但是却因为无法克制自己对金钱的渴望，而习惯性地放弃。当时他正在帮朋友一个忙，也感觉合作起来总是有这样那样的不快，准备干完项目就离开。

很多时候，我们之所以没有改变，没有成长，并不是因为我们没有机会，而是机会太多了，每一次我们都无法全身心地投入，最终每一次都只是浅尝辄止。放下靠勇气，舍弃靠智慧。人生本就是一段不断舍弃和放下的旅程，只有舍弃和放下，才能轻装上阵，走得更高更远。

舍得不仅仅靠勇气

某日宴请一位圈友，线下第一次见面，相谈甚欢。他拥有博士学位，做博士后两年，在一所名校取得了副教授职称后，毅然离开武汉到沿海发达城市创业，现在担任一家高科技准上市企业的总裁职务。问他为何会做出如此重大的决定，他回答得风轻云淡，说一切顺其自然。不过想必他在放下优渥的生活、令人尊敬的职位、温暖舒适的家庭时，还是做过一番权衡的，最终决心战胜了忧虑。

某日，拜访一位刚刚上市公司的董事长，祝贺他的公司成功上市。他利用召开国际线上会议的间隙接待了我，给我讲了他创业 20 年来的两次投资失误，一次是损失两千多万元，另一次是一个项目连续亏损三年，他说的时候心如止水，好像在讲别人的故事一样。他说，回顾过往，尽是辛酸，而今只想把事情做好，为了公司全员的未来努力。

现实中，我们太多人追求个人成功，很多人总是考虑占有多少，而不思考能付出多少。为了一点儿蝇头小利的得失，捶胸顿足，如何能承受大起大落？

还有一位朋友，在一家事业单位担任重要职位，该职位给他带来足够多的荣誉、极高的尊重，还有很多的便利，可他义无反顾地离开原来单位，选择做一名自由职业者。在我看来，他根本没有抉择的痛苦，更多的是从容淡定和洒脱。很多人说他是傻子，离开了原来单位，积累的一切都会化为乌有，但现实是，他长久以来形成的个人魅力，足以让他过得洒脱自在，衣食无忧更是没有问题。

现实中，我们太多人舍不掉，放不下，脱不开，并不主要是缺乏勇气，而是不清楚自己真正想要什么，想要的程度有多强烈；把得失看得太重，看不到自己在未来能得到什么,而只看到自己当下拥有的;再就是不够自信,无法相信自己在丢掉一些东西之后,能够创造更多。

只有勇气叫鲁莽,有了勇气和智慧,才能做到收放自如。

无知和无知无畏

前几日读完比尔·盖茨先生推荐的《事实》一书,书的开头提出了关于当今世界的 13 个问题,但来自全世界有代表性国家的抽样调查给出的答案的正确率,甚至不如黑猩猩随机给出的答案。我们总是过分相信自己的大脑,但是我们的大脑往往没有那么靠谱,很多的时候大脑会欺骗我们,甚至很多时候,我们表现得比想象中还要无知。

尽管世界上的局部战争依然时有发生,暴恐事件没有绝迹,但是我们生存的地球依然在逐渐变好,人均寿命在提升,意外死亡率在不断下降,但由于媒体和互联网热衷于报道负面新闻,更多的正向事实被忽视。一架客机由于恶劣天气坠毁是一条新闻,但一架飞机安全落地,大家都认为理所当然,更不可能成为一条新闻,甚至连一个谈资都算不上。

一个人的愚昧和偏见,均来自无知,但人要生存,要活着,必须要去做自己认为正确的事情,但做的事情是否正确,很少有人去思考。一次携妻儿参加了一个诗会,要返程了,妻子说还没有举办诗歌的交流和讲座就结束了。我说诗人们在云间漫步,诗歌的创作都已经完成,发布在朋友圈,晚间酒席间的吟唱,小憩时的交流,诗会已经圆满地完成。诗会,就是诗人的聚会,并不只是排排坐开个诗歌交流会。

以前码字,我不敢尝试诗歌,因为我认为诗歌不是常人能够去尝试的,直到读了一篇文章,说衣食无忧的人追求精神层面的生活,直抒胸臆、表达感情的文字就是诗歌,甚至压抑自己感情的文字,也叫诗歌,于是我开始尝试创作诗歌。尽管现在的水平依然是业余中的业余,但管他那么多,自娱自乐也人畜无害,任他人去评说。

开始写作,始于朋友圈,后来开通了公众号,到如今还吸纳了不少粉丝。我们都以为写作是作家的专属能力,其实是错误的认知。曾经有一位成名的作家对一位文学青年解答如何写小说,就说了一句"开始写啊"。任何事情的成功,都是 99% 的努力,加上 1% 的天赋,但我们更愿意放大天赋,而不愿意去行动,把自己的无所作为归结于没有天赋,而不愿意承认自己懒于行动。

十年前,一位朋友说他打算创业,说等有一个大的项目落地,赚到的利润能够支持新公司两三年的运营费用就开干。但是十年过去了，朋友依然边抱怨边上班，很多个差一点就成功的项目依然差一点就成功。当初我离职创业时，手头也并没有十拿九稳的单子，而是很多朋友知道我开公司了，开始介绍项目给我，慢慢地公司也就活下来了。到底是先有项目后开公司，还是先开公司后有项目，如果不勇敢地跨出第一步，不要说成果，连探求答案的资本都没有。

人与人的差别，不在于无知，而是基于无知基础上的无畏。如果我没有无畏地走出那一步，估计现在依然在原来的单位一边抱怨着，一边不情不愿地敷衍着工作，早就变成了一个怨夫。

我对朋友说，我的改变，第一步始于创业，第二步在于走进培训课堂，在老师的引导下从无知变得有知，开始阅读老师推荐的书目和讲义中引用的书目。从开始的艰难阅读，到如今的广泛阅读，再到动笔写作，一步一步深入下去。

很多人不去培训上课，不去阅读学习，有一个理由就是老师讲的都是骗人的，书上写的都是假内容。我其实想说，你不听，你怎么知道老师是"骗子"？不读几本书，怎么知道什么书是好书，什么书是坏书？我也读过一些价值不高的书，那是后来读到一定程度，有了分辨力，才辨别出来的。不开始阅读，只会人云亦云，永远没有分辨的能力。

我现在也在写作，花费不少的时间和精力去写作，肯定是想把我认为最有价值的东西展示出来，如果不是，我完全可以去干其他有价值的事情，我想很多的作者或者作家估计有和我一样的初心。

有一位应届硕士生，毕业后就结婚生子，等小孩三岁时找了一家单位上班。年底时抱怨在单位的收入不够她养家糊口和还房贷，还要伸手向家里要，愤而辞职。

职场上，老板是为结果埋单，而不是为学历埋单，也没有人规定硕士生刚毕业赚取的薪水就必须能满足他所有的欲求。有的人只想着赚钱，却不提升自己赚钱的能力。老板谈理想，他说画大饼。冯仑讲过，好的老板，既谈钱，也谈理想，但如果你眼里只有钱，没有理想，那么老板的理想就成了你眼里的大饼。

我们人人都是无知的，特别是在自己不专业的领域，要治愈无知，就要去行动，行动的前提就是无畏。但现实中思想上是巨人、行动上是侏儒的太多，而行动上的巨人，最终都变成了真正的巨人。

无知其实并不可怕，可怕的是我们对于我们无知的无知，以及无所谓。

坚持到底

现实中，我们做很多事，起初都是信心满满、摩拳擦掌，但是往往在事情进展到中途的时候，就会习惯性地半途而废、偃旗息鼓。问题的症结在哪里？很多人说是意志力在起作用。但是实际上，很多的事情只靠意志力，是很难解决的，意志力通俗地讲是死扛，但死扛会使得人痛苦不堪，对于做成一件事情所起的作用有限。

一件事情能否坚持到底，来自对目标的强烈追求，取决于你是想要、必须要还是决心要。目标感强烈了，就会迸发无限的热情，催生源源不断的动力。对待目标，如果仅仅只停留在想要的程度，很多的事情往往只能想想而已。想得太多，往往会干得太少，很多事情都是干出来的，而不是想出来的。上天赋予了我们想象的能力，但是仅仅只是想象，很多事情是不可能办到的。

现实中，很多人缺少目标感，表现的就是无所事事，或者游手好闲。目标太多，实际上跟没有目标没有两样，尽管每天都显得忙忙碌碌，但是东一榔头，西一棒槌的，结果任何事情都是浅尝辄止，根本出不了成果。

曾经有一个同学说要向我学习，我说你学习我的勤勉就够了，有了勤勉，很多的事情都会变得容易。某日朋友聚会，公司的同事说，其他的我不佩服你，但是最佩服的是你的勤奋。我笑笑说，笨鸟先飞，勤能补拙，人"笨"一点，就不会想七想八，做事就从容一些，坚决一些，动作就会快一些。

曾经一个朋友跟我聊天，说你写作这么厉害，你孩子的语文成绩应该不错。但实际上，从一句话、一段话、一篇短文，直至到如今基本上每日一篇长文，业余码字这件事我已经坚持了4年。最初的时候根本不知道要写什么，于是就将眼光投向外界，多多观察；刚开始写的时候，语句不通，错别字满篇，但我并不在乎别人如何嘲讽；慢慢地，写得多了，写得长了，就写好了。

很多朋友问我，为什么一个做企业的要写东西，两件事好像并不相关？我私下跟朋友讲，做企业要有相应的能力适配，特别是做企业的领导者，不会去激发人、感染人、激励人，是做不好企业的。作为一名合格的或者说优秀的领导者，不会演讲，是做不大企业的。演讲不是私下唠嗑，不是说俏皮话，要言之有物、言之有理、言之有序。做好一场演讲，最重要的不是技巧，而是内容，取决于精心的准备，而读书、写作是一场马拉松式的准备，百米冲刺的准备是走捷径，但这个世界上并没有捷径可走，如果有，就是老老实实地做好每一件事情，关注每一个细节，每一步都要走好走稳。

任何的事情，要做到坚持到底，均来自对目标狂热的追求，有了狂热，所有的困难都会被克服，所有的方法都能被找到，能量棒永远都能够得到及时的补给。

坚持到底，并不是傻傻地等，痴痴地念，苦苦地熬，而是来自对目标狂热的追求。"要成功，先发疯"阐释的也许就是这个道理。

改变命运的几个因素

一次，跟一个做老板的朋友聊天，他说他近期开除了一个员工，这个员工我也熟悉，因此听到这个消息一点也不惊诧。朋友说，这个员工在公司干了三年，总想干惊天动地的大事，但是针头大的小事都干不好，也不愿意干，苦口婆心地劝告依然不起作用，最终忍痛割爱，痛下决心，劝其离开。朋友说起这个事情，仍非常地痛惜。一个人要改变，要提升，我认为有三方面的因素皆具备，才能凤凰涅槃。

第一，有一定的目标，且具有可操作性。

问一个人是否有目标，估计每个人都会回答有，因为每一个人都会有对美好生活的向往，但实际上很多人拥有的只是梦想，或者说只是空想，根本上不具有可操作性，要么过于高远，要么没有实现的条件。

我曾经招聘过一个年轻人，梦想很大，既想提高技术水平，还想去做市场营销，凡是接触到的任何事物都能立下宏伟的愿景，但现实中的小事却很难干好。现实中，他每天都很忙乱，很焦躁，于是三个月试用期结束前，我请他离开我的小庙去能安放他宏愿的大庙了。

一个人能否进步，不只是看他是否有梦想，而是看他有没有把梦想分解为目标，再继续把目标分解为大事，把大事分解为小事，再看能不能找到把小事办成的方法，最终形成把一件件小事干成、干完美的能力。

但现实是太多的人，脑袋里装的就是"我要、我想要、我还要"的空想。某日看到一个刚毕业两年的年轻人发的朋友圈，说他在创作长篇小说，还要超越某人，估计看到这条朋友圈，朋友们只能给予"鼓励"了。

我看人，就是看一个人能不能做成点小事，愿不愿意做小事，再看其是否有理想、有目标。

第二，自身有一定的接受力，还能自我提升。

世界如此之大，它一直按照自己的规律在运行。在世间，短短一生，有的人能成就一些事情，有的人却碌碌无为，人能否成事，跟外界无关。在一个组织内，有的人业绩卓越，有的人差强人意，有人因与组织对抗而被劝退，其实这跟组织干系不大，而跟一个人看待他人、组织和世界的眼光和看法有很大关系。这就是一个人的三观有问题，我把它称之为接受力。

我经常给年轻人推荐书目，有的人认为是领导在给自己指出成长方向；有的人认为领导无事找事；还有的人认为领导嫌弃自己，认为自己很差，才需要读书。接受力，不只是拿过来这么简单，不只是听了，还要听懂，理解透了，付诸行动。

很多的人接受力较差，一方面和资质禀赋有关，一方面和偏见有关。资质禀赋的提高异常艰难，需要见识和眼界。骏马和毛驴谈世界的广阔，毛驴说："我围着磨转，每日草料有主人供应，你花那么大的力气，还要露宿野外，食不果腹，那是何苦呢？"把一个毛驴改造成骏马，需要基因层面的改变，即使付出好几代的努力，最后也不一定能成功。

另一方面是偏见。有一个年轻人生意上有困惑，两次找我取经，我花了两个半天，苦口婆心，唾沫星子乱溅，他听得很认真，频频点头，看似听懂了，但回到现实中，坚持的依然还是自己的那一套做法，于是我拒绝了他第三次交流的要求。

一个人，不从自身找问题，永远没有提升的可能，总从他人和外界找借口，其实是懦夫的表现，最根本的原因是自私自我。这是思维模式和认知层级的问题，很重要，但最难改变。

第三，他人相助，但自己能够调适接受。

很多人成功，都会说自己运气好，这句话本身没有错，但为什么运气会降临到他们身上，需要好好反思。贵人相助，高人提携，我们都想遇到，但是很多人遇到了高人，也没有任何的改变，错不在高人，问题还是在自己身上。文章开头讲的老板朋友，就是个高人，我隔三岔五地找朋友请教交流，每次都有收获，反思自己后进行修正，每次收获都很大。那位年轻朋友在这位老板朋友身旁三年，耳濡目染也应该有一定的进步，但是三年过去了，最终被我的高人朋友放弃，实在惋惜。

你不改变，神仙都帮不了你，何况高人？如果你只想做一个乞丐，就算有人给你一堆黄金，你想的最多也就是用黄金打造一个金碗，一条纯金打狗棒。这个世间，有人终其一生在寻找机会，但是却不改变自己的思维，不提升自己把握机会的能力，即使机会降临在面前，也会悄然离去，甚至自己根本就认识不到这是机会。

改变他人是奢望，改变自己才是王道。但现实中，我们往往认为自己是圣人，他人都是凡夫俗子，然后不遗余力地想着改变他人，或者希望他人改变了适应自己。

把命运握在自己手中

早晨上班途中,迎面过来一个熟人,简单寒暄后,我问,这是去哪里啊?她说去医学院的实验室上班。我说这是何苦呢,放着清福不享。她回复说,在家闲着也是闲着,反正工作也不累。问她女儿呢,她回复女儿在读研。问她当外婆了吗,她说还没有,但是女儿已经怀孕了。女儿原本在上班,看着她的同学都考研成功,她也试了下,结果就考上了。由于要上班,她着急地向公交站走去,还不忘回头撂一句:"你比上班的时候还年轻一些!"

虽说我们是熟人,其实我也不知道她姓甚名谁,她应该也不知道我的名字。她只是曾经在我上班的单位附近开早餐店的一位下岗女工,听口音应该是武汉本地人,那时她的女儿应该在上小学。最开始的时候,她一个人支一个早餐点,后来慢慢地支起了一个板棚,到后来,她租了临近学校的100余平方米的闲置教室作为餐厅。接下来她老公也利用下班后的空隙帮忙,那时候早餐品种单一,只有汽水包一种,味道一般。她的表情有点儿羞涩,但能看出她工作时的干练。后来她老公干脆辞职加入帮着干,再后来社区的退休老人也加入她的早餐队伍中,周末偶尔也能看到她的女儿来帮着收钱和端送早餐,早餐的品种也丰富了很多,有汽水包、茶叶蛋、热干面、面窝、蛋酒和清酒等,味道也越来越好。

2014年,我从单位离职后,如果去那附近办事,我会拐一脚到她的早餐点,用顿早餐,再去办事。一年,两年,周围的银行、超市、研究所的职工和周围社区的居民都纷纷成为她的食客,她的早餐铺一般营业到上午10:30结束。最先开始的时候,她还有一些竞争对手,但到后来,都慢慢地消失或者被她收编。

当年,我做设计工作,加班加点都是常事,偶尔加班到凌晨3点,有时到5点回家,路过她的早餐店,都能看到她的员工在蒸汽腾腾的屋子里忙忙碌碌,如果正巧到了早上6点,我干脆就直接吃了早餐回家。年复一年,看着她早餐点的规模越来越大,女儿也不断长高、长大。

偶尔去她店里过早,她看到都会热情地打声招呼,也会听到邻座食客大妈说她买房了,女儿上了大学,参加工作了。直到有一天,看到早餐点换了主人,早餐也没有当初的口味,我也不再光顾,也就没了关于她的音讯。

直到后来公司搬到了现址,一次在上班途中碰到,才知道她在公司附近的小区买了房子,女儿上了大学,也就没有再继续经营早餐点了,后来好几次见面,都是迎着照面打个招呼而已。

也许以后还会碰到她,我可能也不会去询问她的姓名,她估计也不知道我的姓名。根据我的猜测,她应该不到50岁,身材面容依然姣好,每次见到她都化着精致的妆容,精神抖擞。

她,曾经是一名下岗女工,通过自身的努力,改变了自己的命运,通过自身的努力,改变了一家人的命运,还有自己孩子的未来。

一个人,命可能上天已注定,但运,可以通过自身的努力改变,她却一直把命运握在自己手里。

成事之一:认知

很多年前,当我开着新买的汽车进到大院,停好车后一位前辈问我:"买车了?"

我回答:"刚买的。"

"怎么买的?"

"贷款。"

"房贷还清了吗?"

"没有!"

"你疯了吧?!"

前辈住着单位分的小房子,将父亲留给自己的别墅租出去,每天穿着朴素,热衷于攒钱。她认为人生就是为了存钱,财富就是金钱,而我认为钱花出去就是财富,于是有了上面一段对话。若干年后,前辈恐怕已经退休,而我是一个不大不小的企业主。

现代社会,人与人不再是因为血缘关系联系在一起,而是因为认知,因为价值观趋同链接在一起。人与人行为方式的不同,甚至成就的不同,皆因认知层级的不同。

几年前,碰到一位老板,在向朋友诉苦,说读高中的儿子不学习,他问儿子为什么,儿子说:"我们家已经有三四套房子了,为什么还要学习!"这位老板朋友想告诉儿子,生意亏了,房子没了,但是如此有欺骗的成分,涉及诚信问题。但不骗孩子,孩子不去努力。孩子认为学习和工作就是为了赚钱,这样的理念可能来自社会,但估计更多的是来源于父母。

现在大多的家庭,父母热衷于培养"听话"的孩子,从出生前就开始包办,直至孩子结婚生子都不能远离自己。自己辛苦,孩子享乐,父母帮孩子抵御所有的艰难困苦,最终孩子变成了温室中的花朵。世间任何一个人,最终都会是一个社会人,而不是父母的财产，作为一名社会人，首先要具备的能力是自立，但很多孩子从小就没有锻炼这种能力。

在职场，上级让下属好好工作，努力提升能力，是想在其能力提升后，给予更大的机会。但下属在想，别人都在敷衍工作，让我努力干，不是显得我傻吗？于是开始对工作敷衍了事，最终因为屡教不改，又不愿意接受批评，愤而离职或者被辞退。批评，有的人认为是帮助自己成长，但有的人认为是个人攻击。有的人把工作当成谋生手段，有的人认为是赢得尊严的一种方式，结果必定大不相同。

夫妻相处之道，是相互尊重、相互包容，更重要的是相互促进、共同成长。有的男人赚钱了，就让妻子在家里洗衣做饭带孩子，而自己没有了家庭负担，一门心思扑在工作上，结果自己社会地位提升了，却和妻子无法进行心灵沟通了。自己受不了"黄脸婆"关于油盐酱醋茶的唠叨，于是另觅新欢，最终家庭破裂。夫妻之间的关系，不是命令和服从，也不是控制和顺从，而是相互成就。

创业，并不是为了赚钱，也不是为了证明自己，更不是为了显摆。很多人赚了一点钱后，看周围的人就横竖不顺眼，处处惦记着自己的地位和权势，慢慢地脱离了群众，最后无人支持，众叛亲离。有的人想干一番惊天动地的大事业，但是心里总装着成本，不愿意招聘人，认为招聘人要花成本，不愿意授权，因为下属做事情没有自己高效，下属会犯错，会增加成本，更不愿意去培训下属，帮助下属成长，最终要么自己死累，要么企业难以发展。创业，赚钱只是一个手段，而不是目的，以赚钱为目的的创业叫作生意。做生意和创业是完全不同的概念，只是披的外衣看起来相同而已。

所谓的认知，并不仅仅是对一件事情的认识和看法，而是直击本质的能力，但我们大多数人却总是热衷于表象，愿意主动为表象所迷惑。

成事之二：行动

上篇讲了认知的重要性，但是有了客观认知，没有任何行动，也很难取得一定的成果；如果行动力不足，甚至有严重的拖延症，事后他人成事，又急寻后悔药吃。这也是很多道理虽小娃娃都懂，但连成年人都做不到的原因。懂了一定的道理，只是万里长征的第一步，后面还有漫长的路程需要靠行动。

行动不足，深层的原因是因为认知层级不高。很多人只做到了见过，认识和知道，但看不到深藏在事物背后的规律，寻找不到事物相互之间的脉络关系，看不清事物发展的趋势，也不会去想为什么事物是现在的面目。

行动不足，还有缺少勇气的原因。我们学习了太多的知识，但没有勇气、没有实践，知识永远是僵死的，只有把知识活学活用，应用于实践，并经过实践检验，才能把静态的知识去伪存真，沉淀后变成鲜活的智慧。

行动不足，也有格局不大的原因。很多人只会算小账，而不会算大账，甚至不会去算算不清的账。某日读过一本28名成功企业家的采访合集，多名企业家的创业初心都是不甘心在30到40岁的年纪看到自己60岁后的样子，才辞职创业。反观很多有创业意愿，而迟迟不愿意行动的人，考虑的都是现有的职位、所谓优渥的生活，或者如何还清房贷、创业是否能够成功、别人怎么看我之类的事。他们考虑的都是自我，都在算小账，而不会算60岁退休时回头悔恨交织的大账，更不会算因为创业附带而来的人生成就感和价值感，给自己创造的喜悦、自尊和幸福。

行动不足，根本上的原因，还是部分人的认知只停留在法、术、器的层次，而没有达到道的高度，没有将本质、趋势、规律摸清楚。前者看得见，摸得着，投入了更容易带来短期的利益，立竿见影；后者需要艰难困苦的探索，是个投入期很长且很难立即看到成效的事情。很多的"道"看起来虚无缥缈，既不形象，也不华丽，甚至有些残酷，于是很多人选择逃避，选择无视。例如，人都是要死的，但怕死并不意味着生命的尽头不会到来，因为怕死，做事情就会畏首畏尾，没有勇气，那么就很难去面对困难，不克服困难，就很难取得高价值的成果。毕竟一艘船停在港湾，是没有办法捕到鱼的，行驶在大海上，可能会遇到狂风巨浪，但是捕捞到鱼鲜的机会却大大增加。我们需要学会辨识天气的好坏，学会驾驶船舶的技术，学会更多捕捞的方法，学会避险和逃生的手段，而不是选择停留在安稳舒适的港湾。

一次听鲍鹏山教授演讲，他说这个世界是由一个个鲁莽的人，而不是那些谨小慎微的人创造的。鲁智深救人，不会算计对方是什么身份，会带来什么灾祸，得罪什么污吏，他的行动，只停留在该不该上面，只要对方是善良的人，是一条鲜活的生命，就会奋不顾身地搭救。我更愿意认同鲁莽的人、勇敢的人，反观谨小慎微的林冲，畏惧高衙内的淫威，反倒送了妻子性命，最终自己也不落好。不算账，才是真正的高人，每天快活无比，而整天算着小账，甚至大账的人，心里装满了得失，得则兴奋，失则心痛。

鲁莽的人有了勇气，如果缺少了智慧，就是莽撞。某日，跟一个朋友聊天，谈及一个朋友陷入一次失败的商业投资，继续则亏钱，退出则血本无归，割肉则下不了决心。我跟聊天的朋友讲，盲目地投资一笔生意，投入产出都没有算清楚，陌生行业的规律也没摸索过,甚至不会算固定成本和可变成本。这样的投资,可以想象出,结果却是失,留下的是痛。

某日读书,提及吉利收购沃尔沃时,世人刚开始觉得是疯狂之举,成功收购后则都惊奇不已。实际上,在收购的八年前,李书福先生拜访过福特总裁,说你们一定会出售沃尔沃,到时候吉利一定是最优的买家。因为那时,他已经看到福特吃下沃尔沃实是一根鸡肋,看到了中国汽车产业将会蓬勃发展,而吉利亦有走出中国的能力和勇气。

很多人的碌碌无为,无所建树,无非是看不清历史,摸不着规律,只能用自己的头破血流积累经验;原因无非是勇气欠佳,思虑太多,抓不住当下,每天都无所建树,久而久之,留下的都是悔恨和无奈;无非是懒于学习,无视未来,看不清趋势,抓不住机会,总是在别人身后捡点残羹冷炙。

陈春花教授讲,手比头高,强调的就是行动比想法重要,执行力比战略力重要,当我们有一个好的想法,就即刻行动起来吧。

成事之三:热情

网络上经常会疯传一些关于"过劳死"的文章,然后很多的人跟帖,评论现代社会职场人生活成本过高,生存压力过大,然后痛骂或者诅咒那个"黑心"的老板。事实的真相并不像公众号的文章所写的那样,最起码不够全面。我读过一些成功人士自传类的书籍或者文章,他们在创业的初期,长期熬夜是家常便饭,穷困潦倒,欠下巨额债务,甚至被逼至绝路,但大多数人都度过了人生的至暗时刻,迎来了后来的光明。有的人为了企业的生存,变卖房产豪车,合伙人朋友一同周济,最终渡过了难关。

反过头来说,那些在逆境选择结束自己生命的人,是不是已经被逼得无路可走;跳楼的博士,换一个导师是否可以,或者这个博士学位不要,难道就无法生存?很多供养着几处房产,抱着"愚孝"心态,还要抚养一对子女的年轻人,有没有想过是不是自己想要的太多,有没有想过舍弃一些物质财富方面的"占有"?是否真正的思考过人生,哪怕是阶段性地舍弃一些东西,换取自己未来能够生存得更好的能力?

一个人的劳累,来自身体方面的并不多,更多地来自精神层面,来自精神紧张、焦虑过度,来自这也想要、那也想要,这也舍不得、那也放不下。欲望太盛,往往导致心绪不宁、思绪不安，进而心理和精神层面的问题会造成生理方面的毛病，例如失眠、狂躁、暴怒或者抑郁。

一个目标明确的人，会精神专注，会心绪平稳，会迸发出无限的热情。我曾经拜访过一个多年不见的朋友，这位朋友讲到他曾带领公司技术团队克服一个技术难题。他每天晚上九点钟下班，然后自学国外的技术文献到凌晨两三点钟，每天只睡两三个小时，第二天再将他所学的东西教授给他的技术团队，白天他还要投入到紧张的工作中去，这样的日子他过了一年多。我想他的工作强度比很多"过劳死"的人，因为压力太大结束自己生命的人要大得多，但他并没有走向我们自认为的方向。原因是他想着为公司解决技术难题，为国家填补技术空白，当然也不想让自己碌碌无为。一个人为自己考虑太多了，就会变得狂躁，为别人考虑多了，就会变得宁静。

反观现在太多的年轻人，既要轻松自在，还要锦衣玉食，心里想着所得多多，却又不愿意做出改变。有的人刚刚进入职场，就想着买房买车，攒钱存款，结婚生子，怎么可能有这么多的好事一下子就降临在你的头上？别人有的，你并不一定必须要有；别人有的，或许你还不够资格拥有。对比并不绝对会产生焦虑，攀比却会。不要把问题的根源归结于他人和外界，而要认识到自己的无能和弱小，总把问题抛给外界，是懦夫的一贯表现。

真正有明确目标的人，会学会取舍，会屏蔽外界的一切干扰，心无旁骛地往自己的目标冲刺，当然也会放下很多，也能做到心如止水。

创业多年，我在选人时，判断一个人能不能干成事，并不仅仅看学历和外表，而是看一个人是否有持续的热情，看面部神态是否平静、眼神是否明亮纯洁、步履是否坚定稳重、行为是否从容淡定。一个没有目标，或者没有主要目标的人，会表现得眼神游离，表情僵化，步态紊乱，行为急躁或者拖沓。

迷茫的人，无非是不能正确地认识自己，不能平和地对待他人，不能客观地看待外界、环境和世界。一个充满热情的人，会带着满满的正能量，去激励自己、去影响他人，有更多的人愿意帮助你的时候，想不成事都难。

成事之四：坚持

曾经碰到不少的创业者，开始时雄赳赳气昂昂，可是过了一段时间后，就很快销声匿迹了。有位创业者，我问他最近怎么很少听到他的消息，他说创业太艰难，每天在外面没日没夜地奔波工作，回到家妻子还不停地抱怨施压，说："钱没拿几个回来,一天到晚鬼影都看不到!"由于受不了妻子"人财两空"的抱怨,干脆继续找个单位,重新过上安稳舒适的日子。

　　创业,俗称当老板,当老板,一定要有员工支持你,让你坐上高位,成为"人上人"。想做人上人,你就得先付出,付出金钱、精力、热情,当然还会遭到非议、误解,甚至谩骂和攻击,而给你设置最大"障碍"的,往往不是别人,而是自己最亲最近的人。为什么亲情会伤人,就是亲人们都认为他们所做是为了你好,但是往往却害了你。

　　遇到误解、阻挠甚至冲突的时候,理解、支持当然是最好的选择,如果没有,那么自己选择坚持和死守,乃是下策,而不做抵抗地轻易放弃,是下下策,因为你前面的付出,都将功亏一篑。

　　曾经听一名著名的企业家演讲,他发明一种可降解的物质,代替用木材做成的纸质制品,减少人类对树木的砍伐,致力于遏制水土流失。他走访了国内几乎所有的业内专家及科研机构、高等院校,得到的回答是他异想天开,根本不可能做到,甚至有人说他精神不正常。好心人劝他算了,放弃吧,并不是没吃没喝,为什么要干这种吃力又不讨好的事情?

　　但是他没有放弃,而是选择自己研发,在演讲中他说,在做试验时,他整日整夜不回家,变卖家产投入研发与试验,与家人吵得天翻地覆。一次做了几昼夜的试验后,双腿浮肿,甚至裤子都脱不下来。最终,他成功了,他用可降解的淀粉代替了纸制品,既节约又环保。

　　任何难的事情,能够出大成果的事情,只想想肯定不行,有热情也不足够,随便试试也不可能有结果。成大事者,最根本的是思维方式和别人不同,如果你追求让大部分人甚至所有人附和你,是很难成事的。如果你想成就一些事情,那么你必须选择坚持,选择用你的理想让其他人在不理解你的前提下支持你。很多人经常抱怨,他做任何的决定没有人支持他,其实理由很简单,要么你的方向不对,要么你的思想错误,要么是你坚持得不够。

　　马云说今天很残酷,明天更残酷,后天很美好,但是很多人倒在了明天的晚上,就是这个道理。要做到坚持,傻傻地埋头苦干是不行的,仅仅靠意志力去支持也是不行的,得靠你能否看到未来,而能看清未来,得益于对趋势的把握。不去学习,就不可能看清趋势,就不可能有未来。

　　坚持,并不仅仅是死扛,我们要看清楚坚持背后的深刻内涵。

成事之五：信仰

信仰像理想一样，很多人都不去讨论，他们更愿意去谈论享受、玩乐，不少职场的人更愿意谈赚钱、追求利润最大化、商业模式创新等等。难道现在社会的信仰就那么稀缺吗？我看未必，我个人的理解，信仰往低里去讲，就是信念，是信任，直白一点，就是我认可什么，愿意按照什么样的理念去行事，去实践。

信仰，有时候可以是我们价值观的外现，或者说你追求什么，用什么样的方式追求。前些日子，一位朋友问我如何做销售，我对他讲，最低层级的销售就是想从客户那里赚到钱，就是将你的产品或者服务，推销给对方，不管对方有没有需求；高一层级的是交换，给对方货真价实的产品，对方给予你等同价值的回报，当然你的产品要满足对方的需求；最高层级是，完全站在客户的立场上，发现客户的需求，创造客户的需求，甚至很多的需求客户自己都没有发觉时，就被你满足了，最终客户回过头来，开始对你的产品或者服务感兴趣。

三个层次的销售，依次相信三个层面的信仰：为自己赚钱，等价交换，创造需求并满足。第一层，只为自己考虑，基本上就是一锤子买卖；第二层，等价交换，这样的关系很难长久；第三层，看似比较慢，但是合作却是长久的。

创业方面，依然也要有信仰。曾经有一名政府官员，对着台下的企业家说，你们不要总想着如何做物流，总是盯着老百姓的菜篮子，财富已经积累得够多了，能不能在科技创新方面多做一些努力？别总想着搭建什么平台，然后轻轻松松地赚钱。

当今，中国有不少所谓的企业家，靠着年轻人心智不够成熟，把年轻人与手机游戏绑定，占用他们宝贵的时间为自己攫取财富。还有某些公司，靠虚假的广告，误导消费者赚取巨额的利润，而不是考虑如何利用创新，推动这个社会向前发展。这也许是为什么很多企业家赚到钱了，但是依然得不到尊重的原因。

某日读《埃隆·马斯克传》，他制造电动汽车，发射可回收火箭，想将人类送入太空，建设太阳岛，利用太阳能，都是在思考如何利用创新让人们生活得更便捷，让地球更美丽，让社会的发展可持续。反观我们很多企业家，信仰金钱，信仰为自己攫取财富，而不愿意帮助这个社会解决哪怕一点点的问题，帮助这个社会进步。

一个人，在短短的一生中没能取得任何的成就，并不是因为无知和懒惰，而是因为太热衷于享受和玩乐，热衷于享乐带来的即时满足。甚至很多时候，我们根本就不去思考所从事的事情意义何在，自己的追求是什么，就按照着固有的脚本去重复，日复一日，年复一年，做着既没有多大价值，也没有太多意义的事情。还有的人，做任何的事情都只想着自己，或者优先想着自己，走不出自私的牢笼，和别人相处，别人不开心，自己也不快乐。

凡成大事者，皆因为有崇高的信仰在武装自己，凡是从巅峰跌落者，皆因被卑劣的信仰所绑架，一无所成者，是因为没有信仰。

正能量

前些日子，出差之余，拜访了一位领导。我与领导只有一面之缘，平常基本上没有什么交流。正值年底，领导各类的接待也非常多。当我们到达他所在城市的时候，他说上午有一个接待，下午见，于是我们借着空当，打算走马观花地去参观一个景区的时候，他的助理打来电话，安排接待我，我们立即掉转车头，前往领导的单位。

领导的同事接待我们参观了厂区，领导本人则在中午吃饭时，在餐桌上与我们进行了简短的交流，之前他刚刚用完午餐送走另外一拨客人，下午还约了重要的客人谈事。领导跟我交谈时，说平常很忙，交流不多，但是通过微信朋友圈，认为我是一个正能量满满的有志青年。

其实领导也没有义务接待我，况且他本身就很忙，但最终还是在百忙之中接待了我，也给了我有益的指导，皆因我看待社会的态度比较乐观和积极而已，这就引出了一个正能量的话题。

我认为的正能量，不仅仅是形势一片大好，多快好省能干；也不是发在自媒体平台上的各种鸡汤文，让人看了为之振奋，但是事后却依然故我。

与正能量相反的就是负能量，负能量相对来说比较好分辨。有些人整天闷闷不乐，认为自己就是那个倒霉蛋，认为外界和世界都是欠自己的，自己的无成就、不作为，均是外界导致的。上班骂领导，不高兴打孩子，出门骂社会，但就是不会审视自己、反省自己、改变自己，总之一切都是别人的错，而自己都是对的。负能量的人，遇到问题，总能找出各种各样的"理由"或者借口将自己的责任推得一干二净。当一个人总从他人和外界找借口的时候，就会萌生无尽的抱怨和愤恨，就会助长更多的负能量。

正能量，不是盲目的乐观，而是积极乐观的人生态度。负能量，实质是自己内心黑暗的外在映射。这个社会，并不会因为某一个人的存在变得更好，也不会因为某一个人的存在而变得更差，但会因众多人的不断努力，变得更好。更多的时候，你的心是什么样子的，这个社会就是什么样子的，我们每一个人，需要去改变的并不是这个世界，甚至不是他人，而是自己、自己的内心。

一个积极、乐观、向上的人，一个受欢迎的人，一个内心向善、乐于助人的人，就是一个正能量的人。

正视现实，不向生活俯首称臣

人生在世，有太多不尽如人意的地方，有的人选择与现实为敌，最终拼得头破血流；有的人接受现实，任由现实摆布，活像一具行尸走肉，看似肉身还在，灵魂已经飘向他处。

我们每个人所面对的现实看似一样，但却大不相同，因为我们每一个人的出身、性格和特质都各不相同，我们要正视的是我们每一个人的现实，而不是普世的现实，毕竟每一个个体的活动空间有限，也很难看到现实的全貌，更何况社会阴暗的一面。

人是群体动物，在远古时代，脱离群体基本上就等于被宣判死亡，因此从众的心理被深深地印刻在我们的基因里。不管你喜欢不喜欢，在现实中与他人对比是在所难免的。但在社会物质极度丰富的今天，个性的释放成为大多数人的需求。如今，个人的独立性增强，但是投身工作以后，加入的又是一个大的组织。于是，在生活中的从众，对很多人的进步造成了极大的障碍。现在，很多人看别人跳槽自己就跳槽，别人买房自己就买房，别人离婚自己也离婚，这是从众心理在作祟，忘记了考虑自身所面对的环境。如今，任何一个人在社会中，生存已经变得不是问题。追求个性独立是好事，但是太多的人没有花时间去认识自己，分析自己所面对的现实。

如果要发挥自己的特长，展示自己的个性，逆来顺受的态度是不可取的。人每前进一步，必然要付出足够的代价和努力。但太多的人，却只愿意保持原有的自己，不愿意改变自己去适应环境，不愿意提升自己去影响环境，而是选择照单全收，安于现状。其实世间一些事情是可以人为改变的，或者是集合集体的力量去改变的，但是太多的人收不起锋芒，融入不了集体。人存在于世间，意义在于创造、塑造全新的自己，创造更美好的生活，正向地影响他人，推动社会进步，但太多人只满足于活着，满足于平淡无奇的生活。遇到一点挫折就暗自神伤，面对逆境就蜷缩一团，遭遇打击就怨恨社会，最终给自己打造一个看似坚硬的保护壳，与外界隔绝，看似保护了自己，其实阻隔了光和热，也阻隔了信息的流通，留下了阴影和死寂。

现实是用来正视的，而生活是用来征服的；现实是自己的现实，生活是自己的创造。

第三章　活好属于自己的人生

为什么我们懂了那么多道理，却依然过不好人生

现实中，我们其实最不缺的就是道理。很多学校将"好好学习，天天向上"挂在墙上，但并不是所有的学生都能取得好成绩；很多企业的文化里面都有"以人为本"四个字，但实际上都在做着以钱为本、以权为本的事情；做儿女的都知道孝顺的重要性，但现代社会"弃养"的现象却越来越多。

在现代社会，我们缺的不是道理，而是缺乏对事物背后逻辑的熟谙。一日去一位成功老板新装修好的办公室，他的书架上放着十几本名称类似《别让坏脾气毁了你》的书籍，我笑着对朋友说，其实这些书并不适合他看，他问为什么，我说这些书里面讲的都是道理。

我们都知道应该孝敬父母，但我们却很难做到。但如果你明白了父母是孩子最好的老师，是孩子的榜样，你如何对待你的父母，你的孩子将来就如何对待你，也许就会改变对待父母的方式。很多领导干部，知道看淡权势和地位很重要，但是依然喜欢被别人溜须拍马，喜欢呵斥别人。权位越高，我们距离"常识"就越来越远，权力和名誉可以使我们感觉良好，但是常识却可以让我们得到幸福和平安。

我们知道"谦虚使人进步，骄傲使人落后"，但现实中我们很多人却表现得很傲慢。傲慢是认为别人不如自己，认为团体的成果大多是个人创造的，但现实并非如此。傲慢，是掠夺，是抢夺并不属于自己的东西。谦虚，是付出，是把自己创造的

成果馈赠他人。谦虚的人，有很多人愿意帮，而骄傲的人，很多人都宁愿踩。帮你的人少了，就很难成功；帮你的人多了，想不成事都难。

道理，很多人都知道，但却不是人人都懂。

矛盾的人生

人生处处存在矛盾，而矛盾就是烦恼的根源。世间仍有过得洒脱自如的一群人，他们依然有烦恼，当然也有矛盾，只是他们看清了矛盾的本质，既看清了对立的一面，也看清楚了统一的一面，而且能够快速地做出取舍，能够包容不利的一面，追求有利的一面。

人的矛盾、苦恼，还来自意愿和认知（或者能力）之间的矛盾。

曾经遇到一名 40 岁的专业技术人员，说他要创业，我问创业为了什么，他说赚大钱，要自由。我说如何创业，他说现在努力赚到 500 万元，然后租一个大办公室，招聘一群骨干员工，让他们努力干，给自己赚钱，然后自己去周游世界，满足自己未竟的理想。这可能是很多人对于创业的认识，但这样想的人，往往没有真正创业过。

如果他的目标是成就一番事业，但只关注短期收益，那这样肯定难以实现他的目标。作为企业的带头人，首先要有大公无私、以身作则的思想。仅仅是为了追求财务自由，追求自我实现，追求绝对自由，就已经注定创业不能成功，甚至永远不会迈开第一步。所谓的不受约束的绝对自由，实质上可以理解为精致的利己主义，或者叫自私。一个只考虑自己私利的人怎么会有人跟随？一个不受规则约束的人，如何能够建立规则，如何用规则去约束别人？这才是每一个想成为领导者的人需要深入思考的问题。

无独有偶，我曾面试过一个年轻人，28 岁左右，工作过 5 年，技术上应该有一定积累，想谋求一个管理岗位。我问，如果给他一个管理岗位，他如何去管理一个团队？他回答，找出下属的问题，指出并帮助其改正。我问，如果改正不了，怎么办？他说就罚。我说，还有其他办法不？他说没有了。

现实中，很多人认为技术（业务）水平提升了，工龄熬到一定时间了，就可以做主管，做领导了。做领导就是做甩手掌柜，用鞭子抽下属即可，但事实并非如此。当我连问三句："还有其他方法带队伍不？"小伙子委屈得快要流出眼泪了。我只想说，一个人没有强大的内心，没有超强的抗压能力，没有自我否定的精神，是不可能服众的，也是当不好一个主管的，甚至不可能有这样的机会。

很多年轻人，特别是独生子女，在校的成绩尚可，进入了职场，成为一名职场小白。总以为自己还可以像在学校一样，有老师追着，求着去学习，像在家里一样，有父母哄着，罩着去完成一些事情，甚至可以使小性子，闹闹意见，就可以得到自己想要的东西。

但现实的职场是，每个人都是一个独立的个体，承担责任并享受权利，权利和责任对等，而不是只享受权利，不承担责任，再也无法实现凡事以自我为中心的幻想。现实的社会是交换、付出和收获对等，甚至持久的付出才能换回应得的收获，但一些人看不到，也等不及。任凭你怎么闹腾，也得不到自己奢求的东西，毕竟领导同事，不是老师，更不是爸妈。

人生处处是矛盾，如果你没有看清矛盾的本质，或者看不到矛盾的另一面，或者你不愿意接受不利的一面，甚至你不愿意花功夫去追求自己的目标，那么你就无法解决任何矛盾。

别把自己太当回事，能够从多方面去看待一件事物，多从最底层去看待这个世界，也许就会少了很多的烦恼，也就不用面对多少矛盾。

人生大敌，无非"贪惰"两字

人生在世，毫无建树，原因无非"贪惰"二字。贪，是自私，什么都想要，什么都想按照自己的意志来。想要的太多，而又不愿意改变自己。惰，想不劳而获，或者想要太多，不愿意去付出，而只想着索取。

自私乃人的天性，人生而自恋，喜欢以自我为中心，想要更多的物质，想达成更多的愿望，以满足天生自恋的需求。人人皆是如此，如果无法满足每个人自恋的需求，那么问题就出现了。世间有一部分人认识到了其中的真谛，开始去满足别人自私的需求，让别人的自恋得到满足，最终成就了他人，更成就了自己。

人的大脑天生懒惰，能不去想的事情就不愿意去动脑筋，而且人的大脑天生喜欢遗忘，因此学习是件困难的事情，面对困难的事情，想方设法去完成，也是一个难题。于是，遇到问题找借口成了大多数人的习惯，逃避成了很多人惯常的行为，能坐着，绝不站着，能躺着，绝不坐着，是很多人的常态。

以上只是行为上的懒惰，比这更可怕的是思想上的懒惰，遇到困难，只能想到一种方法，别无其他途径可选，于是很多人做事都是"不得不"如此选择。自己无法想出更多的方法，他人给予的意见也听不进，固执甚至偏执地活在自己营造的世界里不能自拔。

世间有一小部分人，克服懒惰的天性，做事定下目标后，想尽各种方法，千方百计地完成，甚至在人生中不断地树立更高的目标，努力去达成，磨炼自己的意志。而世间很多人，习惯于设立各种目标，接下来又不断地变换目标，从不去找更多的方法，得出的是自己不是"那块料"，然后心安理得地接受所谓的现实。

自私是人的天性，懒惰是人长期以来形成的习惯，都是人性使然，是人都会如此。如果想成就一些事情，不去承认人性的弱点，去逃避、去粉饰，人生一定会过得混乱不堪，也会变得碌碌无为。

你满足了你的自私，别人的自私就无法满足，那么别人从你这里得不到任何的好处，于是你的人际关系一定不会好。你满足了你懒惰的天性，就很难培养良好的能力，创造的利益就不够多，对于他人基本上也没有益处，没有办法给他人带来大的帮助，即使人际关系良好，对别人而言也是无足轻重。人要是逃离不了自私和懒惰的天性，再怎么自命不凡，别人也很难拿你当回事，最终你也很难满足自己自恋的需求。

成长的过程，是一个不断深入认识人性，不断直面人性的弱点，不断逆人性前行的过程。亲密关系、职场关系、社会关系，皆是如此。

人生大敌，无非贪、惰两字，都与自我有关，与他人和外界无关。遇事多想方法，少找借口，你的人生就会与过往、与他人大不相同。

人生三重境界

很多的事情都可以被分为三重境界，就像看一件事物一样。第一重，看山是山，看水是水；第二重，看山不是山，看水不是水；第三重，看山还是山，看水还是水。其实做人一样，有三重境界。第一重是对自己宽松，对他人严苛。很多人之所以情绪不稳，牢骚满腹，其实是对自己要求太低，对他人要求太高，对外界期望太多。如果他人做事没合自己心意，外界没有由着自己的性子来，没能以自己为中心，就会整日闷闷不乐，狂躁不安，或郁郁寡欢。这样的人，做一件事情，出了问题，永远都能从别人身上找到理由，也永远都能找到为自己开脱的借口，他们中没能力的永远处于社会底层，有能力的则会得一种病，叫"怀才不遇"。

第二重是对自己严格，对别人严苛。第二种人，追求个人成就，能力会得到提升，而且有所追求。但往往会以对自己的要求去要求别人，时常会受到挫折。第二种人，能够做出一定的成绩，但往往不大，因为以自己的要求去要求别人，其实还是以自我为中心，导致他人不悦，因此他们得到的帮助和支持有限，因此获得的成就有限。这类人还有一个特点，就是见识不多，不愿意接受社会的复杂性和多样性。第二种人，最大的表现是有才而外露，优秀了到处显摆，容易遭人嫉恨。此类人最需要修炼的本领叫谦虚。

第三重是对自己严苛，对他人宽容。这种人已经学会了站在别人的立场去考虑问题，可以慢慢地走向杰出和伟大，他们追求个人成就，但又能急人所急，把别人放在心上，能够成就他人，包容他人的错误。有才不外露，偶尔露峥嵘。展示和显摆看似都是展露才华，但对象不同，出发点不同。以自我为中心，追求个人感觉良好的叫卖弄；以他人为目的，激励他人的叫展示。世人往往会混淆这两点，这其实跟每个人所处的地位有关。第三重人，已经学会了低调，但还需练就更高的智慧，否则也难免不遇到挫折。

人生向上无止境，勤奋好学勇攀登。

不争，才是最高的智慧

两个渔夫去捕鱼，一整日的劳作，只捞到一条鱼，架起铁锅熬了一锅鱼汤，等鱼汤快要煮熟时，两个人却为谁吃鱼头、谁吃鱼尾吵了起来，互不相让。当两人闹得不可开交时，锅翻了，突然来了一只野猫，叼走了整条鱼。

一个单位，一把手退休，需要在班子成员中选出接班人，甲和乙是两名候选人，势均力敌，丙排在末位，被拉来凑数。上级领导来调研考察，五名领导除了丙外，四人分成了两派，各自推举自己认为合适的接班人，并且相互揭短、互相攻击，最终上级领导为了平衡局面，提名了丙为单位接班人。

一只老虎，抓到一只麋鹿，吃饱后就不再猎取其他动物，等到饿了再去猎食。但人类这个地球上最高级的灵长类动物，学会了直立行走，学会了使用工具，学会了思考与想象，却给自己套上了贪婪的"紧箍咒"，有了很多，还想要更多，刚打下一片天地，又想要统治全世界。很多人一辈子争权夺利，尔虞我诈，钩心斗角，但最终得到的却甚少；而学会不争的人，你敬我一尺，我回你一丈，你让我让，让出一条康庄大道。

人的欲望是无限的，如果不加节制，就会泛滥成灾。人的一生，克制欲望，提高修养是永恒的命题。唯有不争，才是最好的智慧。

人生的意义

临近期末，女儿紧张备考时，因换牙导致牙龈发炎，疼得直哭，哭完后问妻子，说人活着都要死去，还伴随着各种痛苦，人活着到底是为什么。当时我并不在场，事后妻子对我说，一个 10 岁的小孩到底在想什么，现在就问这么高深的问题，她是没办法回答的。

人总是要离开这个世界的，但到底为什么活着，也许我们很少去思考这个问题，思考了也很难想得清楚，估计对不同的人来说，也很难有一个统一的答案。

有的人人生目标就是赚钱，赚很多钱但是又不去花，攒着就非常开心。有的人赚不了很多钱，但出手阔绰大方，存不了什么钱，也非常快乐。还有一些人，赚了很多钱，但是总能找到比自己财富更多的人，感觉自己还是个穷人，整日闷闷不乐。很多人定下了目标，说等赚到多少钱后就收手，然后浪迹天涯，但目标达成后，又立即定下更高的目标，继续进行追逐金钱的游戏。

还有的人追求名声，争权夺利，要知道，这个世界上总有官位比自己高的人，也总有名声比自己大的人。有的人为了提高曝光率，疲于奔命地参加各种活动，以提高知名度，但是却忘记了对自己的投资，忘记了去提升自己，最终落得有名无实的下场。很多演员，为了追求名声，追求掌声，追求走红毯的感觉，享受相机咔嚓咔嚓的响声，终日奔波于各种会场，一旦不年轻了，演技没提升起来，竟成了过气的演员；而终日打磨自己的演员，最终成了表演艺术家，老了还是常青树。

世间很多人在追求功名利禄，但这些是否就是人生的全部，估计还值得商榷。名利是人生世俗的一面，没有是不行的，但仅有这些也是不行的。世俗物质方面的追求，追求的是一个结果，是有终点的，但人应该有更多的精神层面的追求，这个追求的意义不在结果，而在于过程，在于过程中的体验。一门心思奔着结果去，就会无视追求结果的过程，也就无法体验过程中的乐趣。

从生到死的过程，就是人生，人要多做有价值和有意义的事情，体验其中的喜怒哀乐、酸甜苦辣。某日看到一位企业家的公众号发文，文章写道：不过分地追求成败，就不会患得患失，往往创业的成功率更高一些；而整日想着成败得失的人，会患得患失，心态不稳，往往距离成功越来越远。

哲学家周国平说，人生本就没有什么意义，但是在这个没有意义的过程中寻找点意义却非常有意义。因此人生的结果并没有那么重要，人终究都是要死的，佛家叫往生，从生到往生的过程中，折腾出点意义就非常有意思。很多人毕生都在追求结果，却从不去认真享受过程，每日忙忙碌碌，疲惫不堪。

创业这几年，我感觉好像没取得多大的成果，但感觉充实而有意义。创业是否成功，是拿结果说话。通过创业，感受创业中的酸甜苦辣、喜悦和挫败，感悟提升，改变自我，我却获得了很多。高强度的工作，作为兴趣爱好的写作，分享自己的经验，享受和家人的团聚，朋友的重逢，都是美好的体验。如果每天都想着业务，想着增长，想着利润，那得有多累啊。

实践证明，很多人为了追逐结果，过得并不开心快乐。赚到一千万了，又要赚一个亿；开上新车了，又想着豪车；住进大房子了，又开始羡慕住别墅的；出名了，又怕曾经的糗事盖子被揭开。总之不得安宁。为什么开着车不感受驾驶的乐趣？为什么不享受财富增长过程中的艰辛充实？为什么做到大官不想着利用权力为民办事。结果很短，能够带给你的快感很快就会消失，而过程很长，可以长久地体验下去。

想了想，这些话还是暂时不要讲给孩子听，一来孩子可能听不懂，再就是孩子一时感慨，过了很快就忘记了。等孩子长大了我再跟她交流，况且我还需要再认真想想，毕竟我也没完全弄明白。

枷锁

2019年开始，一首《少年》风靡开来，很多人嘴边就经常挂着"我还是从前那个少年"，但现实中，太多人并没有体验过"少年不识愁滋味"的感觉。

少年也许并不和年龄有关，而是和心态有关。随着年龄的增长，我们拥有的东西慢慢地多了，担负的东西也慢慢地多了，进而也就轻松不起来了。皇冠，看起来光彩夺目，但戴在头上，其实并不轻松，有时候恰恰就是美丽的"枷锁"。

财富是枷锁。钱多了，怕露富惹来祸端，怕人来借，甚至怕被抢，于是学会了低调，装穷。有的人钱虽多了，但吃不敢吃，穿不敢穿，辛苦不易。有时候又怕别人不知道自己有钱，于是故作炫耀，刻意与其他"穷人"区分开来，显示自己的优越性。

名望是枷锁。很多人拥有了名望，上个厕所都会被围堵，被索要签名合影，不胜其扰。但当繁华散尽，又不甘寂寞，渴望被粉丝包围，期望被掌声和镁光灯、镜头围堵。

地位是枷锁。很多人位高权重，就摆出高高在上的架势，遇到人就说"有什么请求尽管说，我一定会尽力帮忙"，扭过头就会想"别给我添麻烦，一边凉快去"。

其实别人也许根本就没有求助的意思，他却想当然地以为别人靠近他、结识他都是求他办事，他说这些其实是为了显示自己的与众不同。总认为自己是地位优越的人，眼睛总是望着高处，慢慢地就会脱离群众，变得不接地气，迟早是要跌跤的。欺下的人一定会瞒上，此话是真理。

外貌是枷锁。有的人有一张白净漂亮的脸蛋，别人多瞅两眼，就会说别人是流氓，垂涎她的美色；当她打扮得花枝招展，却没有人关注时，她又会说臭男人没有品位，不懂得欣赏美。那些徒有美貌，并无内涵的所谓"美女"，别人靠近时她躲避，远离时她又愤愤不平，容颜老去时，落得孤身一人，孤芳自赏。

才华有时候也是枷锁，恃才傲物亦是如此。有的人有了才华到处炫耀，容不得他人批评和指正，认为自己才华横溢，接受不了他人才高八斗。所谓的文人相轻，就是容不得他人有才，容不得不同的意见和声音。真正的有才，还需要有量，量有了，气度就会不凡，就不会发生才子命短的悲剧。

人生本就是一个过程，佛法讲的"空性"亦是这个道理，人生要不断地拿起，更要学会放下，拥有得多了，又能自知，才能轻装上阵，才能潇洒从容。

很多人不解，为什么我可以这么开心任性，因为我拥有的并不多，亦没套上太多枷锁。我学会了如何从事件和环境中抽身，到什么场合干什么事情，上什么山唱什么歌。我从来没有把我当成谁，也不在意别人把我看成是谁，勇敢做自己而已。

少年，并不是一个生理上的年龄，而是一种心态，放下"枷锁"，不忘初心，轻装上阵，就是少年。

谈修行

近几年看了几本与佛法相关的书，跟朋友聊天时也会引用其中一些词句。一日，有朋友提醒我妻子，让她小心些，提防我走火入魔，当了和尚，妻子听了哈哈一笑，不过几年过去了，我并没有落发为僧。

说到当和尚，或者皈依佛门，看似是为了修行，但更多的人是为了逃避现实。曾经有位仁兄，动辄到藏传佛教的寺庙静修好几个月，对公司的经营不管不顾。他的公司管理得并不是井井有条，而是危机四伏。还有一位男士，梦想开一个大茶楼，见人就拉投资，拉不到投资就四处云游，没有盘缠要么找父母索要，要么找朋友化缘，说是借，后来都是有借无还。除了云游外，偶尔去寺庙静修几个月，父母重病，他则一概不管不顾。

修行，不能当作一个爱好，有宗教信仰，并不会显得你高尚。很多人把皈依当成一种时尚，体现自己的与众不同，四处炫耀。修行，不只是读读佛经，听听佛法，闭关斋戒，远离尘世。

修行，更不是逃避尘世纷扰的借口，很多人皈依了，就以为自己心安了，对于工作和生活中的很多矛盾无所谓了。但麻木不是解脱，你远离或者无视很多矛盾和烦恼，并不证明它们已经被化解，选择看不到并不等于接纳。很多的人选择皈依，并没有真正理解佛教三宝的内涵，而是以为皈依了，很多的问题就解决了，不过在现实中，很多的民众选择信佛，一定程度上掩盖了痛苦和烦恼，也是不争的事实。

其实修行，不一定非要去寺庙道观，也不一定要闭关，更不一定需要皈依（个人认识），修行是通过反观自省，体察自己的行为，内观自己的内心，不断修正自己的行为，净化自己的思想，改变自己对他人、对外界、对内心的认知，最终的认知更接近事物的本源、本质和规律的探索过程，或者说是探索生命真谛的过程。修行是修正自己，修正自己的内心，通过端正自己的行为去净化自己的心灵，不在于你在何处，跟随某上师，是否拿到皈依证，甚至读了多少佛经。

如果不去正视而逃避现实，不去揭开内心的伤疤，不去正视你孱弱的内心，所谓的修行根本上起不到太大的作用，逃离和掩盖并不是修行的目的。有些人满嘴的仁义礼智信，背后却干着禽兽不如的勾当，他们迎合的是外界对自己的看法，而从未去体察自己的内心，改变自己的行为。作为凡夫的我们，真正的修行，就是在工作中修行，在生活中修行，在尘世中修行。

人必然是一个矛盾的综合体

世间，人最难琢磨。有些人的形象明明看起来非常高大，突然一日却崩塌了；很多人看起来好像很卑微，但数年不见，突然飞黄腾达了。你极力地对某个人好，但是对方就是"不感冒"；你对一个人若即若离，但是对方却对你仰慕不已。

世间的事都是人去做的，但是人却是最难弄明白的，很多人看似原则性很强，但其本质却是一个和事佬，根本没有什么原则可言；很多人整天看起来乐呵呵的，这样可以，那样也行，但是关键的时候总能把住原则，守住底线。我们只看事物的表面，只看一个人外在的行为，是难以琢磨透一个人的。

说一个人单纯，对年轻人是表扬，但对上了年纪的人是批评；说一个人简单，年轻时是批评，但对上了年纪的人，则是褒奖。一个人要做成点事情，太简单了不行，太复杂了也不行，要既简单又复杂，而且控制在一个合适的度才行，但这个度却无人能够教你，只能自己根据自身特性、环境特征和当时的时势去分析判断。所以说，一个人必须是一个矛盾的综合体，才能够做成一些事情。

人生而自私，喜欢占有，如果不为自己考虑，就会迷失自我，为他人做了嫁衣，整日忙忙碌碌，最终毫无成果。如果任何事情都站在自我的立场考虑，整日考虑着把自己的利益最大化，处处算计他人，事事斤斤计较，最终会众叛亲离，没有朋友帮助，想做点事情也难。自我实现和利他主义之间，能否找到一个平衡点，并不是一件容易的事情。

人要进步，就必须改变，就要去学习，但学习的前提是谦虚，是能认识到自己的不足，也就是承认自己在某些方面是无知的。但人天生都自我感觉良好，自我感知独特，人的行为都是在思想上认为自己正确才去行动的，很少有人认为这个事情是错误的才去做。所以进步的前提是认识到自己的无知，改变的前提是认为自己不足够好，变得强大的前提是认识到自己的弱小，但现实中让无知的人认识到自己的无知却是天大的难事。

现在跃跃欲试想创业的，或者已经投入创业大潮的人很多，特别是年轻人，但是否人人都适合做老板，都能做好老板？其实未必。有人总结过，做老板必须对金钱有极度的渴望，要么曾经穷过，或者有崇高的理想，但又必须对金钱有一定的克制，不能什么钱都想赚，而要放弃一些眼前利益，追求长远的利益，不能饮鸩止渴，杀鸡取卵。但现实中的机会主义者太多，整日寻找机会的老板一抓能抓一大把；为了眼前利益，于道义和规则不顾的老板也不在少数。

子女的教育同样如此，做父母的没有不爱孩子的。要子女长大成人，必须给子女提供健康成长的环境，引导他们走上正道，帮助子女树立积极正向的价值观，但物质条件优越了会养出惰性，婆婆妈妈会导致逆反，无微不至地帮孩子把路都铺好了，孩子永远不会独立。现在社会物质丰裕了，但奶油小生、妈宝男、娇娇女却比物质匮乏的时候变得更多。

人世间，矛盾无处不在，回避矛盾是不可以的，直面矛盾才是积极的态度，在矛盾中理出头绪，在矛盾中寻求平衡，找到统一，并不断解决才是良方。

研究自我

曾经看到一个小故事，说牛看起来体形庞大，但是胆子却很小，一条小小的河流，轻易能够蹚过去，但是牛却不敢，只能被蒙着眼睛牵过河。但是鹅就不一样，体形远小于人，但是却敢于攻击陌生人。究其原因，是因为牛和鹅的眼睛有差异，在牛的眼睛里，他看到的世界远比实际要大很多，但在鹅的眼睛里，看到的世界远比实际要小很多。由于牛和鹅的眼睛构造的不同，就对外界表现出截然不同的两种态度，但是牛和鹅永远不知道自己的特点。

现实中的人们，面对同样的世界，往往也报以不同的态度。有的人认为这个世界是极其危险的，处处谨小慎微；有的人认为这个世界是安全的，做任何事都激情四射。做事的结果有差异，实际上跟环境无关，而是跟每一个个体有关。很多人花了太多的时间和精力去研究他人、研究外界，却很少研究自己。

我曾经遇到一位女士，工作能力很强，为人处事也非常得体，我鼓励她去争取更高的职位和待遇，她回答说，我感觉我各方面很一般，还是安于现状比较好。一个朋友刚工作两年，想尽快地在城市里拥有一套自己的房子，迎娶自己心仪的对象，就想去创业开公司，我规劝他，还是脚踏实地干几年专业工作，等基础打扎实了再自己干也不迟，但小伙子没有接受我的建议，借用了亲戚的一间办公室，就开始干起来。过了一段时间，自己要做技术，要跑市场，还要做售后服务，结果难以兼顾，曾经的客户因为没有得到满意的服务终止了合同，他也苦恼不已。我们常想的是我们要什么，却很少去想我们是谁，我们有什么。

很多年轻人打算创业，经常会咨询干什么赚不赚钱，那个行业好不好干，对于这样的问题，我总是笑而不答，或者给予一番鼓励。干什么，什么好干，在于干事的主体是谁，而不在于干的对象。任何行业都有周期，有低潮和高潮，任何时候介入都是好的时机，行家知道什么时候该干什么，什么时候要收，什么时候要进，而一个外行只能是随大流、跟风，实际上很难抓住风口。

古人云，知人者智，自知者明。认清他人算有一点智慧，而认清自己才能真正做到明察秋毫。己所不欲，勿施于人，实际上就是推己及人，也要研究自己。当一个人比较客观地了解自己后，能够从自我为出发点，认识到自己的优势和特长、缺点和不足时，就能做出适当的取舍，知道什么该争，什么该让，什么该拒。发挥自己的特长，弥补自己的不足，规避自己的缺点，才能少栽跟头，少走弯路。

曾经遇到一位大学教授，我有困惑时总会去咨询他，他对于事物的分析总是很全面深刻。一日，我说："你这么有智慧，辞去工作自己创业，一定能为社会做出更大的贡献。"教授笑笑说："让我站在事情的外围，看问题还比较客观，置于事中，就没有这么清明了。"

人的很多烦恼都来自看不透、想不开、做不到，如果花点时间研究下自己，虚心听取他人的意见，进行客观的分析判断，也许能去不少的烦恼，过得开心愉快。

先论是非，无关对错，讲求适合

很多人生活的混乱，大多来自是非的混乱。某日与文艺圈的好友聚会，朋友圈发出后，有人问我，是不是企业不做了，要混文艺圈？其实非也！四五年来，通过朋友介绍，我认识了部分文艺圈的朋友，随着慢慢地熟悉，我发现他们身上有一种共同的特征，叫作爱憎分明，不"委屈"自己。世俗中的我们，总会迫于权威，迫于无奈，做一些委曲求全的事情，最终取悦了他人，委屈了自己。

文艺圈的朋友做事和交友，大多尊重自己的感觉，人格和思想最为独立，背后的原因在于，是非观非常清晰，没有太多的迫于无奈，自然过得开心愉悦。随着跟文艺圈的朋友交往多了，发现自己"世俗"的成分少了很多。对于很多可见不可见的人，远离；对于可做可不做的事情，拒绝。结果发现我并没有因此少了所谓的资源，反而由于变得单纯，喜欢我的人变得更多了。

欲分清是非，其实并不是件简单的事情。前些日子读《松下幸之助全传》，松下先生在军国主义的鼓动下，创立了不少军工企业，向军方提供军火，甚至二战的时候还造出了好几架飞机。松下本是一家民用电器企业，但由于所谓的"爱国主义"，随大流涉足军火行业，成了军国主义的帮凶，后果就是二战结束后，松下公司差点因此破产。松下先生后来承认，这是他人生的一大污点，他没有将眼光从狭隘的爱国主义上升到全世界的民族大义。看来要辨清大是大非，除了有感情和激情，还需要格局、胸怀和眼光。

现在很多人着手做事，总是只考虑自己的利益，或者一小撮人的利益，或者某一个团队的利益，往往很难顾及全局，照顾到普罗大众的利益，最终是非难辨。是非分不清，就会陷入无限的麻烦。

其实，我们每天都要面对各种各样的是非，需要我们去判断选择，家有是非，公司有是非，名利场有是非，官场和社会有是非，唯有是非分清了，方向才会正确，方法得当，才会硕果累累！否则一切皆为零，有可能还会是负数。

在大是大非方面做到清明的人，一般都会淡定从容。生活中情绪不能自控的人，大多都是过分地纠结于对错，或者说执迷于"我对你错"，陷入"你应该如何，不该如何"的评判中，或者陷入"我不得不如何如何"的困境。

其实除了科学研究，很多的事情是没有标准或唯一答案的，家庭中夫妻相处，养育子女，企业中合伙创业，内部管理，基本上都没有标准答案。

但凡将对错挂在嘴边的夫妻，家庭一定不会和谐，甚至有些青年男女因为太过苛责彼此，根本走不进婚姻。曾经，一位国学大师说，婚姻的真谛其实就是"凑合"二字，但现实中，很多人择偶标准是宁缺毋滥。朋友之间的关系，相处融洽的，均是秉承"你对我错"的；而信奉"我对你错"的，基本上朋友寥寥。家庭是讲感情的地方，不是分对错的地方，恰恰感觉没有统一的标准。

企业之中，做决策也是讲求一个平衡，要综合各方面的因素，而且受时势影响很大，没有绝对的对错之分。但现实中太多的纷争，都是为了分出对错，有时候，决策错了，但一直干下去，也许能干出一番事业，最起码能试出一条错误的路线，进而切换到正确的道路，纷争停留在想法上，永远产生不了价值。企业的管理也是如此，没有绝对正确的方法，只有适合自己的方法，生搬硬套往往会因为不适合自己，从而使自己套上了枷锁，难得轻松。

我们太多的烦恼来自对对错的执着追求，还来自强迫自己苟同他人和外界。但现实是，每个人都是独一无二的，我们能够做到的就是接纳自己，接受他人，包容不同的观点与意见，和而不同其实并不难，但做到却不容易。

大是大非不糊涂，小对小错不争辩，人生就会轻松很多。近年来，我的烦恼只剩一个，就是日常的精力是往未来投入多一些，还是往当下投入多一些，这个度如何把握。认真读书是为了未来，专心喝酒是为了当下；读书了不能立马产生成果，酒喝了朋友感情立马能够拉近，但现实往往是喝了酒不能读书，读书了不能喝酒。

家人和朋友经常劝我，喝酒不要过量，喝多伤身，醉了难受，但真正喝酒的人，谁能有把握停留在微醺的状态？所谓的刚刚好，其实是一个极致，只能无限接近，永远不能达到。有的人，在酒桌上，总怕自己喝多了失态，端起酒杯时谨小慎微，还要防备他人敬酒，本来朋友聚会就是为了开心，却因为以上原因并不能放松自己，最终他人难受，自己委屈。

对于刚刚好的状态，我们要有所追求，但却不能过于执着。现代社会的价值观越来越多元，对于适婚年龄却未婚的年轻人给予了太多的包容和理解，但太多的人并不是不渴望爱情，不愿意走入婚姻，而是在努力寻找一个适合的对象，除去对自我了解不够的原因外，更多的是因为想寻找一个完美的对象，要门当户对，颜值担当，兴趣互补，还要相互来电，要有感觉。设置了太多的前置条件，然后再去衡量潜在的对象，发现基本上没有适合的，于是依然单着。其实夫妻之间的良性关系，是相互成就的关系，相互包容，要求太多实际上是苛刻。相互成就，是改变自己，让自己变得更好，然后影响对方变得更好，但很多人是不清楚自己的状态，却无限制地要求对方对自己好，于是"求而不得"的状态就成为常态了。

在职场，亦是如此，太多的"职场流浪汉"，总是在选择适合自己的理想工作，却忘记了研究自己。某日我在公司新员工培训班上讲，一个人能够进什么样的公司，自身的条件就已经确定了，你的能力、素质和潜力不提升，工作换来换去，依然在同一层级的公司切换，没有质的飞跃。再说每家公司都有各自的优点，也有各自的缺点，自己能做的就是壮大自己的实力，让自己真正有选择的权利。

记得刚开始创业的时候，很多大老板、大人物都不正眼瞧我，加一些成功人士的微信，别人碍于面子加了，回头就删了，我深知是自己实力不济，能力有限，而不是去悲叹世态炎凉。七年来，我努力学习，夯实能力，公司团队不断壮大，自己也有了小小的成就，坚持发朋友圈还吸引了不少粉丝，个人的心态变得富足，人生也变得大不相同。

讲求适合，是改变自己，适应他人；承认现实，选择接纳，提升自己，才是一个人成长并变得成熟的过程，而不是消极地停留在一个状态，等着他人或者外界去适应自己，也不是向外界无限制地索求。

刚刚好的状态叫中庸，孔夫子都说这是最高级别的道德，我们凡夫就不要去苛求自己了。

别去证明自己

曾经有一个女孩，外表靓丽，学生时代的成绩不错，工作能力也很强，但是唯一不足的是只能听得表扬，听不得任何意见。如果有任何不同的意见，或者批评的声音，顿时就会性情大变，情绪低落。我一直疑惑为什么会这样，直到见过这个女孩的妈妈后，才知道原因。女孩的母亲快言快语，说起她的女儿，总说有这样那样的不足。

在母亲看来，说出小孩的不足，是为了帮她改正，但是在子女的认知中，特别是在她幼小的心灵里，埋下了一粒种子，那就是"我不够好"。于是很多的小孩，做任何的事情都不甘居于人后，处处要和别人一争高下。起初是为了得到父母或者师长的表扬，证明自己足够好，后来就是为了证明而证明，当已经足够好了的时候，依然要证明自己。

苛责的父母，或许能培养出优秀的子女，但子女的内心多是脆弱的。人有自恋的天性，有证明自己是对的天性，如果有人指出自己不对时，本能地会进行排斥和反抗，久而久之，就变成了为了反抗而反抗，不再关注于对错。这些年，我面试了很多年轻人，会问一句话，小时候父母是如何管教你和兄弟姐妹的，回答"放养"的一般性格比较温和，不偏激；而从小受到严格要求的孩子，往往会比较叛逆，当逃离父母约束的环境后，又没有足够的自控力时，会发生报复式地放纵自己。

很多孩子在小时候受到严格的管束，工作后离开了父母的管辖范围，就喜欢自己做主，不管不顾上级的指示，不去区分指令正确与否，其实是成年后的自我反叛。对于一个职场新人，执行力往往是最宝贵的，而决策力却是非常难于培养的，很多人认为自我做主就是决策力，这个认识太过于片面。

很多人为了证明自己，每根神经都绷得紧紧的，生怕别人给自己负面的评价。有的人为了证明自己，想事事做得完美，结果却适得其反。有的人为证明自己，别人需要自己如何就如何，完全没有主见，不断地变换着职业方向。很多成功人士为了证明自己，全身心地扑在工作上，牺牲了太多与家人和孩子相聚的时光。证明自己，就像一具精神枷锁，将我们绑架。我们时时处处都为别人着想，却认不清自己真正的需求。

我认为快乐的人生是该哭就哭，该笑就笑，饿了就吃，累了就睡，就像婴儿般，或者童年般去生活。当然不是所有人的童年都是快乐的，很多人的一生的不幸均是因为童年埋下的苦涩种子导致的。

人的生命是自己的，与他人无关。别去压抑自己的需求，别活在别人闲言碎语里，别总想着证明自己。人要为自己而活，但不能只想着自己！

其实你并没有想象中了解你自己

人一生中犯的最大错误，很有可能就是认为自己正确，进而去坚持着自己认为正确的行为。其中一部分人通过后天的学习，认识到了自己曾经坚持的事物是错误的，改正后获得了成长。还有一部分人能够接受他人意见，认识到自己的不足加以弥补，进而修正了很多错误。但还有一部分人，既不会自我反省，也听不得他人建议，终其一生执迷不悟。

一个人一生能够取得的成就，获得的幸福，取决于对自己了解的程度，但我们对自己的了解却往往与外界的认识大相径庭。人生中有很多东西可以通过自身努力去改变，但出生在什么样的家庭这一点却无法改变。幸福的童年让一个人受用终身，而有的人却用一生去治愈童年。我们不记事前发生的一切，我们都以为已经忘记，但实质上它却深深地印在完美的脑海中，我们以为忘却了，但它却隐藏在潜意识里不自觉地控制着我们。

我们以为用光鲜的外表，用不懈的努力，用成堆的财富，用耀眼的学历，能够掩盖童年的记忆，但是我们错了。当我们陷入孤寂无助时，当我们怒发冲冠时，当深藏在我们脑海深处的按钮被现实中无意发生的相似事件触发时，你会发现你做出的动作像极了父母一方曾经的样子，或者歇斯底里，或者暴跳如魔鬼。

童年的伤痛是否能够被治愈，取决于你是否有一颗坚强而勇敢的心，你是否愿意将童年受过的伤痛再一次从潜意识那阴暗的角落翻出来，摊在阳光下重新晾晒。你是否能够认识到你所谓逃避的东西，或许只是父辈爱你的方式，只不过这种方式你不能理解，不能接受而已。你能否接受自己的不够好和不完美，你能否建立起真正的自信，而不是装饰起来的坚强。

我们坚持认为自己是正确的，实质上是在向外界证明，我足够完美，足够好。但本质上，自信是来自自己内心对自己的肯定和认可，无关乎他人和外界。你的对与错，其实与外界无关。

就像被乌云遮住的太阳，尽管只是放射出暗淡的光芒，但并不影响它本身的光芒万丈，你需要做的、能够做的就是发热发光，期待云开雾散。

如何克服自卑

由于出身的地域和家庭的不同，人与人的差距和差别天生都有，与他人相比，总能找出自己不如别人的地方，因此大多数人多多少少都会有一定的自卑情绪。

自卑的本质是自己内心认为自己不够好，而不愿意表达自我；自负是另外一种自卑，也是内心认为自己不够好而过分展示自我，以显示比别人优越，拼命表达来掩饰自己内心的孱弱。

有自卑心理，因此能找到与别人的差距，然后迎头赶上并不是坏事，但过分沉溺于自卑和自负心理就需要外界干预。如何去克服自卑呢？

第一，认识人，认识人性，认识到人性的弱点。世间人人都是自恋的，任何一个人首先关心的都是自己，所谓的自尊和尊重都是满足自恋的需求。自卑是因为与别人对比后发现差距，心理产生落差，担心别人给予自己负面评价，或者沉溺于别人给予自己的负面评价。只要你明白每个人在这个世界上都首先关心自己，看重自己，只有当自己的自尊得到满足后才有精力去关心别人，就不会那么太在意外界投来的眼光与评判。

第二，认识到每一个生命是独特的，上天给予每一个人的天赋都是公平的，这一方面多一些，另一方面就少一些，你要做的是寻找到你的优点和特长并加以训练和利用，而不是紧盯自己的缺点和不足。所谓的优点和缺点都是相对的，只是你观察的角度不同。自卑是认为别人拥有，自己没有而心态失衡，自负是过分倚重自己拥有的而心生膨胀。

一个人的出身、长相、身材，甚至苦难、逆境等，都是上天给予的馈赠，关键是你如何去对待，无视和逃避就会受挫，正视和接纳就会勇敢，拼命地否认和拼命地遮掩依然不能代表它并不存在。

第三，接纳自己，从内心接纳自己，接纳曾经面临的处境和遭遇的一切，试着展示自己的过往，你会发现外界不会给予你嘲笑和讽刺，甚至会投来关心和帮助。人性有弱点，也有优点，人生而有恻隐之心，而且人天生愿意帮助人，你大方地展示自己的不足，有可能带来评判和嘲笑，但同时也会引来理解和帮助。

建立自信，建立"盲目"的自信、"毫无理由"的自信，学会不去在乎外界的眼光和评判，你不去改变，只是你不愿意去发掘你光鲜的一面，在黑暗的房子待久了，重见阳光时，眼睛也会有个适应的过程。自卑的人突然变得阳光，周围的人一定会不适应，会投来异样的眼光，你一定要内心强大到足以建立起自己的新形象，直到别人开始习惯于全新的你。只要你的所作所为目的纯正，不伤害他人，不扰乱别人，不损人利己，就大胆地去改变。

要克服自卑，要有一颗强大的内心，认识到自己足够独特，足够好。只有勇于改变自己，要去努力创造，不断提升自我，才会让自己的生命更有光彩。

思想改变性格，性格改变命运

一个朋友，大学毕业后，本打算去沿海城市工作，但由于他是独生子，父母要求他留在自己身边，于是他改变主意，回到了内地的城市，但工作不是他喜欢的，干得一直郁郁寡欢。工作一段时间，单位外派他到了沿海港口大城市，工作期间，他寻得一个机会，准备跳槽，但跳槽就等于放弃安稳舒适的国企，于是他推荐了跟他一样在内地工作的大学同学。外派结束后，他返回内地，和一个他父母喜欢而他并不心动的女生结了婚，成了家。在单位，部门领导给他穿小鞋，其他同事或者领导犯的错误让他背锅，他不甘心，但却无力去抗争，于是申请调到另外一个部门。多年过去，职务上没有获得晋升，反观他的同学，因为他的推荐，抓住了那次机会，如今已经是那家知名外企的高管，活成了人人羡慕的样子。

朋友本人的学历、能力、人际交往方面都非常不错，但是性格上却比较软弱，遇事不去坚持，不去抗争。如今他的日子过得也还算不错，但跟他的交谈中，我仍感觉他有些不甘心，我能感觉到他常常陷入如果当初他如何选择，现在则会怎样怎样的失落中。

在日常生活中，我们每个人都在苦苦地寻找机会，或者在抱怨老天不公，小部分人机会很多，而大部分人没有机会。但通过朋友的经历来看，其实不然，本来改变命运的机会他已经抓在手里，最终他却让机会溜走，将机会给予了同学，最后让别人走出了不同的人生道路。人与人的差距本身并不大，造成巨大差距的实质是性格因素，我们都知道"性格决定命运"这句话，都想去改变性格，我想很多人都尝试去改变性格，但其中难度实在太大。尽管难度很大，但是有的人改变了，命运的天平向好的方向倾斜；有的人改不了，就重复地唱着《涛声依旧》的人生曲目。

一个多疑的人，有人跟他沟通，他总是持怀疑态度，久而久之，就没有人愿意给他讲真话。一个偏执的人，做决定后不会改变，有人给意见不会采纳，久而久之就没有人再给他建议。一个暴躁易怒的人，为了一点小事就暴跳如雷，时间久了，大家认为他惹不起，于是都躲得远远的。一个懒散的人，没有目标，做事抓不住重点，他人与之合作，最终会连累他人或者导致他人利益受损，成为孤家寡人。我们所处的人生境地，往往都是我们性格因素导致的，有的人能够认识到这一点，就会改正，有的人认识不到，就会抱怨命运不公，后悔终生。

性格，实质上是一个人一贯的行为习惯累积到一定程度后形成的外观表征，并不自觉地影响未来行为的个人综合性因素。当然这个表述肯定不够精准，我也无意去翻阅字典，寻找更官方的名词解释。命运实质上是被性格所绑架，性格让你去哪里，如何选择，命运就会被带到哪里。

我常常唠叨一句话，就是学习改变认知，认知改变思考，思考改变行为，行为重复成为习惯，习惯最终形成性格，而性格决定命运。

由此可见，好的性格是长期训练的结果，不良的性格也是长期累积的结果。要想改变性格，也需要经历一个长期的过程。老人常言，三岁看大，七岁看老，也有人说一个人十五岁前的经历就已经决定了他的一辈子。由此也可以看出，性格的形成，受童年的影响很大，想改变性格必须从遥远的童年找病根，成年人去改变性格，难度极其大，因为这样的性格跟随你已经多年。

什么人能改变性格，进而改变命运呢？是坚持学习的人。只有坚持学习，不断地往脑袋里装进不同观点的人才能改变认知，特别是与自己以往截然不同的观点。让一个人认为自己以往坚持认为正确的东西是错误的，是极其痛苦的一件事情。改变认知需要勇气，需要强大的内心。刚开始创业那会儿，我最大的痛苦并不是创业的各种艰难，而是我过往价值观的崩塌，我突然发现我坚持了三十余年的，认为是真理的东西竟然是错的，感觉很多年白活了。还好我坚持下来了，没有退缩。脑袋里只装有一种观点的人是不会思考的。现实中，太多人不会思考，要么简单地接受，要么粗暴地反对，从不加以对比分析。很多人说读书无用，一方面是因为读少了，还不能触发真正的思考，另一方面就是只读一种观点的书，或者只读自己喜欢的书。如果读书只是用于证明自己的认识正确，或者用来打击别人的观点错误，而不用于认识自己的错误和不足，那么读书真的没用。

会思考了，也知道对错了，但是依然没有用。道理三岁的娃娃都懂，但是八十岁的老汉却办不到。这些道理现在换了个名字，叫"心灵鸡汤"，包装成高大上的"成功学"。我个人认为不是鸡汤有毒，也不是成功学忽悠人，而是太多的人以为知道某些道理，人生就改变了。但是后来发现知道这么多道理，人生依然没有改变，于是就怨恨起鸡汤和熬鸡汤的人。知识是眼睛看到的世界的"像"，智慧是看世界的眼睛。我们很多人都简单地认为掌握了知识，财富就会来敲门，其实拥有知识只是第一步，坚持行动还有九十九步。当拥有很多知识，还在不断地积累知识，人生境遇却没有改变，于是就开始抱怨知识以及传播知识的人，这也许是"知识越多越反动"这句话的来源。

善于思考，接下来就要行动了，但行动是否够坚决，会不会浅尝辄止，会不会遇到一点困难就退缩，会不会因为外界的异样眼光而放弃，这个时候就会考验一个人的意志和心智。当你说海水是蓝的，但有一百个人说海水是绿的，你会不会怀疑自己，会不会受不了别人说你愚蠢和无知。很多人倒在行动的路上，成为思想的巨人、行动的侏儒。世间大多数人是因为别人怎么说，他们就怎么做，而这个别人基本上跟他们处于的层级差不多，甚至不如他们，于是他们也就活成了别人的样子。行动，坚持不断地行动，是优秀和平庸的分水岭，而大部分的人被挡在了平庸的一侧。

坚持不断地行动，最终养成习惯，习惯的好处就是做什么事情不用去思考。不去思考，不去判断，不去做选择，实质上节约了许多时间和精力。当习惯养成后，你就会变得高效，毕竟人生比拼的还是速度，效率高的人，他还很努力，甩开他人的距离就越来越大。养成良好习惯后的勤奋，是卓越和优秀的分水岭。

当你很多的习惯形成后，用好的习惯代替以往不良的习惯，此时外界看你的眼光就已经改变，你认识到的自己和以往相比也大为改观，接下来性格会潜移默化地改变。命无法改，但运改了，实质上也是命运改变了。

先成为人才，才能有人脉

在互联网社会，结识一个陌生人比以往方便很多，甚至可以用社交软件查找并添加陌生人。由于社交软件的发达，人与人之间的联系成本降低，聚会变得便利许多。通过聚会，我们认识一个人，了解一个人的机会大大增加，但是不是我们就能相对轻松地获得朋友，取得信任了呢？

我们很多人认为，认识了一个人，留了他的手机号码，加了微信就是朋友。认识的人多，通讯录中人多，微信中加的人多，就表明人际关系良好。但这往往是一个错误的观念。

实质上，两个人是不是朋友，由一方决定。甲和乙认识，甲认为乙是朋友，但乙认为甲只是自己认识的一个熟人，那么甲和乙就不是朋友。因此很多社交场合的泛泛之交，根本上就不是朋友，充其量是个熟人而已。

再者，人与人认识久了，了解多了，也不尽然就是朋友。有很多的人，认识一个人，拜访请教别人多次，却也没有表示过任何的谢意，或者只是口头表示，虽然自认为已经认识很久，但对方肯定很难把他当朋友。我们交朋友，也不是非要从别人那里获取什么，但还是希望在危难时有人伸出援手。很多人与人交往时没有真心，甚至不愿意付出真心。很多人拜访他人连一份小礼物都不准备，准备的只是口头恭维。一个人取得了一定的成就，最缺的其实不是恭维，而是尊重，是真诚的赞美。认识得久了，只能加深了解，但对于建立信任没有直接的作用。

作为朋友，实质上是交心，是救人危难，拔刀相助，付出一份真心。日常把别人装在心里，发现对方的需求并满足，在其困难时真诚、无私、不求回报地出手相助，更容易交到朋友。这个社会实质上是一个交换的社会，但不要简单地理解为物质交换社会，能够交换的东西很多，例如感情、真心和情义，等等。

能交到什么样的朋友，进入什么圈子，跟你认识什么人，认识多少人，认识多久，基本上没有很直接的关系。你能进入什么高度的圈层，首先是由你的实力决定的，你的实力在18层，你就很难交到处在50层的朋友。当然也有可能性，是你有可能爬到50层，那么你得让人认识到你有这个潜力，或者你是18层中某方面的专家，拥有一技之长，你能够帮助到50层的人。说白了就是你有价值，对别人有价值，有被利用的价值。其次是你有了价值，你愿不愿意与人分享，你愿不愿意被别人利用，就是你愿不愿意帮人。能说会道不一定能交到很多朋友，寡言少语不见得就交不到朋友。情商高的人更能得到更多的人认可，因为情商等于真诚加换位思考，情商低的人并不是不会交友，实质上是比较自我或者自私，凡事都考虑自己的需求和感受，而不会顾及别人。因为人有自恋的天性，你只关注自己，也就很难换回别人的关注。

你是否能够有良好的人际关系，首先取决于你是否一个行家，如果不是一个行家，那么是不是一个专家，再不济有没有成为专家的潜力，本质是你有没有价值，价值多大。其次取决于你的情商水平高低，情商越高，你就越会懂得付出和交换，情商低，你只会索取和占有，即使你有价值了对别人也是无用。

成功是因为拥有良好的人际关系，要有良好的人际关系，首先要奋斗，其次要敢于付出。现代很多人，年纪轻轻，就追求舒适稳定，没有向社会付出什么就想着拥有很多，是很难有良好人际关系的，也就是说不配成功。在某些人的心中，成功永远只是梦里想想而已。

人生的深度

曾经有一个业务员来拜访我，我接待了她，后经她提醒，才知道曾经见过一面，是她陪同一个朋友到访过公司，由于当时她基本没怎么讲话，所以印象不深。

这位业务员长相清秀，面容姣好，尽管以貌取人往往并不一定靠谱，但拥有一副俊俏的容貌和别致的身材，却也是天然的优势。此人讲话轻声细语，于是多攀谈了几句，此次与她同来的还有一位男士，她介绍是位编导，他们是同事，一起供职于央视某栏目，栏目是帮企业拍摄宣传片，提升企业知名度。此次来访，是邀请我去参与他们的选拔。对于新奇的事物，我还是抱有一定的好奇心，于是决定抽空去看看。

做销售，适当地恭维人还是需要的，当她知道我喜欢搬弄点文字，讲她也喜欢写点小东西，但是许久未动笔，我说这是个好习惯，要坚持。两人介绍了自己的栏目和此行目的后，我答应前去参加他们的线下活动，他们起身告辞。两人来时，并没有携带名片，只是相互扫了微信，而且微信名都不是真名，而是昵称。

他们离去后，女孩发了她大学时写的一篇文章，让我指导下。于是我打开文件翻阅，整篇文章，像是游记，却又不是游记，从整篇文章能感受到她的心情是愉悦的，但却看不出文章的思想，看完后竟一点印象都没有，于是回复她，文笔很好。

接下来的几天，就是被邀请，填写申请表，盖章，而且扫描件要清晰，既然答应了，我就安排同事认真对待。她电话里还三番五次地叮嘱，要着正装，注意时间。其实我答应别人的事情，基本上承诺了都会记在日程上，按照相关要求准时参加，但对方跟踪的力度过大，频度太过密集。

为了弄清楚他们公司的业务范畴，还有此次活动的目的，在活动前两日的一天晚上，我利用百度搜索，也翻看了两人的朋友圈。女孩的朋友圈，无非就是晒晒日常的吃喝玩乐，偶尔也晒晒男友，不过朋友圈的照片和现实相差不大。男士发的都是一些栏目过往的拍摄实例，看似很高大上，也有他自己参加的一些活动，带有一定的宣传成分。从朋友圈的内容，看不出两人是一家文化公司的员工。

通过百度搜索了解到，他们所谓的栏目，本身也是挂靠或者承包性质，而在湖北的代理公司，注册年限并不长，营业范围在一年前由网络销售改为文化传播，一个股东有一段在电视台工作的经历，拍摄的内容播放的渠道极其有限，受众并不广。

于是活动前一日，我电话告知他们第二天上午很忙，没有时间参加此次活动。爽约，并不是因为这是一个骗局，而是因为核算过收益成本后并不划算。一个上午的时间赔进去，得来的东西只是满足自己的好奇心。我通过其他途径已经了解，他们提供的服务并不适合自己公司现阶段的需求。销售是把产品推给有需求的人，并且能够为对方创造价值。我是否有需求，他们的产品是否适合我，也许他们知道，也许他们根本就不知道，他们只是为了完成任务，这才是我拒绝的根本原因。

得知我的爽约后，对方很是不悦，但没有表现出来，后续她也没有再联系我。从交谈中，我得知女孩参加工作不满两年，但我感觉两年中她的长进并不算太大，交谈内容的空洞，关注点的虚无，突然间我没有了乍一见面时对她的好感。

上天给了一些人一副好皮囊，这是无法改变的，但我们可以自主选择往皮囊里注入思想和主见，否则皮囊会显得单薄，看久了也会麻木。拥有一副好的皮囊，要懂得珍惜，但皮囊经过风吹雨打，也会褪色，会陈旧。

做人，还是要追求一定的深度，浅薄和轻浮毕竟经不起人生长久的考验。

你要的是幸福，还是对错

我们每个人的行动，往往是被思想和观念支配的，我们之所以去做一件事，是因为我们认为这个事情是对的。但实际上，我们去做的不少事情，是错误的，或者说是无效的、低效的。我们有太多的美好的愿望想去实现，但是我们太多的行动却与我们的愿望相悖。

曾经接待过一个面试者，与男友感情稳定，准备走入婚姻，双方的家境并不是很好，她说双方父母无法给予帮衬，他们要靠自己的努力在城市买房，然后再结婚。她工作已经有三年时间，来应聘一个最基层的岗位，而且对于收入的期望很高，于是我试着给她提供一个责任相对大点儿、技术含量高点儿的职位，让她思考下。她来公司面试迟到了半个小时，为不让后面面试的人久等，我让她在接待室考虑，等我再去找她时，她早已落荒而逃。

偶尔会看到或听到征婚广告，条件基本上都是家境优越，长相甜美，工作稳定，要求对方有一定的经济基础，有独立住房，善解人意，等等。这本质上都是在强调"拥有"，然后是为了"交换"，但婚姻的本质并不是商业，不仅仅是交换。婚姻是在互相欣赏、爱慕和信任的基础上，将你的和我的，合在一起变成我们的。太多互有爱慕之情的人之所以无法走在一起，并不是双方各自拥有得太少，而是拥有得太多，加之信任还没有建立，无论付出你的还是付出我的，都需要太大的决心，需要承受太大的风险。年纪越大的人，积累的物质财富越多，就越难将其拿出来和别人合二为一。

我认为，世界上存在的很多事情太过普遍，但并不合理。例如，结婚前必须要买房，父母必须要帮衬子女，结婚必须要大宴宾客。其实结婚只需要两情相悦，双方有决心共度一生即可。美好的物质生活，可以携手去创造，昭告天下大可不必，父母有条件可以帮衬，无条件时亦无义务帮忙。二十世纪五六十年代的婚姻，领结婚证后，将各自的行李家当合在一起，单人床拼成双人床，请亲朋好友在单身宿舍吃顿饭，撒下喜糖，后来大多夫妻不也都过上了幸福快乐的生活？

说到工作，我们都有一个愿望，赚很多钱。现在城市的生活成本高，没有足够的钱很难在城市立足。但是很多人要求工作舒适稳定，薪水诱人，但却不愿意承担风险，不愿热情付出。职场即是商场，商业的本质就是交换，不付出努力和热情，不付出时间和精力，很难换回你所想要的锦衣玉食。很多年轻人，工作年限不长，能力还未达到一定的高度，不断地跳槽，去寻找一份理想的工作，其实是在同一层级的企业同一层级的岗位被选择。因为你的能力、素质和眼界等已经决定了你会被归入什么层级的岗位。你要做的不是选择，而是努力去提升自己的能力、素质等。在众多的企业和岗位中做选择，你是在寻找一份你喜欢的工作，但工作本身，首先意味着是一份责任，其他都在其次。当你将喜好排在第一位时，就已经没有最合适的工作了。

任何错误的决定，会导致错误的动作，进而造成错误的结果，最根本的还是因为我们脑海里装的思想和观念是错误的。别总执着于"我是对的"，多想想你的哪些认识是错误的，只有如此，你才能不断成长，追求到你所想要的一切。

第四章　人际：以人为镜，可以明得失

索取、交换和付出

创业以来，为了解决遇到的各种问题，我重新捧起书本，2017年5月开通了公众号"斐言乱语"，开始不定期地更新文章。其实在之前很早的时候，我就已经开始在微信朋友圈练习写作了。很多朋友说读了我的文章很有启发，于是我做了一个决定，把文章印成了册子作为见面礼送给朋友。只要转发朋友圈，在公众号后台留下地址，就可以免费得到一本，时不时地在朋友圈打个广告。通过一系列的活动，我惊人地发现了商业规律，商业的本质叫交换，但越付出的人越富足，而越索取的人越贫乏。

有的朋友，从没有给过我任何的帮助，没什么交情，甚至都没有谋过面，在我朋友圈发的文章下既不点赞，也不转发，就在微信里留下一个地址，我依然将书快递给部分人，但是对方收到书后，没有反馈，连一声谢谢都没有。这个世界，没有无缘无故的爱，也没有无缘无故的恨，一切皆有因果。我发现那些只知道索取的人，过得都很一般，甚至有的人还在走下坡路。

有的朋友，留了地址，发了微信红包，如果他是一个爱学习的人，我会将我读过的有价值的其他书一并快递，书本的价值远远超过了书本身和邮费。有的朋友，曾经帮助过我，我无以回报，甚至没有机会再见，我会主动地索要地址并安排快递。商业的本质是交换，而交换之上，是提供更高的附加价值。

还有一些朋友，在收到我的书后，发来了比书价值更大的红包，我赶紧说发多了，他们回复说，读后受到的启发远远大于书本身，多的是给我继续写下去的奖励，我也坦然笑纳。这类朋友，清一色的事业有成，家庭幸福，内心富足。此类朋友的做法，证实了一个真理，就是越付出，越富足，越幸福。

我承认我的学识有点浅薄，也许书中的内容对你并没有多少帮助，但我却没有必要以这种卑微的方式去取悦你，你在旁观后"呵呵"就行。提出要求但我并没有满足的，请原谅我的小气，我并不以此为生，也不以此谋生。

知礼

曾经拜访一位知名的企业家，得知他出了一本专著，我请求能否赠送我一本，对方欣然应允。进而我求对方签名，对方也即刻答应，由于距离稍远，对方签字时，我生怕他写错我的名字，帮我引荐的大哥也时常记错我的名字，但出于礼貌，我也没有提醒。拜访结束，我打开书本，发现对方题写的"胡兄"，顿时让我汗颜。交流时，我已得知对方长我一轮，看到签名，我不禁肃然起敬。不论对方的年龄，还有对方所取得的成就，称呼我为小弟我都会受宠若惊，而对方落笔"胡兄"，足见对方的胸襟和气量，还有谦逊。

人可以恃才却不能傲物，如果一个人有才华而不保持谦虚，就会把自己推入险地，因为普罗大众中，嫉贤妒能者大有人在。一个人之所以位居高位，是有更多的大众抬你、挺你，如果不保持谦虚，墙倒众人推，迟早会垮掉，或者众人皆离，变成孤家寡人。谦虚，其实是给予他人尊重，因为不管任何人，都愿意被重视，被尊重。

曾经有一个年轻人，少年成名，自认为才高八斗，饱读诗书，出口成章，一副雅士的模样。但是在生活中，与妻子关系紧张，与丈母娘水火不容，对父母呼来喝去，与好友渐行渐远。尽管拥有无限才华，但他的幸福感并不强烈。

任何人，如果不保持谦虚，就会骄傲，骄傲了就会退步，特别是取得一定的成就和名望后，就更应该低调做人。贵而知礼，很重要。

接地气

闲来读书，书中提到一些传说故事。道光帝的龙袍破了一个洞，缝补后内务府的报账是3000两白银；光绪帝大婚，一个门帘，50两白银的成本，最终内务府的报账加起来是 2.5 万两；老佛爷发现内务府买的皮箱需要 60 两银子，听大臣汇报市场上的只要 6 两，于是安排大臣去买，大臣一到市场才发现卖皮箱的店子已被内务府查封。内务府的腐败暂且不说，皇室也知道却无力改变，因为离开庞大的服务机构后，他们也活不了，这其实反映了一个问题，就是此时的皇室已经没有王朝建立时南征北战的英武，变得不接地气了。

其实人就是这么奇怪，为了提高效率，有很多事情必须由别人协助去做，或者代替去做，但是哪些事该亲自去做却很难界定。自己的事情都由别人做了，特别是应该自己做的都让别人做了，慢慢地就变得不接地气，很多常识也就变模糊了，被慢慢屏蔽了。即使你是一个成功人士，距离覆灭和失败也不太远了。

曾经朋友建议我说，那么多应酬，带个人帮你挡酒啊。我对朋友说，我的聚会，大多是跟朋友一起，商务应酬很少，聚会看似喝酒，但主题并不在酒上，再说了，朋友聚会，看中的是酒喝到谁的肚子里，而不是把多少酒喝完。参加聚会，你左边一个助理，右边一个秘书，朋友举起杯，你的助理、秘书把你的酒干了，那么朋友慢慢地也没得做了。

成功人士都很忙，遇到他们的机会很少，我们见到成功人士和他们打招呼，就会说："老总，你亲自吃饭啊？"看似是玩笑，但实际上表达的是，这些事情还亲自干，了不起，接地气。一些成功人士出行有司机接送，三餐有专门的厨师烹制，开会有秘书写稿，基本上做的都是大事，制订战略，参加集会演说，被高官富商接待，生活上的事情处理得很少，习惯了被前呼后拥地伺候着，慢慢地甚至"生活不能自理"。

人的天性都是懒惰的，能自己不干的事情就交给他人干，能省事就不要多事，但是有些事情必须自己去干，例如运动身体，读书学习，独立自主生存的能力必须有。作为高官或者富商，决策权还是要自己把握，不能将决策权交由他人。如果被高高地捧起，不接地气，常识欠缺，那么做的决策也很有可能脱离实际，导致失败。

世间每个生命都是独特的，也都是独立的，很多的事情必须自己去干。现在很多的孩子，从小就被父母以爱的名义控制，帮孩子穿衣，帮孩子喂饭，帮孩子去学校值日打扫卫生，去学校帮孩子解决和同学的矛盾。很多人是位高权重时变得不接地气，可最悲哀的是很多孩子从小就被父母供着，从出生就不接地气。

生而为人，饭要自己吃，酒要自己喝，觉要自己睡，朋友圈要自己发，我一直坚持着，坚持不飘！

好的关系，都是麻烦出来的

现实生活中，很多人信奉"万事不求人"的人生信条，他们认为，求人是添麻烦，为了不添麻烦，他们努力把自己修炼成百科全书，但实际上每个人的精力有限，最终很多方面都是知之甚浅，甚至弄巧成拙。

你要解决一个园林方面的问题，找到一个园林方面的专家去咨询，远比你翻阅一本园林方面的手册要来得快，况且要读懂一本专业书籍，还需要有一定的专业基础，因此，就是找来了手册，你也不可能全部弄懂。

世间的大多数人都有善良的天性，有主动帮人的意愿，只是看你是否诚恳求助，值不值得帮忙。如果一个小孩唱歌不那么认真，你指正他，也许他会抗拒，但如果你请教他，甚至故意唱得走腔走调，他会很主动地帮你，甚至自己唱得不熟练，也会在练熟后教你。

万事不求人，背后是万事不帮人，不愿意帮助别人，当然别人也不会愿意帮你，久而久之，人际关系不可能好，朋友也不会太多。也许你只是怕麻烦，怕别人麻烦你，怕给别人添麻烦，但现实中没有一个人人生中不会遇到麻烦。

别人给你带来一次麻烦，他一定会感恩你一次，你来我往，就会建立良好的关系。当然，现实中也存在一部分人，只会给人添麻烦，但从来不会感恩，这样的人路也会越走越窄。有的人别人资助过一斗米，他只愿意感恩一根绣花针，这样的态度是不可取的。还有一种人，认为请客吃饭就能表达所有的感恩之情，要么吝啬，要么狡猾，要么愚钝，这也是不可取的。

好的关系，都是麻烦出来的，关键在于你有没有感恩之心，以及感恩之举！

放下权势和地位

人生而平等，但现实中，我们又人为地制造了太多的不平等，什么省部师团干部，什么亿万千万富翁，由于人处于许多个体编织的社会关系网中，又不能不去做比较。于是乎，为了名利权势，我们不断地争夺或者追求，用外在的财富、地位和权势装扮自己，但真正拥有了这些，我们就能获得幸福感和平和心吗？

世俗的追求，我们得到得多了，就还会想着追求更多，有时候我们也许会感觉到累了、倦了，但一想到可能会失去这一切，为了不失去，就又想追求更多。这也许是现实中我们太多人的常态。但权势和地位就那么重要吗？

重要是必然的，如果没有这些来衬托你，基本上不会有更多人会认识你，就更不用谈什么理想和追求了。但一味地将权势和地位与个人等同起来，这些又变成了负累。以此为目的，想追求更多，压力就越大，喜悦感就越少。

太看重权势和地位，群众就会疏离，因为与你很难有平等的交流，你可能会更多去关注对方对自己的恭敬程度，是否会冒犯你，而忽视了事情本身。

有太多的人，攫取了财富，攀上了高位，就慢慢地变得骄纵起来，时时处处关注着自己华丽的"外壳"，有人无视自己就很不舒服，挑战自己就愤愤不平，藐视自己就暴跳如雷，其实这都不是应有的表现。

一个人有平和的内心、真正的自尊，并不在于权势和地位，这些都是披在身上的华丽衣装，脱下来，依然是该下垂的下垂着，这才是真实。

世间没有什么东西拿得起放不下，包括权势和地位。

平等地看待他人和外界

在我老家，有句俗语叫"苔苔眼"，普通话叫势利眼。现实中势利眼的人不在少数，在工作和生活中，这些人媚上欺下，对比自己"厉害"的人百般谄媚，对不如自己的人不屑一顾，或者大加嘲弄、糊弄。这些人往往得势一时，最终很难风光长久。

孔子说要亲君子远小人，但我认为这句话对了一半，一个人的成功，要君子成就，但还要防止小人背后作梗。君子坦荡荡，做事光明磊落，明里防着就行；小人长戚戚，背后总放冷箭，不防不行。春秋时期的将军华元，因为一碗羊汤败了一场战争，甚至毁了一个国家，这样的事情历史上发生过很多次。

这个世界本就不可能天生平等，但是人人都在追求平等。所谓的势利眼，其实是在人为地制造着不平等。人性中，每个人都认为自己重要，或者说都有自恋的成分，而势利眼却是将人分成三六九等，分别对待。只有部分人经过自我修炼，不再从外界寻找自尊，不再渴望外界给予的肯定，看淡外界投来的各种眼光。人在先天的出身、后天的职务等方面有所差别，但是在人格和尊严方面却是平等的，但势利眼们往往将两者混为一谈，无法做到区别对待，甚至有很多欺下媚上。

势利眼们，有时会刻意忽视他人，有时会无心轻看他人。刻意忽视的人，是因为总盯着自己拥有而他人没有的东西，总以自己的长处和他人的短处做对比，慢慢地就飘飘然起来，眼光就直往天上瞅。无心轻看他人的，是因为无法看到他人拥有的，对他人的贡献和价值视而不见，这是偏见所致，甚至因为无知使然。

势利的人遇上风口会风光一阵，但会给自己埋下挫折或者失败的伏笔。因为没有人愿意接受自己被轻看，也就是说每个人都愿意受到尊重，差异化地对待他人，也许会得到一部分人的支持，但是会丧失大多数人的力挺，特别是在关键的时刻。势利的人，人际关系一般不会太好，如果说好，也是以利相交的表面现象，经不起大风大浪。势利的人，很难用全面和发展的眼光看问题，要么盯着局部，要么盯着当下，社会在发展，人人在成长，一叶障目地看外界，也许会失去大片光明。

患上"势利病"，还是因为不够自信。他们追名逐利，以此来构建自信，然后用自己已经拥有的东西去衡量他人，分别对待，继续构建自己的优越感，开始人为地给自己前进路上设置障碍，树立敌人。

看人之长，用人之长，自我的成分少一些，眼光要学会向下瞧瞧，或者学会平视这个世界，有利于克服势利的毛病。

不解释的智慧

很多年前，F4主演的电视剧《流星花园》里面有一句经典台词："如果道歉有用的话，那还要警察干吗？"感觉这句话非常酷，时常挂在嘴边，我后来去细细思考，认为这句话包含着大智慧。

在日常生活中，会有这样一群人，遇到事情拍着胸脯，承诺得非常好，但事后却拍着脑门，来一句"不好意思，忘记了"，或者痛心疾首地请求对方谅解，懊悔不已，但很快又故态复萌。更有甚者，有的人由于每次都能态度诚恳地做出解释，以为获得了对方的谅解，陷入了轻易承诺，无法兑现诺言，请求对方原谅的死循环。慢慢地，就没有人再去相信他，很多人做不到自查自省，仍然自我感觉良好。还有部分人认为他已经道歉过了，请求对方原谅了，对方或者相关者善意地指出时，他还认为别人吹毛求疵。

那么解释和道歉有用吗？我看未必。道歉、解释只能获得别人的谅解，只能让自己获得心理安慰，但每一次的背弃诺言，都会使得自己在别人心目中的形象不断受损，信誉度不断降低。再者，这个社会上太多的事情是没有解释机会的，因为我们每个人都会用眼睛观察、用耳朵聆听这个世界发生的一切，对于现象我们会有意识或者在潜意识里形成固有的看法和观念。你做错的每一件事情，说过的大话，不经过大脑说出的伤人的话，在你做完或者说完的那一刹那，伤害就已经产生了，根本没有解释的机会，没有补救的可能。人的器官中，嘴巴会欺骗人，但眼睛和肢体动作不会，或许你会听到"人非圣贤，孰能无过"的安慰，但这样的话只能显示对方大度，而不能起到消除自己产生的负面影响的作用。

那么在日常生活中，我们要做到以下几点，克服因为失信造成的危害。

不轻易去承诺

不要为了获得别人的好感而说大话，不要在酒足饭饱时拍胸脯承诺，不要为了获取别人的关注而高谈阔论，当然也不要总说各种模棱两可的话，例如：有机会一起吃饭，不忙的时候请你喝茶，过些时候去府上拜访。这样的承诺看似保护了自己，其实损害了你的形象。

竭尽全力去兑现诺言

为什么很多人很忙，忙得晕头转向？因为他承诺了太多，要不断地兑现自己的诺言，于是乎严格要求自己，按照时间节点做事，因为他们知道失信造成的很多伤害无法消除，于是能做的就是严于律己。

要敢于承诺

很多人在世间很难做出一些成绩，不是能力欠佳，而是不敢承诺，总给自己留了太多的退路。有些事情，当你把牛吹出去了，然后为了不让别人看低你，为了维护自己的形象，就会想尽各种办法把事做成，久而久之，能力也就提升了。能力是训练出来的，先把"牛"吹出去，接下来把吹过的"牛"变成现实，能力和水平就慢慢提高了，但遗憾的是，世间太多的人却只停留在吹牛这个阶段。

用行动去解释

我们很多人做错事，失信于人的时候，只能做到口头上请求原谅，而没有付诸行动证明。我们都会犯错，我们都可以取得对方的谅解，但是别人更看重下一次你如何去做。太多的人以为口头解释过了，对方也表示谅解了，事情就这样圆满结束了，其实我们不知道，行动和改变才是最有效的解释。人与人的差距，是由每一次信守承诺的程度拉开的。

如果解释有用的话，那么我们巧舌如簧就好了，还要行动干吗？

赞美的价值

我发现，很多人在生活中缺乏激情，除了目标感缺失外，还有一条重要的原因，就是在日常或者从小所获得赞美和表扬太少。没有赞美和表扬，人就不会有感动，没有感动，感性的成分就少。感恩、感激、感谢、感动，都与心动有关，心不动，就是做什么事情都与心无关,机械地做很多的事情,自然投入就不够,成果也就不怎么卓著了。

很多孩子长大后形成脆弱、敏感甚至孤傲、偏激的性格,跟父母的教育方式有关,和父母的不闻不问有关。父母对孩子的所作所为没有反馈,久而久之,孩子会变得麻木,容易走向两个极端。一个极端是,孩子可能表现欲超强,为的就是引起注意,获得关注,得到表扬,得不到的时候就过度表现,用力过猛时就会变得出格。另一个极端是孩子努力表现后,父母不闻不问,孩子慢慢地就把自己真实的想法和感受隐藏起来,变得不会表达,沉默不语,性格孤僻偏执。

表扬和批评,都是一种反馈。很多父母眼中只有成绩,甚至认为孩子成绩好就代表一切,孩子的诚实、勤快、热情,他们都关注不到,甚至他们认为孩子考出好成绩是应该的,成绩考差了,就罪该万死。于是孩子拼命地追求成绩,忽视其他的一切,最终成了高分低能一族。有的孩子如果成绩一般或者较差,父母给予的全是批评甚至谩骂,或者父母不再给予关注,于是孩子打架斗殴、扰乱课堂、逃学贪玩,这些其实都是孩子引起父母或者老师注意的手段而已。很多的老师把这些孩子定位为坏孩子,把他们孤立起来,最终这些孩子选择了自暴自弃,进入社会后,变成了"问题青年"。

长大成人后进入职场,热衷于挑起是非、散布谣言的职员,不少是那些曾经被父母无视的孩子。那些工作能力超强但合作能力不足的,都是被父母当成心肝宝贝,利用苛责或者威逼手段获得高分的孩子。爱的反义词不是恨,而是麻木,麻木就是缺少感情的滋润,没有爱的沐浴。

职场中、朋友之间、夫妻之间,依然需要表扬和鼓励。"干好是应该的,干不好是不可饶恕的"这样的思想是最要不得的。表扬的目的是对成绩进行肯定和鼓励,批评是对错误和偏差的修正,都是反馈。表扬一定要表扬出价值点,批评一定要拿事实和数据说话,前者讲感受,后者讲事实。很多人不会表扬和批评,往往是把两者搞混淆了。

朋友之间需要赞扬,这样可以快速地拉近朋友之间的感情。很多人把表扬认为是恭维,这个认识其实是片面的。适当拔高的表扬叫恭维,初次见面或者久别重逢,几句场面话,能让人心情舒畅,快速进入状态。恭维,同样也是对朋友取得的成就和获得的成绩的认可和鼓励,但是我们很多人见面就谈事,谈事了就要有结果,显得生硬而直接,就像润滑不够良好的机器运转起来嘎吱作响。恭维是社交良好的润滑剂,没有不行,多了亦不行,度一定要把握好,但这也是最难把握的。

夫妻之间，同样需要赞美。很多夫妻，特别是丈夫，抱着"鱼已经上钩了，还需要再投饵吗"的思想，慢慢地把最亲近的配偶变成了最熟悉的陌生人，把日子过成了只有茶米油盐的光景。老婆洗衣做饭打扫照看孩子成了任务，老公外出打拼赚钱养家成了责任，但唯独缺乏感动。夫妻相处久了，语言的沟通往往很难达成一定的效果，因为惯性，使得对方讲话的意图被想当然地认为是昭然可见。如果夫妻没有共同的事业和爱好，也许行为就会成为重要的表达方式，如一个拥抱、一个亲吻、一次拉手，但这些却是很多的夫妻最不屑于去做的动作。一束鲜花、一个丝巾、一个简单的饰物，送给对方，比甜言蜜语更有效。但"经济适用男"认为这叫破费，买花还不如买个菜花，既能观赏，又能食用。女性天生就是感性动物，讲感觉，讲感情，使她感动才有效，但是很多男性只是在恋爱时使用这样的方法，把女人圈养在叫作家或者叫作房子的空间后就把这个方法丢掉了。

表扬或者批评，是价值引导，而不是就事论事，我们要通过这种方法，将受到表扬和批评的对象的自驱力和自尊心激发起来，让对方知道所做事情的价值和意义，而不是简单的肯定和否定。

人需要表扬和赞美，但不索要表扬和赞美，才是积极的人生态度。只有每个人自己过好了，这个世界才会变得更精彩，最重要的是你如何看待自己。赞美这东西，有了更好，没有也不苛求，如果你认为自己做的事情有价值和意义，选择自己为自己喝彩，也是一种活法。

为老要有成就他人的心

一日，突然翻到一位年长者的微信，我随手拉黑了他，没有厌恶，唯有平静。

认识他是一个偶然的机会，在朋友的饭局上我作陪，由于对方年长不少，我也给予充分的尊重。之后也见过几面，偶尔有一些交流。一次他从外地到省内一地级市开会，要我送他，我花了半天的时间当了司机。我想能给予对方力所能及的帮助也很好，并没有多想，因为我跟他的交集基本上没有，我也没有对他做出评判。

忽有一日，他打电话说他在某地，知晓我认识某集团高管，让我将高管电话给他，他想请对方吃顿饭。吃饭事小，但他与对方从未谋面，请吃饭就显得太莽撞了。我说我没办法帮他这个忙，他说你这点儿小事都不能办，无用云云。其实那个时候我已经知晓他和几个人打着对接资源的幌子为自己获取利益，慢慢地坏名声就传出去了，我肯定不敢贸然将别人的电话给他，给了是给朋友徒增烦恼。

又一次在一个省会城市遇到他，是在一个我非常尊重的前辈的办公室，第二天前辈牵头带几个人去拜访一个领导，而我的事情也没那么紧急，我就提议，明天拜访我能否一起去。以我的人际关系，通过其他渠道拜访也没有任何难度，再者找领导也无所求，就没有单独拜访的必要。结果前辈还没发话，他厌恶地来了句，去那么多人干吗？其实一起拜访的就三人，加上我一个陪客，也不会增加任何麻烦和成本。我说那好，我明天安排其他事。

这位朋友应该拥有不少的财富，接近60岁，但从内心来说，我并不怎么尊重他，这个社会谁缺了谁都能活，你拥有的东西，也许别人并不会羡慕，而且你也不会平白无故送人。人终会老的，一代又一代滚滚向前，没有敬畏之心，没有提携新人、成就他人的心态，为老不尊，最终也就没人尊重你。

对于一名长者，最大的悲哀就是你认为自己很牛，但是没人喝彩，孤芳自赏后是无尽的落寞，自己感叹世态炎凉！

感恩之心

一日，惊闻有过一面之缘的朋友因入室盗窃被公安部门抓获，人赃俱获，目前正接受羁押，根据国家相关法律，他逃不脱两到三年的牢狱之灾。此人在其所在的领域内有一定的知名度，而且衣食无忧，为何铤而走险，详细原因不得而知，但有一事，也许能窥见一斑。

我与此君认识，是经人介绍，本欲找机会再接触，但听到熟稔的朋友的相关介绍，就不再制造机会碰面。朋友说，此人曾经为了一纸含金量较高的证书，对他鞍前马后，极尽殷勤，因为朋友在这方面可以给他便利。但他拿到证书后，就销声匿迹，对朋友不闻不问。朋友很坦然，帮人的目的不是为了日后获取什么，但求人帮忙，还是要怀感恩之心，最起码要有平常之心，过河拆桥之事，万万做不得。

一个没有感恩之心的人，会认为自己所得都是应该的，或者认为都是自己努力使然，却看不到别人为了成全自己的努力和付出，于是将人际的交往当成一桩生意，交易结束，则各有归路。这样的人有时会因一点付出博回了大的收益而沾沾自喜，久而久之，甚至会走到铤而走险、巧取豪夺的境地。

人之初，性本无善恶，你往善的方向修，就会走向善的方向，你放任自己，很有可能滑向恶的尽头。我们要怀有感恩之心，记住别人的好。赠人玫瑰，手留余香；欲取之，先予之，即是这个道理。

一个处处将自己的得失排在首位的人，是不会主动自省自查的，如此会将自己的缺点和错误慢慢地放大，任由发展，必将酿成大祸。常怀感恩之心，并不仅仅是要你记得别人的好，更是修身达己的人生态度。

感恩，不能只停留在嘴上

不知道从什么时候开始，国人热衷于过各种洋节，什么万圣节、圣诞节、感恩节。我认为，其实节日不管"土节""洋节"，只要能够在所谓的节日做出仪式感，给我们平淡的生活制造亮点就已很好，但如今却将各类的节日变成了购物节、"嗨节"，不但没有和节日本身的意义联系起来，还失去了了解节日的来源与意义的机会。

例如感恩节，朋友圈一定是一片感恩父母养育、感恩老师培养、感恩朋友帮助等的语句，但我们除了发一个朋友圈外，我们又做了什么？

我们很多人认为对于父母的感恩就是常回家看看，记得给父母时常打个电话，或者拖家带口在周末的时候回父母家让父母给做一桌饭菜，实际上做这些还远远不够。首先，作为子女，不断进取，有所成就，成为父母的骄傲才是对父母最大的孝敬，但现实中太多的人在该拼搏的年纪却选择了舒适和安逸。其次，作为子女，成年后能够自食其力，独立自主，就是对父母最大的感恩，但现实中啃老的，离不开父母的巨婴实在不少。

要感恩师长的培育，其实老师最高兴的事，是学生能够超越自己，在各自的岗位取得一定的成就。一次有幸陪亓宏刚老师见他的老师，老师看到学生有如此成就，晚餐时全程喜悦无比。老师是这个世界上最无私的职业，倾尽所有去培养学生，从来都在祝福学生有所成就，成为老师心目中的骄傲，是对老师最大的感恩。

对朋友要感恩，朋友的帮助要永记在心，有机会加倍地回报。我曾跟一个朋友讲，一个人愿意去帮一个人，特别是长辈帮助晚辈，最大的理由就是年轻人如果很勤奋，也有潜力，失败后可以重来。对于一个曾经成功过的人，他的内心是非常愿意成就他人的，但前提是你应该非常地努力，让别人看到你有成功的潜力。但现实中太多的人表现的是索取或者是交换，而朋友之间的帮助是认可你后不计回报的帮助。也许我们很多人将朋友两个字理解错了，或者理解得很肤浅。

感恩，不能只停留在嘴巴上，而要表现在行动中，内化在思想里。

其实在现实中，把自己活好了，不成为社会的负担就已经是在感恩；如果能够把自己活好了，还能为这个社会做点什么，就是最大的感恩。

情商可以训练吗？

曾经和一个朋友聊天，说到情商，朋友说情商是没有办法训练的。那么情商是天生的吗？真的没有办法训练吗？

有人说情商高就是会说话，就是跟任何人都谈得来，我看未必。情商最基本的意思是情绪的管控能力，而我们平常说的情商，则是能否拥有良好的人际关系。有一名培训老师讲，情商就是真诚加换位思考。由此看来，情商是可以培养的，无非就是说话真诚些，为人真实些，多为别人考虑，少自私自利。人际关系不好，往往是因为事事均把自己放在首位，凡事都考虑自己的需求，而不顾他人。人际关系紧张，是情商不高的表现而已。

很多人说直肠子的人说话直来直去，容易得罪人，就是情商不高的结果。但是现实中很多人讲话直接，直击要害，依然是为了对方好，对方当时不觉得，却在事后豁然开朗，看来直肠子跟情商低画不上等号。

还有些朋友愿意帮助人，却是悄无声息地帮，但在说话的时候却不留颜面，甚至会伤人，这也不能说是情商低。有的人表面上为了别人好，说得天花乱坠，结果背后心黑手辣，看来虚伪的花言巧语也算不上情商高。

还有很多人办事不讲原则，整天为了照顾这个面子，考虑那个感受，突破了底线去取悦别人，为了一团和气而一团和气，看来也不是情商高的表现。

在我看来，情商高就是有原则的付出和无私的态度，如果没有原则，只知索取，自私自利，那么表面上再怎么冠冕堂皇，都是没有用的。

情商，可以衡量一个人的人生态度，态度可以改变，但是要去训练，还是有很大的难度，看来朋友说的本身也没有错。

靠自己

无可否认，在当今社会，要成就一些事情，必须有一群朋友去帮忙，因为一个人靠单打独斗去成就事业的时代已经过去。但是如果把自己从事的事情完全依托在别人身上，或者将自己的事业完全仰仗别人，却是极其不可取的。

曾经认识一个朋友，自己经营一家公司，规模不大，很多的事情要自己去亲力亲为，朋友诚实可靠，为人善良，也博得大家的一致称赞。为了得到大佬的提携，他也尽心尽力地帮助前辈和同行，但往往度的把握不到位，有时候为了帮助他人，而置自己的主业于不顾。大佬很多事情，实际上也不完全需要他去帮忙。他自己为了在别人眼中留下一个好印象，于是轻易承诺一些东西，然后竭尽所能地帮助他人，自己本职内的工作往往要处理到凌晨两三点，甚至熬通宵。每次见到他时，总是一脸疲惫，永远给人没睡好的感觉。慢慢地，很多大佬也不敢去找他帮忙，因为没有人天生愿意给人添麻烦。

人都有向善的天性，愿意帮助人是好事，但是如果过度地帮助他人，特别是影响到自己的主业的时候，往往是在向外索取，总希望用自己的付出换回更大的回报。或者说自己内心总有所求，打算有所回报地去帮人，往往会给对方增加更多的压力，社交场合需要交换，但大家却不愿意背负压力。久而久之，与有所求的人交往，就成为一种负担。没有人愿意总是欠着别人的，于是就会自然不自然地远离此类人。

人在世间，要靠他人帮助，但是最重要的还是要靠自己，靠自己的强大去吸引资源，靠自己的努力让别人能看到未来，靠自己的格局去影响他人，靠自己的胸怀去包容他人，只有你自己强大了，才会有更多的人去肯定你、支持你、帮助你。而当你还很弱小的时候，你应该做的，就是不断地去提升自己，提升自己的能力，磨砺自己的意志，拓宽自己的视野，尽快地将自己变得强大起来。向外去求索，换回的帮助实在有限，这个时候换回的理解、宽容和同情，基本上没有什么实际的意义。

世界上对一个人最残酷的评价就是："他是一个好人，但是能力不足！"而当一个人弱小的时候，总是会特别在乎别人的看法和眼光，这个关系要巴结，那个关系要维护，总想让别人给自己贴上一个好人的标签，但往往就是这样一个"好人"的标签，最终成了自己的负累，这个人的请求不能拒绝，那个人的寻求帮助不忍回绝，最终在忙忙碌碌中迷失了自己。

一个内心强大的人，他一定知道自己的需求是什么，什么东西可以接受，什么东西应该拒绝。一个真正的好人，是有原则、底线和界限的，而老好人认识不到这些，导致各种关系混乱不堪。

靠他人，其实还是靠自己，因为只有自己才是自我世界的中心。

做自己就行，不要太自我

苟活于人世，本就是件很难的事；要活得精彩，更是难上加难。处处只为自己着想，会变得形单影只；处处为他人着想，内心又要装下无限的委屈。张扬了个性，会扎伤人；压抑了个性，会使自己的生活暗淡无光。

现实就是如此，总会陷入两难的境地。有些事情做错了，有些事情做得不到位，或者又过了火，刚刚好的状态实在难于把握。有的人一辈子做事都是为了别人，从来不知道自己的需求是什么；有的人处处为自己考虑，结果自己遇到困难的时候没有人帮扶。有的人处处想显摆自己，逼迫得别人没有展现的空间；有的人总喜欢藏在幕后，不愿意展示自己，各种的机会和机缘也落不在他头上；有的人我行我素，甚至为所欲为，以为自己的规则就是社会的通则，结果无权时无人问津，或权力旁落时被人遗忘。

一个人要活得开心快乐，需要来自外界的认可和肯定，更要有对自我的认可和接纳。首先要学习规则，只有接受普世的规则，才不会显得愤世嫉俗，才会被社会所接纳；其次要学会展示自我，让别人了解你、信任你，这个社会资源的永远是有限的，不去争夺，最起码也要去争取，没有金币会无缘无故地掉在你的眼前；接下来，还要学会心里装着别人，良好的关系从来都来自无私的付出，你对别人无用，别人的心里也不会装得下你；奋斗是必需的，你拥有得太少，也就决定了你能给予他人的太少；最后要关注自己的需求，只要是人，需求都差不多，只不过有可能你不知道自己真正的需求有哪些。

做到以上，其实就可以尽情地展示自己，当然还要法律允许。只不过，优秀的人，到哪里都会扎伤平凡或者平庸的人，而平凡的人，在社会中占大多数，也是因为有他们的衬托，才使得你显得优秀。没有人支持你、力挺你、拥护你，你的优秀也无从发挥，所以，学会谦虚是一个人成长的必修课。

当你什么都不是的时候，要把自己当回事，否则别人更不会把你当回事；当你已经是那回事的时候，也不要太把自己当回事；当你真是那回事的时候，必要时要把自己当回事，更多的时候，还是不要把自己太当回事。

一个人，要通过努力成为自我，只要别太自我就行！

别忘了，你只是一个纯粹的人

一次，与同学们一道参加了结业团建活动，同学们分为两组，分别造了一艘战舰，教练说这是他带的活动中最成功的一次，要拍照拍视频作为他们的宣传材料。教练分析说，这个活动能够如此出色地完成，原因是因为同学们能够放下架子，忘掉身份，分工协作，团结一致地投入到活动中去。在户外活动时，我发现一名同学好像没有参加活动，问缘由时，他说他好像有点放不开，没办法融入其中。我无意去苛责这位同学，只是想说，我们每个人最根本的是一个纯粹的人，其次才是什么总，什么长，等等。

当我们最初来到这个世界上的时候，全身是赤裸裸的，什么都没有带来。三岁前所有的一切都是父母给的，但上了幼儿园，就有了小红花，上了小学，就可能有"三好学生""优秀少先队员"，开始变成什么委员，什么长，什么代表，这个时候，会培养出与众不同的所谓的优越感。高中也大抵如此，大学时就会被一本二本区分，什么985、211、双一流，光环慢慢地就多起来了。

进入职场，慢慢地会被薪资待遇、职务职称以及供职单位的光环笼罩起来。假如当了领导，或者创业当了老板，世俗的名权利更会使得你显得与众不同。位高权重，家财万贯，荣誉等身，甚至能呼风唤雨，做到前呼后拥。慢慢地，我们会忘记我们是谁，却牢牢地记住了我们的身份。这个时候，粗茶淡饭已经无法下咽，吃饭必须山珍海味；农舍民居是住不了的，必须星级酒店才行；代步必须是豪车，普通的座驾会使你浑身难受；一个人出行绝对不行，必须有助理秘书陪同，前呼后拥；接触交往必须是达官贵人，和普通老百姓交往往往是为了凸显自己的身份。这个时候，我们把自己和所谓的身份、财富、名誉画上了等号，于是就有了这也无法接受，那也不适合，总之，不合心意的活动或者事件总让我们浑身感觉不舒服，不适应。

曾经有一个朋友，在和朋友聚会时，就习惯性地和朋友比财富，比地位，比权力。比自己优秀的，极尽所能地献着殷勤；如果朋友某些方面不如他，例如财富不比他多，职位没有他高，公司规模没有他大，他就时时刻刻地炫耀自己有多么成功，多么优越。其实朋友们在其他领域干得也都不错，有各种各样的优点，但是他却视而不见，慢慢地朋友也就疏远了他。

在这个世界上，人与人之间存在竞争，需要有一定的物质财富去建立自尊，但这些往往并不是最重要的，充其量只是一个道具，而不是最根本的因素。颜回，一箪食，一瓢饮，在陋巷，人不堪其忧，回也不改其乐。这说明了世俗的目光、权力、物质并不能和幸福、快乐、自尊、通达画上等号。

有的领导在单位指手画脚习惯了，在家里对家庭成员整天指指点点；有的富豪，动不动告诉朋友"有困难就说，咱有的就是钱"；有的人"才高八斗"，每每见人就是说服教育；有的名人，出场就要掌声，这一切都源自他忘掉自己是一个人，一个纯粹的人。

人的一生，会有很多的身份，也会扮演很多的角色，但要活得洒脱，必须忘掉自己的身份，扮演好每一个角色，但现实中却是，我们牢记了自己的身份，却扮演不好相应的角色，进而再也活不成一个纯粹的人。

以人为本，最根本的意思是把人当人看，把别人当人看，把自己当人看。

个人认知与外界评判

一个人烦恼的来源是自我认知和外界评判的巨大反差。对自我的评判，基本上是一个人要去终生面对的问题，但探究自己，探索生命的真谛，从来不是一件容易的事情。古希腊神庙刻着一句话——"认识你自己"，足见认识自己的难度。

古时没有手机和互联网，没有QQ和微信、短视频，夜深人静时还可以回想下别人的为人处世，反思下自己；但是现代社会，人们的时间和关注点被各种社交媒体占领，很少会有人能静下心来看书，甚至动笔给友人写封书信。两千多年来，人类在科技进步方面取得了叹为观止的进步，但是却再难出现老子、孔子、亚里士多德等先贤圣哲，这也许和我们将关注点都投向了外界，而很少用来研究我们人类自身有关。

由于人有自恋的天性，天生就会认为自己与众不同，而且会不自觉地拔高自己，过高地评估自己，对来自外界的负面评判，有天然的敌对态度。因此，想要让一个人指出他人的缺点和不足，是一件相当难的事情。首先没有人愿意主动去指出一个人的短处，因为被指出的人会不由自主地拒绝，如果对方怀恨在心，朋友也没得做了，而人又是社会群居动物，没有朋友是一件非常残酷的事情。这也是世间为什么太多的人不愿意讲真话，不愿意听真话的原因所在，因为我们的基因里已经深深地埋下了掩饰和逃避的种子。因此，对于一个人来说，如何让自己能够客观地看待这个世界，看待他人，认清自己，是伴随着一个人的成长，需要着力去研究的命题。

可悲的是，太多的人年龄增长了，外形看起来或孔武有力，或美丽端庄，但内心却还是一个小婴儿，依然像在襁褓中那样弱小。需要什么，就要立马得到，于婴孩时表现的是啼哭不止，长大后变得暴躁易怒或者习惯性退缩，要么像老虎，要么像刺猬，实际上是一回事。对于外界给予的善意提醒与指正，要么矢口否认，要么怀恨在心，要么避而远之，总之一句话，自己永远是对的，外界都是挑自己的刺，跟自己过不去，久而久之，听不得真话，当然也没办法成长。或者说，只愿意听好话软话，久而久之，就被阿谀奉承包围，认为整个世界都是太平的。

自我认知和外界评判有巨大差距的人，会表现出两个特征，要么自卑，要么自负，但自负的本质还是自卑。认为自己不行是自卑，认为自己很行而他人不觉得就是自负。在自卑和自负之间找到一个客观的、刚刚好的状态，极其艰难。

  一个人之所以能够不断地成长，在于不断地拔高对自我的认知，不断缩小与他人评判之间的差距，在动态中不断地提升自己内心的强大程度和各项能力、素质，因此，来自外界的评判非常重要。但人往往会因为内心的弱小，关闭了心门，外界的评判，要么不会进来，要么根本就不会发生，这也是有些人外形像大人，内心却还是个"巨婴"的根本原因。

  自我认知很难，但是不去探索和成长，连自己都还是个"婴儿"，如何能培养出成熟的下一代？

说真话的勇气

  去年的一天，女儿一直在我耳旁说，班上的某某同学去了上海迪士尼玩，某某同学去了长隆野生动物园玩，尽管我口头答应了也带她出去玩，但是却一直抽不出时间。终于有一个周末，要去上海开一天会，我就跟妻子商量，要不一起去上海玩玩，满足下女儿的愿望？但是问题来了，需要到学校请假，妻子不乐意了，说我不接送小孩，也不参加家长会，这个假我请。这下让我犯难了，说真话吧，怕老师不批，说假话吧，会给女儿留下坏印象。为了不错过这么难得的机会，也为了满足女儿的愿望，我打通了女儿班主任的电话："程老师好，我周末要到上海开会，想带女儿一起去，我这个女儿有点胆小，带她见下外面的世界，长长见识。"当我心里还在忐忑不安时，程老师回复我说，没问题，周五中午来接下小孩。真心地感谢程老师的宽宏大量。那个周六妻子带小孩去了迪士尼，周日校友安排参观了中国商用飞机有限公司，真正地让女儿长了见识。

  我们不愿意去欺骗人，但是在需要说真话的时候，并没有想象中那么淡定和从容。某日，一个大哥发微信，邀请我周末参加一个聚会，说一个退休的老领导要参加，而且级别不低。大哥也是一番好意，想让我扩展下人脉，我微信问了下参加聚会的人员，但没有给出答复我是否参加。其实老领导我见过几次，虽然不熟悉，但是也认识，由于周末要参加一个学习，晚上可能还有班会，我犹豫着如何回答，既不抹了大哥的面子，也不耽搁自己的事情。第二天一早，我给大哥回了一个电话，说老领导我也认识，但是周末的学习和班会是已经定下来的，这次聚会可能参加不了，望大哥见谅。我不知道大哥是如何想的，但是我保证我说的都是真心话，也是实际情况。

很多人，因为对方的职位高，对方的财富多，对方的名望大，就置自己的工作和家庭于不顾，整天围着大佬们鞍前马后。看似人前风光无限，但内心却委屈不已，最终活不出自己想要的样子，反而活成了自己不喜欢的样子，又是何必？回头想想，自己如果不坚强，不强大，就算整天跟大佬在一起，最终大佬还是大佬，而你还是那个你，并没有因为跟大佬在一起你就会变成一个大佬。当然，我并没有不尊重大佬的意思，大佬获得了财富，有很大的声望，是他们通过努力得来的，理应尊重。

一次，晚上约一个朋友吃饭，朋友说他们公司有一个重大的论坛，邀请了业内大咖做报告，接到了我的邀请，就让公司其他同事接待大咖，自己应邀参加我们的聚会。来时，他还电话邀请了一个朋友，对方在另外一场聚会上，菜已经上桌，放下筷子就一起赴约。朋友是一家大型企业的领导，也是好几家分公司的负责人，那天的聚会本来是因为朋友曾经的帮忙而要答谢他，但是餐桌上我却没有任何趋炎附势的话语。朋友不胜酒力，桌上的几个朋友就将他酒杯的酒匀了喝掉。九点，各自打道回府，临别前，我又给朋友说了句真话。我今将此事写成文章，但内容保密，希望朋友不会介意。

世间太多的人之所以不快乐，被烦恼缠身，其中有一点就是因为我们不敢于表达自己，不敢去说真话，每天说着言不由衷的话语，看着别人的脸色行事，做着不情不愿的工作，最终在所谓的现实中迷失了自己。

敢于说真话，要有勇气，也要有智慧。

迎合他人与展示真我

最近读《张爱玲自传》，书中说张爱玲的英文创作水平不如林语堂，是因为林语堂知道西方读者的阅读习惯，就迎合西方读者去创作，而张爱玲尝试过几篇英文小说后，发现表达自己才是她写作的宗旨，于是放弃了英文创作，潜心中文写作。

我无意去评判故人，只是想引出一个话题，就是做人的两种态度：迎合他人和展示真我，以及在两者之间的平衡。人是社会动物，不合群肯定会带来各种问题，但太从众，又会有各种问题难以解决，有时候真是一个两难的问题。

现实中，遇到一些朋友，这也不敢做，怕别人有看法，那也不敢做，怕引起其他人不适，于是干脆什么也不做，变得谨小慎微，甚至遇事疑神疑鬼。还有一部分人，做事我行我素，完全不顾及他人的感受，最终众叛亲离，变成孤家寡人一个。看来做人真是一门大学问，不去好好研究和体会，还真容易走极端。当然，有的人能体谅他人的感受，能急人之所急，又能照顾自己的兴趣爱好，勇敢地践行自己的人生准则，自己的生活精彩纷呈，受人爱戴，活成了他人都想成为的样子。这其中有什么诀窍，也需要好好研究。

曾经认识的一部分朋友，见到权贵，极尽阿谀奉承之能事，自己办不到的事情拍着胸脯去承揽，最终得到的回报不如自己的预期，反目成仇。还有一部分朋友，对别人遇到的困难，置之不理，本来顺水推舟的事情都不愿意帮，结果等对方逆袭成功，他们又去巴结讨好，结果可想而知。看来人没有自我不行，太过于自我更不行，度的把握非常重要。

其实人在世界上，不可能只靠自己一个人活着，还要有人帮衬；但别人帮衬你，是因为你愿意帮人，或者跟你一起能获得利益，或者快乐，或者成长。

过于迷失本心，或者太过自我，都是内心脆弱的表现。总想着巴结他人，其实是有极度依靠他人的心理，把自己的希望寄托在他人身上，自己不够强大，别人也是靠不住的。事事不顾及他人感受，也是弱小的表现，只是不自知罢了。

其实世间，不是所有人的感受你都要去顾及，选择那些需要你投入感情和精力去照顾的人即可，没有必要面面俱到，否则你会变得两面三刀，表里不一，自己都会讨厌自己的样子。不自爱的人，爱他人都会显得那么虚弱无力。一个人的魅力，实则是来自个人的品德和性格，个性独立，才会释放光芒，才能有人支持和跟随，但前提是要提升个人价值。你愿意帮人，自己得一升米，分给他人只有几颗，是没有多少价值的。一个人有了锋芒后，不要锋芒外露，也不要时时显露，关键时刻露一露就行。一个人要展示真我，前提是要学会不断提升自己的价值，这个叫自强，自己不强起来，有太多的锋芒往往不是一个好的事情。

要克服过于自我，要做到自强，先提升自己的价值再说；要不迷失自我，先做到自爱再说。处处想着他人的好，记人之恩；处处想着他人的难处，尽己所能地施以援手，朋友自然会多。时时处处将事情做好，时时刻刻不忘学习，提升自己的价值，当自己拥有创造未来的潜力，提携的人就更多。

求人不如求己，要想活出个人的精彩，先学会活出自强自爱，等到你个性独立，善缘颇丰的时候，才能活出自我。反过来，既活不出自我，甚至还会迷失自我。

别太迎合他人，也许你在别人眼里什么都不是；也别不可一世，因为别人首要的是关注他自己；也别使得自己不值一提，因为世人都用余光在观察他人和这个世界。

别总想着改变世界，因为你很渺小；也别小瞧自己，因为你是自己王国的国王，只有你才能掌控自己的人生。

有事说事，没事别"撩拨"

前些日子，一个朋友打电话，说有事情要面谈合作，约定好时间，我说在公司等他，结果到了约定的时间他没来，也没有电话告知，我打电话过去也不接，事后也没有给一个答复。他后来又有一个项目要谈合作，我在外出差，我说你跟我们公司的负责人电话协商一下，把电话发过去了，事后我问同事，说没有接到电话。

两次失约过后，用现在时髦的话说，就是体验感非常不好。再后来，这个所谓的朋友的电话我再也不接，微信也不回复。一次偶然和一个朋友聊起此人，对方和他更为熟悉，对方直摇头，不接话，于是更加坚定了我的判断。

人在这个世界上是要靠信用生存的，而不仅仅是欲望。我和这个所谓的朋友见过一次，交流了个把小时，那时他刚刚辞职，挂靠了一个单位单干，开口闭口都是跟某高官称兄道弟，洽谈的都是上千万过亿元的项目，后来都是虎头蛇尾，不了了之。

可能这位朋友对我很不满意，跟我谈合作，一起赚钱，为什么我还这么不积极，甚至很无理，其实我想说的是，有事说事，不靠谱的事情就不要讲，大家都很忙。

很多人，认为自己的事情都是天大的事情，别人的事情都是针头小事，凡事以自我为中心。他有一点点事情，都希望别人围着他转，别人的事情，他却漠不关心，他只关注自己的欲望，从不关心他人的需求。

其次，不会观察体察，自己没有五成的把握，就开始"调动"资源，四处活动，很快发现事情没成的希望，把四处联络的事情就抛在脑后，一点回音都没有。别人给予的信任，他当成了儿戏。

人不仅要学会计划，还要学会选择，更要学会取舍，你的时间和精力有限，不是所有的事情都要去参与，去追逐，都抓取，因为你不是超人，你办不到，也不需要。

有些人，只考虑自己的需求，或者说只想满足自己的欲望，但是从来不考虑自己是谁，自己有什么，自己想要什么，能够给别人什么，自己凭什么能够得到那么多。整天忙忙碌碌，忙得都没有头绪。别人没有满足自己的需要时，认为都是别人不好，而从来不去检讨自己有哪些不足，最终得出结论，这个社会都是欠我的，别人都对不起我。

请珍视自己的形象和信用，有事说事，没事别"撩拨"，大家都很忙。

谈说教

一位朋友反馈说，你每天早晨发的朋友圈很不错，但是就是有点长，说教的成分太多了。仔细想想，朋友的批评是对的，自从读了几本书，上了几堂课，写了几篇文章，不自然地就沾染上了"好为人师"的毛病，看来得好好改改，不过这个修正还需要花点功夫和时间。学会闭嘴，于是惹人烦的不说了，讨人喜的也不多说了。日后，对于题材的选择、文字的组织、情感的表达还需要多下功夫。

朋友的话题很好，引出了一个词"说教"，今天我就针对"说教"二字谈谈我的认识和看法。

说教，更多的时候是在讲道理，比如，你要怎么做，你应该怎么做，你非得怎么做，等等。由于出差比较多，跟女儿在一起，我就喜欢跟女儿讲点在外的一些见闻和感受，一喊女儿，女儿就说，又要跟她讲道理，后来我讲故事，女儿又说是通过故事讲道理。尽管如此，女儿并没有特别抵制，甚至故事讲完了，问她有什么收获和感受，女儿也能悟出故事背后的哲理。

这个时候，问题来了，一个小孩子都不喜欢听说教，大人估计就更不喜欢听了，但是为什么还有那么多的人热衷于说教呢？我粗浅地说几点个人认识。

说教是一种职业特征（职业病）

拿教师来说，特别是中小学教师，除了教书，还要育人，而且对象还是未成年的孩子，要给孩子立规矩，肯定要制定很多条条框框，因此说服教育工作是必需的，回到家里，说教的习惯也就自然地保留下来。

还有企业领导，必须要有领导力，领导力中有重要的一条，就是说服力，就是说到让别人服气的能力。对于某项决策，老板有提议权，在拍板前需要左右手同意，不能来强硬的，大家所分管的方面有所不同，看待一件事情的出发点和角度不同，掌握的信息和背景资料不同，于是说服工作就显得非常重要。你需要摆事实、讲道理、提方法、谈感情，就是要对某项决策达成统一，任何一方面都要你说得嗓子冒烟。有人说用强硬的方式，一次两次可以，多了就不好使了，决策前要民主，决策后要集中。很多人说讲了很多还是不理解怎么办，说服的目的是同意你的决策，就是签字，签字后不反对就行，至于理解不理解，其实并不是最主要的目标。

以前我很木讷，不善言辞，后来干了企业，好讲道理，也变成了话痨。

道理本身没有错，讲不透的道理才叫说教

古人讲，书是给能读懂的人写的，甚至很多的书都是写给读书人的，特别是一些古典文集，四书五经，基本上都不是给平头老百姓写的，种庄稼其实不需要懂太多哲学。因此，我写的东西，其实也有特定的对象，并不是写给所有人看。如果你才高八斗，富可敌国，其实也没有必要看我的东西。有些朋友如果平日里有点这样那样的困惑，看看也许有一点收获。现在朋友圈里的鸡汤文很多，什么是鸡汤，鸡汤就是正确的废话。例如：要锻炼身体，要努力学习，要好好工作，要善待父母，但实际上只是一瞬间的刺激，时效过了，就依然如故。成年人不是不懂道理，或者说缺的不是知识，而是高的认知，还有成熟的心智模式。这也是为什么我的文章越写越长，越来越喜好说教的原因。为什么要学习，为什么要好好工作，为什么要锻炼身体，并不是一句两句能说清楚的，还需要一些事例去佐证，需要抽丝剥茧地剥离分析。

分清楚说教和意见，做一个会纳谏的人

很多人过度自信，听不得任何的意见，做事喜欢一意孤行，孤注一掷。凡是和自己意见相左的，和自己想法不合的，一律不予理睬，甚至抵制抵抗。外界给予的反馈和意见，统统都认为是说教，认为是讲道理，其实是不可取的。这个社会上，特别是除了科学、专业以外的东西，很多事情就没有标准答案，也没有绝对的对错，而是根据时势、地点、行为主体决定，听听他人的意见，作为自己决策的参考也很好。在外听课学习，同一个老师，同一样内容，但是每个人的收获就不尽相同，其实还是看自己抱什么样的态度，自己的接受能力，自己的日常素养，自己的目标和落脚点。因此说，讲道理不见得就不好，不讲道理也不一定对。

很多时候，我跟别人交流，同样的事情，跟不同的人去讲，谈话的长短和方式均不同。如果有的人不明事理，但还能听得进建议，讲讲道理就不是一个坏事，对外界的评判，还是要自己有清晰的认识。

朋友圈写作，我的出发点是梳理归纳我的思路，至于有多少人愿意看，愿意信服甚至反对，有多少人反馈意见，那不是我的初衷，而是意外的收获，或者是连带的副产物。喜则跟帖，厌则忽视，你怎么开心怎么来，别太较真就行。

怎么讲道理，和谁讲道理

经常会在朋友圈看到有关"千万别和员工/女人/男人/孩子讲道理"的文章，规劝大家多讲故事。我们很多人把此文章奉为圭臬，到处转发，但实际上真是如此吗？在此，我谈谈我的认识和观点。

首先，我们先分析下，为什么道理本身都对，但是有些人却不按照道理去做，甚至知道了但做不到，这本身并不是道理错了。在职场中的人，我们都知道要好好工作，才有升职加薪的机会，但太多的人对待工作的态度并不认真，甚至过着坐吃等死的生活。学生都知道学习的重要性，但很多孩子好像对于成绩并不怎么在乎，在乎的却是家长。作为夫妻都知道和气生财，但吵吵闹闹，甚至婚姻破裂的人大有人在。这就说明，我们并不是不知道道理，而是没有真正地弄懂道理。

我们喜欢听故事，而不喜欢被讲道理，原因是故事是具象的，而道理是抽象的；故事有画面感，而道理没有。抽象的东西难以理解，故事却更容易让人接受。这说明，听故事相对容易，听道理相对困难。

讲道理为什么不被大多数人喜欢，不是道理不对，而是我们更喜欢找方法，因为找到方法，就能快速地获利，迅速地看到成果。世间太多的人太过于关注方法，而不关注道路，太多的人之所以没有取得成果，问题的根源并不在于方法不对，而是方向错了。曾经有一位朋友前来公司跟我咨询如何做好公司，我就把我的心得体会讲给他，但从他的表情看出，他对我讲的内容是没有兴趣的，我花了大概一个多小时讲如何将企业做好，但实际上他关心的是如何赚到钱，快速赚钱，这个朋友离开后好久都没有跟我联系。其实我想说，如果真要赚快钱，可以直接问，没必要非要问如何将企业做好。如何赚钱，是方法，如何经营企业，如何创业，那是道的问题。道走对了，赚钱是迟早的事情，但道不对，赚钱可能会快，但亏得可能更多，况且赚钱也不会长久。

一个朋友曾经对我说，你给我推荐的书我都看了，但是同类型的书讲的东西都差不多，关于管理的内容我基本上都知道了。知道了道理，甚至懂了道理，依然没有办法指导行动，只有真正领悟了道理，才能指导行动，但我们太多的人往往只能做到懂了道理的程度。其实读很多的书，并不是让你做到多懂道理，甚至可以讲道理，而是用前面读的书，提高认识，然后理解后面的书，更为深刻地领悟道理，付诸行动。任何事情，只有真正地领悟了事物的本质才能做到高效，但是事物的本质往往抽象，好懂但难悟透，甚至很多事物的本质，讲出来，听起来好像都并不真实。

我们平日都不喜欢听道理，也不喜欢讲道理，但若惹上麻烦，陷入官司，律师和法官都是对照着律条讲道理的，还是讲大道理的。如果证据确凿，基本上也不讲道理，而是讲法律。现实生活中，我发现会讲道理的高人，能三言两语把事情讲清楚，而不是喋喋不休地讲故事，人际交往、商业合作也特别简单。

最后，说下我的观点，道理本身没有错，讲道理也没有错，关键是讲道理的人是否真正领悟了道理，听道理的人是否能听懂道理，讲授者，接受者，如何讲授，都是关键因素。不要跟不讲道理的人讲道理，也不要跟讲道理的人不讲道理，前提是要分清楚谁讲道理，谁不讲道理，这才是难点所在。

人性最大的恶，是见不得别人好

一个人能看到的东西是有限的，也是有选择性的。人性最大的恶，是看不见别人的好，见不得别人好，接纳不了别人比自己好。

看不见别人的好，叫偏见。自己需要一百块钱，别人给了八十，结果缺的二十找不到，就把恨记在资助自己的人身上，因为别人做好事不彻底。他既不怨恨自己没本事赚到钱，也不记恨没借钱给自己的人，恰恰把恨记在给自己帮过忙的人。看不见别人的好，催生了一种情绪叫麻木。

见不得别人好，叫冷漠。看到别人比自己有钱，就说别人运气好，但是看不到别人的努力。别人比自己有名，就认为别人正当的宣传是显摆，看不到别人积极利他的一面。别人有权，就认为别人是用不正当手法取得的，认为别人强势霸道。

接纳不了别人好，就会滋生嫉妒。有些人，人前一套，人后一套，当面恭维，背后拆台。反正就是因为你好了，就搞得我不爽了，我不爽了，就想办法让你也不爽。别人家的孩子成绩突然提高了，就让自己孩子给老师打小报告，说别人家孩子作弊；自己被门口的杂物绊倒受伤了，结果把自己的杂物堆上，恨不得别人摔得更惨；自己的业绩不如人，就说别人是善于钻营，勤于拍马，想尽方法在背后捣鼓。

一个人，如果不能用欣赏的眼光去看人，不戒除用二分法的思维去看待这个世界，不用广阔的胸怀去包容他人的不足，就会变得愚昧无知，麻木冷漠，嫉妒怨恨。

对自己批判多一些，对他人宽容多一些，你一定会看到这个世界的美好。

人生最大的悲剧，是总把自己当成主角

一次聚会，我建议做东的朋友邀请上我们共同认识的一位朋友，毕竟好久不见，做东的朋友说了句，不太方便，于是我识趣地将话题岔开。事后回想，我想邀请的这位朋友每次在酒局上，都要成为酒局上的主角，别人讲话他打断，自己讲话不允许别人插嘴，最后把一场聚会变成了他个人的演讲会。

如果仅仅是朋友之间的聚会还好，但要是商务宴请，一个人不顾场合地滔滔不

自 砺 为 王
ZI LI WEI WANG

绝，则是大忌。中国的很多事情都是在酒桌上谈成的，谁是主宾，谁是主陪，谁是副陪，谁坐上席，座次的排列都有讲究，如果总有人喧宾夺主，最终事情很难办成，甚至有办砸的可能性。细想后，做东的朋友的一句不方便，我读出了深意。

前些日子，出了一趟差，回到家里，我关切地问女儿，爸爸出差这段时间，她有没有"欺负"妈妈啊，女儿说没有，我说这就对了。我讲妈妈要上班，还要做家务，又要辅导作业，她很辛苦，不能惹妈妈生气。女儿反问，在家里，谁最重要？我说当然妈妈第一，女儿第二，爸爸第三。女儿拉下脸，不悦起来，我赶紧补充，爸爸排第五，排在金鱼和乌龟后面。女儿说，难道她不是排在第一位吗？我没有违心地答应女儿排第一，妻子适时地帮我解了围。我没有再去坚持，想着以后再有合适的机会，或者等女儿再大一些，好好交流下这个问题。

随着改革开放，中国曾经苦过、穷过的一代父母的荷包鼓了起来，计划生育的推行，使大多数家庭只生一个孩子，于是，太多的父母将子女视为掌中宝，千般呵护，万般迁就，最终养出了一群小皇帝、小公主。在学校中，他们争强好胜，处处以自我为中心，在职场中，受不得任何一点儿"委屈"，否则就拍屁股走人。

改革开放后，中国由富起来走向强起来，吃饱穿暖也不再是中国大多数家庭面临的最大问题，但同时又产生新的问题。

现在职场中许多年轻人，因为一点小事，就拍拍屁股走人，频繁地更换工作单位，他们不缺钱，或者说工作本就不是为了钱，他们追求的是"为所欲为"，我的地盘我做主。在家庭里当老大习惯了，无论在哪里都要有唯我独尊的感觉，但是在企业中，这一点却很难实现。管理的终极目的是不需要管理，管理要达成的一项目标是让每一个人在组织里感受到尊重，认为自己重要。但一个商业组织，一个人受到尊重的程度是根据其在企业的贡献度决定的，虽然难免还有论资排辈的因素。一个怀揣名校毕业证书的年轻人，充其量只是有潜力成为骨干，重要程度远没有已经在公司做出一定贡献的老手重要。就像一棵幼苗尽管基因强大，但再茁壮也不如一棵饱经风霜的参天大树在当下重要。我们渴望成为中心，但是企业中的各种事务都需要去关注解决，没有办法让企业的负责人为了我们的感觉而围着我们转。很多年轻人认为自己受到了冷落，不被重视，于是一个单位一个单位地换，寻求着所谓的在家庭中"唯我独尊"的感觉。

总想当主角，是一个人秩序感的缺失或混乱造成的，最大的根源在于家庭，要么两个大人围着一个孩子转，要么是六个长辈围着孩子转，久而久之，造就了一种"我很重要"的虚假感觉。还有的人，在企业或者政府部门当领导，总有一群人供着，围着，久而久之，养成了"一把手"的习惯，到哪里都热衷于"指点江山，唯我独尊"，最终因为破坏秩序而变得不受欢迎。

现实中，可能因为我们的努力，或者他人的恩宠，我们会被捧为主角，但是更多的时候，在更多的场景中，我们只是一个配角。实际上，在很多的时候，我们只要根据场合和场景把自己的角色扮演好就行，何必要去充当那一个主角呢？有时候，配角也很重要，因为每一部戏总有落幕之时，何必那么认真呢！

不要以为藏得深，就不会有伤害

某日，为了几个组织的筹备工作，承担了一定的联络工作，我首先自报家门，然后再讲具体事项，大多陌生朋友还是非常热情的，即使在开会，在汇报工作，要么让我三言两语将事情说清楚，要么说等下回话过来，态度极其谦和。但有一部分人，显得极不耐烦，要么说"你就说你是谁""我怎么知道你是谁"，要么粗暴地将电话挂断，更有甚者，说你再也不要打电话过来了。

现代社会，通信越来越发达了，但是人与人之间的信任感却越来越低了。去一通电话，要么是邀请参加一个组织，要么是约着去参加一次学习，接受也行，不接受也无妨，难道我们的人生就抽不出两到三分钟接一个电话？我在想，要是一个人对于陌生人极度戒备，那么现实中对于熟悉的人是否能够做到高度地信任？真的是现实中坏人太多，还是我们受到的欺骗太多，让我们对所有的陌生事物的警戒程度提到如此的高度？

我打去电话的人，大多是经营企业的，不知道对方是否想过一个问题，我们做生意，做事业，到底是跟熟人在做，还是跟陌生人在做？对于我们的客户，我们的潜在客户，哪一个不是从陌生人慢慢变得熟悉起来的。难道我们对周围的陌生人极度戒备，转过头就能够对客户抱有十足的信任？讽刺的是，名单中的知名企业家，而且在各级组织担任一定职务的领导，在接到电话后，如果时间充足，都能够认真地将所提的事情听完，给出明确的答复，且态度非常地谦卑。

在这个世界上，欺诈和骗局依然存在，但是却并不会因为你隐藏得深，就不会受到伤害。你需要做的，是将自己变得强大，有开放的心态，建立了自信，才会换回信任。

现实中我们遭遇到太多的伤害，无非是因为我们太过弱小，别无其他原因。如果你不愿意受到伤害，任何的伤害都不会加害到你，除非你愿意。

遇事别走极端

一次和前辈聊天，谈到另外一个朋友的近况，前辈说他的情况不是很好，这几年事情做得不算顺利，而且长期在外地奔波。我删除拉黑这个朋友已经有四五年的时间，当时在帮他做一件事，结果他不断地变卦，要求不断地变本加厉。本来没什么交情，而且我这边已经让步再让步，最终在我一次参加学习时，由于没有及时接听他的电话，他发短信出言不逊，我在不胜其烦后删了他的微信，拉黑了他的电话号码。

当然，前期答应的忙还是在帮，对方估计在电话打不通后，就不再跟我联系，事情委托其他人来联系，至此已经有四五年的时间。前辈说，有矛盾和冲突并不可怕，重要的是如何去面对矛盾，解决冲突。其实前辈跟我也是朋友，我和此君也有共同的朋友，事后委托他人约在一起坐坐，事情说开了也就完事了，但是对方却没有。

我们每个人都把自己看得重要，这可以理解，但是让别人都把自己当作重心就有些过了。此君的事情，我答应帮忙，但为了此事他不断地提出过分的要求，甚至要我围着他转。每个人都有自己的事情，不可能自己的事情不做专门去帮助人，但此君不能理解，就因为一个电话不接，他就出言不逊。

前辈说，此君的境况不佳，其实我是能预想到的，作为商人，遇事毛躁，容易走极端，就容易得罪人；朋友少了，遇难时伸出援手的人也少了，自己的路子也越走越窄了。我拉黑此君，倒不是一时兴起，而是因为对方得寸进尺的无理要求太过烦人。

今天我对前辈说，做事先要学会做人，人做不好事情也很难做好，此君来公司拜访我好多次，都是两手空空而来，事情办成了用几十元的一餐饭答谢。

回归正题，看一个人是否成熟，就要看他遇事是否会拐弯，是否会走极端。成熟有时候跟年龄无关，有的人碰壁碰多了会醒悟，更多的人是碰壁碰得头破血流，不会从自身找原因，而单纯地认为墙太厚太硬，这类人是不可能变成熟的。

别在无谓的人和事上耗费精力

手机来电，没有去接，也没有回，对方在微信上留言了，我也没有搭理。为什么不理，实在是不想抹对方面子，什么事情我也知道，就是想让公司免费给他帮忙。

很多事情，帮你叫交情，收费是行规，打折叫友情，骨折价是伤害，但很多人分不清以上的概念。对于类似的朋友，我只能置之不理，或者避而不见。很多人说，如此对别人好像不讲礼貌，其实讲礼仪的前提是对方要懂礼仪，他都不懂，你跟他讲，意义也不大。

朋友圈推荐一本书，有位朋友看了说这书好，他打算自己看看，也送朋友看看，让我买两本给他，我说好，买了三本快递给他。复几日，又有类似要求，几本书，百把元，但是让我再掏这个钱不在情理，也便没有搭理。

一位小伙伴，家人生病，发来了水滴筹链接，我捐了点儿钱，过了一日，说我的朋友圈朋友多，让我发个朋友圈。其实也不是多大的病，他们家的财力也能支撑，况且也没有到卖房卖车的地步。我对此类事件的看法是，先靠自己，自己无力支付的时候再求助人。人要有人帮，但更要靠自己，靠同情和怜悯活着的人，不值得去尊重。最终我没有转发他的链接，也没有回复，当然，朋友也得罪了。

世间太多的是是非非，你认为"是"，对方认为是"非"，孰对孰错，还真不好评判。按照自己的本心做事，不让对方吃亏，也不让自己受委屈，要活出真我，但不能自我，更不能委曲求全迷失自己。不要在没有任何意义和价值的人身上投入精力和时间，他们可以浪费，你浪费不起，因为人的时间和精力都很有限。

造谣、信谣、传谣和辟谣

人有攀比之心，就会有嫉妒心理，因此就会有居心叵测的人制造谣言，背后嚼人舌根；当然也就有毫无主见，唯恐天下不乱，无所事事的人落井下石，信谣传谣。人长一张嘴，除了吃饭，就是说话，而很多的话都是废话。人微言轻，一个人没有什么影响力的时候，说什么都可以，因为没有人关注你。但当你有了权势和地位，有了一定的影响力，就要学会谨言慎行，因为总有不怀善意的人希望你出丑，希望你阴沟翻船，然后在阴谋达成后拍手称快，甚至还能谋得一些利益。

造谣者自古有之，现在当然也不乏其人。职业造谣者也不在少数，信谣传谣者也很多，辟谣有时候也在所难免。

很多人信谣，其实是不会思考，没有个人观点，但不一定有坏心。你做事，不可能面面俱到，特别是在原则和底线方面，因为每个人所谓的底线和原则各有不同。要让所有人满意很难，没有共同理念和价值观的人很难对某件事情引起共鸣，你这样讲，他表面拍手称好，背后添油加醋，四处传谣。我说创业初期，不要想着存钱，要看长远，我说我为了创业，当下的很多钱可以不去赚，有的人听了，只截取一段，说装啥啊，说自己不爱钱。对于盲目信谣的人，要多听当事人和相关人士的意见，兼听则明嘛。但大多数人只能装下一个观点，甚至只愿意迎合一个观点，随意信谣的人大有人在。

传谣的人就更可怕，内因是人天生具有的恶意，世间总有一些人，自己不努力，也见不得他人好，最主要的精力都用来打探小道消息，然后四处散播，来满足他阴暗的心理和不可告人的秘密。造谣信谣者也许是一时的过分需求没有满足而释放不满，但传谣者人微言轻也就罢了，如果位高权重，就会造成很大的危害。一只蚂蚁说，犀牛滥杀无辜，踩死了自己的一个弟兄，那么犀牛完全可以置之不理，但是如果是一只狼这样说，纠集一群狼攻击一头犀牛，犀牛的日子就不好过了。现实中有很多人，整天疲于应付蚂蚁的传谣，四处解释，而对于狼的传谣置之不理，最终酿成大祸。前些年，有人传我的谣言我还会解释，现在基本上置之不理，不要去在意造谣信谣传谣者，如果你还在乎，证明你还很弱小。当一头犀牛长成一头大象，而且还有象群中的其他象支持，狼怎么造谣也不起作用。不过有时候造谣、信谣和传谣的是一人，这样的人如果有点能力，就会兴风作浪，不得不防。

谣言发展到一定的程度，造谣和信谣者甚众，那么当事人就不能掉以轻心，否则会招致大祸。有些银行被挤兑破产，就是如此原因；很多名人不拘小节，最终被谗言害死，也是如此原因。有些小事经过发酵后就会变成大事，将很多事情消除在萌芽状态，是最好的方法，但小事却很难辨别。除了如此，还需要学会关注细节，谨言慎行和广积善缘，但很多人做出了一点儿成就，就处处招摇过市，四处显摆，给自己招来祸端。成名成腕了，要修炼一种能力，叫低调，但并不是所有人都能学会，古今中外栽在这方面的人不在少数。

能够做到不造谣，不信谣很难，因为我们每个人都有偏见；做到不传谣相对简单，做人选择从善就行；辟谣，对很多人大可不必，先干出点事情再说，否则所谓的辟谣都是徒劳无益，如果忙于此，就是本末倒置，等你有点影响力的时候，再学如何辟谣也不迟。

沟通的艺术之一：给选择，不要威胁

我们经常会遇到这样的场景，早晨快上班了，上级接到下属的电话，说："王总，我昨天吃宵夜，早晨腹泻，上午请半天假。"结果他负责的案子，上午十点就要发送客户，领导一边应承，一边摇头，然后想着如何向客户道歉。类似的事情发生在一个下属身上次数多了，结果就是负责任的上级会善意提醒，或者给予适当的批评。但如果屡教不改，那么慢慢地就会对此下属丧失信心，接下来这位下属会被边缘化，或者卷铺盖走人。

之所以会发生这样的事情，跟一个人是否善于规划自己的事务有关，或者说跟一个人评判事物的重要程度有关，更深层次的是价值观使然。我们今天不去讲这些，讲一讲如何巧妙优雅地处理类似的事情。

处理类似的事情，我们往往会有两种选择，一种是给出选择，一种是施加威胁。

例如一员工要请年假，他对领导说"父母年纪大了，平常很少回老家探望父母，领导您看近期哪段时间工作不是很忙，我能不能请几天假回趟老家，尽下孝心"，领导肯定会告知他的安排。但如果一个人订好了全家的机票和酒店，费用都支付了，然后对领导说："领导，我决定下周一休假去海边，请你批准。"我想领导也会答应，但是心里却五味杂陈。两种安排，前者给出选择题，后者给的是唯一答案，实质就是威胁。

现在很多年轻人在释放个性和追求独立方面，比20世纪六七十年代出生的人，无疑进步了很多，但在为他人考虑方面，却退步了。有些人请假和离职，一般都是我要，一定要，马上要，基本给出的都是唯一解，而且十万火急。"世界那么大，我要去看看，明天就出发！"

没有人愿意被"威胁"。

这样的事情在商场和家庭中也不鲜见："李总，根据合同，你们的款子应该下周就到期，赶紧给我打过来。""把手机放下，赶紧去做作业。""大刘，马上把厨房的垃圾倒掉。"这样的命令口吻得到的效果往往欠佳。如果换一种口吻："李总，下个月我们的款子到期，您那边资金充裕吧，看下个月什么时候能帮忙支付下？""手机玩了好一会儿了，你看是玩个五分钟还是十分钟去做作业？""大刘，等下出门散步的时候请把垃圾带下楼吧。"结果往往都不会差。

台湾管理大师曾仕强在讲课中提到，他年轻时要出国留学，半年前就给老父亲讲了，提前三个月再讲，一个月再讲，结果离开台湾前，父亲并没有因为儿子的远行情绪激动。曾先生已经去世，他留学的时候可是战火连天的时候，世界可没有现在如此太平。很多人与父母和子女关系处理不好，很大一方面就是经常制造此类既频发又突然的"惊喜"。

中国人有情绪时，经常在口头或者心里说一句话："要你管！"其本质反映了每个人都喜欢自己做主，而不是被命令，这是人的天性。很多强人型领导，英明神武，事无巨细，亲力亲为，但在他下台后，企业就会乱成一团。原因就是下属不用去思考、去决策，结果随着他的离开，平衡被打破，在建立新的平衡前一定会乱一段时间。强人型领导总习惯于做决策，能够给出正确的唯一解，他往往适合于创业阶段和改革阶段，守业阶段是不太适合的。

家庭里的强势家长，只给唯一正确答案的人，会将家庭关系变成控制和被控制的关系，一方面抱怨自己辛苦，一方面又很享受处于支配的地位。被控制的一方接受了，家庭就形成了一种病态的和谐；如果对方不屈从，纷争就不可避免。

不管是在工作还是生活中，不管是当领导还是当下属，要习惯于给出选择，而不是给出唯一解，更不要"威胁"对方。总是"威胁"别人的人，违背了人的渴求独立自主的天性，因为没有人愿意被管理，被安排，被要求，被命令。

你想想，下面两种表述，哪个更有效？

"小王，这个案子，客户周一中午十二点要，你在负责，你看是周末加加班，还是晚上赶下工？"

"小王，客户的案子要得很急，赶紧加班做完，不要误了客户的事情！"

很明显，前者要有效得多。

当你认为你是正确的，并给出选择题时，原则和方向其实已经由你定了，你给对方只是方法和措施的选择，你既然已经占据了主动，何必要掌控一切，把对方逼入死角？

没有人喜欢被"威胁"，请多给出选择，这样你的人际关系会越来越好，距离成功和幸福将越来越近。

沟通的艺术之二：感觉麻木

某日，外地一朋友通过微信给我推送了某本书的链接。我回了句"谢谢"。我问妻子，如果你是该读书会的老会员，一个朋友刚入会，给你推送读书链接，但是这本书你已经看过，甚至看过不止一次，你会怎么做？妻子说，她会回复谢谢。我说你会不会告诉他你是资深会员，已经看过好几遍了，妻子说她才不会。我说你做得还不够，她问还要怎样。我说你要隔一天再感谢下别人的推荐，说你学到了很多东西，还要讲出你的感受。

其实我们很多年轻人会犯同样的错，当你的好朋友兴冲冲地给你晒她花了多少钱新买的裙子时，你说"啊，商场打折好久了，我嫌弃款式过时就没买"；当你的朋友读完一本书，给你分享他的收获时，你说"这本书啊，很多年前我就看过了，属于入门级读物"；当你的下属给你汇报加班赶工的成果时，你打断了他，说某些地方还不完美，要多加注意，下次别犯；当你的妻子给你展示新买的西装套装的时候，你说怎么腰又粗了，要注意节食和运动。

以上的场景是不是非常熟悉？也许你就是其中的主人公。当然我们都知道，这样的剧情往往以悲剧结束。你会认为对方矫情，我不就说的都是实话吗，陈述的事实吗？怎么对方就那么脆弱呢！

你虽然认为你没有错，但是事情却偏偏朝着你不喜欢的方向发展，朋友疏远了你，下属不再亲近你，老婆也懒得理你。你的确是说了实话，但你却忽视了一个事实，以上的场景不是在做科研，不是在制造太空飞船。你不但诚实、认真，还非常严谨，但是这些你通通用错了地方。你的实在在这里叫麻木，叫违和，叫大煞风景。

朋友交往，亲属相处，最重要的是讲感觉，对方传递的感觉你能否接收得到，能否同频共振，给予恰当的回应、认同、肯定和赞美。

很多人的人际关系欠佳，是因为他关注的对象是事物本身，而不是做事的主体——人。人的需求是多种多样的，其中就有被尊重，被认同，被表扬，被肯定，但如果你很少有此需求，那么也很难给予。当你的眼光和精力都盯在事情上面，或者察言观色的能力欠佳的时候，你就会变得麻木不仁。

人际关系不好，看似是对他们的了解不够，实质是对自我的认识太过片面，对于人性的认识太过肤浅。在人与人的相处中，有一种病叫麻木，得治，医生却只能是自己。

沟通的艺术之三：别把人当坏人

俗话说祸从口出。日常中很多的口角纠纷，都是因为我们讲话不注意造成的。下班回家，妻子说赶紧去洗手洗脸，我乖乖地去卫生间洗了手脸，然后跟妻子谈话时，她追问一句，手脸都洗了吗？我只好如实说，洗了也用毛巾擦了。妻子的谨慎小心我已经习以为常，但是如果是相交不深的人，估计已经话不投机，不会将谈话进行下去。但多年夫妻，早已习惯。

人都是追求安全感的，而在现实中时常会产生不安全感，为了让自己不受伤害，我们常常期望外界给我们眼见为实的范例，我们才真正放心，但现实却很难满足我们的要求。有的人，为了追求安全感，对于外界的人和事进行过分猜忌，朝着坏的一方面去想。有时候将自己假想的预判当成既成的事实，结果事情的发展就会朝着他既定的方向前进，最终验证了他的预言。

几年前，我们有一个项目要采购一家代理商的水泵，是第一次合作。在质保期，设备发生故障，要求对方来检修，对方说他的设备质量很好，绝对不会坏，坏了一定是我们使用不当导致的。无奈，我们自己将设备送到一家维修处去维修，自己承担了运费和维修费。质保期到了，对方打电话要质保金，接电话前，我想将我们花费的费用扣掉，剩余的支付给他。但对方在电话中说："我们一般不跟民企打交道，特别像你们这样的小企业，最不讲信用了。"这个业务员我认识他已经近十年，一直没有采购过他们厂的设备，后来看他六十多岁，人看起来还算老实，而且他们厂的设备质量一直都不错，于是就有了这一次合作。被他一番辱骂，我挂了电话，毕竟没有人愿意被别人这样辱骂。挂了他的电话，他又不停地发来几百字的短信，最后我将他的电话交给其他同事处理，不再联系。

现实生活中，我们过度的心理防卫，习惯性的预判，破坏了原本和谐的关系。遇到满身酒气晚归的丈夫，如果妻子问一句，是不是陪领导接待客户了？也许丈夫会内疚地说一句："跟朋友小聚了下。"碰到迟到的员工，本打算编一个借口搪塞，上级问一句："最近是不是有什么难事，看起来晚上没睡好？"员工也许就暗暗下了早起的决心。放学后晚归的学生，家长问一句"是不是在学校把作业做完才回来的？"也许贪玩的孩子会说："我错了，跟同学一起玩了会儿。"

我们总是把莫须有的负面预判当成事实，作为谈话的依据，作为我们下一步行动的基础，这样就会使得事情变得糟糕。员工心里有想法，有离职念头，你看到他表现异常，本该加薪提拔，延后；本该重视重用，取消。结果本还在犹豫中的他最终下定决心一走了之。

总是做出负面的预判，其实是一个人内心不够强大的表现，因为他心里总有一个声音在说：我不够强大，不要伤害我，为了保护自己，我必须把你们当坏人，这样你们就没有伤害我的可能。害人之心不可有，防人之心不可无，但是我们如果将提防之心用在身边所有的人，特别是最亲近的人身上，那么带来的不只是争吵，还有更多的麻烦。

同事之间，企业和客户之间，合作的基础首先就是互信，要建立起绝对的信任，才会有后续的愉快合作。如果总是把对方当坏人，实质上是不相信对方，将会给合作带来很大的障碍。

世界并没有你想象中的那么坏，如果你感觉周围人全都是"坏人"，那么很有可能你也是一个"坏人"，这个时候需要改变的不是别人，而是你的心境。

一天，苏东坡与禅师佛印打坐，苏东坡问佛印看他像什么，佛印说施主像一尊菩萨；苏东坡又问，你知道我怎么看禅师吗？佛印说不知道，苏东坡说，我看禅师像一堆牛粪。苏东坡洋洋得意，以为自己赢了，佛印只回了一句"阿弥陀佛"。

这个世界上，大多数人都是好人，就算是少部分坏人也不愿意当坏人，被别人认为是坏人。不要轻易地预判，更不要把你认为错误的假设当现实，否则事情一定会朝着你预估的方向行进。

人本性都是善良的，世界本来是美好的，如果你认为他人邪恶，世界脏乱，这个时候并不是他人和世界需要改变，需要改变的是你自己，需要改变的是你的心境，改变你看待世界的态度。

沟通的艺术之四：和谐的人际关系就是"你对我错"

参加一次徒步大会后，我的软组织挫伤，走路一瘸一拐，还没痊愈，就去出差。见到一个相熟的朋友，问我怎么啦，我说徒步受伤。他说，肯定是经常喝酒，导致痛风发了，于是我回复，要注意少喝酒，感谢朋友提醒。

一个小区住进了两对青年夫妻，正好隔壁，一家常年争吵，但另外一家却相安无事。做邻居久了，彼此都熟悉了，经常争吵的夫妻就问另外一对夫妻，为什么都是过日子，他们家吵架，对方却那么和睦。对方女主人说，因为我们夫妻俩都是"坏人"，而你们夫妻都是"好人"。坏人总做错事，而好人总在做对的事情。当我们意见相左的时候，总是说："你是对的，我是错的！"而你们意见不统一时，都觉得"我是对的"。

现实中我们太多人都选择做一个"好人"而不是一个"坏人"，结果引起不必要的纷争，甚至升级为吵闹。丈夫喜欢交友，经常会和朋友聚会喝酒，导致晚归。一次加班后回到家里，妻子见到丈夫说："又跟什么狐朋狗友鬼混去了？"结果丈夫感觉自己受了委屈，摔门而出。孩子成绩优秀，学习也很努力，一次考试发挥失常，掉分严重，母亲看到分数说："让你天天玩手机，不做作业，看成绩不会骗人吧！"员工加班赶工，结果遭遇电脑故障，耽搁了出成果，领导过问后说："别找理由，要多想办法！"

当对方不了解事实，曲解我们的时候，我们用什么样的态度面对就非常重要，如果我们选择做一个"好人",矢口否认的时候,一场谈话就可能变成一起争执,甚至升级为一场争斗。如果你选择做一个"坏人",大大方方地承认"是我错了",事件会很快平息,但我们大多数人往往陷入无尽的争辩,坚持己见,最终导致关系紧张。

晚归的丈夫面对气势汹汹的妻子的诘问,回一句:"老婆你简直料事如神,是的,大刘过生日,没办法,我错了,让你久等了!"估计气氛会缓和很多。当下属被领导批评了,下属说:"我错了,是我考虑不周全,我再想想,多找办法!"也许领导很快就给出了办法。

其实世间很多的事情并没必要去分对错,但是很多人在与亲近的人相处时,为了争一个"你错我对",常常争得脸红脖子粗,导致关系紧张,甚至升级到大打出手。其实一句"我错了"就能平息一切,但为什么还是有很多人不愿意说出口呢?无非三个原因。一、人是自恋的,天生认为自己都对;二、内心脆弱,只有内心强大的人才会坦诚接受自己的缺点和不足;三、智慧不够,很多人一辈子在争对错,结果人际关系紧张,丧失了太多的机会;有的人凡事愿意先退一步,结果许多人伸出援手帮他。

其实只要不是关乎国家安危,关系个人生死的事情,一句真诚的"我错了"就可以减少太多的纷争,你的人际关系就会非常融洽,当你能真正从自身开始检讨自己,认识到自己的错误之处时,你的智慧就会不断地成长。

好的人际关系本质就是"你对我错",如果你认为说得不对,那就是我错了!

正确的隐私观

记得几年前,我跟一个客户到外省去进行设备采购前的考察。他们投资建厂,需要征得设计单位的技术认可,于是我跟着同行。到火车站后,对方企业的老板亲自到火车站接我们一行四人,由于厂家所在的县城没有高铁站,他们驱车一个多小时到邻县的车站接我们。

我们一行最大的领导是黎总,对方也格外尊重他。到了厂区后,看到对方的厂区规模很大,有三个标准化的厂房,在行业内颇有名气。北方人好客,坐在一起寒暄起来。"黎总您哪里人?"对方问道。黎总回答:"小地方人,不值一提。""您什么学校毕业的?""蛮差的一个学校。"当对方得知黎总在行业内一家知名企业当过高管时,对方询问哪个企业,黎总回复,不值一提。几句话攀谈下来,我感觉对方的总经理有些不悦,但对方涵养很高,就换其他话题。作为陪同参观的我,倍感尴尬，但是无法，黎总是此行的领导。

其实，交谈出现这样的情况，是因为大家对于隐私的认识产生了偏差。有的人对于隐私过分地保护，而有的人讲话毫不顾忌，什么都敢说，其实都不是很合理。大家对于隐私的认知都不一样，但对于隐私的认识，却能对一个人的工作和生活产生不同的影响。

很多人将自己的出生地、籍贯、毕业院校当作隐私，有的人将身高体重当成隐私，有的人把自己的兴趣爱好价值观当成隐私。

对于隐私的过度保护，实质上不利于社交中基本信任的建立，而信任是一切成交的基础。很多人做微商，只发产品信息，而不发个人的状态，因此效果不会太好。因为潜在的客户不知道他在和一个什么样的人交易。过度保护隐私，实质上是心态上的封闭，很难和别人进行有效的沟通。沟通实质是信息的交换，思想的碰撞，感情的共鸣。

我们每个人对于隐私的界定，因每个人的性格特征、从事职业等，都有不同。有些方面，我认为其实都称不上隐私，有些方面实质上是隐私，有的人却大方公开。关于隐私，我认为可以做如下的区分和对待，如此可以获得良好的人际关系，少去很多麻烦。

显而易见的信息

身高体重，面容身材，这些非常显性的东西，其实都不算什么。例如一个人微胖，自己能够容忍，但却容不下别人谈体重，谈了就以为别人针对自己；脸上有雀斑的，绝对不能谈祛斑霜。当然很多人言行得体，不去谈论这些，但是不去谈论，依然对事物本身没有任何改观。对于此类信息，个人认为完全不必遮掩，不必当作隐私。

不能改变的，别人轻易打听下就可以知道的

此类信息，很多人当作隐私，对于陌生人，采取过度保护的态度。陌生人询问，总是用其他话题避开。其实过去发生的事情，不会因为你的回避就能改变。例如出生地，毕业院校，父母的职业，等等。如果你非常坦率地谈论，别人会认为你真实、坦诚、可信。类似的信息，即使你遮掩了，只要别人打算了解你，轻轻松松就可以打探到。

别人打听比较难得到的

个人喜好，政治倾向，价值观取向等，这些基本上可以算严格意义上的隐私。但是如果你想做一个平凡人，这个可以适度地保护，相交不深的人，不宜谈论。但现实是，人由于有自恋的天性，为了显示与众不同，会和相交不深的人夸夸其谈，也有的人有窥探别人隐私的好奇心，对别人的此类信息，追问不止。很多人由于谈论的度，或者公开的度没有把握好，而且喜欢散播此类信息，落得个人际关系紧张的局面。

对于立志出众，干一番事业的人，此类信息已经不是隐私，要大方地进行展示，当然也不易过度。此类信息的公开，有助于别人了解你，信任你，支持你。

别人很难知道的

这类信息，是真正的隐私，与他人无关。例如亲人离世、自己重病、遭遇横祸等负面信息。这些基本不属于在自媒体和公众场合谈论的话题，这些事情只跟你自己，或者只和亲近的人相关。现实中，很多人却不把这部分信息当作隐私。我们需要安慰、同情和理解，但这对解决问题基本没有实质上的意义，例如祥林嫂的孩子被狼叼跑了，令尊车祸离世了，等等。人遭遇到的不幸，实质上只跟自己有关，跟亲近的人有关，与他人基本无关，因为人最关心的还是自己。

我曾经有一次开车掉沟里，气囊炸开，人绝对安全，为了表示自己内心强大，发了个朋友圈，没想到一下子有很多人发来关切的问候。那时我突然意识到，个人的私事给大家添了很大的麻烦，于是删除了那条朋友圈，日后发送个人动态，就慎之又慎。

很多人把不是隐私的东西过分保护，却把是隐私的东西肆意公布，实质上还是想博得同情，获取认可，但自己认可自己，才是真正的强大；强大的人，都是不需要同情的。很多内心强大的人，会和亲近的人轻描淡写地谈论此类事情，就像谈论日常琐事一样轻松自然，这些事在小范围内，实质上也就不是隐私。

这个世界上，实质上已经没有什么秘密，特别是大数据时代，你的所作所为都已经被记录。如果怕被伤害，就要光明磊落做事，小心谨慎为人，大大方方交际，因为这样就没有任何的不堪可以被遮掩、被封存。

很多人之所以过度保护隐私，还是怕外界投来异样的眼光，怕给自己带来伤害。实际上，人人都是自恋的，大家最关心的都还是自己，如果你内心强大了，就没有人伤害到你。佛陀说，咒骂就是别人往你身上丢垃圾，你不收起来装身上就行。你能约束的只有自己，却约束不了别人。

很多人之所以把是隐私的事情肆意公开和传播，实质是想获得外界的同情和安慰，或者满足自己甚至是别人的好奇心，喜欢传八卦就是此理，原因也是人性中的弱点驱使。

通过了解一个人对于隐私的态度和做法,可以判断出他内心的强大程度和智慧的深度,还有对自己和对人性的认识高度。一个人,你如何看待自己,比别人如何看待你要重要很多。

被需要和求助力

某日,与一位单身女性朋友聊天,朋友接近 30 岁,至今未谈过恋爱,她讲她不是坚定的单身主义者。我问,你对于未来的男友或者老公有什么要求?她说,没有,随缘即可。朋友工作能力不错,父母帮忙付了房子首付,自己供贷款,工作日上班,周末和其他业余时间用于做饭和整理房间。我问,平日不出去参加一些社交活动吗?她说,平日工作忙,交往的都是几个闺密,再就是几个同事,社交圈实在太小,于是个人问题就被耽搁了。

我问,上学时,就没有异性朋友抛来绣球追求你?她挠了挠头说,好像没有。朋友无疑是独立的,离开老家到外省参加工作,除去父母买房时的资助,通过个人努力,实现经济独立,言谈举止也证明她思想比较独立。各个方面条件都不错,为什么如今还单着,是一个比较有意思的话题。如今,适婚的单身男女越来越多,甚至很多人变成了精致的剩男剩女,值得好好研究和思考。

在东方社会里,人们都显得含蓄内敛。男女谈恋爱,一般情况下,男方要积极主动些,而女方相对被动一些。大多数独立的女性解决了衣食住行,工作也稳定,基本上很多事情都能自己搞定,不会向外求助,这样就无法造就碰撞出火花的机遇。

男性由于荷尔蒙的驱使,天生有一股征服的欲望。女人的柔弱和矜持,是激发一个有血性男人征服的本能驱动力。但是当今太多的女性过于独立,太过于善解人意,太过于坦诚相待,最终男性没有去了解和追求的冲动。当今社会,女性也可以像男性一样独立地去工作,平等地去社交,慢慢地对于男性的需求也变得越来越弱。

爱情是感情的一种,当大家都在极力追求物质财富的时候,就很难用心去感受或者发掘内心的需求,也很难再有人能花一定的时间,去谈谈自己内心的感受和灵魂的追求。这也是为什么有的人有很多的朋友,但是依然感受到的是孤独。

人天生是社会动物,内心有被理解、被认可和被需求的渴望。当今社会上太多的人被房子、车子和票子等物质财富所裹挟,变成了追求名利的工具,忘记了内心的需求和灵魂的追求。

对于大龄青年来说,并不是你不需要异性的关爱,而是你没有发掘出内心的需

自 砺 为 王
ZI LI WEI WANG

求。你之所以还单身，是因为你缺一项能力，叫求助力。

独立，并不等同于不独行侠；能力强，并不是完全不需要外界帮助。一个人真正的强大，是从认识到自己弱小开始的；一个人的成熟，是从发现自己内心真正的需求开始的。需要帮助并不表示你不独立，求助他人也不证明你就脆弱。

自砺为王

痛苦与成长

第二篇

痛苦不会因为你的喜好改变多寡，但选择承受痛苦的决心是个人意志能够掌控的，承受痛苦就意味着成长。

第五章　成长：练就强大的内心

一切都是最好的安排

初三那年，我的初试成绩过线，有了复试考取中专或者中师的资格。那个年头，农村的孩子都盼着早点毕业赚钱，不再给家里添加负担，中专（中师）的录取分数线比重点高中还高。考前复习的时间有大概一个月，那个时候是农历五月，正是"双抢"的时节，当年学校的老师大多是民办教师，说是复习，其实就是一群孩子拿着书本和复习资料在学校里自学，老师们则忙于自己家的农活。

由于父亲说当老师是"铁饭碗"，我就报考了中师，非常不幸，差6分落榜。事后回想自己复习过的资料，还有做的考题，如果有人指点，再怎么也能捞回6分，结果那年9月，我进了邻镇的农村高中，三年后，我考取了外省的一所二本院校。其实当年家里可以多出一些钱，选择自费上中师，但由于家穷，我没有提这个要求，父母也没有出这个主意。

高三寒假前，一次体检，因为误诊，我以为我没有了高考的资格或者考取了也不会被录取。寒假期间，母亲在家以泪洗面，我意志消沉，精神恍惚，当看着别人都在认真复习的时候，我迸发了一种想法，我认为我没有生病，于是换了更大的一家医院检查，被告知是误诊，可惜我白白地浪费一个月的时间。高三下学期开学，我立即投入了紧张的备考中。高考过后，我跟一位同学填写志愿，那个时候连省城都没有去过的我，更不懂那些拗口专业的意义，当我跟同学填写完了第一批和第二批志愿，打算上交的时候，我们又将志愿拿回来，填写了所在地级市的师范高等专科学校，心想，万一本科没有录取，最起码还有个学校上。

分数出来了，同学过了重点线，去省会城市上学，我距重点线差 8 分，来到了江西的一所本科院校上学。当时也有过复读一年考取一所更好的大学的想法，但最终放弃了，谁知道下一年有没有上一年考得好？抱着这样想法的人可能不只我一个，当初在大学，同班同学因为考取的大学不是他心仪的大学，开学一周后选择退学复读，据说复读两年后终于考取了一所一本院校，但最终工作得如何就没有跟踪。

临近大学毕业，我们四处赶招聘会去寻找工作，当年我没有选择北上广深，目标地只有杭州、武汉和西安等城市。当时有一群同学来到武汉找工作，在洪山体育馆，有一家即将上市的国企招聘，很多同学问过工资后，连一张简历都没有投。当时我也没有想太多，投了简历，后来得到面试通知，那家企业在郊区，还没有通公交，我就坐了 20 多个小时的火车去面试，面试后被录用。毕业后回了趟家，度过了人生最后的两天暑假，7 月 3 日我去报到。当年 10 月，公司上市，我得到了 500 元的上市奖，在当时也不算一笔小钱，入职后的工资也没有像面试官说得那么少，年底还额外拿了两个月的奖金。在那家企业工作了接近两年，最终我选择了离开，但这两年的工作经历是我人生中最重要的财富，一直影响着我。2018 年，在离开 16 年后，我拜访了现任总经理李总，李总在开会前抽出 15 分钟与我亲切交谈，并与我在他的办公室合影留念，直到会议要开始了李总才不得不送客。

2020 年 1 月 23 日，武汉宣布"封城"，我随即放弃返回老家，4 月 8 日解禁，我选择清明不回家扫墓。在疫情暴发的最初几日，我承认我恐慌过，也焦虑过，但紧张过后，日子还得继续过。2 月 2 日，公司全员进入居家办公状态，由于很多工作无法开展，于是我开始看视频学习，累了就读书休息，读累了就拿出电脑写作。在乡下的 61 天，除了周末陪家人玩玩纸牌外，其他的时间也没有浪费。

在返汉申请通过后，我统计了滞留乡下期间的成果，读纸质书约 40 本，每天听书一个小时，累计写作约 15 万字，偶尔发在公众号的文章引来不少朋友点赞，其间写的三首诗还发表在"民建武汉"的公众号上。

3 月 24 日返回武汉，在小区和工作的园区办理出入证后，返回公司准备物资，迎接检查。3 月 27 日，区防疫指挥部验收通过，公司逐步复工。

脚下的路不可能都是平路，人生并非都是顺境，不要去抱怨生活虐待了你，也不要抱怨世事对你不公。当你坦然接受时，逆境也是顺境，当你刻意逃避时，一手好牌也会打得稀烂。

不要总想着依附谁

民族英雄林则徐说过一段发人深省的话：子孙若如我，留钱做什么？贤而多财，则损其志；子孙不如我，留钱做什么？愚而多财，益增其过。一个家族，富贵不过三代，皆说明了一点：富贵很难长期传承下去，能够传承的只有文化。

一个人在世间，生于将相王侯之家，还是生于偏乡僻壤，皆不可选择，但人可以通过努力拼搏不断进取，改变自己的处境。当然，环境对一个人的影响也非常大。

很多人不断地给子女积累财富，买房买车，储蓄存款，其实是给子女制造了一个不需要努力的环境，因为通过父母积攒的财富，子女轻而易举就能得到，为什么还要去努力呢？

其实，世间每一个人的生命都是独立存在的，但太多的父母以爱的名义剥夺了子女奋斗的权利。很多父母以亲情为名把子女留在身边，却让子女养成了依附的习惯。是船，就应该在大海中航行，而不是停留在港湾。

《盛隆群体老板之路：盛隆文化读本》中讲到，其创始人谢元德董事长说，盛隆所走的最正确的道路就是不依附别人，靠天靠地，靠爹靠娘，不如靠自己。

现在很多父母，含辛茹苦地把子女拉扯大，等到孩子毕业了，又给孩子买房买车，然后又愁着子女的婚事，担心着子女的工作。父母操尽了心，但大多的孩子并不领情，因为从小依附惯了。

曾碰到一名创业者，他向我咨询他从事的素质教育行业前景如何，我只能表示说，我对这个行业没有研究。一个人如果对一个行业不熟悉就贸然进入，失败是必然的，有些事情可以咨询请教别人，但是有些事情还得自己拿主意。

很多人创业，整日却忙于应付各种酒局，蹭各种热点，攀附各种关系，而很少花时间去研究产品、钻研服务、学习管理，其实还是将自己企业的命运交由别人手里，企业的前景也很难光明。

一个人，一个企业，最优秀的品质就是独立自主，而不是依附他人。

反叛的价值

一个孩子真正的长大成人，是从反叛父母开始的。

高考那年，填写志愿，父亲说，你就报考个师范或者医学院，哪朝哪代的人都要上学，都会生病。但我最终没有听从父亲的话，报考了工科院校的工科专业，没有选择高校林立的省城，而是选择了离家千里之外的江西。

毕业前夕找工作，父亲又说，回老家工作吧，离得近，遇到突发事情，家里有个照应，父母年纪慢慢大了，离得近回家也方便些。但最终我还是没能回到老家工作。毕业那年，工作还真不好找，找人托关系，家里又拿不出"巨额"的打点费。工作两年后也做过尝试，甚至也找了省城一家单位工作过几个月，但西北内陆的习惯我却已经很难适应。

祖辈都是农民的父亲，一直希望我找一份安稳舒适的工作，但我却最终违背了父母的期望。2015年春节回到家里，我和父母说，我已经离开单位单干了，父亲惊得一身冷汗，问，那是没有人给你发工资了？我说是的，都干了一年了。这时父亲的心才放下，都一年了，还活得好好的，应该不用担心了。

创业7年，尽管没干出什么成绩，但如果我继续努力，未来还有无限可能。如今回过头来看，如果听从父亲的话，可能老家只会多一个蹩脚的老师，或者多了一个安稳度日的忙碌的医生罢了。

一个孩子，在成年之前，需要作为监护人的大人引导成长的方向，而不是作为控制人掌管一切。不知什么时候，我们许多父母，以培养出听话的孩子为荣，从而剥夺了孩子选择的权利，控制了孩子的人生。

近年，拜访了一些取得一定成就的成功人士，也拜读了不少名人的传记，我突然发现，凡是有大成就的人，都干过不少违背父母意愿的壮举，敢于跳出父母设定的道路，而父母从小培养的"乖宝宝"却变得悄无声息。

国内一名企业家，接掌了家族企业后，选择让与父亲打拼的"老臣"靠边站，从而把企业打造成业内的领头羊。已故的三星会长李健熙，从父亲手里接管企业后，进行大刀阔斧的改革，砍掉许多传统产业，将三星做成了富可敌国的巨无霸企业。

父辈要求子女的，在他们的眼里并没有错，由于亲情的存在，父辈们大多不愿意子女受苦、冒险，希望子女平平安安、安稳舒适地生活，这也无可厚非。但是处于人生上升期的子女，如果完全遵从父母的意愿，那就是对自己的人生最大的不负责任。

作为一个个体，我们不仅仅是父亲的子女，更是处于时代的社会人。社会在进步，时代在变迁，父母所经历的年代适用的规则也许并不适应当下、适合未来，也许我们的父辈在各自的岗位或者领域做出了杰出的成就，但我们按照父辈的规划就未必能复制他们的成功。任何一个人，将自己的人生假手他人，即使是至亲至爱的父母，都是对自己人生最大的不负责任。

自砺为王
ZI LI WEI WANG

我曾经说过，一个人的成长，要经历两次"断奶"，第一次的"断奶"，使我们成为一个独立的个体；第二次的"断奶"，是从思想上与父母"断奶"，做一个敢为自己人生做主的社会人。第一次相对容易，但第二次，可能对于很多人来说，都是一生都无法完成的命题。

很多人不敢去反叛自己的父母，其实是没有勇气去顺应滚滚向前的时代；太多的父母，不敢对子女放手，其实是不愿意承认自己已经落后于全新的时代。

一个愿有所成就的人，必须要有一定的开拓精神、改革精神、反叛精神。要成长，要有所成就，必须学会独立；要独立，就要从反叛父辈开始。

我的成长观之一：为什么家会伤人

身为家长，孩子放假后无休止地迷恋游戏，无疑是一个令人头疼的问题。前几日一个朋友讲，现在的小孩无须管束，丢一个手机或者 Pad，小孩就会非常安静。

前些日子，我对正在玩手机游戏的女儿说，要么去看书，要么做作业，如果继续玩游戏，就将手机没收。女儿说，如果我再唠叨她就去跳楼，我赶紧闭嘴。等到情绪缓和时，我问女儿，不就是玩个游戏吗，何必要上纲上线，还要去跳楼？女儿笑嘻嘻地说："你傻啊，我们家住一楼，我跳是从一楼跳！"我立马"变雕塑"了。

女儿 10 岁，上小学四年级，作业完成后也会玩游戏，我和妻子没有放任不管，也没有没收小孩的手机，庆幸的是，孩子和我们之间依然保持真诚沟通的态度。现在太多的家长，总是督促子女学习，禁止子女玩游戏，但实际上并不是站在子女的角度去解决问题，而是站在自己的立场去考虑问题。孩子玩游戏，不做作业，成绩差，排名靠后，父母在其他家长面前没有面子，父母生气的原因是因为子女不争气。

十月怀胎，悉心照料，精心培养，没有做父母的不疼爱自己的孩子，但是并不是所有的父母都会正确地表达爱。"我做的一切都是为了子女好，但是子女却没有感受到！"可很多子女，特别是心智还没有完全成熟的子女根本就感受不到来自父母的爱，于是你让我干什么，我偏偏不干；不让我干什么，我偏干给你看。

未成年的孩子，判断力不如大人，但是感知力却并不比大人差。你是真正地站在孩子的角度去考虑问题，做出反应，还是站在自己的感受角度，胡乱发火，小孩一定是知道的。很多父母，把子女看成是自己的财产，任由自己摆弄，要么以命令的方式指挥，要么以要挟的方式控制，从而忘记了"以人为本"最根本的是把人当人，就算是一个小孩，他也希望被尊重，拥有自我选择的权利。

现实中，很多家庭的亲子关系，要么是命令与服从的关系，要么是控制与顺从（反抗）的关系，子女不知道父母的意图，父母不知道子女的想法，总之，双方没有有效的沟通。子女不愿意讲，因为父母根本听不进去；父母不愿意说，认为小孩根本就听不懂，说了也理解不了。

缺乏有效的沟通，爱的传递会遇到障碍。我们的大脑掌控着两种意识，一种表意识，一种是潜意识；表意识容易分辨，但是潜意识却很难捕捉。一个未成年人，由于没有自食其力的能力，需要父母养育，如果父母稍不顺就恶语相向，或棍棒伺候，小孩会潜意识地认为父母不爱自己，但是表意识里面又无法改变父母监护人的角色，也无法重新选择，于是两种意识背离，最终造成孩子的性格扭曲。

家，是我们每一个人来到世间最小的集体单元。很多性格有缺陷的成年人，基本上都能从原生家庭找到问题的根源。一个懦弱的孩子，一定会有性格暴躁的父母；一个私生活混乱的子女，一定有家庭责任缺失的父母；一个养成坏习惯的子女，一定有不自律的父母；一个满嘴谎言、虚伪成性的孩子，一定有自欺欺人的"榜样"。

现实中，有一些问题少年在成年后克服了原生家庭遗留的问题，但是更多的孩子，却被问题父母绑架一生。有的人，已经拥有无尽的财富，依然对财富有狂热的占有欲，却忽视内心的幸福快乐，无非就是因为儿时"穷怕了"。有的人，憎恨父母一方的不忠，而自己却没有勇气去相信，去爱慕异性，要么选择独身，要么胡乱地选择伴侣，之后又轻易地选择放弃。有的人，内心深处非常憎恨父母对待自己的粗暴方式，但是当自己成年后，却依然用粗暴的方式对待自己的子女。

家，是我们每一个人都无法逃脱的集体单元。家会伤人，不是因为家中没有爱，而是我们做父母的不知道如何用正确的方式表达爱，不知道如何让子女真正感受到来自父母的爱。家会伤人，会伤害到未成年的孩子，是因为做父母的心智上还未成熟。家庭中，需要学习的，不仅仅是孩子，还有我们做父母的。

家中有爱，才会成为温馨的港湾。想让家不会伤人，需要我们学会如何表达爱、感受爱、创造爱，而不是我以为你懂，你以为我知道。爱只有大胆地说出来，对方才能感觉到。

我的成长观之二：父母的羁绊

曾经在饭局上遇到一位老板，应该已实现了财务自由，酒过两巡后谈到了他的烦恼。正在上高中的儿子不好好学习，他苦劝无果，欲将儿子送到乡下高中受下苦。

他问儿子为什么不学习，儿子回复说，家里已经有好几套房子了，还学习干吗，考大学不就是为了找份工作赚钱？他说他打算对儿子讲，生意做亏了，但是又面临着诚信问题。那天我没有喝酒，和这位老板父亲也不熟，因此没有发言。

一个人的认知水平，如果没有后天的修炼，大抵取决于和自己最熟稔的十个人，尤其取决于自己父母的认知水平。这位老板的儿子，认为人生就是为了赚钱，赚到钱就是享受，也许这样的认知恰恰来自这位父亲。

父母给予我们生命，养育我们成长，我们理应孝顺父母，父母也应该关爱孩子。但是做父母的不应该把子女当成自己的财产，掌控子女的人生，做子女的也不应该成为父母的累赘，成为啃老一族。我们每一个人的生命都是独立的，我们无法让别人对自己的生命负责，也无法对别人的生命负责，就算彼此是血缘最为紧密的亲子关系。我们常常会对拿着养老金、退休金，被子女啃老的父母报以同情，用道德去审判啃老的子女，但是那些长不大的子女又是被谁养育成为"巨婴"的？

做父母的没有谁不疼爱自己的孩子，但是太多的父母却常常打着爱的名义伤害着自己的子女。很多的子女之所以不成长，甚至一生都长不大，其中很大部分原因在于父母。

掌控子女的人生

中国很多的父母，特别热衷于培养听话顺从的子女，特别是一些官员或者教职工父母。他们或者用奖励或者用惩罚的方式规划子女的成长之路，要么培养出乖乖女，要么培养出叛逆子，甚至很多子女因为不愿意活在父母的阴影下，走上了歧途。其实我们每一个人的内心都是渴望平等、渴望自由、渴望被重视、渴望有选择的权利，而没有人渴望被控制。一个孩子无法自食其力又逃脱不了家庭"牢笼"的时候，要么选择反叛，要么选择逆来顺受。一旦生理上成熟之后，就变成了脱缰的野马，开始放荡不羁。有很多子女，高中以前，成绩优异，听话顺从，结果上了大学，进入了社会，完全变了样子。其本质就是孩子认为自己生理上已经成熟，终于逃脱了父母的掌控，才变得为所欲为。

实际上，我们每一个子女，都只是父母的有缘人，父母也只能陪伴子女一段时间，最终会早于子女老去，离开这个世界。

剥夺子女吃苦的权利

20世纪六七十年代之前出生的父母，都或多或少地经历过社会的巨大变革，饱受苦难，很多的父母不愿意看到子女重蹈自己的覆辙，于是竭尽所能地给予子女锦衣玉食的生活，宁可自己过着穷生活也要富养子女。他们在子女幼小的时候就给子女灌输一个思想，父母不求子女干多大的事业，只求子女平平安安。现代社会，不乏父母冲向学校跟老师理论，甚至代替子女去打扫卫生；小孩已经上到了高中，学校距离家只有几百米，依然车接车送；子女大学毕业去面试，父母陪伴左右，甚至有的父母辞职做起了陪护，为下班后的子女做饭叠被。

我们知道，理想和现实之间是有差距的，行动与想法之间同样有一道深深的壕沟。目标定低了，能够实现的部分总是有限。这也许就是很多的年轻人大学一毕业就失业，陷入茫然、盲目和盲从的根本原因。

我们剥夺了子女吃苦的权利，实际上也剥夺了子女创造自己生命的权利。

自己糊涂，子女迷茫

现实中，很多的子女长不大，是因为背后有一对（个）"未成年"的父母（父亲或母亲）。有的乖孩子长大成为"麻烦"制造者，无非就是为了引起他人的注意，尽管他们生理上已经长大成人，但是内心依然是那个喜欢被父母重视，希望得到父母关爱的小孩。

还有很多父母，自己没有成就什么事业，将重托都压在子女稚嫩的肩膀上，无论子女做出什么成绩，父母都是极尽所能地挑刺、批评和苛责，子女渴望得到的表扬、鼓励和肯定，父母吝啬到一点都不给。缺什么就要找什么，很多子女进入职场后，只愿意听到掌声，而不愿意接受批评甚至不愿听取任何其他的建议。哪有年轻人不犯错？不犯错怎么成长？由于不愿意犯错，也听不进建议，更不用说批评，于是很多自认为很优秀的年轻人，接二连三地跳槽，耗费了青春，却也永远长不大。

人的一生中，父母无疑是我们最亲最近的人，但是太多的人，却因为父母的羁绊，阻滞了自己的成长、成熟。

最后借用斯科特·派克的两句话结束本文："父母子女一场，终要分离，成为彼此有着血缘关系的局外人。""虽生已离，未死先别，父母心，断肠人。"也许这两句话能够深刻地揭示父母与子女的关系。

我的成长观之三：成长中的三次"断奶"

我们每个人在长大成人的过程中，必须经过三次"断奶"，才能成为一个真正意义上的成年人。

第一次"断奶"，是从娘胎脱离。婴幼儿时期，孩童会认为他就是世界，世界就是他，饿了叫，拉了哭，父母会第一时间赶到来解决，他会认为自己无所不能，自己就是世界的中心。物理意义上的"断奶"，是帮助婴儿知道，自己的母亲和自己是分开的，而不是一体的，开始有了我和他人的区分。现实中，很多幼儿在成长的过程中，父母有求必应，及时满足，成年后，依然认为自己就是王法，自己的需求外界都要满足，是第一次"断奶"不彻底产生的后遗症，这叫"巨婴现象"。

  第二次"断奶"，是从经济上独立于父母。西方社会追求自由独立，一个年轻人在大学毕业后就已经能够经济独立。东方社会，是以伦理为基础的社会，追求孝道，父母要养育子女，子女要赡养父母，以至于子女的经济独立，没有一个严格的年龄界限，这也是"啃老族"存在的客观因素。在市场经济不甚发达的过去，年轻人结婚，将铺盖合在一起，领张结婚证就行。现代社会，物质财富迅速积累，贫富差距越来越大，加之通货膨胀因素存在，物价高涨不下，人们之间的攀比心理严重，在城市生活的成本居高不下。婚房、彩礼、婚车、婚礼等花费之高令人咋舌。对于一个初出茅庐，工作三五年的年轻人来说，靠一己之力支撑如此多的消费几无可能，因此求助父母成了必然选择。在中国，父母与子女之间的账目，从来都是一本糊涂账，特别是经济账目。大多数父母给予子女的钱款，基本上没有打算收回，而子女从父母处拿的借款，基本上也没打算归还。现实中，租房子住，办简约婚礼，追求精神满足，也是一种选择，但是选择这条路的人却太少。在欧美等国家，一个成年男人靠自己的财富买下第一套房产的年龄平均在 40 岁左右，但在中国，30 岁前结婚要有一套婚房，却好像成了铁律。人们普遍的急功近利的思想，加上不成熟的父母，很多年轻人很难实现经济上的独立。

  第三次"断奶"，是从思想上独立于父母。吃人嘴软，拿人手短，由于从父母处得到的不需回报的东西太多，往往很多方面要受制于父母，特别是思想上。经济是精神的支柱，经济上不能独立，思想上也很难独立。中国的大多数的家庭教育，倡议或者推行的是应试教育、顺从教育、听话教育，这也许能解释很多年轻人思想上毫无主见，工作生活一塌糊涂的现象。

  在职场上，很多年轻人放着公司的资深人士不去请教，依然抱着"有困难，找父母"的理念，其实是思想上还没有变成一个成年人。面试结束后，很多年轻人说回家要跟父母商量下，我基本上会当面或者事后安排人通知，不用商量了，也不用来上班了。职场需要的是成年人，不需要未成年人，成年和未成年的差别，就是能否对自己负责。

  曾经面试过一个年近三十岁的未婚女士，各个方面条件都不错，面试结束，对方回复要和父母商量下再决定是否入职，我问对方的父母是做什么的，她说父母是在镇上做小生意的。我说为什么要咨询父母,她说父母的经验足。

一个人思想上不能从父母处独立,就算能够自食其力,也是难成大事的。

我的成长观之四:心智的成熟

某日和几个朋友聊天,一个朋友谈到孔夫子的名言:"吾十有五而志于学;三十而立;四十而不惑;五十而知天命;六十而耳顺;七十而从心所欲,不逾矩。"一位朋友说到"四十不惑",说是到40岁时就没有了困惑,很多事情都想通了。我对中国古典文集读得不多,理解得也不够透彻,个人的理解是到40岁的时候,我们有了一定的人生阅历,知道了自己有很多事情做不到,而有很多事情可以努力去办到。网络搜索,对"四十不惑"的理解为:到40岁的时候,我们对很多的事情有了基本的是非判断,能够做出自己的选择,等等。

其实这句话,是孔夫子对自己人生的回顾总结,而不是适用于所有人,也不是每个人到了相应的年龄都能达到相对应的境界。我曾不止一次地在相关的书本上看到一句话,大体意思是,一个各方面都很优越的人,心智模式要完全成熟,也需要到40岁。

对于心智模式的成熟,我们很多人有很大的误解。对于一个人来说,18岁只是生理上的成熟;到25岁大脑才真正地发育完善;三十而立并不是成家立业那么简单,而是在30岁的时候能够拥有一技之长,完全养活自己;到40岁的时候,能够客观地了解自己,知道自己哪些地方有短板,哪些事情自己办不到,从而选择自己优势所在,做到有所为有所不为;50岁,才是一个人人生收获的高峰期;60岁的时候,完全可以不用活在别人的眼光和评判中,真正能够做自己想做的事情;70岁后,由于生理的衰老,欲望已经降到很低的水平,所以才能做到随心所欲。

孔夫子的这句名言,是他自己对他一生的回顾总结。孔子的天资可谓极高,而且日日精进,那个时候也没有那么多的外界诱惑存在,才达到了如此的高度。反观现在,有的人不努力不进取,却想当然地达到孔夫子的高度,甚至曲解了其本意。如果一个人获取信息的渠道只是道听途说,而不是自己去探索,其所获得的"阉割"了的信息,不足以让自己成长,更不用说成熟。

心智的成熟,并不是一件水到渠成的事情。

我的成长观之五：警惕枕边人

人生是一场漫长的旅程，最先陪伴我们的是父母，后来有我们的子女，但陪伴我们时间最长的，却是和我们没有血缘关系的配偶。

夫妻能走在一起，进入婚姻，构建家庭，是因为价值观相同或者趋近。在人生的长河中，不同的阶段，需求也会发生变化，实际上，要两者能够同频共振，在价值观上保持高度一致，来保证婚姻的稳定，难度不下于一场探险活动。

现代社会，一对年轻人从相识到热恋，从相知到婚姻，个中的需求，和潜在的需求是不一样的。特别是女性，由于天然缺乏安全感，以及对稳定家庭的需求，发自内心地渴望受到男性的保护，渴望男性环顾左右，希望日日夜夜与心爱的另一半达到如胶似漆的状态。在现实传统观念中，男人要赚钱养家，承担起家庭的重担，要常常出门在外，早出晚归。于是从恋爱到婚姻，新的矛盾就会出现，女人会认为在外打拼的男人，对自己失去了兴趣，违背了恋爱时的誓言，而男人也认为当初知书达礼的温柔女性，变得不可理喻。陪伴属于显性需求，男人需要打拼属于潜在需求。有的男人扛了过来，最终家庭的经济情况改善；有的男人没能扛住，家庭过得平平淡淡，或者因为女人的唠叨，变得一日糟如一日。

曾经遇到一位年轻人，30多岁，开始创业，意气风发，有大干一场的气势。过了些日子联系，反馈的消息是重新找了一家单位上班，我问为什么，他说，老婆整天唠叨，说开始创业，钱没拿回来几个，整天还见不到人影，干脆找个单位混着，于是他屈从了爱人。一个人想改变自己的命运，机会其实并不多，很多人勇敢地跨出了第一步，但是遇到阻力后又很快退回来，只有部分人，能够扛住压力，不畏艰辛，勇往直前，攀登到了自己想要的，曾经认为不可能达到的高度。在一个人前进的路上，设置最大障碍的不是他人，而是自己最亲最近的枕边人。

一次聚会，认识一名经营育婴产品连锁店的女老板，旗下经营着二十多家连锁店，打扮得非常精致，人也长得非常漂亮，优雅得体。聚会结束，由于顺路，我搭了她的便车一程。我问是什么促使她的事业做到如此成功，她说是因为不甘平庸。我问一路走来，有困难和压力吗？她说，她从外地嫁到武汉，爱人是公务员，婆家家境优越。她离职创业，丈夫一家反对，等连锁店开到五六家，再也不用为钱发愁的时候，她每开一家新店，就和丈夫发生一次争执甚至一场吵闹，但是她依然一家一家地扩张着自己的商业版图。直到后来，丈夫习惯了，婆家也接受了，于是慢慢地不吵了，等到团队人员齐整了，管理理顺了，她照顾家庭和孩子的时间多了，丈夫又开始支持她。

我们每一个人生中的变革，都伴随着阵痛，甚至痛彻心扉，给自己设置障碍的，增加阻力的，迎头一击的，往往不是别人，而是自己最亲最近的枕边人。你屈从了，退缩了，其实不是对方赢了，自己输了，而是达成了双输的结果。

立志于成就不凡人生，活出精彩的人们，要面对的最大敌人，除了自己，就是最亲最近的枕边人。

痛苦与成长

十多年前，从老家带了一袋杏子，吃完后将杏核埋在土里，最终长成了几棵杏树，如今最大的一棵有大腿一般粗。二月时分，开了稀稀拉拉的一树杏花，花落后，还能看到稀稀疏疏的几颗小杏，两个月后再回，环顾树梢，却再也找不到一颗杏子。

妻子说，这棵杏树只开花不结果，还遮挡阳光，过些时候把它挖了，我笑而不语。其实对于栽种果树，我还是有一些经验的。小时候，家里种果树，父亲一年到头在田里侍弄，除了施肥喷药浇水外，冬夏要剪枝，要嫁接，要压枝，甚至还要在树干上做"环切"手术。家里的杏树其实并不是不结果，两三年前，我在树木刚刚发芽的时候，在树干上环切了一刀，那年挂果就不少，收获了不少黄澄澄的杏子。

压枝拉枝（用布条或者绳子将树枝拉向地面一侧）可以使得树冠享受到更多的阳光，夏剪要将"旺枝"剪掉，那些当年发枝，只往上长的枝条不会挂果，还吸收了从根部传来的很多养分。冬剪，要分清楚"谎花"和结果的花，将"谎花"多的枝条修剪掉。还有"环切"，是在树干上动大手术，用刀在树干上环切两刀，刀口要下得不深不浅，两个刀口之间的距离约两指宽，然后将表皮的树皮除掉，树的内皮要保护好，要尽量让树根吸收的水分和养分能传递到树冠，但却不能使树叶因光合作用产生的养分大部分留在树冠。环切得太浅，枝繁叶茂但挂果很少或者挂不住果；环切得太深，树根和树冠的水分和养分传输带被切断，树木也就很快死去。这棵杏树，基本上就是一棵野树，全靠自然给予的养分雨露成长，而忙碌的我基本上没有给予任何的照料，无法"坐果"其实是必然现象。作为一棵果树，不结果就会有被砍伐的危险，一个人不出成果，就会有被废掉的可能。

现在很多年轻人的成长，其实和这棵杏树非常类似。只享受水分营养，长势喜人，长的却都是"旺枝"，看似茂盛，但都是只开花不结果。浇水施肥我们都在做，但是下剪动刀的事情我们却做得太少，甚至没有。人都是惧怕痛苦的，要在自己的孩子身上制造点"痛苦"就更难了。那一剪，那一刀下去无树不痛苦，但每一剪每一刀下去，却都会使得树变得更为坚强，更为茁壮，还能坐住果，最终果熟蒂落。承受痛苦是成长的前提，或者成长就要一直伴随着痛苦，但现实中我们只愿意享受开心快乐，却不愿意承受痛苦和挫折。

承受痛苦本身就是一种能力，需要循序渐进，由小到大地培养。现在时常会听到哪家小孩离家出走，哪个小孩不堪课业压力跳楼自杀，其实本质并不在课业有多么繁重，也不在学习压力有多大，而是孩子承受痛苦的能力太差。现在物质生活条件好了，缺衣断食的情况少了，但是小孩子吃苦耐劳的能力却严重不足。太多的父母，想尽办法，没有原则地满足孩子的一切要求，甚至不敢拒绝孩子，更不用说制造痛苦去磨砺孩子的意志了。温室的花朵看似繁盛，但却经不住风吹雨打。就像我种的杏树，前些年有一棵因为扎根不深，被一场暴风雨连根拔起，现在仅存的一棵，也要面临被砍伐的噩运。

如此环境成长起来的孩子，进入了社会，进入了职场，不仅打骂不得、批评不得，甚至不围着他转也不行，因为他受到了"冷落"就会胡思乱想。受不了煎熬，耐不得寂寞，扛不住压力，受不了痛苦，只愿意被夸赞，听不得任何意见，受一点委屈就撂挑子走人，离职跳槽成了习惯，反正不工作了父母可以供给生活费，不用看领导"脸色"，也不受纪律约束，活得还滋润些。

养分能让你成活，但修剪能让你成长成熟，能让你挂出更多的果实。赞美可以让你心情愉悦，但承受痛苦才能使你变得坚强不屈，才能使价值放大，才能活出光彩，弥久悠长。毕竟风调雨顺不是常态，也不可能日日风和日丽，能扛住狂风骤雨、冰雪严寒的，才能够长久地享受阳光雨露。

痛苦不会因为你的喜好改变多寡，但选择承受痛苦的决心是个人意志能够掌控的，承受痛苦就意味着成长，拒绝痛苦，是放弃自己，是对自己最大的不负责任！

无条件的爱

高考是一个分水岭，一部分考生进入所谓的象牙塔开始深造，还有一部分考生进入高职、高专，走向不同的职业方向。

当然，进入大学，亦不是进了保险箱，因为不愿学习，挂科太多而被劝退的依然大有人在；大学毕业，愿意做机械重复劳动的毕业生不在少数，读了大学跟没读差不多，甚至有人博士毕业甘当家庭主妇；读了高职、高专，甚至只是高中毕业，成就一番事业的也大有人在。

高考，检验的是一个人的学习成绩，当然还有一定的心理素质，但这绝不是生活的全部。一个人真正做到自爱、自信、自尊和自强，即使高考失利了，一样可以实现自己想要的人生。而这一切来自家庭给予的无条件的爱，还有父母培养的规则感。

父母给予孩子的爱，应该是单向的、无条件的。但现实中很多的父母对孩子有所求，有所取，为爱附加了太多的条件，最终使得孩子在自尊自信、自爱自强方面出了问题。

人的先天智商都是差不多的，学习成绩不佳的孩子，想用各种各样的异常方式引起父母的注意，用自我伤害的方式报复父母，于是不去学习。他们接受不到父母的爱，也就不会自爱，不会自爱，就容易自暴自弃。很多孩子成为问题儿童，最大的原因是父母感情不和，家里整日鸡犬不宁，结果孩子整天想的是自己哪天会被父母抛弃，一个安全感都解决不了的孩子，是没有心思学习的。家庭中无爱的孩子，自爱的水平就低，当然也给不了别人爱，人际关系就会差，因此就会表现得反叛和不合群，最终被父母遗弃，被老师放弃，被同伴疏离。

考上了大学就开始不学习，最终混到大学毕业，甚至拿不到一纸文凭的学生也大有人在。这些孩子，不知道为谁学习，或者知道是为了父母学习，为了光宗耀祖，为了让父母在其他家长面前炫耀，为了父母的面子。一旦进入大学，没有父母的监管，基本上就进入了放飞的状态，不再受到约束。如果一直处于高压状态，一旦远离家庭，乖乖子、乖乖女会表现得异常漠视规则，因为父母以前就是用"规则"控制他们，而现在"规则"没了，就变得为所欲为，无法无天。一个人对于规则的漠视，原因往往是自尊水平低下，一个人没有选择的权利和机会，自尊水平不可能高。一进入大学就停止学习的孩子，是因为以往都是为了父母学习，而现在按照父母的意愿考上大学了，他们的任务也就结束了。父母的约束不在了，也就可以掌控自己的"人生"了。

很多大学生毕业后，由于技能没有培养起来，只有一纸文凭，收入暂时较低，在所谓"生存"的压力下，选择了机械重复的工作，例如送外卖，送快递，做各种中介的工作等，这一类工作最大的特征就是不需要较长时间的培训就可以上岗，还有一个就是不需要太多的思考，付出体力即可。我不否认当下在城市的生存压力很大，但更多的压力来自攀比，尤其是不考虑自身实际的攀比，所谓的结婚买房买车，都是人为强加的，自己主观臆断的，没有哪一条法律规定非要买房才能结婚，没有轿车就没有面子，车房是结婚的前提。轻易地放弃有难度、有前景的工作，进而选择入职门槛低、收入起点高的工作的孩子，往往是因为自信水平不高，理想信念出了问题。当下再穷，在城市找到一份工作肯定没有问题，收入再低，"苟活"于城市也不存在问题，信念和理想缺失，就会凑合敷衍，轻易地放弃自己。今天没钱，并不意味着明天一定还穷。当我们的时间被各种机械重复的劳动填满，没有时间去思考才是最大的危险。现实中，很多人已经取得一定的成就，衣食无忧，选择"北漂"，住地下室，吃咸菜馒头，最终取得更大成就的人也大有人在。人只是为了活着，为了生存，为了金钱，或者说为了当下的高薪放弃了未来，其实也是人生的悲哀。

世间还有一部分人，少年贫穷，时常遭受挫折打击，甚至在高考名落孙山，但依然不抛弃、不放弃理想，他们知道自己想要什么，能够放弃什么，进而选择追求什么。生活中，能不放弃理想，也能把握好当下，还能不断学习的人大有人在，最终也干成了一番事业。英雄不问出处，我认识一个朋友，高中毕业因为家穷，放弃上大学的机会开始北漂打工，吃着开水泡馍，打工之余，用夜间和周末自修了两个大学文凭，如今是一家年产值近10亿元公司的老总。一个人的目标，一定是要自己树立和激发的，而不是外界强加的，自己鞭策自己，自己激励自己，叫自强，外界来的叫刺激，作用有限，强迫就更适得其反了。

高考，只是人生中的一个考验而已，淡然处之即可。高考证明的只是过去的成绩，验证的是过去的努力程度，但解决不了"自爱、自尊、自信、自强"的问题。给孩子无条件的爱，孩子才会有幸福光彩的人生。

成长无关乎环境

某日一位领导来电，说很多企业反映今年经营特别困难，问我企业有什么难处，讲出来汇集一下，向有关部门反映。我给领导回复，困难肯定有，但我们会想办法解决。

倒不是我盲目自信，或者不顾客观环境，而是一个人如果总把困难挂在嘴边，把困难的成因归结于外界或者客观环境，寄托于他人协助，那么困难就没有办法克服。

病毒此起彼伏，大国摩擦还在持续，新常态的经济增速换挡，人口红利逐渐消失，等等，客观环境的变化是存在的。如果我们总把自己的问题归结于客观环境，总能为自己的不作为找到借口，那么我们会花不少的时间和精力去研究环境，但是大的趋势是几个个体，甚至几个群体也无法解决的，隐藏在趋势背后的是规律，因为各种各样的调整如果违背了规律，依然没有办法奏效。

现实中，很多的企业负责人把精力用于研究行业、研究机会、研究市场、研究政策、研究竞争对手、研究环境，但独独不研究自己，不研究人性，不发掘需求，不摸索规律，恰恰作为企业经营的主体——自身研究得不够。

近些年，由于内外部多方面因素，市场欣欣向荣的好日子一去不返，我们更应该研究社会需求、自身优劣势，然后深刻剖析自己拥有什么（资源），缺什么（短板），结合自己的战略（想要去哪里），应该放弃什么（违背趋势的），做出取舍后奋力地朝目标前行。

2021年8月，《财富》杂志公布了世界500强排行榜，被外部打压的华为公司，排名上升4位，排到44名。在过往任何的经济危机和逆境中，华为都依然保持强劲增长。其实那些大公司受到环境和大趋势的波及和影响才最大，而众多的小微企业受环境的影响实在不值一提，但我们却把精力都用在所谓的研究环境，或者说就是抱怨环境。抱怨是没有任何价值和意义的。

2020年2月到3月，恐慌过后，我拾起书本，两个月读了40本书，写了15万多字的文章，在此期间我把爱好变成了特长，朋友圈吸粉无数，还误打误撞地印了一个小册子，湖北省写作学会因此吸纳我为会员。那个时段，我一天都没有荒废。

成长，无关乎环境，只关乎你自己；环境如何，与你无关，无论何时何地，做好你自己就行。

信仰的缺失

当我们还是一个孩童时，父母就是我们的天与地，我们是听话的好孩子，因为父母是爱我们的。当我们长大一点，走进了学校，老师的话都是真理，很多孩子听老师的话甚至超过父母，因为老师是帮助我们成长的。当我们进了大学，再没有严格管教与约束时，慢慢地我们不再完全听从于老师、听命于父母，因为我们看似长大了。

在我们毕业前，还没有踏入社会时，我们是有信仰的，我们信仰的是爱我们的父母和老师，但当我们进入职场后，很多年轻人却迷失了自我，最大的原因是因为突然间我们丧失了信仰，或者说信仰了错误的东西，个人认为可能的情况有如下三点。

进入社会后信仰金钱

很多人说现在的社会就是一个金钱社会，没有钱寸步难行。很多人在社会中，只认金钱，或者说将金钱排在第一位，而将道义、责任、感情统统往后排，他们只是为了钱而工作，变成了金钱的奴隶。当赚的钱不多时，不快乐；当赚了很多钱时，看到还有人有更多钱，依然不快乐。很多年轻人为了赚钱、攒钱，省吃俭用，不去经营自己的人脉，不去学习投资自己，看似把握住了现在，却失去了未来。有的人，短短地工作几年后，有了一定的工作经验，看到他处开出的月薪比当下高几百块就蠢蠢欲动或者受到一点委屈后就即刻行动。

金钱本身没有错，通过辛勤付出和智慧赚钱也没有错，但把金钱当信仰，既得不到更多的金钱，也赚不到幸福感。

对社会认知的偏差

在周围许多人的讲述里，社会是不公平的，很多人辛辛苦苦只能拿微薄的收入，而少数人轻轻松松却收入丰厚。当我们脑袋里面装入这些理念的时候，我们就不会去相信组织、相信领导，我们会认为踏实工作无用，进而手脚的动作就会慢下来。我们以为组织不公、社会不公，我们就开始与组织对立，与上级对抗，既然不公就没有必要去拼搏。我们的懈怠和慵懒，看似我们在与老板和组织的暗中角力中取得了胜利，因为我们没有被老板洗脑，没有被公司利用，但我们永远得不到高额的薪水，也很难被提拔和重用。

惯性难以改变

当我们还是小孩子的时候，我们的父母对我们百依百顺，我们要什么父母都会满足我们。当我们是学生时，老师惩戒我们了，同学欺负我们了，有些父母会冲到学校与老师理论，与其他的家长算账。慢慢地，很多的老师不再去批评或者惩罚孩子，我们就在一片祥和的氛围中，为所欲为地长大。大学时，我们突然没了管束，觉醒的自我得到无限的展示，学校为了毕业率、就业率，不知不觉地降低了很多的条件，我们依然认为，我们想要的，父母都会给我们，老师都能满足我们。

当走进了社会，走进了职场，我们突然发现，上级和领导变成了"恶人"，同事也变得不再可爱。我们的薪水根本就买不起高昂的游戏装备，还要付房租和生活费。老板发的薪水，怎么能够攒起买车买房的钱？这个时候，很多的父母仍然在无偿地资助子女，要什么给什么。很多的父母如果这个时候断供，或者无力供应，那么欲望和收入之间的矛盾就会越来越突出，如果想不通问题，又找不到答案，就会滋生不少事端。

冲你微笑的并非都是好人，对你怒吼的也不全是坏人。这个社会并不会因为某个个体而改变，但却会因为你变得优秀而更美好。

抱怨是无能的表现，有信仰才会激发更多的能量。

第六章　家庭：学会如何去爱家人

好的关系是改变自己，影响对方

到了"女神节"，男士朋友们忙着买花，忙着送礼，积极承揽家务。这一切，做得都对，但却不一定够。当一对热恋的情人携手走进婚姻殿堂的时候，我们恭祝的是"百年好合，白头偕老"，希望他们彼此包容，相互忍让，但这是美好的愿望，并不是每一对夫妻都能够达成或者实现。

真正好的夫妻关系，是改变自己的同时，影响对方成长。但是刚刚走入婚姻的年轻人，心里想的，现实中做的，却是努力改变对方，适应自己，结果日子过成了一团乱麻。有的人为了维系婚姻，被动地改变自己适应对方，结果在油盐酱醋茶中迷失了自我，表面上一团和气，实际上一直过着自己不想要的生活。还有的人，沾沾自喜，因为自己掌控了配偶，掌控了家庭，一旦子女长大单飞，被控制的一方抛下了唯一的一点顾忌，要么逃之夭夭，要么叛逆疏离。

婚姻，并不仅仅是舒适，夫妻携手很多年，每一个阶段，所面对的问题都是不同的。让对方舒服，自己难受，或者自己舒服，对方难受，都是不健康的。在人生的长河中，双方都要面对成长的问题，要么共同成长，相互促进，要么一同停滞，追求稳定。但现实中，后一种现象更为普遍。成长，其实伴随的是痛苦，要有面对痛苦的勇气，才能够成长，只有自己成长到一定的高度，拉对方一把，对方才能跟上。有的人，自顾自地一个人走得太远，一骑绝尘而去，自己伸出的手，对方再怎么努力都已经够不到。还有的人，为了自己成长，让对方为自己善后，将繁重的家务都让对方一个人承担。婚姻关系，需要携手共进，更需要心灵的碰撞，当然手都牵不上了，心也很难靠近。还有的人，自己不成长，却不断地鞭挞对方成长，最终自己扬起的鞭子，再也抽不到脱缰的野马。

夫妻关系，就像是一场探险，前路危险重重，需要双方携手，相互配合，共同去探索。好的夫妻关系，是一方努力成长，然后影响对方，适时地拉对方一把，让对方快速地跟上，共同成长，共同进步。

人生的幸福源于良好的亲密关系

近日闲聊时，谈起一位女性朋友，因为受不了"妈宝男"老公还有强势的婆婆而离婚了，她离婚后带着女儿回了老家，既要工作，又要照顾女儿。与她见面次数不多，但依然能够感受到她能力超强，办事利落。

她遇到问题时曾向我求助，可能是我不在她的圈内，她可以将部分隐私倾诉给我，但我也只能电话给予安慰。最终她的婚姻还是以破裂告终。几年后，由于不在一个城市，联系渐疏，也再没有见面。

其他朋友问我，她如今过得如何，我说不大了解，因为她的朋友圈发的都是公司的新闻和活动，个人和家庭内容极少。

其实一个人能够找一个什么样的配偶，过上幸福还是痛苦的生活，跟配偶并无多大关系。我们每一个人实质上是父母的翻版，或者反面，父母一方强势，那么子女要么学习到了强势，要么被控制变得软弱，不是一个极端，就是另一个极端。

这位女性朋友在家里几个子女中，是长女，能干是必然的，找到一个"妈宝男"老公，可能是因为这个老公"温柔"，好控制。由于父亲早逝，她老公一直生活在母亲的控制之下。结婚后，就变成了两个女人控制一个男人，矛盾渐长，最终冲突上升到一定高度的时候，由于老公更倾向于听命于母亲，于是婚姻关系破裂。

其实婚姻不幸福的一个大的根源就是控制和被控制，结果要么是死气沉沉的稳定，要么是冲突到一定程度大动干戈。朋友是一个非常好的人，热情、真诚、愿意帮助人，但却对自己的了解不够深刻。如果不去深入地了解自己，不去改变自己，也许仍会带着过往的习惯再次走入婚姻，那么因为自己的倔强和强势，找到的依然是一个软弱的老公。婚姻始终是按照同一个模式在运行，换的是人，但程序不变。

曾经听过一个故事，一个女人因为家暴而离婚，后又嫁人，依然遭遇家暴，结过第三次婚后依然如此,她担心多次离婚的名声不好,于是痛苦地忍受着。一个人人生的不幸,其实来自内心的不幸福,来自埋在深处的受害者心态,来自长久的负能量的积累。一个人是否幸福,统统都挂在脸上,无须多言即可了解。

一个人没有几个知心朋友,或者人际关系紧张,一定是与配偶的亲密关系,或者是与父母、子女的亲密关系出了问题。如果不敢重新翻出曾经的痛苦,不敢去正视自己内心深处的软弱,不去接受自己的脆弱和不完美,那么外表表现得再干练强大,依然难以幸福。

好的人际关系,来自幸福的亲密关系,来自发自内心的幸福感,来自强大而又温热的内心,来自对自己真实而又客观的了解,来自不强求又不去苛责自己的态度。

一个人的幸福,都挂在脸上,而真正的幸福,发自内心,源于幸福的亲密关系。

如何维持一段高质量的婚姻

据说,有人曾做过一个实验,将两只羊圈养在一个羊圈内,久而久之,两只羊就演变为领导和被领导的关系,一个处于主导地位,一个处于从属地位。人也如此,一对情侣走进婚姻,前两年的矛盾最多,其实也是双方争夺家庭主导权的过程,通过彼此的争执、退让、妥协,最终达成一个平衡,很多家庭最终没能延续下去,多是矛盾不可调和,没能达成一致或者达到平衡的状态。

和谐的婚姻,要有一个条件,就是夫妻双方在家庭中具有平等的地位,但是生物学的规律确定了两个个体在一个组织中,必须有一个主心骨,所以说维持一段婚姻高质量的稳定有很大的难度。

再说外因,现在社会的诱惑实在太多,感情基础不够牢固,而且追求多元化,加之很多人远离家乡,道德的约束和舆论的监督所起的作用甚小,恋爱"劈腿",婚姻触礁的概率大大增加。农耕时期,男耕女织,交通很不发达,人们一辈子就在数十里范围内生活,社会的治理依然靠家族来管理,婚嫁也在有限的范围内,大家低头不见抬头见,由于舆论和道德的监督,出轨的概率极低。农业社会,靠天吃饭,族里只有一个族长,村里只有一个村长,生活单调几无变化,你想出人头地,想干出一番事业,实在太难,那个时候,夫妻双方的地位如磐石般稳定。现代社会,机会很多,只要你愿意努力拼搏,就能抓住机会,升职加薪,都有可能打破夫妻以往的平等地位。

在中国,受儒家思想、男主外女主内传统的影响,以及和谐大一统的文化底蕴浸染，决定了中国的家庭更多是搭伙过日子，男女由于天然的生理因素的不同，在婚姻中的诉求也不相同，因此要保持家庭稳定，必然也有其规律可言。女人多追求安全感，而家庭中的经济因素起到至关重要的作用，把经济大权交给女主人，是让女主人获得安全感最好的方式。"AA制"在西方追求独立的社会行得通，但是在中国却是一剂毒药，中国的家庭一定要讲我们的，而不是你的我的，各自执掌各自的经济大权，就是在破坏我们共有的家庭稳定的基础。

维持一段婚姻的稳定相对容易，维持一辈子的婚姻稳定难上加难。夫妻之间和谐关系之前提，是两者一定要有同等价值的追求，且得到双方的认可，其次要相互包容，相互促进，相互成就，共同成长，否则要么无法携手走下去，要么假装很美满，做给他人看。

放养的孩子

培训结束，返回武汉已是周末，于是买张机票，连夜赶回老家，享受几日当孩子的安逸。在家里，每天做饭前，母亲都会问我想吃什么，在家时会"唠叨"我注意安全，别和他人起争执矛盾，临行前，会嘱咐我凡事尽心，出门小心。放在以前，我都会认为，我都是大人了，讲这些都是多余。现在，我却非常享受这样的唠叨，母亲的每一句叮咛，都弥足珍贵。

离家二十余年，在老家逗留的日子寥寥，回家的次数也屈指可数，能听到的母亲的"唠叨"亦少之又少。如今父亲已经离世三年，再难听到他的叮咛与嘱咐。近年，我一直思考我人生走过的路，反思自己是如何走到今天的，阅读成功人士的传记，我才发现，我是一个被放养大的孩子。

我的母亲基本上不识字，甚至不会写自己的名字，父亲读过一年小学就辍学，但当生产队队长的时候应该自学过，文化水平比母亲高一点。自小，父母从来没有指导过我的学习，也指导不了。父母都是本本分分的农民，勤劳质朴，手头的事情总是忙不完，我也自小养成了勤奋努力的习惯。小时候放学回家，也有干不完的农活，但家务是绝对不会做的。十八岁之后，离家上学，才学会了洗衣；参与工作后，学会了做饭；进入社会后，学会了与人相处；创业后，我真正地学会了为他人着想。回首看来，我的每一步都是靠着自己去思考、判断、争取和修正的。当然外人的指导必不可少，但是最终付诸行动还是要靠自己。放眼现在很多的父母，从小孩出生前开始焦虑，计算着日子，宁可提前半月也要剖宫产让孩子出生在9月1日前。接下来是选幼儿园、小学、中学，填报志愿，帮助子女选择职业。交友，择偶，甚至择业、创业，父母都全程包办。很多父母以为靠自己能够帮助子女独立和成长，帮助子女少走弯路，少犯错误，但却犯下最大的错误。任何生命都是独立的，无关他人，对于子女，你能做得最基本的就是把他带到这个世界，其次是身体力行地影响他，帮助他走在正确的道路上。至于其他，都略显多余，或者都成为负担，或者成为阻碍。

个人最核心的竞争力，在于判断、选择的能力，一个孩子，父母从小就给他规划好了所有的路，那是剥夺了子女选择的权利，使其丧失了选择的能力。一朝子女走向社会，必定会无所适从，最终受累的除了子女，还有做父母的我们。

如今，我已为人父10年，对于女儿提出的要求，我有时候会"残忍"地拒绝，故意不去满足她所有要求。一次女儿要买一盆多肉，我答应只能买一盆，女儿看中了两盆，我最终没有答应，女儿一盆也没买，抹着泪一个人跑回家。对于女儿的很多要求，我给她提出前提条件（跟学习无关），达到即可兑现，达不到则无法满足。我要让小孩从小知道，除了爱之外，这个社会的本质就是交换，不是无限制地给予。尽管她可能还不理解，但我认为终究她有理解的一天。

把自己做好，对子女，什么都不管，就是最好的家庭教育，作为父母，你是否有足够的勇气？

放养的孩子，最终学会了独立，圈养的孩子，长大了却戒不掉依靠，但现实是，父母总先于子女变老。

不奖励的勇气

经常会在街头看到一位走得如疾风一样的妈妈，还有一个跟在后面边跑边哭边喊的孩子。母亲嘟囔着："太不争气了，再这样下去就不要你了！"孩子像犯了重罪一样，内疚负罪，嘴巴里怯懦地喊着："妈妈，妈妈……"

很多父母认为自己劳苦奔波都是为了孩子，供养吃穿、接送陪读、含辛茹苦，但是孩子竟然不如隔壁家的，于是乎愤懑、辛酸一股脑儿地发泄在孩子身上，就有了街头常看到的一幕。

父母向孩子发泄不满也许不对，但是孩子做出成绩，父母给予奖励就对了吗？很多的家庭，孩子考级成功了，奖励一台平衡车；成绩考入多少名，奖励跨省游；作业做完了，可以放纵玩游戏。别人家的孩子如此，我们也如此，但实际上做得对吗？其实未必，如此的奖励，孩子最终把学习、考级和做作业当成了任务，把奖励当成了目的，久而久之，丧失了对事物本身的热爱，对学习的热爱，对锻炼的热爱，对玩乐的热爱。

不管是奖励还是惩罚，在父母看来都是对孩子的激励或者鞭策，均是为了孩子好，但实际上却剥夺了孩子对所追求目标的热爱，也扼杀了事物本身带来的价值和意义，一旦奖励减少或者缺失，惩罚过度或者超负，孩子表现的"努力"和"进取"就会消失。

我们所用的奖励和惩罚，目的是让孩子变得顺从或者被控制，一个人顺从得久了，就不会选择，就会丧失独立性；一个人被控制得久了，就会变得懦弱，抑或会叛逆，直至反抗。奖励，等同于温柔的控制；控制，等于粗暴的胁迫。这也许能解释为什么很多看似乖乖男、乖乖女的孩子上大学后立马像变了一个人，完全放飞自己，很多大学生毕业后立即停止学习，很多职场人上班后视工作如儿戏。因为他们认为，他们曾经的学习都是为了父母，进入职场后工作也是为了老板、为了父母。如今长大了，他们可以为自己选择一回，独自掌控自己的意志，但选择往往错了。

惩罚是错误的，奖励其实也不对，真正好的教育方式是给孩子多讲价值观（不是喋喋不休地讲道理），告诉他（她）学习的价值和意义，激发孩子的内动力，让孩子做出自己的选择，独自承担事情做成后的喜悦和搞砸后的后果。做父母的只要在适当的时候给予适当的引导即可，但现实却是父母要么完全包办，要么完全不管。爱并不是控制，放养不是放任。

不奖励，需要大勇气，更需要大智慧！

给考生父母几点建议

一年一度的高考结束了，分数公布了，各地录取分数线也公布了。几家欢喜几家愁，学生考得好，家长喜笑颜开，学生考得不好，家长愁眉不展，更多的家长开始为择校发愁。有些认为不能考取理想学校的学生开始准备复读。

家长希望孩子能上一所好的学校，选择一个好的专业，目的是孩子将来就业时能进入一家好的单位，薪资奖金高，福利待遇好，还稳定舒适，最好离家近点儿，自己能帮到忙，自己老了孩子能照顾到。这些都是美好的希望，本身没有错。我作为一名小微企业主，面试了不少求职者，谈谈我的几点看法，供含辛茹苦的考生家长参考。

用人单位选择人才更看重什么

1. 应聘者是不是一个成年人

这里的成年人不是指生理上的成年人，而是心智模式上的成年人。说简单点，就是能否对自己负责，自己有没有选择的能力，是否对自己选择后的结果埋单。职业生涯初期遇到障碍的孩子，大多都是父母管得太多，依然处于叛逆期的孩子，或者没有主见的乖乖子、乖乖女。为自己负责，就是遇到问题会自己分析问题，提出方法，解决问题，因此那些一天到晚任何事都要父母拿主意的孩子，在职场上都不顺利。

纵观这七八年，在职场上顺风顺水，做出成果，稳步晋升的职场精英都是自小被父母"放养"的孩子。动不动就闹辞职的，遇到了困难和挫折，首先想到的是和父母商讨，父母因为孩子受了委屈，得到了"不公正"待遇，往往会说：辞职回来吧，爸妈又不是没钱养不起你；此处不留娃，自有留娃处，咱换一家更好的。

现在公司招聘，有父母陪同的不录取，有熟人打招呼的不录取，面试完后要跟父母商量的不录取，因为用人单位需要的是解决问题的人，而不是担不起责的人。

2. 用人单位更看重能力而不是学历

在职场中，学历的光环基本会在两年内消失，学历在求职中是用人单位重要的考虑因素，但是能力因素却比学历更为重要。高考分数线将考生分为几个等级，学生进入不同档次的学校，在学校内相互影响，毕业生能力会有所不同，但这些由高考分数已经决定了。学历是不好改变的，但能力相对比较容易改变，因此希望家长不要太看重学历，而更要看重能力的培养。

现实职场中，有太多会考试但不会干事，学历高而能力差的高分低能者。

作为用人单位，选人一看学历，二看能力，三看潜力（学习力），会更看重后两者，特别是潜力（学习力）。

3. 用人单位更看重职业精神而不是所学专业

大学毕业后，许多人选择了与所学专业并不相关的工作，依然做出了很大的成绩，甚至做出了很大的成就。因此专业有时候并没有那么重要，用人单位更看重的是职业精神。有了职业精神，干什么都能把工作完成，干出成绩。职业精神，就是干什么事都有干什么事的样子。

刚毕业的学生，在单位都是从小事做起的，小事做不好，大事肯定做不了。有人刚毕业就想干惊天动地的大事情，却不愿意干日常的小事情，干小事的时候心不甘情不愿，厌恶抗拒这样的事情，但实际情况是，进了任何公司大门，公司内的事情都是大事。客户来了，给客户倒杯茶，客户离开，送客户出门，就是大事。很多领导选人用人，都是从小处看大，于细微处观宏观。职场上永远没有怀才不遇，所谓的怀才不遇只是那些眼高手低的人为自己无能推责的一个借口而已。怀才不遇者，最根本的原因是缺乏职业精神。

职场中有很多应届毕业生，干着本专业的工作，但经常迟到早退，随意请假，偷奸耍滑，推诿扯皮，最终被公司淘汰。专业选得再好，没有职业精神，在职场是无法立足的。

给考生父母填报志愿的几点建议

1. 高校目标地的选择

很多父母为了把孩子留在身边，让其选择所在城市的高校，认为自己有能力照顾子女，相见时更为容易。但现实是，如此的选择却并不能帮助孩子找到更好的工作。一个人的独立，是从反叛父母开始的，或者说是从心理上脱离父母开始的，也就是拥有独立的生存能力、独立的思考能力、独立的精神。孩子离父母越近，越难锻炼以上的能力和精神。万科录用应届生，喜欢用家在南方、求学在北方的和家在北方、求学在南方的学生，看重的除了这些孩子适应性强，不那么偏执外，就是有独立的精神和能力。

放手让孩子飞得更远，才能让子女有更大的能力。

2. 繁华都市还是边远城市

一位家长说，他孩子选择的目标高校都在繁华大都市，非北上广深都不考虑。其实我想说的是，世界那么大，什么时候我们都可以去看看，不非得在这一时。我们都向往大都市，但大都市的生活成本更高，如果考生家庭经济宽裕，当然没有问题，如果是工薪阶层，能减轻下家庭负担，选一个生活成本低的城市也许更接地气。人都有向往的城市，同样档次的考分，也许在繁华都市只能上一个很一般的学校，但在偏远省份可以上一个不错的院校，特别是对考分在录取线上下徘徊的考生来说。

现在生活富足了，年轻人缺的实际上就是吃苦能力，因此养尊处优的孩子们，要学会自讨苦吃，家长们也要能清醒地看到这一点。

专业选择

在分数确定后，就要考虑选择一个好的专业。其实父母选专业的原则就是好就业、赚钱多，但我的观点是，让孩子选择他喜欢的专业，适合自己的专业，而不是仅仅考虑世俗的因素。

专业是一个方向，专业干得好让你能赚到钱，但是却不能保证你很幸福。我们还要进行通识教育，因为见闻广博才能快乐幸福。考上大学的年轻人，我建议要进行广泛的阅读，保持求知欲和好奇心。

我是个工科生，后来评了高级工程师，到现在已经放弃专业工作四五年了，目前尝试写作，以至于现在很多人认为我是文科生，所以说专业并没有这么重要。具有理工科底子的人注重提高人文修养，具有文科功底的人提升自己的逻辑思维能力，可以帮助他在众人中脱颖而出。

是否要去复读

有的考生没有考好，发挥失常了，会考虑要不要复读。没考到高分，首先是能力不足，其次是意志力不足。曾经有个孩子，每次模拟考试成绩都不错，但是高考时成绩却一塌糊涂，而且复读好几年都是如此，这其实是意志力的问题。意志力差的孩子，父母要检讨自己，是否给孩子的生活太舒适了，忽视了此方面的培养；能力不足的人效率较差，有很多人花了很多时间成绩依然很难提高，其实是方法有问题，方法不多就是能力不足，天赋实际上占比并不多。这样的孩子，如果从小就没有学会用脑，只会用蛮力花时间，还是不要复读了，找个合适的职校上了就业为好。

你所谓的爱，其实都是善意的绑架

几年前，面试一个年轻人，在国企的工地上做技术员，刚工作一年多。年轻人长得很高大，但并不阳刚。我问他，为什么选择回老家工作？他说父母年纪大了，需要照顾。我问父母多大，他回答父母还不到五十岁，都还在上班。我问了句，到底是你离不开父母，还是父母离不开你？年轻人顿了顿，很不自信地回答道，是父母离不开自己。

曾经在一个培训课堂上，老师讲，公司招聘员工要招聘成年人，而且不能仅是生理年龄意义上的成年人。在公司这么多年，我发现面试有父母陪同，面试完还要说和父母商量的求职者，最终都没能在一个岗位上坚持两年。由于和父母商量过，是父母拿的主意，干得不爽的时候，都可以将责任归结于父母，而自己毫无责任。

很多父母，出于爱，不让孩子受到一点委屈，吃一点苦，帮孩子择校、择业、择偶，全盘包揽了孩子的选择，培养出一个个"听话"的乖乖子、乖乖女，孩子成年后，遇到任何问题都要找父母拿主意，但社会在进步，环境在变化，没有任何一个父母能保证自己拿的主意永远正确，自己能扛过自然规律永远不离开子女。

我们都渴望子女成龙成凤，培养听话照做的孩子，实际上是训练孩子的执行力，但仅仅会执行只能做基层的工作。在企业内，中层干部靠责任，高层干部靠决策，只会听话的孩子这两者基本上都很难具有。还有很多父母只求孩子平安健康，不要求干多大事业，在父母的庇护下孩子能够安全，但庇护伞没了呢？

一个人首先要学会独立，独立地生存生活，独立地思考决策，独立地承担责任，才叫作成年人。一个孩子衣食无忧地长大，不去劳作创造，如何学会独立地生存？不会思考决策，什么事情都问爹妈，怎么能思考自己走什么样的路？遇到困难就抱怨，遇到责任就逃避，如何能出人头地？

因为吃过太多的亏，栽过很多跟头，如今面试时，凡是有家人朋友陪同的，凡是回家要和父母配偶商量的，我们都要认真考虑下，大多不会录取。一个问题孩子的背后，都有一个或者一对问题父母。

作为年轻人，对父母要怀有感恩之心，更要学会逃脱父母的控制，勇敢地做一个独立自主的有担当的人。作为父母，不要将自己的意志强加给孩子，要给孩子选择的权利和空间，不要控制和规划孩子的未来，因为你也无法为孩子负责。

父母与孩子最好的关系是：在一起，其乐融融；分开时，各自安好！

为什么要让孩子吃苦

去年妻子过生日时，我去花店买花，带上9岁的女儿，想让女儿帮忙将花抱回来送给妻子。到了花店，花选好了，店员在包花，女儿就欣赏着花店的小盆多肉，指着其中一盆，我点头同意。接下来她又看中了另一盆，我说只能选其一，女儿不悦，两盆都要，我说不可以，只能选一盆。两盆加起来35元，一盆10元，一盆25元。女儿坚持要两盆，我不答应，她开始生气，我依然没有答应，店员来打圆场，我仍坚持只能买一盆。结果女儿掉了眼泪，竟自顾自地一个人跑回家，我没有追，一直等着花包扎好，带着10元一盆的多肉回家。

女儿是独女，虽然我家也不是多富有，但多买几盆多肉也是无妨。我没答应她的要求，是想让她学会选择，学会控制自己的欲望，人为地给她制造一点逆境，进而让她学会感恩。

一个人没有感恩之心，皆因他想要的东西来得太过容易。从小得到任何东西都不费吹灰之力，都认为是理所应当，长大后在社会上就会变得索取无度，不但变成一个无用之人，而且对国家和社会也毫无价值。

现在职场上有太多的年轻人，工作马马虎虎，做事草率应付，待到发工资奖金时就和他人攀比，别人有的自己要有，别人有多少他也想要多少，根本不去看自己和他人的差距，不去想自己付出过多少。

大多贫寒子弟，因为家境清贫，都懂得辛苦付出；大多富裕子弟，因为家境优越，都变得养尊处优。

社会的进步使得社会的物质极大丰富，国民的收入水平越来越高，但精神文明与物质文明的不平衡，导致很多人丧失了感恩之心。

培养感恩之心，对一个孩子的未来有至关重要的作用。

一、提升个人的价值感。一个人的价值在于他对外界、对社会提供了多少有价值的产品或者服务。懂得了感恩，就懂得了付出；懂得了交换，就懂得了主动。

二、提升孩子的幸福感。一个人的幸福感来自通过辛苦付出后获得的满足感，一个没有感恩之心的人会认为他得到的都理所应当。

三、让一个人有所敬畏。当一个人没有敬畏之心时，当他的欲望不能满足时，他就会心怀怨恨，口出恶言，仇视社会。没有了敬畏之心，也就没有孝顺、尊重和同理心。

子女一切的行为要么来自对父母的模仿，要么来自父母的放任。父母要做好自己，给子女做好榜样，引导子女什么叫节制，甚至可以人为给子女制造逆境，让其知道这个社会仍有太多的不如意。

做父母最大的悲哀，是你掏心掏肺地满足了孩子一切要求，竭尽全力地代替子女一切责任和义务，而当你老了，或是你离去了，却留子女在世上去补吃苦受累的课；或者当你垂垂老矣，又埋怨子女的不孝与不敬。

世间一切恩怨，皆有缘由，皆属因果。

如果你爱你的孩子，就去培养他拥有一颗感恩之心，让他去吃苦。

请站在孩子的角度看问题

女儿9岁，时不时地玩手机游戏，刷抖音，看西瓜视频。玩得太久，我或者爱人就制止，如果无效就强制夺机。以往在我的认知中，是小孩玩手机就是浪费时间，往往粗暴地制止。但此次疫情期间，我自己注册了抖音号，偶尔刷刷，对于抖音有了新的认识。跟女儿交流，女儿时不时地爆出，某个国家的感染情况，世界上已有多少人感染等，我问女儿哪里看到的信息，她说手机上看的。更让我吃惊的是，家里的电视遥控器找不到了，女儿竟然在手机上摸索出一个App，当作遥控器用，我不由得刮目相看。

自 砺 为 王
ZI LI WEI WANG

  现在玩手机，刷抖音，刷朋友圈，不管对大人和小孩来说都养成了一种习惯。做大人的，自己都管不好自己，但是管小孩的时候却理直气壮。浪费时间，伤害眼睛，要努力学习等太多的理由去劝阻，甚至粗暴地制止。我们的出发点是好的，但是真正都是为了孩子吗？真正能起到好的作用吗？通过我管教孩子的经历，我看未必。

  孩子玩手机，我们生气，是因为孩子没有根据我们的意愿行事；孩子不做作业，我们发火，是因为我们的不良情绪被点燃，需要发泄；孩子不听父母话，我们不满，是因为我们认为这样的做法不是一个好孩子该做的。

  教育孩子，我们往往是站在自己的立场去说服，或者看似站在孩子的角度，拐个弯还是为了满足自己的需求。我们没有做到真正去了解孩子，站在孩子的立场去考虑问题，结果父母越发火，效果越不好。

  如何教育好孩子，有如下三点：

  一、做一个热爱学习、热爱生活的父母，给子女做好榜样，要求孩子不玩手机，自己先少玩手机，要孩子早起，自己先做到不赖床。

  二、真正关心孩子的感受和需求，通过相处培养感情，有时候深入了解下孩子们真正在做什么，了解到有什么益处和坏处，比只看到表面就粗暴处理要好很多。

  三、多去讲故事，少讲道理，多讲价值观去引导，少发脾气去制止。多去帮助孩子发现问题，并鼓励改正，别粗暴地批评，造成逆反。

  在家里，讲的是感情，要的是幸福，而不是对错。教育孩子，不是批评、监督孩子，使其长大成为我们期望的样子，而是要做到理解、鼓励、引导，让他们成长成他们想要的样子。

  教育孩子，要有顾客思维！

谈走入婚姻的条件

  来谈一个轻松话题。已婚的人可以想想当初为什么跟自己的另一半走入婚姻，恋爱中的人可以想想如何打动对方，还没有恋爱对象的，也可以想想靠什么吸引异性，还没有到恋爱年龄的"围观"就行，如果看完此文，学到了技巧，来日再用也无妨。

  把问题细化一点儿，你决定跟对方走入婚姻的条件是什么？为什么下定决心跟对方一起，决定共度一生？很多人肯定会说是房子、车子、存款、容貌、身材和家世等等。不可否认，很多年轻人以及他们的父母，都会这样认为。但是现实中家世显赫、才貌俱佳的很多年轻人在适婚的年龄却往往没能走入婚姻，甚至没有谈过一次恋爱，而无数的穷小子、凤凰女，几乎一无所有时，却走入了婚姻，过上了幸福美满的生活。

其实走入婚姻，或者说下定决心将自己托付给对方是有条件的，前面提到的家庭、容貌等并不是充分条件，要算可能算必要条件，甚至可能连必要条件都算不上。曾经有一个小伙子，工作踏实，为人老实，同事、大妈、大姐都为他张罗对象，结果跟女孩见面后，都没下文，久而久之，也没有人再给他介绍对象了。小伙子经过多年打拼，如今在城市买了房子，长相身高、工作等条件都不错，但听说如今依然单身。大家肯定想知道为什么，据说这个小伙子跟女孩约会的时候，都先要提出一个要求——女孩跟不跟他确定恋爱关系，如果确定，那顿饭他请，如果不能确定，AA制。我们可能会嘲笑这个男孩，但是我们很多人何尝不是这样？只是我们表现得没有他那么直接、露骨罢了，或者我们的技巧比他高明一些，程度也没他那么激烈。

我们可以认为这是急功近利，或者是节俭到了抠门，实质上还是太过自我。太过自我，实质就是自私，生怕自己被别人占了一丝一毫的便宜。小伙子最初约会的时候估计还是个穷小子，但很多腰缠万贯的人就没有这个烦恼吗？也不尽然，一位富翁的女儿至今未婚，甚至也没有谈过恋爱，她认为任何的异性接近她的时候，都是觊觎她家族的财富，于是乎四十不惑的年纪依然孑然一身。很多人一辈子理解不了什么叫富有，认为只有物质财富才叫富有，可当你眼里看的、心里想的只有金钱，而看不到道义、真情和慈悲时，那么真的只能用"穷得只剩下金钱"来形容了。财富实质上只有被用出去时才叫财富，而去占有只能叫作代管。

再回过头来说，什么是打动一个人下决心和另一个人结婚的条件？答案是，当你愿意把你拥有的绝大部分，甚至是全部给予对方的时候，这个时候对方也会下决心跟你在一起。你所拥有的，不仅仅是物质财富，还有你的真心、热忱和激情，当然还有你的未来。一个年轻人，苦于找不到对象，认为是没有房子，于是攒钱借钱买房子，房子买了，仍然谈不到对象；有人认为是没车子，于是买辆车子，车子买了，但还是不奏效。一次机缘，我建议他换个工作，或者跟着别人创业试试，但年轻人舍不得一个月4000余元的安稳工作，认为离开有风险，于是至今三十几岁，还是单身。人跟其他动物的区别，是因为人有想象力，有把想象力变成现实的行动，但我们很多人放弃了上天给予我们的珍贵馈赠。

记得一名培训大师讲，他年轻的时候几乎一无所有，最值钱的东西是一套西装，跟女朋友约会时，在公园，石凳擦干净后，将西装垫在石凳上给女朋友坐，怕对方受凉，那一刻，对方就下定决心非他不嫁。想想我当初，"非典"那年的五一前夕，当女友一家提出有结婚打算的时候，我用身上仅有的钱，买了一张车票，还有一枚戒指，就从出差地奔回武汉，步入了婚姻，至今已经有二十余年。

婚姻实际上是有条件的，但绝不是物质条件，而是你愿不愿意将你拥有的一切无条件地呈现、给予对方，把两者拥有的合二为一，不再分你的我的。当你拥有100块时，说给朋友分一半，你会非常慷慨，可当你拥有一个亿的时候，你还能否轻易地给别人分一半？当然很多富家子女也都走入了婚姻，因为他们除了拥有金钱，还拥有很多我们常人看不到但更为宝贵的东西，例如远见等。而有些富豪，占有的只有金钱，看到的也只是金钱，进而也会认为别人接近她（他）也是为了金钱。一个稍有姿色的女子，你多看她一眼，她会说一句或者在心里骂一句色狼，因为她拥有的可能就只是这一个外壳而已。很多位高权重的人，之所以做不到平易近人，是因为他认为别人想结识他就是要求他办事。

很多年轻人，适婚的时候没有找到心仪的对象，等到拥有了房子、车子，还有一定的职位，就无形中给婚姻增加更多的条件，做取舍，永远不是一件容易的事情。于是，借着宁缺毋滥的原则，继续"单吊"着。心有一腔热火欲走入婚姻，现实中却被动地接受了冷酷的单身贵族的标签。

对世界上任何东西来说，占有都不是拥有，只是代管，财富如此，年轻的容貌、苗条的身材亦如此。只有当你给予了，付出了，才叫拥有，才能称得上真正的富有。

你知道你当初为什么下决心步入婚姻了吗？你知道如何告别单身了吗？你知道为什么还没能打动对方的芳心了吗？

女性需要什么

经常会遇到年轻的男性创业者咨询如何去平衡工作和家庭，也有正在恋爱期的男生纠结于加班与陪伴女友之间的问题。有人会给出建议，说女人需要陪伴，于是部分创业者为了顾全家庭，放弃了创业；恋爱期的男生牺牲了工作，用于陪伴女友；处于事业上升期的职场新人，为了顾全婚姻，放弃升迁的机会或者派驻外地的机遇。

问题来了，在家庭中，女性是不是仅仅需要陪伴，有了陪伴是不是就万事大吉？必须肯定的是，女性一定是需要陪伴的，男性也是。人是社会动物，是群居动物，一个人的力量不足以去应对自然界发生的各种凶险与意外。在进入现代社会，特别是城市化进程加快以后，群居的人类变成以小家为单位，加之部分人的社交需求被弱化，陪伴显得更为重要。

人对于陪伴的需求，来自我们祖先生存的环境和习惯。远古时代，男人狩猎，女人采摘、看家护院。男人外出打猎，动辄数天不回，女人要照顾子女，还要防止外族侵袭，抵御野兽袭击，对于男性的保护的需求格外强烈。遗传至今，尽管我们已经进入文明社会，但是基因里隐藏的很多需求是没有变的，因此，陪伴非常重要。对于远古男性来说，在外野餐露宿，担惊受怕，回到家里（山洞里），接受家族的抚慰也非常重要。

那么有了陪伴就能解决一切问题吗？我看未必。因为陪伴只是表面现象，其实女性缺的还是安全感，这其实也来自远古时代人们无法改变的基因。恶劣的生存条件，导致人类天生焦虑和恐惧，山洞塌了怎么办，野兽来了怎么办，外族入侵怎么办，暴雨来了藏在哪里，粮食不够吃怎么办。以前的人类总是被各种的不安全感包围，于是人类不断地寻求稳定和安全感，进而被种进基因里，遗传至今。

如今已经进入文明社会，即使一个人丧失劳动能力，通过社会保障体系，吃饱穿暖，有住所已经不是任何问题，但是我们的大脑已然驱使着我们，制造着各种各样的焦虑和恐惧。焦虑和恐惧的背后隐藏的，是我们极力逃避的不安全感，而这种基于生存威胁的不安全感，在现代社会基本上已经消失，但是人们又发明了购置房产、现金存款等手段来延续着我们的焦虑。

回到文章开头，女性需求的是陪伴，这是寻求一种安全感，而安全感的满足，不仅仅只有陪伴一种。让她有更多的朋友进行思想交流，有适量的工作去从事，有自己的喜好去追求，将家庭的掌控权交给她，甚至将各种卡及其密码统统上交，女人也能得到其所需要的安全感，但我们只看到了或者听到了"陪伴"二字。

在远古时代，女人期望外出狩猎的男性能早点回家，但是她们更希望的是男性能够肩上扛着猎物回家（山洞），而不是两手空空地回来。毕竟肩上的猎物，才能满足一家（或一族）生存的需要。

现代女性，依然本能地缺乏安全感，一个自信阳光、事业有成的男人，比一个环绕左右、唯唯诺诺的男人给予女性的安全感更强。当然局部和短时间内会产生一定的矛盾，就看相对于女性，力量更强、更趋理性的男性如何去面对和解决了。

自砺为王

实力与远方

第三篇

想改变世界，从改变自己开始，从改变自己的内心开始。

第七章　年轻人要懂的道理

这个世界没有人欠你的（一）

　　回忆自己的经历，难免会触及不堪回首的事。讲别人的故事，相对轻松很多。但是讲故事依然有可能会得罪人，于是乎，只好匿名顶替，张冠李戴，男扮女装，结果事是真事，人是假人。此时才体会到当一个文人并不容易，在这个世界上说真话很难，坚持真理就更难了。

　　曾经认识一个朋友，一个时段内交往比较频繁，当时我还是单身，吃吃喝喝在所难免，后来由于工作变动，交往就少了很多。我数次请她吃饭，也在单身宿舍做饭招待过她，但她好像从来没有回请过，似乎因为自己是美女，天然拥有如此特权。记得一次她终于组了一个局，但也不是她请客，而是她的一个朋友请客，想跟我达成一些合作。那顿饭吃得索然无味，六个人点了四个菜，喝了一点啤酒，菜上后很快一扫而光，接连加了几个菜，也都很快光盘。包括我在内的几个朋友都说有事，早早结束了这场聚餐，当然事后也没有什么实质性的合作，后来听说请客的朋友赚了一些钱，将公司转让出去周游世界了。

　　很多年后，我们的交往流于过节时的问候。一次外地出差，她发来搬家的喜讯，邀请我参加宴席，我回复她说自己在出差。之后不久，她又发来邀请函，说二胎满月，那次我在武汉，找了理由没有前往。接下来的日子，尽管同在一个城市，同在一个行业，认识十余年，但基本没有交往。

另一个朋友的丈夫工作单位离家很远，上班要换乘两趟车，花费两个多小时，还是普通职位。于是我想起某位朋友曾对我讲过："有事你说话，包在我身上！"我就抱着试试看的心态去拜访了一下，给朋友丈夫一次面试的机会。结果那人大倒苦水，什么公司经营困难，人员冗余，等等，于是我适时告退。

这个社会上，总有一部分人，以为跟他人认识了就成了朋友，跟对方吃过饭就有了交情，接下来就可以理直气壮地请求别人帮忙，而自己却不愿意有任何的付出，得到时并不感恩，被拒绝时抱怨世态炎凉、人心不古。他们求别人帮忙时，一个电话或者一个微信要别人忙活半天，而别人有求于他时，就推三阻四，不说物质方面的付出，甚至连几句真诚的赞美都不舍得给予。被拒绝的次数多了，就认为这个世界太现实，他人都很势利，于是抱怨由内心升起，仇恨萌芽而生，看周围的谁都不顺眼，甚至也很难处理好和家人的关系。

这个世界上，一部分人总想着自己的利益得失，而对他人不管不顾。他们只想着自己的需求，而不顾现实中的规则，不去理解人情世故，不去进行任何的感情投资。

商业的本质是交换，人生的本质亦是交换。只想得到，不想付出，索取无度的人最终会变成孤家寡人。

这个社会没有任何人欠你什么，包括你的父母和子女。要想得到，先要付出，更要懂得感恩。

这个世界没有人欠你的（二）

多年前，帮助一个年轻人促成了一个单子，让对方赚了一笔小钱，对于刚毕业的年轻人来说，顶上两三个月的工资。单子是一个朋友介绍的，朋友也帮了忙。费用收到后，年轻人说："我请你吃顿饭吧！"我说不用，对方说："那就算了！"

朋友是为这个事情出了力的，旁敲侧击点拨，因此我暗示年轻人，应该酬谢一下朋友。不知道是听不懂我说什么，还是舍不得，他无动于衷。没有办法，我只好挑明了说，对方不情不愿地甩了部分费用，好像受到了天大的损失，之后对我不理不睬。

有部分人，别人帮助他们，他们感觉理所应当，最多用一顿饭、一条烟作为回馈，再多一点，就感觉自己受到了天大的损失，总想拿块石头换个钻戒回来。

我从农村走到城市，从一名穷学生到一名打工者，再到一名创业者，完成的不仅是身份的蜕变，更多的是思想观念的转变，其中的痛苦想必经历过的人能体会到。

在这个社会上,身份的转变不难,但是伴随着身份改变的观念改变却太难,并且太过痛苦。

曾经有人建议我,你们做老板的给年轻人多发点儿钱,毕竟现在城市的消费太高。我口头应着,但心里在说,这个社会上凡是有高远志向的企业主都在努力提升职员的收入,但是商业的本质是交换,抱有索取无度、不愿付出、想赢怕输心态的人并不可能有太高的收入。一个企业内部能够做到的是公正,而不是绝对的公平。

在人世间,只要你足够强大,就没有人能够伤害到你。如果你过于脆弱,你就会感觉到这个社会上任何人都要伤害你,甚至将别人的善意当成恶意。这个世界谁都不欠你的,你想拥有的都要用你的勤劳和智慧去换取,而不是你想要就能拥有。你想要再多都不为过,但首先你要配得到。

想改变世界,从改变自己开始,从改变自己的内心开始。

人和人之间的差距是如何被拉开的

近日,慕名去拜访一位经引荐认识的朋友,我们素未谋面,只是在微信里偶尔交流,交流的内容也只限于工作学习,对对方的家世经历等知之甚少。从对方的言谈举止、待人接物等方面的表现,以及他担任的职务,我以为对方和我年纪相差不多,但现实是,他是一个90后。通过一个下午的交流沟通,了解渐深,我终于可以清晰地归纳出,人和人的差距是如何被拉开的。

明确的目标

朋友的父亲是他们县城的生意人,从小就教导他做事要有明确的目标。朋友说,当初高考,他就定好了目标:如果上了某大学,毕业后就从政;如果考不上,就退而求其次,毕业后去经商。事实上,他做任何工作和事情,都是目标感极强的。反观自己,当初考什么大学,选什么专业,找什么样的工作,基本上都是押宝。有明确的目标,对于一个人的人生具有极大的意义。

清晰客观的认知

在交流中我得知,朋友是一个标准的90后,现担任一家年销售额过亿元、资产过亿元的企业的总经理助理,分管公司两方面的重要事务。我在想,他的认知从哪里来?朋友讲,他的爷爷曾是四野的一名战士,解甲归田后一直在乡下,而父亲是当地小有名气的商人,从小父亲就教会他"利他"的思维,当然还有其他经商的技巧。反观现在很多的年轻人,脑袋里总是装着"我喜欢""我感觉""我以为"

"我想要"等等，本质上都是自我，甚至是自私。

早早地起跑

很多人的职业生涯是从大学毕业开始的，也有很多人要经历数年的迷茫期、试错期。但朋友从大一开始，就帮助国内某知名企业在校园里做产品销售，大二时开始为一家互联网企业做校园推广，大四时正式入职一家现在在国内已经相当知名的互联网企业。毕业后，他单枪匹马，负责某省的地推销售，从一个城市、一个地区开始，做到了省区销售总监，建立起500余人的销售队伍。25岁的年纪，已经是企业分部的负责人，而很多同龄人还在忙着跳槽，寻找着所谓的机会。

与高人为伍

当前社会上，部分人有一定的仇富心态。仇富，只会让社会风气不正，最后受到最大伤害的还是仇富者本人。因为你看到了别人的成功和财富，却看不到别人的艰辛和付出，你认为别人的成功轻而易举。自己不肯轻易付出，不断地寻找机会，最终只能使得自己心不静、想不明，啥事也干不成。短暂的交流里，朋友每次提起当地籍贯的企业家名字，我都听得出来，他与他们都不是泛泛之交。

与高人为伍，并不是认识某些高人，加上微信而已，而是能近距离与他们交往。

要进步，要成长，最快的办法就是融入高端的圈子，向高人学习。进入高端的圈子，需要做的是努力，坚持，加上利他，当你还没办法成为一个行家的时候，先要成为某方面的专家。成长，最先要做的就是不断更新自己的朋友圈，结交更高层级的朋友。这不是件容易的事情，你是否能够接受自己的无能，是否能放弃自己的优越感？

时间

世上没有随随便便的成功，也没有什么天才，更没有所谓的捷径。任何有价值的事情都是艰辛付出的结果，很多人之所以成功，是因为他们都在背后默默努力。一万小时定律，就是对于有难度的事情，进行高标准严要求的刻意练习。埃隆·马斯克一周工作100小时，张萌女士凌晨4点起床，一年做上百场演讲。劳动法规定的一周工作时间是40小时，具体每个人真正有效的工作时间因人而异。我拜访的朋友，他坚持每天发一段60秒的视频，自己写作、编辑、录音，已经坚持了很长时间。没有持续不断的坚持和投入，就不可能有产出。喜好和爱好是不同的，喜好是单纯的喜欢，想做就做一下，而爱好要投入热情，坚持去重复不断地行动。很多人混淆了喜好和爱好，以前我面试人员，我问有什么爱好，答看书。问一年看多少本，他答七八本吧。

世间很多人其实都是"差不多"先生，对于很多事物的认识并不正确、深刻，或者相互混淆，概念不清是主要原因。

专注

很多人在某件事情上花了很多的时间，但效果并不明显，原因是不够专注。看似很努力，实则无所作为。世间很多人愿意吃体力上的苦，而不愿意吃思想上的苦。所谓的苦劳，都是因为不够专注造成的，没有紧盯目标，没有想到更多可能，没寻求更多方法，没有沉在事中，没做到跳出事外观察审视。苦劳是无能者自我安慰的借口，推卸责任的挡箭牌。

要做到专注，首先心要静。世间太多的人心不静是因为欲望太盛，名权利义情，统统都要，做不出取舍，不愿意付出，而自身能力又不足。大和尚修行，该念经念经，该吃饭吃饭，该睡觉睡觉；小和尚修行，念经时想着吃饭，吃饭时想着睡觉，睡觉时想着念经。其次，管理干扰源，也就是更换适合的场景，或者将自己置入适合的环境。读书时躺在床上，没翻两页睡着了；找朋友谈事，约在酒桌上，没两杯，倒下了；在家里工作，因为爱老婆，干了一天家务。当一个人没有坚强的意志，就不要去挑战常规，千万不要过高估计自己的自制力，人毕竟也是环境的产物。

坚持

其实很多事情真正的捷径，就是不走捷径。很多人选择走捷径，最终却走了太多的弯路。厘清概念，洞悉本质，掌握规律，看清趋势，就是捷径。这些都要自己坚持不懈地行动，实践、摸索、总结得出才有效。很多人热衷于向别人求教，以为自己谦虚、好学、尽力，以为自己已经很努力了，其实不然，凡事都从别人处找答案，本身就是在走捷径，没有人能给你绝对正确的答案。

有的朋友会找我请教问题，越是虔诚，我越不敢给出明确的观点，因为他不会根据自身的现状做出分析判断。有的朋友听了我的建议，即刻行动，但他不去思考事件背后的逻辑，我也不敢再轻易地给建议。有的朋友听我解答过两次后，口头应承得很好，但依然我行我素，两次过后，我就不再给出建议。人生的路，只能自己走，自己选，旁人无法替你抉择。将自己的命运交由他人，抑或是父母，都是不明智的。没有坚持地学习、实践、试错、总结和修正，不配有闪耀的人生。

真理往往披着谎言的外衣，机会也会戴着无法辨认的面具，没有坚持，将无法领悟生命的真谛。

人和人之间，最终比拼的是效率，祝朋友们战略清晰，战术得当，拥有自己的高效、高光的人生。

你具备被人帮的条件吗？

一次出差，与朋友会面时发了一个朋友圈，去年认识的一名创业者看到后，邀请我去省城。我安排完工作后，花了半天时间去他公司，对于他创业中遇到的困惑给了解答，并提出了一点建议。

无独有偶，曾经有一名创业者，听过我的一堂课。一日，他在微信中给我讲，创业遇到困难，看不到希望。我说坚持。他说坚持不下去。我说如果经验不够，那就找个行业内的企业打工。他说他就是因为曾经打工，老板拖欠工资才离职创业的。我说要创业，先要学会做一名优秀的打工者，才有可能做一名优秀的老板。这个创业者恼羞成怒，说我不是在鼓励他成功，而是在鼓励他放弃，态度开始不耐烦，言语也开始不敬。于是我拉黑了他的微信。

干任何事情，首先要靠自己努力，但当今社会讲求合作，很多事情需要他人帮助。有的人左右逢源，顺风顺水，而有的人却孤立无助，众叛亲离。现实中，我们很多人抱怨别人势利，抱怨社会现实，抱怨朋友嫌贫爱富，但实际上真是如此吗？其实不然。这个社会上，一个人的精力是有限的，社会的资源也是有限的，它不会平均分配到每一个人，也不会因为你有要求而将天平倾斜于你。有的人能够获得帮助，而有的人不能，实质上是有的人具备被帮的条件，而有的人却不具备。

如果一个人将自己的失败归结于他人的冷漠和社会的现实，那他实际上不具备被人帮助的能力。当一个人将问题归结于他人和外界时，他不是在寻找问题、解决困难，而是在寻找借口掩盖自己的无能。那么，什么是具备被人帮的条件呢？

答案非常简单，就是你看起来在未来能够成功，具有成为成功者的潜力。我对两名创业者采用了截然不同的态度，实质上就是这样的原因。后一名创业者，打工时领不到工资，看似遇人不淑，实则辨人不明。一个公司是否有前途，老板是否值得追随，自己一定要有一个判断。发不出工资，是因为企业没有前途，还是企业暂时遇到困难，均说不出个所以然。一个连企业大方向都不明确的人是无法到达成功的终点的。装睡的人永远叫不醒，没有智慧的创业者不配成功。我精力有限，不可能花太多的时间去辅导一个不配成功的人，即使帮助了，我甚至连尊重和成就感都得不到，那么就没有必要讲什么客套了。

而前者，我愿意花半天的时间，去会面，去给出自己的一些建议，关键在于他已经取得了一定的成功，也具备了成功者的一些素质，身上有成为一名成功者的潜力。

具体的不在此详细分析，我简单地说几条，其余的，朋友们可以自己去思索：

一、拥有独立的思想，最怕人云亦云。记得一年前与这位年轻朋友见面，他与我的朋友谈话时，我感觉他讲话与同龄人截然不同，明显高出一个层级。这个叫引起注意。很多人在公开场合往往一言不发，不善于引起他人关注，自认为自己低调，其实这种做法是错误的。被发现的前提是勇敢而真实地表达自己。

二、对未来永远抱有希望，积极乐观开朗。这位年轻朋友上学时就注册了公司，在完成学业的时候，公司营收已经达到一定的规模。创业一定是困难重重的，以苦为乐才有可能创业成功。当一个人对自己不抱有希望的时候，怎么能让别人对自己信心十足？抱怨是一剂毒药，既不能让别人帮助自己，也会让自己受到毒害。

三、愿意付出，并能够做到主动付出。年轻人的资金和资源有限，特别是白手起家的人，既然如此，那么你的真诚赞美就是你用来与别人、与外界交换的资本。尽管我还未成功，但是他真诚的赞美满足了我的自尊心和虚荣心，于是我将自己总结的，适合他现阶段的经验都和盘托出。很多的年轻人喜欢单刀直入，从来不说他认为的"废话"，求助人时姿态稍微谦卑一点就好像产生了天大的损失，那是没有付出的心态，不懂得这个社会存在的交换规则，一味地索取。这个社会没有任何人能做成无本的生意，也没有人愿意被掠夺，被无限索要。

你值得被帮助吗？你看起来像一个成功者吗？你看起来有成功者的潜力吗？这才是一个人是否值得帮助最根本的原因，别无其他！

梦想还是要有的，但是能力更重要

近些年经常会听到一句话："梦想还是要有的，万一实现了呢！"很多人都有梦想，但是大多数人都没有实现梦想，屈服于现实。我们承认，很多时候，成功会有一定的运气成分存在，但是运气不是关键因素。将成功归功于运气，将失败归因于运气，是我们自我解脱的说辞，是一种想当然的思维。

现实中，我们特别"信任"天赋，把很多人在某一方面取得的成就归结于天赋，把自己的无所作为归结于没有这方面的天赋。但是，很多人之所以成功，是因为有太多的人希望他成功，或者在他的成功路上，有太多的高人指点，贵人相助。但为什么有这么多人愿意帮助他，我们却不去探究。实际上，有人愿意帮你，是因为在你身上看见了成功的苗头。有时候，成功要靠运气，但大多数运气却是争取来的。机会是别人给的，但我们一定要想到为什么别人会给你机会。高人给一个人机会，无非是看到此人非常努力，在未来成功的可能性很大，于是这个机会看似很幸运地降临在他的头上。我们往往只看到机会降临的那一刻，而看不到别人之前坚持不懈的努力。

梦想人人都有，空想人人都会，但自己是否有能力去追求成功，是否有足够的能力承载更大的成功，我们却很少去深入思考。现实中，经常有人会规劝创业的后辈，说企业不要做得很大，做大了会很累，失败的概率也很高，几十个人，产值做个几千万，个人收入达到百八十万就行了，别把自己搞得太累。我想这个规劝无疑是善意的，但背后的逻辑其实是，我们缺乏将企业带向更大规模的能力，缺乏掌控更大企业的能力，缺乏将企业做大做强、服务社会的胸怀，缺乏无往不胜的气魄。

很多时候，我们止步不前，缺的不是梦想，而是实现梦想的能力。记得有人说过：一切的能力都可以通过学习得到，甚至包括格局和胸怀。一个人要终生面对的问题是成长，一个企业要面对的终极问题是增长，止步不前就是倒退，陷入增长困境就会被竞争对手和后来者超越，因此守业绝对是个伪命题。

能力的提升需要学习，格局的提升需要学习，规律的掌握需要学习，趋势的驾驭需要学习，变革的勇气需要学习，素质的提升需要学习。一个人是否有未来，看他学习力的高低；一个企业能否持续增长，看组织（组织的成员）学习力的强弱。现代社会淘汰的都是那些不善于学习的人，企业中淘汰的并不仅仅是那些不能胜任工作岗位的人，还有不善于通过学习把握未来的人。

梦想要有，但是具备追求梦想的能力更为重要。

素质提升

在竞争日趋激烈的当今社会，能力的差异会使得人群分化。有的人个人能力超强，抢得先机，获得一定的成功；有的人个人能力有些勉强，照样可以得过且过；还有的人，能力很强，但是事业做到一定程度后，却陷入增长瓶颈，甚至有时候，环顾四周，认为别人都不如自己，开始沾沾自喜，进而造成事业滑坡。

我们不否认能力的重要性，但仅仅去提升能力是不够的，除了能力之外，素质的提升同等重要，甚至有时候比能力的提升更为重要。

能力素质

重点是对关键的人和事进行重要程度的辨别与排序。很多能力超强的人，往往会认为自己生不逢时，不被重用，甚至沦落到被弃用的境地。很多人，从事什么事情，就认为自己所从事的事情是天下第一等大事，而对其他的事情置若罔闻。有的人，时时处处都喜欢勇争上游，不甘人后。有的人开会时，不管会议主题，霸着话筒不放；有的人酒桌上高谈阔论，将聚会变成了个人的主题演讲，不给他人插话的机会；有的人不顾及他人感受和利益诉求，任何好处他都要争，他都要抢，最终人人嫌弃，人人避而远之，最终落得夜郎自大的境地。

世间的资源是有限的，只有竞争才能分得一杯羹。一味地前进却不知后退，则会丧失竞争的机会。一个人，处于不同的时段和环境，所扮演的角色不同，就要对自己的地位和角色进行排序，守住本位。人的精力和时间有限，花精力去做有价值的事情、重要的事情和排序优先的事情，效率才会比他人高。但现实中，很多人要么不会排序，要么根本就不排序，结果工作和生活过得一团糟。一个不会对大是大非进行判别的人，走到任何的高度，都有跌落的可能。做任何事情，都要学会讲政治。

身体素质

当我们对金钱、名望、权力和健康排序的时候，都会说把健康排在第一位，拥有健康的体魄，无疑是做好一切事情的基础。但真正干事的时候，我们却把健康抛至脑后。我们为了争权夺利，牺牲的往往都是健康。

身体素质包括生理的素质和心理的素质。现代人把工作生活压力过大作为不珍惜身体的理由。晚睡晚起，不按点吃饭，过度的夜生活，暴饮暴食，过度饮酒吸烟，都是伤害健康的因素。年轻的时候，这些都可以扛过去，但人到中年，透支的都会还回来。这也是很多人到了40多岁开始运动的原因。合理的饮食，足够的睡眠，适度的运动，是拥有一副好身板的前提，这些看似简单，但日复一日地坚持，并不是件容易的事情。

不健康的心理状态中排在第一位的是嫉妒，人世间最大的恶，就是见不得别人好，特别是和自己亲近的人。别人有的我也要有，别人拥有的我要想办法让他失去。于是很多人不顾自身条件和环境因素，去争抢本不该自己得到的东西，挖空心思中伤或攻击他人，最终心灵扭曲，结果就算战胜了别人，收获的依然是失落。

文化素质

在物欲横流的社会，我们要承认物质的重要性，但是精神的追求也同等重要。没有一定的物质基础，无法过上体面的生活，也达不到一定的自尊水平。当物质水平达到一定程度的时候，如果还一直追逐名利，不仅会过得不快乐不开心，还会压力骤增。有的人，无论在任何场合，谈及的都是豪宅名车、金银财富。谈起文化名人、历史渊源、诗书礼乐，他都毫无兴趣。富而不贵，是这一类人的特征或者困惑。

没有了精神追求，没有一定的文化修养，虽可以积聚大量的物质财富，但是却难以获得外界的尊重。

我们对于财富最浅显的认识，就是金钱。但实际上，花出去的是财富，占有的却不一定是。有的人，坐拥无尽的财富，既不愿意帮人，也不愿意消费，他的财富既对社会无用，也对他人无用，那么要想获得尊重几无可能，为富不仁就是如此。有的人拥有一定的财富，却没有精神追求，也不注重能力的提升，于是乎这里投一点，那里投一点，为的就是赚得更多，赚得更快，但往往是事与愿违，大多的金钱都打了水漂。赚取财富是一种能力，善于投资经营需要智慧，让金钱产生价值还需要境界、格局和胸怀。赚得更多，往往还是利己在起作用，对他人无益，是很难获得支持的，财富也很难保持长久。

学会好好说话

前段时间，一位朋友甲兄买了辆新车，心情格外畅快，在聚会上聊起车。此时乙兄说，怎么买这车呢，这车被召回好多次，安全隐患很多，他就不会买，要买就加十万买个什么车云云。刚买新车的甲兄一下子兴致全无，整场聚会里都沉默寡言。

某次遇到一个朋友，还没开始寒暄，他冷不丁地问我一句，那个事情是不是我传出去的？影响很坏，让我以后讲话要注意点。那本就是一个众人皆知的事情，基本上就是一个客观事实，更牵扯不到什么隐私泄密。我只能沉默。

朋友失恋，找你倾诉，你接到电话，就开始安慰，"不要因为一棵树而放弃一片森林，其实分了还好，结了婚吵得更多，再说你那个对象，我从一开始就瞧不起，放心，旧的不去，新的不来，哥重新再给你介绍个更好的"。结果朋友挂了电话，微信也把你拉黑了。

我们每人都长了一张嘴巴，除了用来吃饭喝水（也包括酒和药），剩下的就是说话。把文字组织编排下从嘴巴里讲出来，基本上人人都会，这叫会说话，但是要学会好好说话，其实还是要多加修炼。很多人人际关系不好，最根本的原因就是没学会好好说话。

我们很多人喜欢讲真话，讲真话需要勇气，但是还需要智慧，还需要分清场合。你不能对一个成绩垫底孩子的家长说，你家的娃不需要努力了，再努力也没有用。但是你可以说，你家的孩子挺活泼，也爱帮助人，估计是学习还没找到方法，可能是晚熟，好好学，成绩总会追上来的。

不少人讲话，有个特点，就是憋不住，总想"一吐为快"。朋友间的一点小事，捕风捉影后还会添油加醋，然后开一对一的新闻发布会。张三看到小王提东西太多就送了一程，正好你看到了，结果你对张三的老婆说张三小王一起逛街，还给小王买了一堆礼物，结果张三的老婆跟张三大吵一架。李四和你喝酒，说了领导处理某事不甚妥当，结果你第二天对领导说李四对他工作有成见。

一个朋友找王五借钱周转，王五劈头盖脸地把朋友批了一顿，"怎么混得这么差，这么大年纪了还没赚到几个钱，我手头也紧，爱莫能助"。朋友向赵六开口，赵六说要学会开源节流，别大手大脚，挂了电话，钱就到朋友账户了。

学会说话不难，基本三岁就会了，学会好好说话，是一辈子的事情。好好说话，不只是用嘴，还要过脑走心用情，要有同理心，要学会换位思考，还要分清场合。只为自己考虑，站在自己立场，不顾及他人感受，是很难学会好好说话的。

做人难，难在学会好好说话。

"闲谈莫论他非，静坐常思己过，无聊多读好书！"践行此言，也许慢慢地，你就学会了好好说话。

信息、知识、认知和智慧

某日，一个年轻人说："胡总你胆子好大，竟然放下安稳的工作创业。"我摆摆手说："非也非也，你其实可以说我有勇气，但是不能说我胆子大，我其实胆子很小。"现实中，很多概念弄不清楚，事情干起来也很难干明白。今天我就以我的理解，分析一下什么是信息、知识、认知和智慧。

在这个信息爆炸的年代，不少人会说："现在还需要学习吗？遇到任何问题都可以求助互联网，读书多累啊！"我就问对方，当他打开百度，要往里面输入求助的内容，这个内容是怎么来的？对方顿时愕然。现在自媒体异常发达，有太多的微博、公众号，不断地推送各种软文，我们很多人也是抱着手机不断地努力阅读，但是对于改变自己现状起的作用却甚小，因为我们将两个概念混淆了，就是信息和知识。

我们以为我们读过许多公众号文章，积累的知识就多了，但实际上我们只是为自己大脑装填了许多无用的信息而已，这些对于我们的工作和生活并无多大用处。例如美国大选、新冠在他国蔓延、谁得了NBA总冠军、某某明星出轨离婚、谁家宠物丢失等等，这些都只是信息，而非知识。要分清楚信息和知识，首先要弄清楚什么叫影响圈，什么叫关注圈。影响圈，就是你通过努力可以掌控和改变的东西；关注圈，就是你只能当个"吃瓜群众"的东西。很多贫困地区的老农谈起国家大政方针头头是道，但是关注这些并不能帮助他多打粮食，增加收入，改善生活。我有七年多没看电视了，但是这依然不会影响我对这个世界的认识，因为我分清楚了什么叫信息，什么叫知识。

信息社会，自媒体异常发达，任何人都可以开博、直播，但是并不是每一个人传递的都是知识，而且信息本身也真伪难辨。很多年轻人关注太多的公众号，也异常努力地去阅读，每天早起阅读，睡觉前阅读，结果是黑夜兴奋不已，白天萎靡不振。一块块屏幕，实际上将你放置于一个蓝光环境，会刺激得大脑兴奋不已。用手机读书或者听书，注意力很难专注，手会不自然地滑到抖音、快手、微信和微博，睡前拿一本难以读懂的哲学书，也许更有助于帮你入眠。

接下来说知识和认知，知识可以简单地理解为知道和认识，认识比知道更有画面感，但是仅仅拥有知识是不够的。曾经遇到一个年轻人，每年能读300本书，聊起天来，上下五千年，东西南北中，无所不知，无所不能，但是夫妻关系紧张，亲子关系疏离，朋友疏远。这类人饱读诗书，但是说是一套做又是另外一套，总以严苛的标准要求他人，却给了自己最宽松的标准，活脱脱地变成了一个虚伪的人。学习了知识，如果不改变自己对自己、对他人、对世界的认识和看法，学了再多的知识，也只能增加更多的烦恼。

人跟人的差距，实际上是认知层级和思维模式的差距，同样是工作，有的人认为是养家糊口的手段，有的人认为是赢取尊重的途径，有的人认为是获得成就的方法，有的人认为工作就是事业。认知的不同，投入的激情不同，获得的喜悦也有差异。有的人认为创业就是为了赚钱，有的人认为创业就是证明自己，有的人认为创业就是为社会多作贡献，最终创业的结局也有所不同。认知，就是对一件事物的认识和看法，没有丰富的知识，很难获得高层级的认知，思维模式也不可能会改变。认知的改变，要有知识的积累，还要有客观和科学的思考，只死读书，不会科学地思考，认知层级也很难提升。

接下来说认知和智慧，我们很多人将认知等同于道理。很多人不愿意听大道理，认为大道理都是骗人的。其实并不是道理错了，而是方法错了。例如你在高速公路上开火车，或者在铁轨上开汽车，是很难顺利地到达目的地的。

道理，三岁的小儿懂，八十岁的老叟也懂，但就是没有办法转化为成果，因为我们没有将认知转化为智慧，没能正确地行动。简单地说，把知识和认知应用于实践，才能产生智慧，反过头来智慧再来指导实践，就能获得更大的成果。拥有高学历,坐在家里啃老肯定是赚不来金钱的,纸上谈兵,也打不了胜仗,这其实是认知和实践之间严重脱钩造成的。

　　智慧还在于把学习到的知识应用于实践,做到举一反三、触类旁通。例如我们可以将压力和流速用来解释电压和电流,也能用来解释压力和能力之间的关系。我们可以将学习到的管理知识,用于亲子教育、活动组织。智慧就是知识的活学活用。我们知道了恋人之间的关系实际上是相互吸引,互相成就,就不会死乞白赖,死缠烂打。将自己变得更为优秀,更为卓越,优秀的恋人自然会被吸引到自己的身边来。吸引法则同样适用于朋友之间,职场的合作伙伴,甚至供应链上的供应商。知识和认知,不去科学地思考,不应用于实践,是不可能变成智慧的。

　　庸人最容易犯的错误就是概念不清,人云亦云。其实知道多少,可能并不那么重要。更重要的是平常多思考一下自己认为的到底是不是客观的,他人说的是不是都是正确的。将一个事情弄懂搞清,接下来才能干明白。

　　摒弃无用的信息,学习更多的知识,进而提升自己的认知,并将知识和认识应用于实践,迸发出无限的智慧,才是自我提升的正道。

提升认知永远比知道很多更重要

　　一个年轻人对我说:"我现在特别不喜欢听大道理,因为这些道理我都懂。"事实上,大多数人都懂了太多的道理,依然过不上他人正在过的、自己想要的人生。是大道理错了吗,是道理没有用吗?实则不然,我们一直在学习知识,在弄懂道理,但我们的认知层级没有提升,思维模式没有改变,于是导致我们的行动缓慢,甚至只想不干。在实际的工作和生活中,唯有行动才能产生成果,精准地说,是有效的行动才能导致有价值的成果。现实中,人最容易犯的错误就是说得太多,而干得太少。

　　人和人的差距,看似是成就的差距,实际上是效率和速度的差距,是坚持和积累的差距。要解决效率问题,就必须提升认知层级、改变思维模式。例如恋爱,我们以为是追求,于是死缠烂打,但收效甚微。我们认为婚姻的基础是物质,于是砸锅卖铁,买房买车,但依然变成了剩男剩女。恋爱的本质是吸引,努力提升自己,异性自然会被吸引而来。婚姻的基础是未来,只要你规划好了未来,朝着未来狂奔,去创造物质基础,去创造美好生活,就会有人愿意与你携手白头。现实中,白手起家,咸鱼翻身的人大有人在,坐拥无尽财富,游手好闲的单身汉也不在少数。如果不提升自己思维的深度,不改变思维模式,我们的生活现状就很难改变。

在职场中，有部分人，不愿意学习，不认真地工作，态度也难称端正，进而领导和上级的关注就少，获得的机会也就不会太多。我们习惯于抱怨领导的"轻视"，却不想着如何能让领导重视，如何提升能力去抓住更重要的机会，如何提升各方面的素质去适应集体。太多的人只愿意看到现实，而不愿意去适应现实、改变现实。知其所以然，永远比知其然要重要得多。

我们之所以行动太慢，最根本的原因还是我们的认知程度低。认知层级的提升，要靠接受更多的观点，甚至两种截然不同的观点。现实中，太多的人将精力用于分辨对错，却不会判断是否合适。还有一部分人只能接受一种观点，对于其他不同的观点持敌对态度。当我们机械地、想当然地只接受一种观点时，我们永远学不会正确的思考方式。只愿意接受一种观点的人，情绪总处于震荡之中，因为听不得他人意见，或者不够坚决，选择轻信他人，前进的方向自然不断摇摆，效率低下便不可避免了。

提升自己的认知层级没有捷径可走，因为正确的方向来自客观的思考，只是接受他人的观点，没有伴随思考，获取的依然是空洞的大道理。

世界上，很多的事情是在开始干以后才想明白的，而不是在想清楚后才干明白的。要把自己看低些，承认层级比自己高的人比自己高明，听话照做加多学多问，而不是急于抵制和否定对方。

没有高层次的认知，就不可能有迅捷的行动，不去行动，很多理论就只是知识。

行动永远比思考更重要，比道理更重要。

自我驱动和习惯养成

读了关于字节跳动公司创始人张一鸣先生的文章和图书，张一鸣先生的观点非常触动我，其中有一个就是，但凡优秀的员工都是"抢着干活儿"的人。抢着干活儿的人可以做到把活儿干在先，但是却不一定能把活儿干得好，抢着干活儿其实就是态度积极主动。但要把活儿干得好，考验的就是一个人的能力。

能力的培养要有一种态度，就是不懂就问，不会就学，但做到如此还不够，最重要的还是要养成良好的习惯。创业路上，有太多的前辈，都是起了个大早，赶了个晚集。究其原因，主要是能力不足。干一件事情，要出成果，除了定下目标外，选用合适的方法非常重要。很多人说，我只要结果，不管过程。如果只是保证目标正确，没有人管控过程，结果就永远是个未知数。

接下来深入地说说自我驱动。凡是自我驱动能力强的人，都是知道自己是什么样的人、知道自己想要什么的人、知道自己应该做什么的人，这类人异常自律和自觉。仅仅知道自己想要什么，但是不能客观地了解自己，不能管理好自己，是不够的。自驱力强的人，还要能排除一切干扰，做到坚持自己的目标不放弃。我曾经为了练好自己的演讲能力而大量地阅读，为了接受监督，在朋友圈写作。刚开始的时候，可能错别字满篇、语句不通、文章没有深度，被讽刺、被拉黑、被开涮的次数也不少，但是经过五年的坚持，到今天收获了不少的粉丝，还顺道获得了这样那样的荣誉。这其实也是坚持自己的目标，排除一切干扰的结果，是知道我要什么、要付出什么、放弃什么、承担什么，进而坚持走自己的路的结果。

自驱力要从小培养，要让孩子从小树立目标，提升责任感，提高认知，家长还要放手给其空间。现在太多的家长异常在意孩子的成绩，态度与孩子的成绩紧紧挂钩。我们都说这是为了孩子，实则是为了在其他家长和亲戚朋友们面前炫耀，最终还是为了我们家长的面子。我基本上没有因为学习成绩批评过孩子，我直接告诉她，成绩是你的事情，好了不要骄傲，差了要总结失误，还好现在孩子学习非常自觉。孩子小时候，我给她讲过很多的道理，现在孩子能通过各种渠道学到道理，那我就讲故事，让她懂故事中的道理、哲理。我也给孩子推荐书，一大本看不完，看其中的重要章节也很好，这其实是在帮助孩子提高认知。再就是，在做完必要的作业的前提下，让孩子自己掌控自己的空闲时间以帮助孩子学会选择。学会选择，就是学会放下，学会思考和判断。还好，这几年女儿的培养效果还不错。对于公司的同事，我也采用此方法，公司的发展也比较满意。你永远叫不醒一个装睡的人，但如果他知道什么叫科学的睡眠，睡醒了应该干啥，那么他是否在装睡就不重要，甚至也不用去叫。

习惯的养成，其实就是坚持正确的行为，而且要把事情做正确，做到方向正确，目标清晰。能否把事情做成，要看做事的标准高不高，规程科学不科学，流程高不高效，这其实靠的是良好习惯。在被动状态下，在逼迫状态下，靠强制性养成的习惯，非常容易被打回原形，这也是很多人养不成习惯，反反复复的原因所在。能否养成习惯，是由对一件事情的利益得失、重要程度、实现意愿的迫切程度的权衡和对事件的认识的深刻程度决定的。我开始读书，开始写作，甚至去学校给学生代课，都是快速决定，没有花太多时间犹豫和徘徊，因为我知道这些事情对我很重要。

习惯的养成，还要依靠认知。很多人养成锻炼的习惯，并不是为了强身健体，而是因为医生说不锻炼就得死，而且距离已经不远了，于是开始跑步，开始游泳。养成习惯，还在于对事情认识的深刻程度，即认知水平的高低。是把工作当作养家糊口的手段，当成消遣，还是当成事业，抑或是为社会创造价值，基于不同的认知，养成习惯的速度肯定有很大差别。我能从一个来自农村的打工仔，变成一个民营企业的创业者，一个重要的原因就是，不管我在哪家公司、什么样的岗位和职位，不管是打工和创业，我都一样地认真工作。成功的人做事从不拖泥带水，简单快捷，是因为更高的认知促使其能够做到决策快速，而不是优柔寡断，瞻前顾后。认知高了，养成良好习惯的时间就短。

其实判断一个人是否成人，不在于年龄是否满了 18 岁，而是看他有没有担当。有担当的人会自己负责任，从自身找问题并解决，没有担当的人会找借口，把责任往他人身上推。真正成熟的人都是自驱力极强、习惯良好、保持高效的人。

人活着，最应该对自己负责任的还是自己，自己能否为自己负起责任，就要看是否有强烈的自我驱动意愿和良好习惯养成的能力。

我为什么坚持在朋友圈写作

不知不觉，坚持在朋友圈写作长文（个人以多于 600 字为长文定义）已经一年有余。除了早起开车，或者前夜宿醉导致第二天晚起外，坚持写作这件事基本在每天早晨起床后至上班前的这段时间里办到了。很多朋友也许会疑惑我的目的，有的人认为我是为了炫耀博得点名声，有的人认为我不务正业要转行，甚至认为我要教训并改变他人，其实这些都不是我的初衷。我之所以拿起手机写作，主要有几个方面的原因。

我的文笔其实并不好，起码以前不好。当我成为一名民建会员后，需要报提案和社情民意，但以前的视角是为了把企业经营好，把项目承接回来，关注外界和社会的精力实在太少。为了写好提案，我不得不将我的眼光投向外界，于是想了个办法，观察外界，发现问题，利用朋友圈，写一些所谓的议论文。久而久之，观察力和写作力有了一定的提升，现在写提案也没有当初那么做作了。

我是一名民营企业主，日常免不了要开会发言，主持会议，介绍公司等。一群人在一起讨论开会，没有主题，没有准备提纲，信口开河地讲话，实际上是浪费众人的时间。霸占他人的时间与霸占他人的钱财一样，都是强盗，于是我尽量地提升自己讲话的效率。我发现凡是成功的人士，都是演讲高手，他们的演讲主题鲜明，条理清晰，且言简意赅，甚至很多人演讲时没有一个多余的字，而且时间卡得也非常准。

一场完美的演讲，需要精心的准备，需要大量的阅读，进行分析归纳，那么写作就是最好的锻炼手段。我不想做一个平庸的人，也不想企业在我的管理下经营惨淡。于是我开始大量阅读，进而开始写作，也寻找各种机会站在台上，练习我演讲的胆量。

写作后有很多种方式发布，如微博、微信公众号、美篇等，或者储存在电脑里，但最终我选择了朋友圈这个阵地，主要是因为互动性强。写得好的有点赞，引起共鸣的有评论，写得不好的朋友爱理不理，通过反馈，我会发现我的不足并进行修正。一个人公开承诺一件事情，比只埋藏在心里，完成率要高。

我和朋友们交流的时候，会故意说我一年要阅读多少本书，写作多少篇文章，其实是先将牛"吹"出去，接下来自己不好意思不兑现，逼着自己坚持。实际上朋友圈的朋友起到了一定的监督作用，人都有虚荣心，我也不例外，有时候朋友见面，对方说每天都看我写的文章，我也非常享受。给予一个人所做的事情以肯定和鼓励，有时候比给钱更能起到激励作用。我还会定期地把朋友圈的文章转发到公众号，不过通过朋友圈转发的也不多，之所以这样做，主要是为了汇总统计。

以前我外出办事，喜欢拿一个小包，现在提一个可以装下A4纸的提包，或者背上背包，最主要的是包内能装下一本书，以便利用碎片化的时间阅读。当然不一定时时处处都背着包或者提个包，没有带书的时候，我就拿起手机码字，因为写作是更高级的阅读。因此，文章逐渐写得越来越长，写得越来越多。写得久了，感觉写作也没有那么难，我会提前一两天确立命题，用闲暇时间构思，写的时候就一气呵成，2000字的文章大约需要1个小时，占用的时间也不是很多。

我有好几个朋友，在坚持跑步、坚持游泳、坚持练习书法，都取得了很大的进步，我对书法也感兴趣，锻炼身体对我来说也非常紧迫。但是干一件事情，最起码要干出点儿成果。尽管很多朋友夸赞我写的东西还不错，但我深知目前还是业余水平，还需要多加努力，水平还要提升，还要坚持，不敢松懈马虎。2021年5月，由于作息比较规律，完全坚持到了平均每天早晨写作2000字。商务应酬和朋友聚会是免不了的，上班时间工作是马虎不得的，工作之余的培训学习也不能省掉，周末还是要陪陪老婆孩子的，除此外我基本上没有其他嗜好，我把能挤出来的时间，都用于读书和写作。创业很难，做领头人就更难，千头万绪都得顾，既要顾得上，还要顾得好。我靠写作来锻炼我的意志力，进而将意志力用在企业经营中。尝试是可以的，但是在主业上做太多的尝试，犯的错就多，成本就大，因此只好花少点时间和精力在其他方面演练。他人给多一点鼓励，或者带点嘲讽，其实都不打紧，毕竟每天要面对很多事情，还是脸皮厚些好。

做任何事情，其实没有必要做太多的解释，就算做错了也不需要纠结太多，下次改正错误，做得更好就行。

你是否真正想让别人记住你

某日席间，遇到一位"陌生"的朋友，对方能认出我，而我认不出对方，敬酒前，问了左右朋友是否知道对方姓名，也不得而知，只能尴尬地请教对方尊姓大名。对方说，他和我加了微信，还见过两次。事后，我翻阅了下他的微信，他取了一个"风花雪月"的网名，没有备注姓名，再翻看他的朋友圈，基本上都是业务方面的信息，没有个人动态和照片。

当然，也有可能是对方发了姓名，而我没有备注，手机丢过一次，所有的通话记录已无法查寻了。现在和陌生朋友扫完微信后，我一般都会自报家门，并附上自己的手机号码。但是，在加了微信后，既不主动留下信息，亦不回复的人不在少数。

在很多社交场合，我会被一些朋友询问是否认识他（她），如果直说不认识，肯定有点失礼，只能说，有印象，但记不住。有时对方就会让你猜，要是没有猜出来，会令双方都尴尬不已。

在社交场合，主动介绍自己，是得体的处理方式。和朋友相处，让对方开心，让对方舒服，才是上策。但现实中，我们很多人却让朋友尴尬、难堪。人有自恋的天性，自认为自己比所有人都重要，当然也就希望对方记住自己，但现实中，我们并没有为此做多少努力。

一些"社牛"朋友，会在再次重逢时首先直呼对方职称或者昵称打招呼，然后自报家门，甚至能回忆起最近一次或者第一次交往的细节，回味过往美好的片段。很多人说，他（她）记性好，天资过人，而我不行。实际上，所有的过目不忘，都是不断强化训练的结果。很多人在拿到一个名片或者扫一个微信后，就会翻看此人的朋友圈，或者通过朋友去了解。作为职场人士，特别是跟外向型工作相关的岗位，包括市场、商务、行政接待等，记住你的客户（准客户）的姓名等信息是必修课。

一个人是否被别人记住，跟对方有一定关系，也和自己是否做了相应的准备或者是否做足了功课有关。人是有感情的动物，线下的碰面必不可少，但很多线上的工具，给予了忙碌的职场人很多的便利，可以弥补线下活动不足的弊端。但我们对待工具的态度、利用工具的效率有很大的差别。现在，博客、微信、抖音、快手等都是展示个人的非常好的工具。有趣、好玩、有料，慢慢地，别人对你的印象就会越来越深。我们每个人都在到处寻找机会，但却不在抓取机会方面努力。很多人因为低调，或者不愿意暴露所谓的隐私，把朋友圈设置三天可见，或者与朋友们划出一条长长的界限，注明一句话——"这个家伙很懒，什么都没有留下"，与朋友们隔绝开来。

很多人说："我不是做市场等外向型工作的，没有必要展示自己。"这其实是认知的误区，恋爱交友，婚姻生活，教育子女，讲授课程，哪一项不需要展示自己？任何人际关系，都是要以信任为基础的，而信任的前提是了解、是认识，更是接纳。当然有的人也发朋友圈，但内容大都是在怨天尤人，吓得没人敢近身交往。

还有部分从事外向型工作的人，迫于公司的压力，只发送公司的相关新闻和产品，个人信息全无，你的准客户永远不知道跟谁在交往、合作或者达成交易，于是永远不会对你产生兴趣，就更不用说成交了。如果你还取一个非常文艺的网名，从来不愿意在朋友圈露脸，那么你推销的产品，永远不可能成交，甚至会被作为"僵死"朋友被清理。

营销的第一步，是让别人记住你。永远不要埋怨别人记不住你，别人记不住你，也许是因为你没有做足功课让别人记住，也许是你根本就没有展现被别人记得的价值。

不成功最终还是因为不努力

参加一个聚会，东道主请来了一位朋友，姓郑。在介绍环节，这位郑姓朋友第一句话就震住了我。他开口说："我是一个工作狂，每天工作16个小时。"我赶紧打开手机，计算了下他每周的工作时间——112小时，顿时心虚流汗。随后这位朋友说，十多年来他一直如此，21岁入职，23岁当老总，如今刚过30岁，就在一家在国际上享有盛名、拥有核心技术的湖北省内龙头企业任总经理。

记得前不久看《埃隆·马斯克传》，马斯克的周工作时间是100小时，这位郑总的周工作时间竟然长达112小时，原来成功的人靠的不是机会，不是运气，而是和自己死磕的努力。同时我也理解了为什么我如今依然不成功，因为我每周用于工作和学习的时间寥寥。

我们之所以不成功，还在于我们不相信很多的事实，乃至于事实摆在我们面前的时候，我们仍然怀疑。我们总以自己固有的认知去判断未知的领域，得到的结果就是"怎么可能""骗人的""有毒的鸡汤""我是如此的聪明，怎么能够轻易被忽悠"。

我们之所以进步很慢，并不是因为我们不够聪明，而是我们认为自己比周围人都聪明，我们总是对外界的意见和建议持怀疑或者抵制的态度。反观这个世界，那些看起来笨笨的人最终取得了成功，而那些自认为很聪明的人变成了"吃瓜群众"。

现在有许多年轻人进入职场，大事做不来，当被安排做一些"小事"的时候，又百般不愿意，认为自己被轻视。如果换一个角度去想，是不是自己单位时间的产出和成本过低？要想改变现状，应该如何在提升自己单位时间的产出上多下功夫？也许还有一种可能，他不知道国内不少知名的公司将厂区的保洁分配到公司的每个人，他不知道有一本书叫《扫除道》，日本的一位企业老板，上班第一件事就是打扫卫生，而且坚持了很多年。其实一家公司，根本就没有所谓的"小事"。

在聚会交流中，得知郑总并没有显赫的家世，他的成就均来自数十年如一日的坚持和努力，我被他的事迹深深地打动。聚会还未结束，郑总因有事先行离开，也许他要回公司，将因聚会消耗的两小时补回来。

这个世界是公平的，你没有过上你想要的生活，别无其他原因，就是你不努力，至少努力的程度还远远不够。

幸运是因为你比别人足够努力，别无其他

某日，与一年轻人交流，我问，如何抓住机遇？对方回复说，首先要辨别什么是机遇，然后分辨谁能给予，再就是去追逐。

这个回复本身没错，但要抓住机遇，还有很多的工作要做，或者说只是万里长征的第一步。

机遇是一个伪命题。社会在滚滚向前，风云变幻莫测，机遇无时不在，却也稍纵即逝。机遇对每一个人都是平等的，但能够抓住，咸鱼翻身的人却寥寥无几。但凡有所成就者，被问起成功的因素时，都说运气使然，但研究背后深层次的因素，或者去翻阅其传记，你会发现，没有一个人仅仅靠运气成功。所谓的运气、机遇，仅仅是一个次生产物、一个过渡因素而已。抓住机遇，要有数十年如一日的准备，还有抓住机遇后日复一日的坚持。就像我们饱食一碗香喷喷的米饭，不能仅感恩一捧稻谷，要感恩阳光、雨水、肥料、种子，还有农夫的辛勤付出，加工厂的去壳等。任何一个环节出了问题，就不能有大米果腹。

我对对方说，要抓住机遇，唯有一个方法，就是勤奋。因为只有勤奋了，才有未来，才能有所作为。机遇，永远是层级（包含多种因素）比你高的人给予的。而机遇是稀缺的，可以给你，也可以给予他人，我们更应该在如何让机遇降临在自己

头上去做功夫，而不是寻找和抓住机遇。别人愿意给予你机遇，一方面是你努力的样子，让他看到了自己曾经拼搏的影子，动了恻隐之心，或者引起了共鸣，对方想起自己如此努力，仍因走了不少弯路，无人指点而收效有限，于是施以援手，在背后推你一把。另一个方面是，人终究会老去，创造力会随着个体的衰老而下降，他在高光时刻推你一把，当他黯然失色，而你攀上高峰时，也许也能够拉他一下。当然这不是交换，只是存在交换的可能。他之所以会助推你，是因为你努力的样子。足够努力，才有成功的可能；足够拼搏，才可能有未来。一个没有未来的人，或者看起来没有未来的人，是不值得去投资的，也就是说，你不够努力，就没有去帮助你、提携你的理由。

现实中，"伤仲永"的例子依然比比皆是。所谓的天才，靠着天赋，秉承"一招鲜，吃遍天"的理念，到处去寻找机遇，而忘记了努力。世间很少有人认为自己不够聪明，反倒总是自认为比其他人聪明，于是变得孤傲、偏执，让更多的人敬而远之、避之不及，久而久之，所谓的天赋也被消耗殆尽。人生已过半，我尽管做不到阅人无数，但也非孤陋寡闻，凡是口口声声高谈阔论，说着交换资源的人，其实也没有什么资源，到处去寻找机遇的人，最终也都落得竹篮打水一场空的结局。努力寻找各种机遇，往往是在耗费精力和时光。

这个世界，喜欢耍小聪明的人比比皆是，因为他们认为别人均不如自己聪明。而真正认为自己不如别人聪明的"笨人"，才会放弃安逸和享乐，选择努力，选择坚持，才会坚韧不拔，无坚不摧，去获得自己想要的生活。

我如今已经40多岁了，我依然勤奋，我依然感觉自己技不如人，所以选择傻傻地努力，痴痴地坚持。

奉献提升格局

记得早些时候，拜访一个前辈，他说他是从大山走出来的孩子，通过个人努力考上大学，参加工作，但经济状况依然拮据。他说贫苦出身的孩子，除了见识少以外，内心深处还总被自卑和自负两种性格绑缚。因为自负，他们处处争强好胜，总是加倍努力将工作做到最好；因为自卑，他们又会将自己封闭起来，选择逃离。

因为太在乎别人如何看待自己，便在学习成绩和工作业绩上拼命地证明自己，不甘人后。但在家庭环境和物质条件方面，由于短时间内无法改变，就选择沉默寡言，或者疏远他人，尽量不被揭开伤疤。他们太过追求成为他人的焦点，以证明自己的价值；但又过分保护隐私，对于某些方面遮遮掩掩，言不由衷，最终变成了自我矛盾的双面人。有时候，在别人眼里，他们就是一个怪胎，甚至还有点猥琐。因为怕被触及所谓的隐私，在被触痛时会选择逃避，由于物质短缺与对优渥生活的向往，眼神难免会映射出内心的饥渴。

自负其实也是自卑，前辈说，要克服自卑，就要提升格局，而提升格局，就要奉献，奉献就是无私地、不计回报地帮助他人。

出于天性，多数人都会首先关心自己，其次才会关心他人，而只有极少一部分人把别人放在自己前面，当然也有人经过修炼，放下自我，关爱他人。自私和自我是人的天性，需要用一生的时间去克服。前辈如是说，也如是做，最终他改变了自己的命运，现今是个职位很高的领导。他说如果当初不通过奉献改变自己的格局，他如今可能还是一个小职员。

听了前辈的讲述，我给他回信说，我也是一个贫苦出身的孩子，我一直在治疗我的自卑和所谓的自负，疗效尚可。前辈给我回复了一个笑脸。

出身贫寒，尽管条件不如别人，但并不可耻，也不必因此自卑。我们永远不要用自己的短处去比他人的长处，因为换回的是自卑，我们也不要用自己的长处去比别人的短处，因为得到的是自负。人生不用去证明自己，自己是什么样子就是什么样子，大大方方展示，不卑不亢生活，活得真实快乐就行。其实帮助人，并不只是需要金钱，一句赞美的话，一个鼓励的眼神，在别人遇到困难时搭一把手都是奉献，不要因为囊中羞涩，就做事缩手缩脚。不要因为你认为的别人投来的"异样眼光"，就把自己封闭起来，乃至刻意地虚张声势，最终变得心态扭曲。因为你的人生，不会因为别人怎么看而改变，只会因为你勇于展示自己，提升自己的价值而精彩。

一个人只有无私奉献，格局才会提升；一个人只有胸怀天下，才会变得伟大。

有用与无用

前些时日与朋友们聚会，第一次谋面的朋友问我，去讲课，写文章，开直播，做这么多跟工作有什么关系，对于开展业务有什么用？我并不是第一次面对如此疑惑，他亦不是第一位这么问我的朋友。我笑了笑，回复道，好像还真没有直接的关系。他问为什么要去做，我说培养一个爱好。又问坚持下去不累吗？我说看似都要花不少的工夫，坚持一段时间很难，但随后就比较轻松了。

不知道我的如此回复有没有破解朋友的疑惑，但餐前的沟通时间实在有限。还有一句回复我怕朋友不好理解，就没有说，其实世间的很多事情，很难用"有用"和"无用"去解释，而要用"价值"和"意义"去理解。

对于我的"不务正业"，我给出如下三条解释，希望朋友能够看到，也希望他能够满意。

选择做一些难的事情，磨砺自己的意志

其实对于一个学工科的人，搬弄文字一开始是件非常难的事情，人生中总会碰到各种艰难困苦，你选择的态度，对结果起决定性的作用。与其被动承受，不如主动面对。于是我主动在工作和生活中选择一些对我有难度的事情去挑战、去坚持，久而久之，也就习惯了。逐渐加码读书量，坚持不断地输出文字，站在讲台上去授课，均是如此。

花一定的时间，为未来做好准备

如果一个人一辈子只干同一件事情，久而久之激情会消退，哪怕你愿意坚持，环境和时势也会变化。为了不在未来被剧变打得措手不及，提前去配备一些新的能力非常有必要。在未来，机器人和人工智能会代替大部分的重复劳动和技术工作，我们很多人说不定会因此失业，但是带有感情和温度的工种不会被取代，写作、讲课这些工作很难被取代，为了不被社会淘汰，早些着手准备，或是良策。

在简单重复的工作中保持激情

每个成年人都要承担其身份界定的责任，但是仅仅靠责任去工作，难免会感觉到倦怠，如果有激情，发自内心的喜爱，情况就不一样了。如果我们每天做的事情都只出于责任，一来很难坚持，二来只能做到合格，却很难达到优秀与卓越。做一件事情，仅仅靠喜好远远不够，因为爱好会转移，也很难长久。如果一个人将自己的时间进行合理分配，大部分用于责任，少部分用于喜好，就可利用喜好保持激情，利用责任保持坚定，处理得好，会达到两全其美的效果。

许多人不快乐，就是因为每天都尽着责任，做着不得不做的事情，忘记了人生中还应做一些自己喜欢做的事情。人到中年，上班工作赚钱，下班围着孩子，做着家务，日复一日，年复一年，难免会心生抱怨，牢骚满腹。很多人，对于物质财富的追求过于执着，判断事情都是有用没用、是否赚钱，甚至参加一场户外活动都要问自己的收益如何，如果没有收益，就为付出的成本懊恼不已，心情每天像过山车一样，起起落落，难得安宁。

每天做一些有价值、有意义的事情，是在探求生命的价值和意义，不要用"有用"或"无用"去衡量。人是有血有肉的高级动物，千万别活成一部永不停转的机器。

人，要选择做一些难的事情

在职场上，很多人在被安排工作时，如果超出了个人专业范畴或者岗位职责，就会生出不快，进而慢慢地滋生出抵制情绪。但换一种思维，我不会做，我就学着去做，不懂我就找人请教，新的工作做一遍，不就会做了，不就有新的能力了吗？可惜能这样想的人并不多。

我们生来就有占有欲，对于物质，对于权力，对于名誉，甚至包括能力都是如此。我们持续不断地应用自己的能力，直至变得纯熟，这本身并没有错。但当一个人的职位发生变动时，所需要的能力就会跟着发生变化，原来的那一套能力体系就会变得不适用，必须练就新的能力，适应新的岗位。这种不适应，被称之为能力陷阱。

一个人要成长，必须挑战一些难的事情，通过尝试，寻找新的方向，练就新的能力，为未来做准备，使得自己的人生有更多可能。

从事了 14 年的技术工作后，我跳出了舒适圈，以无知无畏的勇气去创业。突然发现自己的专业技术能力不足以做好市场营销工作，于是我报了一个营销能力提升班去学习。当你不够强大时，学会低头求人是一门必修课，慢慢地我发现我的脖子和腰杆柔软了很多。

到今天，我已经作为兼职代课老师在武汉市的两所高校为毕业班学员上了两年的专业课程，还好没有发生被学生轰下台的情况。当我问学生，为什么一个做民营企业的老板要来高校代课？学生的回答五花八门，有的说为了传授经验，有的说为了课时费，最后我给学生回答说，我只是想挑战一下我自己，选择一些难的事情去做。创业是件非常艰难的事情，你必须找一些难的事情去磨炼自己的意志、增长自己的信心。还好，两年过去了，我基本上对得起大学发给我的一纸证书。

2017 年 5 月，我开通公众号，开始写作。那个时候写一篇文章真的好难，没有论点观点，因为读书量少，导致词汇量少，往往半天写不出 1000 字的文章，写出来也是错别字连篇。我在很多个晚上或者周末，将自己关在办公室"闭门造文"后，慢慢地写作也没有那么难了。如今，每天早晨起床后，拿着手机，一个小时就能写 2000 字的文章。记得 2020 年疫情防控期间，我心想：我何不仿效村上春树先生，每天早晨写就 4000 字的文章？于是自 2020 年 3 月 5 日，开始坚持每天写作，到今天已经有一年多的时间，至少有 80% 的日子我做到了。可能以往感觉写一篇文章很难，现在感觉却比较"easy"！通过写作，我也获得了不少粉丝，甚至很多人误认为我是文科出身。也许坚持写作不难，但是要做到有价值的输出，实际上还是有一定难度的。要做有价值的输出，必须要有更大量的输入，在过去的 3 年，我基本上都能够完成年均 150 本书的阅读。

作为企业的负责人，必须要有足够的掌控力，当然不仅仅是控制力。4 年多的时间，公司要开周会，基本上没有应酬和出差，每周日晚上我都会计划一周的工作，为第二天的开会准备提纲，再在第二天按照提纲主持周会。为了练习控场能力，我也寻求机会去主持一些大会甚至酒会，如今已经有地方邀约我去做主持了。当然我知道我的水平也就是业余中的业余，不过，做到比做得完美要重要很多。

难的事情，去做了，做成了，才能显示出你的价值。

坚持每天发朋友圈，你会感觉这好像也不是件很容易的事情。而这件事情，我已经坚持做了 8 年！

如何达成既定目标

人生要有目标，生活要有目标，工作更要有目标。根据工作和生活中的实践，我提炼了六个步骤，帮助大家达成既定目标，希望这些能对看到此文的朋友有所帮助。

目标调整

我们在生活中、工作中和学习中的许多场合都会遇到突然要求制定目标的情况，由于时间仓促，目标不是很明确，也不够全面，有的人定得太轻松，有的人定得太宏大。太轻松的没有挑战性，太宏大的会让你不堪重负，这样都不利于目标的达成。一个好的目标是有挑战性的目标，是经过努力能够达成的目标，因此大家要仔细推敲下自己的目标合不合适。

例如：一建（一级建造师）考试，定下来在哪一年完成，考一建还是要有一定的工程基础的，一建有点难度的话，可以先挑战下二建（二级建造师）。

目标分解

目标定好后，要进行分解。目标太大，就会没有实现的决心和勇气，因此目标要进行分解，分解成一个个在短时间内通过努力就能达成的目标。例如 4 年分成 4 个 1 年，1 年分成 12 个月，1 个月分成 4 周，然后 1 周分成 7 天，层层分解，这样一个大目标就变成许多小目标，努力了就能达成，每天都有小成就，成长也有动力。

例如，要完成一建考试，可以分解为：熟读相关教材，做模拟练习，解答真题，参加相关的考前培训，考试前的突击学习，沉着冷静地参加考试。

再例如学习：一周要看完一本书，一本书200页，一周看书4天，每天50页。上午上班早来半小时，上班前半小时可以读20页左右，中午午休前，用10分钟读完10页，晚上休息前花半个小时读20页也轻轻松松。上下班，骑车或者搭乘交通工具，可以听书，听下载的音频，等等。

目标调整的方式还有一条，就是深挖隐性目标。有的人说要外出旅游，外出旅游其实背后有隐性的目标，也可以算目标分解，外出旅游，要有钱、有闲、有心情，没有预算、没有假期，都难以达成。如果你不做深入分析，不刨根问底，肯定做不好目标调整。

策略（方法）分析

目标分解完成后，就要寻找适合自己的方法，方法就是达成目标的途径，要根据每个人的秉性等有针对性地规划。

例如锻炼：有的人骑车，有的人跳绳，有的人跑步，有的人快步走，方法不同，但是都能够达成锻炼身体的目标。再例如学习：有的人精读学得快，有的人听书学得快，有的人喜欢看视频，这些方法都是可以的。

例如读书：前文已经讲过，早晨上班前，午休前，晚上睡觉前都是读书的好时机。我外出比较多，基本上都带一个可以容纳下A4纸的包，有空闲时间将书本拿出来。火车上、地铁上、等的士、飞机上都是看书的好机会。

持续行动

目标得当、分解合理、方法适用，接下来就需要坚持不断地行动。人都是有惰性的，自发自觉是有难度的。人的大脑有两个特点，遗忘和偷懒，没有坚定的目标，没养成良好的习惯，很难有持续不断的行动。因此，我们规定要将我们的目标定出来，公布出来，让周围的人去监督，这也是我们做早计划、晚总结的初衷。人都是渴望成长的，人都是希望获得别人认可的，人都是希望自己有信用的，因此，你在群里发了，无形中就自觉接受了同事的监督，"互助""教练"实际上起是监督作用。

及时调整

计划都是好的，但往往赶不上变化，如果原计划难以达成，就要调整策略，保证阶段性的目标能够达成。例如，有应酬喝酒，回家一般很晚，当天睡前的书看不了，可以第二天早起在洗漱前看书。周一到周五如果工作很忙，要加班，没有时间看书，可以周末抽一天的时间去看书。我曾经因为一周的读书目标没有完成，就跑到一个书店，点一杯茶，拿本书看，书看完，茶续杯两次，有喜欢的书再买一本。

再例如走路，有很多人每天要走20000步，结果膝盖受不了；有的人基本上没有跑步基础，也没有锻炼，就要去跑"全马"，那么肯定是不行的。这是一个需要循序渐进的过程：从快走到跑，从几千步到一万步，从健康跑到马拉松。

养成习惯

立下一个小目标，通过努力坚持超过1个月或更长的时间，就像每天起床要刷牙、洗脸（剃须）一样，变成一种习惯，甚至变成潜意识的东西，不需要思考就去做的时候，那么恭喜你，你已经变成了一个管理时间的高手，你的目标距离达成指日可待。

想去完成一个目标，只有一个理由即可；想放弃一个目标，可以找出一万种理由。

年轻人，你急什么？

我应"武汉市天使创业天使导师团"的邀请，为创业者做了主题为"如何在激烈的市场竞争中掌握项目成交之道"的沙龙分享。现场大多与会者添加了我的微信，一名与会者散场后发微信给我，说我的分享让他受益匪浅，让我将PPT发给他。收到这样的回复我也很高兴，但后续他叮嘱我，不要全发，将最重要的几页发给他就行，其实整个PPT只有20余页，每页也就是斗大的几个字而已。由于PPT没有存在手机上，我答复说用电脑登录微信时发给他。

其实做沙龙分享的过程中，我特别提出了项目的成交，要有一个由浅入深的过程，该参会者明显没有听进去，想获得最关键的几页，以为就拿到制胜的砝码，我也只能表示摇头。

无独有偶，当天沙龙上有一名来自某协会的工作人员，当主持人提出有什么问题可以提问时，她拿起了话筒，开始讲他们协会的宗旨，希望大家加入协会。分享的第二天，就发微信问我是否愿意加入他们协会，会费的等级分别是多少多少。我当时回答她，我需要了解和考虑下。

在互联网发达的今天，社会发展的速度越来越快，对于很多事情，大家都想速成，"一周掌握一门外语""书法速成班""快速致富的十大诀窍"大受欢迎。在大众创业的浪潮中，很多人想通过一个好的点子、一个好的梦想拉来投资人的钱，然后就闭着眼睛等候上市圈钱。他们从来不去琢磨如何满足客户需求，提高产品水准和服务质量；如何搭建渠道，建立供应商团队；如何打造团队和提高组织能力；等等。对于想一夜暴富的创业者，我想说，如果你没有坚定的追逐梦想的信念，那么你的梦想只能是幻想、空想而已。

如今，不少刚刚参加工作不久的应届毕业生，在工作技能没有提升的情况下，就一方面想着买房、买车、存款、孝敬父母，一方面又想着双休、旅游、休假，同时刷着抖音、打着游戏、刷着朋友圈，而忘记了学习、奋斗、吃苦、坚持。近期公司招聘，收到不少的简历，很多年轻人的工作履历中，工作经历长则1年，短则1至2个月就离职重新找工作。很多人认为领导有眼无珠，不识其才，遇到一点儿小的困难、一点儿小的挫折就轻易地提出离职走人。不知道他们有没有听过中国的一句古话："路遥知马力，日久见人心。"对于很多刚刚踏入社会的年轻人来说，守得住清贫、抵得住诱惑、经得起考验、耐得住寂寞，才能成长为人才。

　　褚时健在74岁因病保释出狱后，很多人以为他要颐养天年，他却做出了出乎常人的决定，携妻驻扎哀牢山，种出了励志橙——褚橙，直至91岁时去世。

　　文末，请大家记住褚老在80余岁时讲的一句话："我80岁还在摸爬滚打，年轻人急不得。"

迷失方向，就无法抵达目标

　　人要吃两种苦，一种是身体上的苦，一种是思想上的苦，前者可以锻炼意志，后者可以提升智慧。不愿意吃苦，总想取巧，最终收获也不会太多。我们总想着以一种轻巧的方式去博得更多的收益，但投机取巧的方式，折损得会更多。

　　诚然，现在城市的生活成本居高不下，想要在城市拥有一个属于自己的居所，仅仅靠自己去打拼很有难度。但这绝不是我们选择一个仅仅靠体力、靠耗时来赚快钱的工作的理由。偶尔早晨会看到外卖公司在开早会，一群统一着装的骑手，不少人戴着厚厚的近视镜，面容清秀而茫然，想必他们也曾经有过几年的象牙塔的生活。也许是生活所迫，不得不选择这种拼力拼时而又来钱快的工作。

　　物质财富，是一个人能生存下来，能生存得更好的基本保障，但是我们很多的欲望是否非得要去满足，其实很值得商榷。出生在二十世纪四五十年代的父辈们，结婚就是将两张单人床一拼，请亲朋好友吃顿饭，撒一包喜糖，就完成了人生神圣的仪式。但现在要买婚房，购置轿车，准备几克拉的钻戒，酒席摆个上百桌……谁真正想过这些到底与婚姻有什么直接关系？谁又规定租房不能结婚，没有钻戒、轿车不能结婚？反观部分年轻人房车都购置了，却仍然单身。

　　婚姻是找到志同道合的人一起去创造未来，而不是一方不断地付出。婚姻是建立在信任基础上的相互信守承诺。你拥有创造未来的能力，是为了向对方更好地负责。人是会想象的动物，是活在规划的未来里的，没有了规划和创造未来的能力，也很难把握住当下。

只看到当下的收益，没有方向和目标，就算再忙，也依然会迷茫。没有了方向，也就缺少动力和激情，忙忙碌碌也只能说是混日子或者过日子，并不能叫作奔日子。这种人过着日复一日的脚本化的生活，留给自己学习思考、发展兴趣爱好的时间被完全挤占，生活过得"充实"而寡淡如水。

我们以为把自己搞得很忙，就把握住了当下，但这样只苦力不苦心的工作，总会在未来的一天，因为年龄增长，体力下降，用身体来还债。

有句话是这样说的："不要在该吃苦的年纪贪图安逸，也不要用战术上的勤奋掩盖战术上的懒惰。"人永远有选择的空间，而不是我们认为的"不得不"。所谓不得不的唯一选择，是因为我们不愿意选择更难的路，而是选择轻松的不动脑筋的路。

前段时间流行一句话："做时间的朋友，选择做难而有价值的事情！"唯有如此，你才会有选择的权利。

如何赢得高人指点

"读万卷书、行万里路、阅人无数、高人指点"是我们提升自己的四条途径。读万卷书是最便捷的路，而高人指点是最难得但最直接的方法。当我们做某一件事情，不知道做得对不对、合适不合适，行不行得通时，高人指点就非常重要。

高人指点之所以最难得，是因为很难办到以下几点：一、你能否找到高人；二、你是否能够分辨出哪些人是高人；三、高人是否有时间见你；四、高人是否愿意说有价值的话；五、高人说了你是否听得懂，愿不愿意照办。

这五点的难度是分层的，逐步加深的，任何一步没有做到，就得不到高人指点。

第一，你是否找得到高人。高人一般都很忙，他们做事以价值为判断基准，很少去做没有价值的事情，因此高人一般都很低调。这个社会抱索取心态的人很多，不用说奉献，甚至很多人连交换的心态都没有，因此很多高人会将自己"隐匿"起来。长期曝光率很高的人，也许不是水平很高的专家。就像大鱼沉在水的最底层一样，透过现象直击本质的才是真正的专家，而本质掩盖在现象之下，很难触及，因此分辨真正的高人也是需要一定的能力的。

第二，你是否能分辨高人。我见过很多人，衣着非常光鲜，待人异常热情，看起来也非常大方。第一次见面，就对你说他认识某某领导，知道某某领导的逸闻趣事，吹嘘有什么忙尽管说，他能牵线搭桥。当你真正求助他的时候，又躲躲闪闪。真正混熟了，就开始以打通各种关系为名索要"打点费"。真正的专家是深藏不露，偶露峥嵘的。在前文中我提到过，说一个人要提升自己的圈子，首先要成为一名专家，才能被高人所用，或者产生交换，高人才会指点你。如果没有专长，就是索取，没有高人愿意浪费自己的精力做没有任何价值的付出。如果你还没有成为某方面的专家，甚至连成为专家的潜力都没有，估计很难分辨出谁是真正的高人。

第三，你能否接触到真正的高人。认识到谁是真正的高人，能否接触到又是一个新问题。我曾经鼓励很多人去学习，去参加各种论坛，去培训，但是部分人有各种的理由拒绝，要休息啊，要陪家人啊，要旅游啊，等等。公开场合的演讲，大型的培训，都是高人在上面讲，如果他讲得没有价值，不是真话，那么他很难被邀请。培训或者活动间隙，你如果能抓住这个机会和他们交流一下，请教几个问题，是非常有收益的。一般参加活动的人，除了混场子，耗资源的，还有部分人是追求上进，热爱学习的，在这个场合，大家是平等的。日常交流中，如果你留心观察，也能学到他们为人处世的方法，自我加以改进后，也会学到不少。当然，如果你的目的是扩展人脉，也能收到一堆名片，加几个也许加了也不联系的微信朋友。

第四，高人愿不愿意说有价值的话。鼓起勇气见到了高人，高人愿不愿意指点，又是另外一回事了。首先，你们有没有感情基础，没有的话，也就只能认识一下，最多合张影，发个朋友圈而已。其次，你有没有勇气去预约，高人有时也是孤独的，也需要被肯定。最后，自己是否真有问题需要提供帮助，千万不要花很长时间铺陈，讲太多的背景，有问题单刀直入，一针见血地问，千万不要浪费对方的时间，如果铺陈太多，会吃到闭门羹的。我曾经有一个困惑，约了一个领导见面，我认为他一定会帮到我，就三番五次地约，最终领导和我谈了30分钟，我的问题迎刃而解，于是我坚持我正确的做法到现在。高人指导，你要相信高人，按照他的见解去做，他讲得才有价值，如果只是听听，相当于高人的时间也被浪费了。

第五，高人讲的你会不会照办。前面也提及了，是否会照办，意味着是否真正听懂了。当我每天发朋友圈，发各种活动、培训、动态，不少人说我太高调了，太飘了，甚至太猖狂了，有人屏蔽我，拉黑我。我咨询领导，领导说："你要想清楚是谁拉黑了你，你想要成为什么样的人。你的身份就是一个小企业主，你要用你的影响力提升公司的影响力，你做的是对的，要坚持。低调，是对成功的人说的，你还没有成功，你现在要高调，积攒低调的资本，做事高调点、做人低调点就行。"有了领导的肯定，就有了我如今的"厚颜无耻"。

有了"创业导师"的名号后，不少人咨询我如何做好企业，我热情接待，尽毕生所学，倾囊相助，但有朋友听两三句就思想开小差儿。一次、两次后，我也不讲，他也不来了，因为听完了他依然我行我素，讲了也是白讲。他想的只是赚钱，赚快钱，不花成本地赚钱，这个我不会，也做不到。

我有一个观点：不要跟在笼里的小鸟讲天空有多广阔，小鸟飞出去了会饿死；不要跟小学生讲微积分，小学生会疯掉。面对认知层次相差太远的人，笑一笑，招招手就行，千万别浪费时间。

高人指点，尽管只是四字，但却是可遇不可求、可求不可得的事情。最重要的还是自己要足够努力，尽力地向高人靠近，这才是自我提升的良方。

为自己而活

至2021年6月30日，我坚持密集地写作已一年有余，如果从一开始动笔、有计划地写作开始算，都快接近五年了。随着一年中最后一天的到来，每天早晨早起后的写作也即将告一段落。我将自2020年9月以来写的文稿呈交给一位出版人，委托其编辑出版。

古人用"三不朽"（立德、立言、立功）来衡量人生价值，但我在德未立、功未就的前提下，可能要提前实现立言的宏愿，不知道应该称之为惊喜，还是说不务正业结出的歪果。现在很多不了解我经历的朋友，会认为我是一个文科生，其实我是工科出身，还有一纸高工证书。谁能想到我曾因语文成绩拖了后腿，作文水平太差，最终没能考入理想的大学（没有对母校不敬，仅陈述事实）。

作为一个从偏远农村走出的孩子，我没有想到今天我会在城市扎根，也没有想到会成为一名民营企业主，更没有想到我会出版一本书。如果今天我所取得的这点成绩还值得我骄傲，那是因为我一直不甘平庸，还有遗传自父母勤劳吃苦的品德。

早晨醒来，有一搭没一搭地边思索边打字，以今天的文章对我走上的"歪路"做一个总结，我为什么会误入"歧途"，在不久的将来会写一本书，以告慰过去的一段岁月。

一、动笔，除了朋友的怂恿，还来自我想改变，想胜任我所在的岗位。曾经讲话，动不动冒出一句口头禅，甚至一两句脏话，朋友提醒我时，我发现如此下去，可能会不经意间得罪一些人，我不能为无心伤害他人去找借口。再则，讲话长篇大论，却内容空洞，占用别人时间不说，更显得自己浅薄无知。后来我懂得，要改掉一个坏的习惯，必须养成一个好的习惯。一个坛子，装了清水，才能不留装脏水的空间。于是我开始读书，往自己的脑袋里尽量装下更多美好的词汇、优雅的语句。

二、读书写作，来自现实的需求。我还是一个工程师的时候，面对的主要还是事，要去解决问题。当了老板，面对的问题又和当一名工程师完全不同，工作的中心变成了和人打交道，沟通成了工作的重心，开会、面试、做业务都要沟通，要有方法地、高效地沟通，而我在这方面的能力是薄弱的。于是读书写作成了我提升沟通能力的捷径。当肚子里装了一点墨水后，有朋友偶尔会咨询我一些东西，起初我会当面接待，后来发现一对一地沟通占用我的时间比较多，效率较低，于是想到写篇文章发出来，也许能帮助到有类似问题和困惑的朋友，慢慢就越写越多了。

三、写作实际上是输出，输出是因为输入多了，就像水瓮一直在注水，满了再注就要溢出来一样。到2017年，我创业已经快4年，重新拿起书本也有4年。4年间读书估计有100本左右，慢慢有了表达自己的冲动，于是开始写作成了必然。后来随着读书量的增多，读书速度的加快，写作的速度也跟着加快，水平也有一些提高。朋友圈内点赞评论的朋友越来越多，也给了我不少的勇气，促使我坚持下去。从创业开始到今日，大约7年多的时间，我累计阅读的书有600到700本。前些日子读到一位企业家写的书，他说他大约读了1000本书，已经出版了两本书。出书，就像孕妇怀了孩子，时限到了就要"卸货"。

开卷读书、动笔写作，还有其他方面的原因，不再一一赘述，回归到本文的题目。我写东西，没有取悦他人的意思，也没有炫耀自己的目的，在朋友圈发，一是接受朋友们的监督，二是想得到一定的反馈，用以修正提升，当然鼓励和肯定也给了我坚持下去的勇气，在此感谢朋友们。最初的文章，质量算不上高，甚至可以说难以入目，有些朋友直接将我拉黑，甚至冷嘲热讽，但我认为他们都是出于善意的，都是在帮我，也没有太在意，因为我是为自己写作，为自己而活。还有朋友说，我的写作是为了给员工洗脑，朋友们大可不必有如此想法，我的朋友圈有接近5000人，我没那么自大，你们也别那么自作多情。

我是在疫情防控期间，下定决心将玩票转向专业的，于是开始了高标准严要求的写作。大概一年多的坚持，终于快要出成果了，兴奋有一些，但感受到更多的是解脱。

干革命要有一副好的身板，随着人过中年，锻炼身体成了我未来的要务，因此写作要在我的日常做一些淡化，如果朋友鼓励的声音还有，书出版后反响还行，也许我还会再回来的。

写作，我并无天赋，靠的是勤奋和坚持，我想朋友们可以以我为例，不要给自己的自甘平庸找理由，不要为自己的懒惰找借口、为自己的胆怯找台阶。

人要做成一些事情，才不会亏待上天给的这副皮囊，不要活在他人的眼光和评论中，人，要为自己而活！

外部瓶颈，还是自我设限？

某日，收到一位见过一面但未深交的朋友的微信，说在一家单位工作近十年，上不上，下不下，而且又临近中年，问我该如何做。

无独有偶，又有一个朋友说他离开了原来的公司，老板说企业发展遇到了瓶颈，欲重新换一个行业，他不想转行，还是愿意干原来的工作，于是离职另谋职业。

两个例子说的是同一件事情，就是发展或者成长遇到了瓶颈，但真正是那样吗？真正是顶到了天花板吗？是无法再寻求增长了吗？我个人认为，其实未必。

很多人在企业无法取得成长的时候，将原因归结于市场疲软、人才匮乏、成本高昂、利润太薄，等等，但是却很少将问题归结于自己。这个时候，我们可以问问自己，面对以上的问题，我们做了什么？我们花了足够的力气去吸引人才吗？我们努力提升过企业的管理水平吗？降低成本，提升品质进而提升利润后，市场真的那么差吗？行业的龙头企业是否也已关门转行？我们是否花了足够的精力去提升企业的竞争力和吸引力？我们与行业龙头企业有什么差距？我们企业自身，或者是企业老板本身还有哪些不足需要提升和改进？如果企业在当地的市场占有率足够高，有没有向周边市场去扩展，或者将企业总部迁到更大的城市去辐射更广阔的市场区域？我们的企业有快速复制的能力吗？我们的组织架构、系统建设、组织能力有没有变革的可能、提升的空间？我们是否有足够的资源进行上下游及关联行业扩张？

我想，问完这些问题后，很少有人能说自己都考虑到了。因为我们真正的问题，是我们企业自身存在的问题没有被揭示或者被发现，我们没有将眼光投向我们自己企业本身，没有更多的勇气和方法对自身进行变革，我们被固有的观念和模式所束缚，跳不出自我设限的框框。

很多人离职，会将理由归结于领导不重视，自身发展受到限制，无法在企业内部施展拳脚，等等。这依然将矛头对准了公司或者外界，但可能并非如此。个人没有被重视，是不是自己还不值得被领导重视或者提拔，对所从事的工作的热情不足？自己发展受到限制，是同样的工作技能支撑了这么多年，还是自己开发出了新的能力但被视而不见？自己无法施展拳脚，是不是自己的拳脚功夫还只是花拳绣腿？我们在企业的职位是否已经干到了"天花板"？我们的专业水平距离行业资深专家是否已经接近或者已经超越了他们？我们身上是不是有很多的东西不愿意舍弃，例如矜持、固执等？

在一个企业内部，人才，尤其是管理人才，都是紧缺的。去问任何一个老板，都会说，自己太忙，巴不得有人能够替代他的部分工作，甚至将自己的工作都交给经理人打理。当然有人只是说说，但更多的人是发自肺腑的真心话。很多企业内部有一条不成文的规定，一个领导或者主管要升职，必须培养出一名接班人才行，很多人也是因为这个原因而无法获得升迁。一个人的价值，不是自己感觉自己重要，而是自己真正被需要的程度，或者叫不可替代性，前提是你有什么卓越的能力。我们大多人都是干着跟旁人差不多的工作，拥有差不多的水平，产出着差不多的成果。一个人萌生退意，会找出各种理由，但却找不到靠谱的理由。企业破产，都可能不是离开的理由，君不见有人跟着马云，两次创业失败，拿着500元工资继续创业；史玉柱第二次创业破产后，仍然有20余人不离不弃。

如果企业内部还有职位比你高、薪水比你高的人存在，企业内部还有人值得让你去模仿和学习，那么以"瓶颈"为离开的理由并不成立。公司不适合你并不是理由，而要问自己花了多少的时间去适应上级，改变自己去适应公司。你是否花了足够的精力去开发出更多的能力，准备升迁到更高的职位？不要说你的努力没有被发现，你努力的程度只是感动了自己，还没有达到感动别人的地步。没有发现你，是因为你不善于自我展示。将理由归结于他人，归结于外界，心生抱怨和愤恨，于解决问题无益。我认为，从一个单位离开，要做到以一个胜利者的姿态离开。很多人因为钱发少了而辞职，其实可以问问自己是公司给你发少了，还是因为自己能力不足赚得不够多？是因为老板吝啬，还是自己成果太少，贡献不多？是领导有眼无珠，还是自己还没有准备好被提拔，而无法涨工资？还是自己的欲望太盛，但能力不足，不足以换来足够的薪水满足自己的欲望？如果干着保安的工作，却渴望拿着董事长级别的薪水，建议在闲暇时想想即可，否则即使行动了，也是盲动。

我们认为的大多数瓶颈，是根本不存在的，瓶颈，往往是自我设限。很多的时候盖在瓶口的只是一块玻璃板，勇敢地冲上去，玻璃板掉了，就叫打破瓶颈。

第八章　好习惯来自坚持

你的坏习惯正在杀死你

放假回老家，去镇上的小吃摊过过嘴瘾，尝下老家美食豆腐脑，享用完就跟摊主聊天。此时摊主的豆腐脑已经售罄，但仍有食客前来，其中有一个食客从隔壁端了一碗来到这边的摊点，让加下调料。我正狐疑，食客说，他对蒜水过敏，而隔壁摊用一个勺子舀醋、酱油、盐和辣椒油，蒜水会混进去，没办法只能过来麻烦老板。我不知道那位食客所在摊点的豆腐脑的味道如何，但也许那家店主只要多配几把勺子，分开加调料，就会吸引不少的食客。

无独有偶，镇上还有两个卖肉的摊点，都是老家的熟人，肉都是一样的，晚上从当地的肉联厂批发，回家放在家里的冰柜，第二天在镇上售卖。有一家在中午时早早售罄收摊，有一家守摊到夕阳西下，还带着卖不完的肉回家。这样的日子，日复一日，年复一年，就这样过着。其实两个摊主的差别并不大，甲摊主待人热诚，收钱时，零头就免了，而且临走时还搭一小块肉。而乙摊主，待人不太热情，卖肉丁是丁，卯是卯，锱铢必较，一毛两毛也收，慢慢地顾客就少了。

记得曾经工作的一个单位，同期进入两位同事，一位是研究生毕业，一位是中专毕业，后者进入单位之前在一个灯泡厂当工人（或技术员），后来下岗了。公司老板布置任务时，研究生同事总能找出理由拒绝老板的任务，提出任务中的不足、任务的不合理性、任务完不成的理由，两三次过后老板就不再给他安排重要任务。后来听说他离开单位，在外面混得不是很如意，最终没了音讯。而另外一个中专毕业同事，老板安排事情，不管是分内还是分外的事情，都会竭尽全力地完成，总能找出各种方法。简单的设计工作，需要他做，不会绘图软件，立马学；市场部的事情，让他去做，他也毫不计较地做；后来升任部长、总助、副总、常务副总。再后来公司被兼并，他自己干起了老板，听说干得很不错。一个人起点再高，如果拒绝进步，就会慢慢落后；一个人的起点稍低，但如果不断学习、主动提升自己，终有一天能出人头地。

其实人跟人原本的差距并不大，之所以后来被慢慢拉大，是因为习惯在起着巨大作用。以我的看法，所谓的习惯，就是习以为常，惯性使之。对于造成现状的成因，很多人可能不去想，甚至让你不愿意去想，不去深究，日复一日，年复一年，依然如故。

我们习以为常的事情，一天天地重复着，看似没有多大的危害或不良影响，但这些行为习惯却将你带入平庸的境地，甚至滑落到危险的边缘，而你却浑然不觉。杀死你的不是别人，正是自己，是自己想当然的行为习惯和深藏在背后的潜意识。

坚持的力量

一日临时安排出差，早晨7点出发，亲自驾车，坚持每天写一篇文章的计划中断，最终趁着等待客户的短暂时间完成了一篇缩水版的文章。回到武汉，和朋友一起吃饭，一场大酒喝得断片，次日上午请假休息，一字未写，坚持3个多月的习惯暂时中断。

前些日子，决定每天早起半个小时锻炼，也因早起出差而中断。由于近期的出差和接待较多，阅读的数量比计划的数量少了不少，看来上半年定下的目标难以完成了。最近新加了运动群，朋友们开始坚持跑步，有的朋友不管刮风下雨，一直在坚持运动，而我却连徒步都难以坚持，看来坚持做一件事还是有一定难度的。

仅凭一时的兴趣做一些事情相对容易，但是坚持不断地做一些事情就略显艰难，仅凭喜好去做一些事情很难长久，得靠责任、毅力和意志，还有持续不断的热情。太多的事情，成果都是来自长期不懈的坚持，甚至更多时候要承受来自外界的猜疑和误解，还要克服众多的意外事件。做任何事，轻易地开始，随意地结束，相对来说比较容易，但是很难出成果。坚持做有难度的事情，才有真正的价值。

面对突如其来的意外，及时地调整计划，想尽办法去完成，需要有周旋于各种矛盾中的智慧。没必要事事做得完美，有时候完成比完美更重要，做了比什么都不做及胡思乱想要好很多。偶尔的放弃，接纳即可，没必要对自己过度苛责，做人最难的就是放过自己，与自己的内心和解。

又到年中，需要盘点和总结过去半年的工作和生活，对于常人，能够完成70%的目标其实已经非常了不起，接下来在原来的基础上有所改进和进步就已经很好。真正的"牛人"，他们会想尽办法，不断地调整方式和方法，保证目标的完成。看来自己还有很大的改进空间。

做任何事，首先要跟自己死磕，逼着自己进步；当真正尽力时，即使有一些意外发生，也要学会跟自己和解，接纳自己的不完美；此后，继续进行改进和完善，使得自己做得更好。

做任何事，坚持下去才有结果。但养成习惯，却异常艰难，唯有信念坚定，意志坚决，勇于行动者才能笑到最后，这就是坚持的力量。

长大，从学会得体地拒绝开始

曾经面试过一个女孩，父母是大学退休的教授，女孩参加工作也有五六年的时间了。人力资源部面试过后，推荐说非常优秀，于是我稍微多花了些时间去面试，女孩的认知、谈吐都还不错，但总感觉缺点什么。疫情期间，由于外出受限，于是我们将本来需要三次的面试尽量压缩在一天，避免让应聘者奔波多次。我面试完后，就让人力资源部通知录用，对方当时也表示已经考虑好了，决定加盟，承诺"五一"收假结束第一天就上班。

过了几天，人力资源部反馈，发出去的录用通知，邮件未回复、电话不接、短信不回、微信拒绝添加好友。公司有一个惯例，周一开月会或者周会，要在会议上介绍新同事，于是我让人力资源部继续联系，仍然未果。我按照应聘登记表留下的女孩母亲的电话打过去，惊奇的是，电话打通了，但是这位女士却不是女孩的妈妈，我道歉一番后挂断了电话。

本来还抱有一分希望，认为对方有什么特殊情况，但此时已经释然，一个没有诚信的人，不值得被期待。这时我才感觉到面试时的隐隐担心，是女孩言谈举止之中透出的懦弱。其实，面试结束后，用人单位发出邀约时，完全可以回复需要考虑下什么时候给答复，即使答应后又决定不来，告知对方即可，但玩失踪，拒不接电话，故意留下错误的电话，则太不可取。对于陌生人，我们可以保持戒心，但是却不可恶意欺骗。你能保证你欺骗了陌生人，还能对熟悉的人保持一贯的诚信？熟人都是由陌生人变来的，熟人也可能变成陌生人。对熟悉的人不诚信，对方会离你远去，对陌生人不诚信，你很难交到新的朋友。对于一个接近 30 岁的年轻人来说，不能学会得体地拒绝，说明她依然是一个小孩。一个懦弱的人，没有勇气的人，内心脆弱的人，没有主见的人，不值得被托付重任。

学会得体地拒绝，是长大成人的必经一步。

定位与标准

人生在世短短几十年，来到这个世上的时候两手空空，不遮片布；离去时空空两手，片布不带。几十年中，很多人留下很多传说，而很多人带走不少遗憾。是什么造成了人与人之间的差距？本人认为一是人生的定位，二是执行的标准。

一个人对自我的定位和对未来某个时间节点的定位，决定了他采用的手段和方法的不同。定位有时候等同于设定人生目标，设定不同的目标后，接下来的选择就有所不同。同样的努力，在不同赛道上，交通工具选择后，速度的高下已见分晓。例如你设定了日行千里，估计开辆轿车就可以了；如果要日行万里，那选择高铁肯定不行，一定要选择乘坐飞机。

定位完成后，接下来就要制定标准，高标准严要求地执行。很多人唱了一辈子卡拉 OK，依然成不了歌星；有的人打一辈子乒乓球，在专业选手面前可能连一分都得不到。这其中有我们训练时间不够的因素，但最重要的还是我们执行的标准太低。标准的不同，导致我们付出的时间、投入的精力以及关注细节的程度都有所不同，日复一日，日积月累，差异就非常大了。凡是能成为"某某家"的，都是高标准严要求，严苛训练的成果。

现在职场很多人，将自己定位为一个打工者，遇到困难，就找借口推诿；没有做尝试和坚持，就自认技不如人；生活中遇到不如意的事情，就情绪低落。做事时心不在焉，心神飘忽不定，最终工作也敷衍了事。很多人做事的时候不是没有目标，而是缺乏高度的自律和严苛的执行。

近日，一位朋友咨询我，他在单位工作 10 年，遇到瓶颈，留则心有不甘，去则心有顾虑，问我如何抉择。由于与这位朋友相交不深，我没有急于回复。其实今天的文章已经给出答案，如果当初设定了目标，而且严格地约束自己，毫不动摇地追求，估计也没有如今的苦恼。

如今，许多人对于某件事情，就是想想而已，甚至很多人想都不想；有些人则试试即可，试完走人；只有少部分人能坚持到底，不达结果不罢休。许多人试了许多路，发现困难就改弦易辙，道路变换了很多次，方向有时候也跟着改变了。

人生这条路上，比拼的是效率。只有定位清晰、目标明确、标准严苛、日日精进的人才配得成功。

专注的力量

某日与几位高人相聚，其中有一位致力于做生态餐厅的老板，还有一位他的合伙人，留学归国的一位生态农业专家。生态农业专家说，这位老板曾"三顾茅庐"邀请他，最初他并没有答应入伙，此后他之所以愿意成为这位老板的合伙人，是因为看到这位老板坚持不懈地读书，坚持不懈地写作和分享。事后得知，对方每日会写一篇文章，1600~2000字，分享到员工微信群。

其实我与这位老板结识也有近3年的时间，交往也仅限于朋友圈点赞，甚至没有更多的互动，昨天的偶然相聚，令我重新认识了他，同时也自惭形秽起来。

席间还有一位做母婴用品的连锁店老板，举止非常优雅，装扮非常精致。对方只讲了一句话，我就震惊了。她每天早晨会将自己的经营理念写成一段话，发在员工工作群，晚上将自己读书的精华录制成音频，分享给全员，这件事她做了8年。返程时我搭乘这位老板的车回家，她说她的每一个进步和每一次变革，都会遭遇不少阻力，但是她坚持了下来。因为坚持，她改变了自己的命运，也影响了很多人的命运，我不禁肃然起敬。她说她初来武汉时，除了丈夫，认识的人仅限于公婆，如今她已有许多朋友。看来一个人朋友的多寡，不仅仅在于是否亲和，还在于是否坚持了梦想，是否影响并吸引了更多人。席间我也讲了几句话，其中一句是，我判断一个人是否可交，就看他的朋友圈，看他是否坚持在一个行业耕耘，是否在坚持做着一件事情，看他坚守了多久。

九点回到家，妻子闷闷不乐，问其缘由，妻子说，女儿前些天的摸底考试，数学满分，而语文考得很不理想，于是我跟女儿谈了我听到看到的故事，给她讲了专注的力量。女儿哭哭啼啼，含着泪将我的话听完，我没有去哄她，我希望她能知晓一件事，那就是知耻而后勇。我对女儿说，写作业的时候不要把手机放在边上，不要边看电视边看书。成绩不好，一方面是因为学习投入的时间不够，一方面是因为专注度不够造成的效率低下。

一个人能否做成一件事情，一方面看是否有发自内心的热情，一方面则看是否始终如一地专注地坚持。自欺欺人的假专注，是不可能长久的。我们公司的办公室挂着"专注、专心、专一、专业"的标语，也许这就是成功的法门，成功在于行，而不在于知。

逆向思维

某日与朋友闲聊，谈到有家室的已婚人士如何避免陷入婚外情，我引用了一位婚恋专家的忠告：一、不要与异性同处封闭的空间；二、如果必须要同处一室，不要饮酒；三、在一起不要谈与隐私相关的话题；四、不要动心。

我说完后，朋友哈哈一笑问我怎么研究这么有趣的事情。我说，我讲的话其实是给渴望恋情，但是又找不到方法的单身男女听的。以上的忠告，反过来不就是教年轻人如何谈恋爱吗？见到有感觉的异性，就是要动心，要热情，而不是故作矜持；其次，要创造条件独处，这样注意力就会集中在一处。接下来要多相处，日久才能生情；在一起要多谈与自己相关的隐私信息，这样才能拉近彼此之间的关系，而不是谈论经济形势、国家大事。很多年轻人不愿意谈自己的过往和喜好，并不是因为内向，而是因为自卑。最后，和异性在一起，要适当饮点酒，因为几杯酒下肚，可以放松神经，放下戒备，才能袒露心怀。

以上讲的其实是逆向思维。如果学会了用逆向思维去思考问题，解决问题，也许会少不少抱怨。与其哀叹自己收入太低，不如想想如何提高收入；与其抱怨子女成绩不好，不如想想如何提升学习效率；与其抱怨社会不公，不如自己去努力争取公平。

多年前在农村，我们的父辈，因为当年的农作物丰收，价格极低，第二年改换一种作物种植，结果依然低价，而往年低价的作物却卖出了高价。有不少人，别人种什么，他就反其道而行之，最终因为奇货可居，卖出了高价，赚得盆满钵满。

有时候，眼前没路时，掉转个方向，也许就能觅得一片开阔的天地。当一个人认为自己走投无路时，也许换一种思维，就会海阔天空。

拥有逆向思维，真的很重要。

思辨力

互联网时代的到来，信息的获取越来越便捷，但是我们获取知识的难度却不断增大。我们越来越习惯于用快捷的方式获取我们认为重要的知识，朋友间闲聊时，我们可以将从网上获取的各种信息转述一遍，一来显得我们没有落伍，二来显得我们知识还很渊博。但我们却很少思考过，这些信息（大多数人认为是知识）真正对改变我们的现状起到多少作用。

互联网时代的到来，使得自媒体长盛不衰，微博、微信、公众号、抖音、快手，我们每一个人都可以将我们的动态、美照和我们的言论发布在网上，其中不乏很多独家爆料、绝密内幕，还有慷慨激昂的声明等等。是不是科学技术越发达，我们获取知识越来越容易，我看未必。我们在网络上花去了太多的时间，忘掉了一个使得我们能够与众不同的、重要的能力——思辨力。

人的大脑有两个特点，一是懒惰，二是健忘。我们太喜欢走捷径，太喜欢相信所谓的秘籍，甚至谦虚到非常愿意听从高人的意见和建议，但是却不去思考，丧失了辨别真伪、分辨是非的能力。随着社会发展的速度越来越快，信息交换的速度也越来越快，作为社会人的我们不自觉地陷入了攀比（或者叫对比）的怪圈中，使得我们变得越来越焦虑，我们渐渐地迷失了自己，成为随大流的一群人。

许多人习惯于盲从，而不会思考，别人买房我也买房，别人辞职我也辞职，别人创业我也创业，甚至别人离婚我也离婚，忘了自己是一个什么样的人，自己真正的需求是什么，自己到底要去向哪里。

盲从、固执以及偏执，是因为我们只能接受一种观点，很难接受另外一种观点。有时我们脑袋里存在大量的二元对立的观点，非黑即白、非对即错，我们往往只知其然，而不愿意开动脑筋去想所以然。如今许多读书会，专门将一本书的内容压缩到 30 分钟左右，我们跟着听书，看似我们听到了渊博的知识，等遇到新的问题，听到的知识依然无法帮助我们解决问题。

有些人也看书，但是依然练不出思辨力。因为他们只是浅显地读书，把书中的内容当成别人的故事，或者只读一个类型的书，用于满足自己的喜好。只有读书多到一定的数量，面对各种不同的观点我们能开动大脑，分析对比，辨别是非真伪的时候，才叫学会了真正的思考。只读而不思考，读再多的书也是死读书。

读书最根本的用处在于改变自己。如何去改变自己，就是让人进入一个自成长的良性循环中，从来没有人只因为导师引导而变得出众，导师只能起点拨作用（传道授业解惑而已）。要改变自己，必须要建立起对这个社会的客观认知，建立起一套较为完备的认知架构和知识体系，而这绝不是一蹴而就的。人随着年龄的增长越来越难以被改变，大脑越来越习惯于以往的固有模式，这也是为什么很多人在 30 多岁的时候就提前进入中年危机的原因，不去学习、不去思考、不去改变自己是最根本的原因。

思辨力的辨，是辨别是非、辨别真伪的能力，但太多的人很难练就这个能力。是因为不愿意学习，不愿意思考吗？可能也未必。根本的原因是，在物欲横流的社会里，太多的人做任何事情都只考虑自己，或者说只考虑一个小团队的利益，太多的人把自己变成了一个精致的利己主义者。每天关心的就是如何赚到多少钱，换多大的房子，坐多豪华的汽车，而忘记了去关注外界和社会，他们做任何事情的出发点就是对自己有没有利，对自己的小团体有没有利，如果没有，绝对不会花任何的精力和时间。没有了怜悯之心，没有了同理同情心，如果我们做事只是为了证明自己给别人看，终究还是为了自己。于是，我们不再关心社会朝哪个方向进步，不再关心自己能为社会做什么样的贡献，不会考虑社会和他人的需求和苦难。我们终究是活在社会里，活在趋势中，受各种各样的规律所约束，没有了分辨力，也就很难找到正确的方向。

我在课堂上问学生，什么样的人叫明白人，同学们的回答五花八门，看来我们天生都不可能是明白人。懂自己和他人（人性），能够看清趋势（当然也包含历史、现状和未来），才叫明白人，或者说真正有了思辨力的，才叫明白人。如果我们只是一味地索取，只考虑自己，是不可能有思辨力的。

领悟力

某日参加培训时，课间休息，与授课的教授交流，我请教了教授三个问题，教授对于前两个问题，笑而不答，对第三个问题，也没有直接给出答案，而是讲了一个生动的故事作为回答。现代社会，很多人面对问题，都想直接得到答案，却从不寻找方法，更不会寻找问题产生的环境和根源，做的都是头痛医头、脚痛医脚的事情。

自媒体时代，人人都可以表达自己的观点，但在各种自媒体里，看到的往往是鸡汤文，是他人搬运的观点。所谓的观点，只是一些正确的废话，放之四海而皆准的道理，而且说归说，做归做，完全两张皮，现实中我们需要学习的并不只是知识、大道理和名人警句。

在焦虑指数居高不下的今天，很多人去学习，去读书，去培训，但培训过后，我们听到的只是这个老师很厉害、讲得不错，那个老师讲得不好之类的评价；或者我们会利用老师的观点佐证自己的观点，但却不关注我们自身有哪些错误、存在哪些不足，观点有哪些偏差。如果培训过后没有意识到自己的不足，没有改正，没有行动，培训最多只是学到了一点知识而已。

曾经，因为读了一些书，对一些事物有了浅薄的见解，面对那些慕名求教的人，我也会讲很多的道理，甚至非常乐意给出答案，但是我发现得到答案的人，扭头又按照自己过往的方式行事，于是，我也不再热衷于去讲道理，甚至变得越来越沉默。面对直接奔着答案来的朋友，我只好借口很忙避而不见，实在避不开，就找一些对方能听懂的道理讲一讲，并尽量地控制时间。

在互联网时代，获取信息已经非常容易，知识的获得也变得非常便捷，但分辨信息的真伪却变得异常艰难，把知识变成自己的智慧更为不易。

现实社会中，我们要提高的，是领悟的能力。周遭的高人很多，新奇的观点不少，你要提高的是你接受新知识、新观点的能力。想听懂一位大学教授的讲授，最起码要把自己的能力提升到大学生水平，而不是死守着自己的小学文凭。

要想进步和成长，提升自己的领悟力非常重要。

表现力

也许是受东方文化，或"做人要低调""枪打出头鸟"等理念的影响，大多数国人从小就表现得内敛低调，不善言辞，特别是在公开场合、有陌生人在场的时候，经常表现出恐惧或者担忧的心理。

其实这并不是由来已久的天性，而是我们缺乏一种能力——表现力。有时候，我们很难将自信和张狂分开，将表现和显摆分清，将勇敢和胆大区分，将怯懦和谦虚分清。表现力，是展现自身实力的能力、是表达自己观点的能力。

一个人的成长，需要好的机会，有些机会是自己争取的，有些机会是别人给予的，但好的机会并不是常常有的，自己要有足够的实力并且表现出来，然后才会有外界或旁人给予帮助。不会表达自己，不会展现自我，许多机会就会从身边悄悄地溜走。

展现自己靠勇气，表达自己靠能力。展现自己要克服内心的恐惧，不要太在乎别人对自己的品头评足，特别是不要顾忌那些没必要顾及的人。表达自己，首先要有独立鲜明的观点、有独到的见解，这也不是件容易的事情，没有在一个行业浸染数年，没有经过长期的调研思考，是很难做到的。

表达自己，还要有精准的语言。说话结结巴巴，是因为头脑里装的词汇量太少；

语句不连贯，是因为逻辑思考能力不强，口头禅脏话多，是因为头脑的运转速度跟不上嘴巴的运转速度。表达能力不强；往往是平日的学习和训练不够。表现力中有一项重要的能力叫演讲力，演讲力很重要的成分是演，因此，面部的表情，肢体的动作，穿着和仪态也很重要，照着稿子朗读绝对不是演讲。有料而无演讲力，如同嚼蜡，毫无生趣；有演讲力而无料，最多只能算说说俏皮话，逗人一乐，无法触及他人的灵魂。

成长，就意味着与自己的过往不一样；出众，就意味着慢慢变得与自己熟悉的人不同。不要太在意无关之人看待你的眼光，要在意值得你在意的眼光，更要在意你自己的追求和内心的需要。

表现力，对于一个渴望成长，追求不凡的你，真的很重要！

目标感

一个人能否取得成就，首先看一个人是否有明确的目标，其次看是否有足够的方法实现其目标。上天赋予每个人想象力，人人都有梦想，是否能够找到方法、付诸行动、做到坚持，决定了梦想是变成理想还是空想。

我们要限时读完一本书，或者坚持一气跑完5千米，会觉得很难，这是因为我们定下了目标。但是躺在沙发上刷短视频，浏览头条的八卦新闻，就会感觉舒坦，这是因为我们所做的事情漫无目标。凡是能用本能去完成的都不会感觉很难，要用能力去完成的，多多少少都感觉到有点难度。散步30分钟，对一个健康的人来说一点都不难，因为走路是人的本能；但是长跑10千米，估计大多数人做不到，因为这要用到能力，而你还没有通过训练获得这个能力。

我认为干成一件事情，分四个层次：首先要有目标感；其次目标的设置要科学；再次要有方法和手段支撑；最后目标要兼容，不可偏颇。

做事要有目标感

很多人做事，目标感缺失，得过且过，做任何事情都打不起精神，干也行，不干也行。他们不愿意去练就一定的能力，说好听点儿叫靠天赋，说难听点儿就是靠本能，这样的人占大多数，他们只是为了讨生活；还有一类人，不能说没有目标感，而是目标太多，而且不停地在换，毫无章法。曾经有个年轻人来到公司，一会儿说要干技术，一会儿说要干市场，甚至提出要去做个文学家，试用期结束前，我说他还是找个文学院屈就下算了。很多人目标混乱，一直在寻求机会，现实是，处处能看到机会的人，最终也难得抓住机会，把握住机会是需要能力的，而他恰恰没有时间去提升自己的能力。

目标的设置要科学

世间有雄心壮志的人很多，但大多都半途而废了，究其原因，是目标设置得不科学。很多创业的年轻人，动不动就立下豪言壮语，牛吹出来给自己打打气可以，但是牛皮吹得自己都相信了，那就不好玩了。很多人连正儿八经的工作都没干过，甚至连行业的门槛都没摸到，连行业内哪个是真正的专家都辨认不清，就说要去颠覆一个行业，岂不是一个大的笑话。如果连一名普通的士兵都做不好，最好不要说去当一个将军。

年轻气盛本没有错，吹个牛栽个跟头也没啥，知道自己错在哪里能改正就很好。关键是很多人年轻时一直好高骛远，一路跟头栽过去，疼也疼了，但就是不吸取教训，到头来，不再年轻了，气也不盛了，也没有机会干成事了。因此，相对于目标远大，脚踏实地更重要。

目标要有相应的支撑

一个年轻人工作两年后要去创业当老板，他也非常坦诚，说他喜欢无拘无束的生活，不喜欢有管束。再则，打工赚钱太少，他想赚很多钱，要买房结婚生子，等等。过了半年再见，我说干得如何，他说很难，其实我从他的表情就能看到他并不轻松，凡是干一件事非常吃力时，肯定是没有找到科学的方法。

当老板，并不是找个办公场所，注册个营业执照，挂个牌子开干这么简单。

一个老板，首先是一名员工，一名优秀的员工，其次才是老板，老板和员工只是职务之分。老板在公司就是那个制订规则（或者文化），遵守规则，进而用规则约束全员的人。老板的自由就是在规则约定下的自由，并非绝对的自由。遵守规则，其实就是自律，现实中成功的企业家没有一个不是严格自律的，就算看似不自律，那也是假象。功成名就的老板和正处于上升期的老板看起来是不大一样的，表象往往距离真相相差十万八千里。

我曾经见到过一位上市企业董事长，在一次公开演讲中穿着牛仔衣裤，他说他崇尚自由，比较随意。后来我有一次去他公司参观学习，这位老板西装革履，打着领带，还戴着公司的工作牌。我们看事情，千万不要被假象所迷惑。

目标要兼容，不可偏颇

一个年轻人，非要干出惊天动地的事情，遇到心仪的女孩，认为自己还没有干出一番事业，不能表白，结果等到功成名就了，再去找女孩，对方已经结婚了。有的人非要超越某某，坐到行业前几的交椅，没日没夜地加班，没有时间休息，没有时间陪伴家人，也没有兴趣爱好，结果要么妻离子散，要么身体垮了，健康没了，其他的一切都没了。

人不是为了单一目标而存在的，事业、爱情、家庭、友情、兴趣等，都要兼顾，缺了一项或者几项，人生就会少很多乐趣。做企业不是非要干到行业前三，只要比平均水平好就不会被淘汰，况且行业前三是别人花十多年甚至几十年才达到的，你刚涉足这个行业几年就要把别人挤下去，也不现实嘛！

人的需求是多样的，事业不能替代家庭，家庭替代不了朋友，亲情也不能替代友情。

目标的兼容，就是相关的目标都要兼顾，不可缺失，不可偏颇。某一个时段，哪个目标更重要些，花的精力就稍多一些。平日多努力一些，其他的目标更紧急的时候，就能临时调整兼顾，绝不可平均用力，更不可牺牲某一部分。

界限感

自然界的运行有自己的规律，世界也有自己的秩序，有些东西被打破了，就会带来不平衡和麻烦。人与人之间的关系亦有亲疏，有些关系亲不得，疏不得，我们把人与人之间的亲疏关系，定义为界限感。很多人人际关系紧张，很大一部分原因是界限感缺失，或者界限越位。

人与人之间的关系，有亲子关系、夫妻关系、同事关系、朋友关系等等，任何一种关系处理不好，都会影响一个人的人际交往体验。亲子关系中，很多父母把子女当成自己的财产，处处控制，造成子女对父母的依附，这是父母越界，最终影响了孩子的成长；还有很多父母把子女当朋友，和孩子无话不谈，最终用自己的价值观支配了孩子，很多"巨婴"也是因此而产生的。虽说子女再大，在父母的眼中都是个孩子，但子女长大成人后，就要当成一个大人对待。很多的父母在子女成家后，依然对子女的小家横加干涉，子女婚姻中出现了矛盾，不给子女处理夫妻矛盾的空间，强行介入，最终使得子女家庭破裂。

夫妻是共同陪伴时间最长的且没有血缘关系的组合，夫妻之间的界限也不能打破，所谓如胶似漆，也许只在一个阶段存在。我们在新人婚礼送上的祝福，只是一个美好的愿望，但要实现，需要夫妻双方共同的努力。夫妻之间的界限感，在于双方有各自的事业和爱好，有自己的朋友圈子，而这些圈子有一定的重合，也有各自独立的空间。夫妻有共同的朋友，可以解决安全感的问题，双方都知道对方在做些什么；有共同的兴趣爱好，就有了交流的基础。夫妻双方有各自的事业追求、志趣爱好、朋友圈子，才能保持各自独特的个性，彰显生命的价值。很多夫妻离婚，并不是因为有了所谓的外遇，这只是表象，究其根源，很多都是爱还在，感情还有，就是没了感觉，没了激情。这也是夫妻之间缺乏界限造成的。

朋友之间的关系，同样也有界限。世间没有真正无话不说的朋友，因为我们每个人都是独立的个体，都有自己的隐私边界。所谓朋友，是有共同的行业、信仰或爱好等形成的，一旦超出了共同的空间，关系可能不会更紧密，反而会被破坏。朋友之间的关系，也不是完全的平等，准确地说叫有限平等，朋友之间依然有长幼、尊卑、职务、家世方面的差别，我们要在承认差异的基础上寻找平等，而不是无视差异。

一个年轻人，说自己和老师是朋友，他说他向老师提出老师的合伙人有这样那样的不足，我笑而不语，心想，你怎么知道老师不知道呢？老师知道，跟老师说了何用？如果老师能解决，也就没有说的必要。人的成长中，知道得多是有益处的，但说太多会带来麻烦，甚至造成伤害。

职场的关系也同样复杂。有句话叫不要在企业内交朋友，很多人可能不理解。我来说说我的认识，企业中的大家是因为有共同的目标走在一起的，是因为信仰而形成一个团队，有目标，就要求团队的所有成员都理性。公司内部要营造公平公正的氛围，就不能有拉帮结派、自立山头的情况。当然在企业内，不是不能谈感情，而是感情要退居其次，企业内同事的关系是战友关系，是将军与士兵的关系，能打胜仗，抢占山头是第一位的，在这个目标完成的前提下讲感情，千万不要排错了序。普通同事之间感情搅和在内，难免感情用事，你因为"善良"，告诉了对方很多秘密，结果对方添油加醋，改头换面，变成了他邀功请赏、升官发财的资本。为什么很多家族企业发展到一定的程度会停滞，或者分崩离析，最根本的因素还是因为感性取代了理性，或者感性多于理性。

在企业做领导，要使得下属信任你，但是又不能变成透明人，这也是要用智慧去处理的。我曾认识一个朋友，周末晚上拉着下属打牌，甚至打通宵，下属赢也不是，显得领导不高明，输也不是，本来工资还要养家糊口。最终领导和下属成了狐朋狗友，公司管理一团混乱，这个当领导的朋友也被迫提前退休。在职场，界限感清晰，就是讲政治，能力固然重要，但不讲政治仍然危险。

人与人之间的界限，要去观察，体悟，感受，调整，执行。界限感的把握很难，但有价值，值得花心思和精力去研究。

谈激情

某日拜访了一位大哥，5年前他体重160多斤，人到中年也有了"三高"症状。他本就有锻炼的习惯，曾坚持游泳，冬天亦没有停歇。5年前，他改跑步，如今每年跑6场马拉松，早已成为省内跑步达人，在跑圈享有美名。聚会时，他讲到，不到半个月，已经跑了300多公里，现今体重降至130斤，身体的机能为20岁的状态。

与大哥认识已经有十余年，他亦有着繁重的工作，但没有因为工作和生活耽搁跑步。如今他的作息时间改成晚上九点睡觉，早晨四点起床跑步，每天雷打不动地跑21公里，即一个"半马"。我问他，难不难受，痛不痛苦，他说刚开始那时会难受、痛苦，但是后来就习惯了。

我也曾几度下定决心步行上下班，每年参加几次徒步，但最终都没有坚持下来。180多斤的体重保持了很多年，去年体检血压有点高，尽管下了很多次的决心，但是却迟迟没有行动。不过每见到大哥一次，打算开始锻炼的冲动就增加不少。希望这次在大哥的激励下，能够尽快开始付诸行动。

一个人坚持做一件事情，仅仅靠毅力是难以持久的，要有发自内心的热爱，要有源源不断的激情，那么激情来自哪里呢？

首先看我们的追求，我们需要的是来自外界的赞许和肯定，还是来自内心的需求和喜悦。如果动力来自外界，当无人关注时，没有人点赞评论时，我们的寄托会消失，就会轻易放弃。如果我们的追求在内心是热切的，就会产生自内而外的喜悦感，那么我们也会轻松地坚持下去。

其次看需要的迫切程度，即这件事情的重要程度。大哥日日半马，是因为他感受到了健康的重要；我日日坚持写作，是认识到了写作（自我总结归纳，自我反省提升）的重要，写作在我需要完成的事项中重要程度排序靠前。一个人选择做一件事，皆是因为认为这个事情重要，当然有的是有意识的，有的是潜意识的。对很多人来说，他们并没有看似重要的事情要做，这也可以，那也可以，最终就没了热爱，没了激情。

再次，是对利害关系的判断。我们做一件事情，一定有意或在潜意识里对利益得失进行了判断权衡，有足够大的利益就会快速行动，没有则犹犹豫豫。很多人开始锻炼是因为医生警告再不锻炼就会危及健康，饮食习惯长期不健康又不锻炼的人，因为年轻，危害还不明显，就不去改正恶习，不去适度锻炼。坚持做一件事情，会感受到获取甜头的满足感是多么美好；轻易放弃，会感受到蒙受损失的挫败感是多么让人懊恼。当然，我说的获得和损失不仅仅是物质方面的。因此，尝试非常重要，尝试会让你发现有更多的可能，但是轻易尝试后随意放弃却不可取，还没坚持到利益凸显就放弃，久而久之，会心灰意冷。

所以说，激情不是来自喜好，而是来自深度思考，来自对自我需求的深入判断，来自对某件事的利害关系的深入分析。激情不仅仅是浅尝辄止的爱好，随意地开始、轻易地放弃，是培养不出激情的。不明白这一点，没有激情，也是很多人过得死气沉沉、碌碌无为的原因。

为什么要自我实现

酒有时候会让人麻木，但有时候会给人带来灵感。人生最难的事就是把握一个"刚刚好"的状态，就像一杯水，加一滴则溢，少一滴则亏。某夜饮酒，早晨醒来，突发灵感，悟出了人要自我实现的原因。

成就一番作为，你一定要依靠自己，也要有更多人帮你；你必须愿意吃亏和付出，要有意愿和能力；必须提升素质和能力。

人一定要依靠自己，他人都是靠不住的

一个人在0到3岁，吃喝拉撒都要靠他人，没有他人帮助是无法生存的。生产力的极大发展，创造了比以往更多的物质财富，才使我们享受义务教育，不必那么早参加工作。在古代没有那么多教育资源，也没有那么多上学机会，生儿育女更多的是为了生产劳动力。古时男子16岁，女子14岁就到了适婚年龄，一个孩子七八岁就要劳动。而现在，一个孩子如果读大学，要依靠父母到22岁，如果读硕士，基本上要到25岁左右。由于受教育时间延长，现代人独立生存于社会的时间大为延迟，使得不少年轻人养成了依赖家庭的习惯，但不管求学到多少岁，父母生老病死的自然规律不会改变，一个人只能一段时间内依靠他人，但最终还是要依靠自己。

这个道理，越早懂得越好。

想做成点事情，必须要更多人帮你

一个人要做成点事情，需要各方面的资源，也需要因缘，差哪一方面的因素都很难成事。因此，想做成一件事情，要将各方面因素考虑周全，做好完备的准备。资源是由人调动的，人本身也是资源，是资源的中心，是调动其他资源的核心要素。

工业化社会是一个分工协作的社会，农耕时代距离我们越来越远，自给自足、

男耕女织的时代一去不复返，靠一个人就能做成一件大事的工种越来越少，要成事，必须有人协助你。

现在很多人信奉万事不求人，而万事不求人背后的逻辑是万事不帮人，实际上还是怕麻烦，不愿意别人麻烦自己，也就不愿意给别人添麻烦。但现实是，好的关系都是麻烦出来的，麻烦了别人，别人帮了忙，感恩后就可以建立合作关系。有的人总认为"老子天下第一"，很少会受到他人帮助，他们也只能干些依靠个人能力的事情，很难有大的作为。

别人帮你，是因为你肯付出，愿吃亏

大家都知道成事需要很多人帮忙，但是有的人做事就是没有人帮，原因其实很简单，一方面是不会感恩，在别人帮助后，感觉理所应当，认为任何人都应该帮助自己。另一方面则是没有吃亏和付出的心态。好的关系，来自你对他人有用，试想下，任何人跟你打交道，你都能从别人身上揩一块油，自己却一毛不拔，谁还愿意跟你交往？很多人精于算计，斤斤计较，两人合作均是他人吃亏，久而久之，也就无人合作。好的关系，均来自付出，主动付出，甚至不计回报地付出。人有善良的天性，有感恩的心态，你对别人付出，会激发他人的善意，进而会回馈你，以怨报恩的人还是少数的。

现实中，抱索取心态的人多，抱交换心态的人少，而愿意主动付出，肯吃亏的人更是少之又少。人性中的弱点并不是那么容易战胜的。

肯帮人，也要有意愿和能力

世间有些人位高权重、腰缠万贯，但是不愿意帮人；还有一些人，愿意帮人，但实力和能力有限。意愿与能力，两者若有一项不具备，效果都极其有限。我曾举过一个例子，热心肠的乞丐愿意帮人，只是从盘中分出一两个硬币而已，因为有意愿没有能力。有权有势的人不愿意帮人，也很难得到真正的快乐和幸福。怕得到的会失去，想赢怕输，总想着保全财产的人大多都很焦虑，心里难以平静，何谈幸福。

意愿跟品德有关，能力跟勤劳程度有关，而这两者都需要修炼，需要付出时间、精力和汗水，所以说，懒和惰是人生大敌，不去学习就会愚昧偏执，不去劳动就会陷入贫困。

提升素质，夯实能力就是在自我实现

现实中有很多人浑浑噩噩，麻木不仁，过着坐吃等死的生活，实在是枉来人间一趟，白白地披了一张人皮。人在世上，不做点儿事情，做出点儿成就，来一趟做甚！有的人只要求有吃有喝，贪图舒适安逸，没有任何目标追求，实在悲哀。

很多人整日抱怨，过得闷闷不乐，认为别人不尊重自己，小瞧了自己。如果有自知之明，会扪心自问，自己有被重视的理由么？人天生喜欢从外界找借口，而不从自身找原因。只有努力工作，做出成果，才能赢得足够的尊重。

有能力可以赚来薪资，晋升职位，但换不回快乐和幸福。提升素质，提升自己的认知，改变看待自我、看待他人、看待世界的眼光，认知接近本质和规律的时候，才能换回心态平和，幸福满足。我见到过太多的有钱人不幸福、有权人不快乐、有势人不自由，实际上就是无法客观地认清自己，真实地认识世界。

内向和外向

我曾以为我是一个外向的人，自小我的母亲说我爱"扇播"（陕西方言，喜欢说话且啰里啰唆），我认为外向不好，就刻意地减少讲话。曾经有两年，我在办公室基本都保持缄默，但现在创办公司，经常面对拜访和接待，有时候一整天嘴巴都不会闭上。假如交流都是在阳光下进行，我的牙齿可能都被晒黑了。

我们往往用一个人讲话的多与少，或者用是否善于表达来判定一个人是内向还是外向，但这个界定实际上是错误的。现在我会在很多场合讲，我实际上是内向的，估计很多人听到就会哑然失笑。但是否内向，我心里还是非常清楚的。

内向和外向，科学的解释是如果一个人的力量萌生于独处时，那么他就是一个内向的人；如果一个人的力量来自群聚中，那么他就是一个外向的人，而跟讲话的多少无关。从内心来讲，我不喜欢一群人在一起吃吃喝喝，不逢迎、不抗拒是我的态度。我更享受的是一个人独处时，读读书，写写文章，喝喝茶。一个人独处是我最享受的状态。当然，如此的性格，并不妨碍我和朋友单独相处时，直抒胸臆，表达观点，也不妨碍我在一群朋友聚会时高谈阔论。

曾经有人讲，内向的人在事业中更容易取得成功，有人以为说的是沉默寡言的人，其实讲的是能够独处的人。一个人整日留恋于各种聚会和酒局，需要从闹哄哄的场合汲取力量，其实是内心不够强大的表现。要做出一些成就，更多的是要靠自己，要看自己的内心是否强大、实力是否雄厚、能力是否超群。

看一个人是否能够做出成就，就要看他独处的时候在做什么，能否享受孤独、忍受寂寞。但凡做出一定成就的人，或者未来能够做出成就的人，都是有一定独处能力的人。整日喜欢四处聚会，显得自己非常忙碌的人，其实心很难稳定下来，而真正学会独处的人，是能够把心静下来，学会思考的人。他们学会了科学的思考，就会判别是非、内察自省、权衡得失，才能做到心态平和。

内向的人大多有一个表征，叫寡言。话少的人喜欢使用眼睛观察这个世界，尽管眼见并非全部为实，但相比人讲出来的话，真实性要高出太多，因此内向的人更容易看到世界的本来面目。

很多人对事物的认知来自人云亦云，但他人的观点是否正确，就不得而知了，所以说人不要轻易相信他人，更不要轻易相信自己的大脑。

事事认真、人后努力和为人谦卑

认真方有实用

世间任何难事皆怕认真二字，若一个人能做到时时认真，事事皆不马虎，并养成持之以恒的习惯，那么这个世间就再没有难事，简单的事情重复去做都能成就非凡的业绩。当认真变成一种习惯，必定能够成就自己，感动他人，引得无数的支持与赞赏。如果你对自己认真，对他人认真，那么你的人际关系就不会差。当你用良好的信用积累到足够的人脉时，你就能获得足够的资源去支撑你的雄心与梦想。一以贯之地认真，会使得自己的能力不断提升，你就会成为一个对他人、对社会有用的人，对外界的贡献越大，外界对你的回馈也就越多。

努力促成分化

人与人在表面看来基本上都差不多，同样的上班下班，同样的朝九晚五。但各自分开后，每个人的所作所为却大不相同，有的人消磨业余时光，或搓搓麻将，或玩玩游戏，或隔三岔五与友小酌或者结伴游玩。而有的人却能充分利用工作外的时间，或读书学习、或锻炼身体。你用酒食膨胀了身体，别人却靠锻炼强健了身体；你的大脑被游戏挤占得昏昏沉沉，而别人却用知识将大脑丰富得更加聪慧。你一日又一日地应付着工作，蹉跎着日子，而别人年复一年的努力，终给了自己一个又一个的惊喜，变成了你既羡慕又嫉妒，却难以企及的样子。人跟人的差距，在于晚饭后两个小时的选择，在于周末做出不同判断后的行动，一天二十四小时，一周七天，过程看似相似，最终结果却有天壤之别。

谦卑使人进步

一个人通过努力做出点成绩并不难，难的是持续不断地出业绩。提升个人能力，实质上是提高单兵作战的能力，这只能解决你个人是否有用的问题。个人有用实质上只是有小用，想获得大成就，要解决有大用的难题，协作力或者合作力是一个人成大事的根本因素。心高气傲，总盯着别人的缺点和不足，会发现人人皆不可合作，或者不屑于与他人合作，最终因为无人配合而被冷遇或者抛弃。才高气盛的人，往往喜欢与人争斗，总喜欢打败别人，以彰显自己比别人高明。在工作中，与同事斗，一定要分出胜负，而且一定要以胜利者的形象告终。在家里，与配偶斗，凡事都要讲理，让对方理屈词穷。独处时，与自己斗，使自己身心疲惫。事事争斗，在局部成了赢家，但同时也使自己陷入被动之境。一个人做到能力超强不难，努力即可，但是能学会藏而不露却不容易。有的人遭受了挫折和打击，谦卑了，领悟了，将知识变成了智慧，将能力变成了本领，将被动变成了主动。有的人遭受了挫折和打击，失落了、灰心了，认为社会不公，领导失察，生不逢时，怀才不遇，处处争强好胜，将自己推入了万劫不复的境地。

事事认真完成，获得能力提升，背后努力使人优秀，为人谦卑使人进步。

认知、行动与习惯

说明：本篇文章为2022年新冠疫情居家办公期间给全体员工的第四封信，就认知、行动和习惯几个方面进行了思考和分析，希望能够对职场人士及朋友们有一些启发。文中的部分人名一律用某老师代替。

认知

现代社会人与人的竞争实质上是认知水平的竞争，也可以说是思维水平的竞争。认知，可以理解为认识和知道，更深层次的理解则是分析和判断。我们知道在学校里面的学习与职场中的学习、社会中的学习有本质的区别，在学校中的学习是为了学习知识，而在社会中的学习是为了学以致用。可以直言不讳地说，一个人在社会中的层级，与一个人的认知水平是息息相关的。这段时间公司安排全员进行的"李强365"学习是为了改变大家的认知，将我们初入职场的同事的认知由一名学生的认知改变为一名员工的认知，将一名合格员工的认知改变为一名优秀员工的认知，将一名合格主管的认知改变为优秀主管的认知。我们很多人刚刚进入社会的时候，由于家庭环境的影响，学习经历的不同，对于事物的认识有很大的不同。例如，我们认为老板是靠剥削赚钱的，我们工作是为了赚取工资，我们的收入少是因为老板黑心；父母教给我们的道理都是对的，而老板给我们讲话是为了给我们洗脑，是让我们辛苦工作为老板赚取更多的金钱。有这样的认识也很正常，因为我们工作很多年的人也都曾这样认识，走过很多的弯路。有很多人快速地适应了职场，是因为他们直接或者间接地认识到了职场的本质和规律。当一个员工被提拔为一名主管的时候，他的认知又必须进行升级，例如做员工的时候事情是靠自己做的，做了主管很多的事情要靠下属完成。作为主管要学会以身作则，而不是事必躬亲。作为职员是靠努力工作提高业绩，作为主管是靠合理的计划和分工完成工作。如果一个员工被提拔为主管时，不迅速地将自己的认知提高到主管应有的高度，那么他和部门的工作很可能难以出色地完成。当一个主管升级为经理的时候，他的认知水平要继续提升，作为经理，更重要的工作是利用更多的方法去达成目标，要学会组织、协调和沟通。当然，不是说只要讲话多就能做好经理的工作，重要的是讲话要讲在点子上，要根据不同的场合、不同的人，讲不同的话和采用不同的态度。如果你经过努力，升迁成为一名总经理的时候，你所需要的就是总经理职位的认知，你要关心市场、生产（技术）、服务、财务、行政、人力资源等全方位的工作，你主要的工作是把控公司的战略发展方向，要能认识到一个人的优点和缺点，将合适的人放在合适的位置上，要尽量掌握足够的信息，并在信息不全的前提下，做出选择和判断，而且要保证你的判断大部分是正确的。一个总经理如果将自己的精力投入到细小的工作中（注意不是细节），那么他就没有太多时间和精力去学习、去观察、去获取信息，也就很难做出正确决策。作为公司最高的领导者，要将全员的劲往一起拧，调动全员的积极性去达成公司的目标，那么语言组织能力、公众演讲能力就要成为你的必备能力，语言空洞毫无感召力，是做不好一名高层领导的。当然还有一些其他方面需要所有的人认识到，例如一个人的成功靠关系，但是却不是靠溜须拍马，任何优秀的领导都讨厌拍马屁。很多人认为下级认同上级的观点，对上级敬畏就是拍马屁，这是错误的。还有很多人高喊尊敬师长，却对上级的工作指示不当回事，对上级的言语和行为不恭敬，甚至背后传一些捕风捉影的小道消息，诋毁上级，也是不可取的。很多人认为我的生活成本需要多高的水平，公司就应该给我多高的薪资。有的人认为当初拥有什么样的学历，毕业多长时间，平均的薪资是多少，公司就应该发给我多少，疏忽了行业不同和地域的差异，更忽视了自己的能力水平和价值。

　　还有的人认为自己的收入要随着工作年限的增长而增长，认为工作经验增多了，薪资就应该提高，但是他们忘记了这个社会竞争的是实力，是解决了多少问题，贡献了多少价值。还有一些人认为学历高、家庭出身好，就自视清高，瞧不起领导，看不惯同事，高不成低不就，陷入"怀才不遇"的境地，他们没认识到与他人协作的能力要比个人单兵作战的能力重要很多。

　　改变认知，必须要去学习，不学习是很难改变过往错误的或者层次不高的认知的，希望在未来的日子里，我们继续保持这样的学习力和学习的习惯。

行动

讲完了认知，我们再讲行动。大家知道，我的学历不如我们很多同事，如果说我比同事有哪些优秀的地方，那么可能是在行动力、学习力方面有一点点的优势。在过往的职业生涯中，要做一件事情，我首先会思考分析，等有五六成把握的时候，我就会迅速地去行动，然后在行动中争取剩余的四五成的机会和可能。我以前给大家讲过，我在武汉工作和创业，没有校友的优势，没有家族的优势，主要是靠行动力。一个人行动力不足有很多方面的因素，例如，追求完美的心态，不够自信和勇气不足，想赢怕输犹豫不决，怕别人风言风语和外界异样的眼光，等等。我们常常讲，选择大于努力，实质上是一个人的行动力在起作用，日复一日的低层次努力，抵不过一次勇敢的选择。例如，你用牛耕田，一日耕得两三亩，如果你出资购买一辆拖拉机，那么每天可以耕种几十亩甚至上百亩。你首先要做决定，筹资去购买，如果你不做出购买拖拉机的选择，一天不吃不喝、不停不歇也耕种不了多少田地。要做出购买拖拉机的选择，你要能预测到几十亩田的收益远远不如几百亩，你要舍得购买拖拉机的资金。如果你考虑得太多，如拖拉机的维修保养，是否能流转足够的农田，闲暇时间拖拉机的使用，等等，那么你很可能很难下定决心。行动力不足还在于人的天性，人天生喜欢安逸，要学会克服人性的弱点。

疫情当头，我写了一篇《关于全员营销的思考》，通过行政部发送到公司每个人的邮箱，各个部门也分组进行了讨论，但公司在全员营销方面做了哪些工作呢？我看到绝大部分的人员没有采取行动。现在很多公司已经开始采用抖音短视频进行营销，微信营销已经略显过时，但是我们很多的同事对微信的认识，对利用微信进行宣传推广的认识都依旧落伍，这难免令人失望。一个公司最重要的工作在于营销，营销的前端工作在于宣传推广，宣传推广的工作在于提高吸引力，吸引力的本质是创造价值、传递价值。居家期间，你将你生活中的趣事推送出来，别人认为你是一个热爱生活的人，会吸引别人与你交往；你将你看到的有价值的文章、学习到的有价值的课程转发出来，如果传递的知识对别人有用，别人会发自内心地感激你，被你吸引；如果你将自己的所学所得写下来分享出去，触动了某一个人，或者对某一个人有启发，那么别人也会被你的才华和思想所吸引。如果你能做到坚持不断地发朋友圈（或者抖音），别人也会认为你是一个意志坚强的人，做事坚持的人，这样别人会认为事情托付给你比较放心。如果你能够开通一个公众号、头条号或者百家号，持续或者间接地发送各种文章，文章有价值，别人看了有用，那么你的吸引力将进一步增强。我们公司的高级顾问亓老师开通有两三个公众号，他的文章和思想影响了很多的人，包括很多素未谋面的人。我们很多人宅在家里，只是虚度光阴，而亓老师同样宅在家里，收入却在不断地增长。我们的行动力不足，最大的根源是我们不知道一件事情做了有多大的好处，不去做会有怎样的损失，最终还是因为我们洞悉不到事物的本质。行动力不足，还在于我们很多人做事的出发点在自我，没有利他的心态，说到底其实就是自私，希望大家不要被"不好意思""我以为""我担心"等想法耽误了自己。以前快递兴起的时候，我认为效率低下，现在民营快递公司已经布局到街头巷尾；我以前瞧不起微商，但是很多人通过微信赚得盆满钵满；以前我们认为全网营销效率低，现在网络营销已经进入了"抖商时代"。互联网时代，节奏越来越快，5G已经投入商用，不要等时代抛弃你的时候，你才意识到自己的落伍，那个时候再去努力，为时已晚。

我们很多人都希望赚很多钱，我们知道薪资跟岗位有关，岗位跟责任大小有关，担任更高的职位跟你所拥有的领导力有关。我们都不愿意行动，都不愿意去动动手指转发公司新闻，没有付出心态，没有团队意识，谈何培养出领导力，如何去提升自己薪资和职位？你厉害，你的公司厉害，要让别人知道才有用。关于这方面，我再多讲几句关于公司的含义，公司实质上是一个虚拟的概念，我们看不到，摸不着，但是它是真实存在的，公司的形象是由公司每一个人的形象集合后展示的。你转发公司的新闻、领导的言论，并不是能为公司带来多大的收益，而是用公司、用领导来给你背书，收益最大的还是你自己，因为你是在"为自己工作"，而不是为公司工作，为领导工作。

成长永远是个人的事情，企业只负责选拔，虽然企业会营造一种积极向上的气氛，打造一个学习型的平台，但你个人成长的速度、取得的成就，在于你行动的速度。我们是一个创业型的公司，是一个组织还不完备的公司，因此公司鼓励大家学习，但是大家不要以为督促大家学习是公司的责任。公司之所以这样去要求，这样去做，是给大家制造机会，能否抓住机会，是我们每一个员工自己的事情。

逆水行舟，不进则退，在节奏如此之快的互联网社会，你只有奋力奔跑，才能不被淘汰。因为时代在滚滚向前，不会因某一个人而作停留。

习惯

持续不断地行动能帮助一个人养成良好的习惯，推诿懒惰会让人养成拖延等不良的习惯。通过大家这一段时间居家的工作，看到大家的早计划和晚总结，还有学习心得，部分人员已经养成了守时、认真、诚信、负责的习惯，但是还有部分人保持着拖延、马虎、应付、逃避的不良习惯。你的每一份认真的付出最终将在你的成果中体现，你的每一次逃避最终惩罚的是你自己。有的人，计划不认真做，没能做到数字化、有时限，计划中的工作学习内容量明显不足，工作总结时无法统计工作量，学习心得随意拼凑，不得要领，敷衍了事。没有东西写，要么是学习不认真，要么是读书心得做得不认真，没有思想，措辞混乱证明在思考方面不认真，要么是体力上的懒惰，要么是思想上的懒惰。我们的员工基本上都受过高等教育，但是学历的光环在你毕业后的两年内将消失，你的认真程度，将决定你职位的高度、人生的高度。可能很多人会摆出很多理由或借口，比如没有书本，没有电脑，等等。但是不要忘记了，大家都在居家，为什么有的人做得好，有的人却做得不够？在这个社会上，并没有太多的人愿意去听你解释，也没有太多的人会接受你的理由和借口，甚至你根本就没有解释的机会。你早晨去面试，起晚了，匆匆忙忙，衣冠不整，睡眼蒙眬地赶到应聘单位，只会失去面试的机会，没有解释的余地。就算别人接受你的解释，你也失去了展示自我的机会。当你一次次地失信于人，别人口头上原谅你，但是会给你贴上失信的标签，将你拉入黑名单。惧怕痛苦的、做事马虎的、喜欢耍小聪明的、固执不愿改变的、清高自傲的同事们，希望你们借这段难得的机会，好好反思自己，认真地检查自己身上已有的毛病与不良习惯。

很多人都会存在侥幸心理，总以为自己的一点小伎俩上级不会发现，但是我想郑重地告诉大家，凡是能做到你的上级，能够当你的领导的人，基本上都比你高明。可能他的专业能力不如你，但是他的观察力和洞悉力比你强。

当你感觉做事非常吃力的时候，例如读书、学习、写作、演讲，是因为你的努力还不够，是因为你的习惯还没有养成。一台车辆从0到100迈加速的时候，消耗的动力非常大，当它以100迈匀速行进的时候，就会轻松很多，如果要继续提升到120迈，那么还要继续增加动力。你感觉到吃力，是因为你在进步；当你开始感觉轻松时，你已经养成了良好的习惯。

在居家办公的这段时间内，我希望大家能养成以下良好的习惯：一、早睡早起的习惯，世界上大凡有杰出成就者，都有早起的习惯；二、读书学习的习惯，未来人与人的竞争力、企业之间的竞争力在于学习力，如果一个人没有学习力，是没有未来的；三、认真的习惯，这段时间工作任务不重，也无法外出，我们要学会认真地做好每一件事情，读好一本书，做好一餐饭，认真做好每一个早计划和晚总结，写好一篇读书（学习）心得。

习惯对于一个人的重要性，在于将一个行为变成潜意识。当它变成潜意识的时候，就不会再消耗你的精力，你就能腾出更多的精力去做更有价值和更有意义的事情，这样效率就会大大提高。

一个好的习惯可受用一生，众多的良好习惯可以改变一个人的性格，良好的性格可以提高你的吸引力。你的吸引力大了，就会有更多的人愿意帮助你。当帮助你的人多了，你想不成功都难，这个时候你的命运就已经开始改变。

与陌生人建立信任

曾经到一个公司参观学习，对方公司的司机接我去宾馆，在路上谈起他们老板。司机说，他们老板有一种特殊的能力，就是能够与陌生人很快建立信任关系，打成一片。

对方公司的老板我是认识的，仔细回忆下，好像还真是那回事。对方的公司业务做得很大，也许这也与老板这方面的特质有关系。

在现代职场，与陌生人交往，并迅速地建立起信任关系，变得愈来愈重要。为什么与陌生人建立信任这么重要呢？因为离开了从小长大的环境，中途变换工作城市、工作单位，你周围的人绝对不可能都是亲人和熟人，因此你必须和陌生人打交道，要合作，必须要建立信任关系。

农业社会的主要生产资料是土地，人们都被土地固定在有限的地域内，久而久之，大家都彼此认识熟悉，变成了熟人社会。工业化的到来，使我们不再依赖土地，有了更多的谋生手段，交通工具能够将我们运送到更远的地方，通信工具帮我们解决了感情的寄托。我们每天都会有和陌生人见面和沟通的机会。工业社会乃至今天的信息社会，合作显得越来越重要，如果陌生人之间难以建立起信任，合作的效率就会变得很低。因此，在现代社会，如何与陌生人快速建立信任就显得尤为重要。

与陌生人建立信任，并不那么容易。首先，你要真诚，要放下不必要的戒心，取得别人信任最重要的因素就是真实、真诚、真心。矫揉造作、虚情假意、故作热情只能让场面显得热闹，而不能建立信任。其次，放宽你的隐私标准。很多人在社交场合或者生意场所，将自己是否单身、老家何地、毕业院校都视为隐私，双方相互寒暄介绍时对很多信息都遮遮掩掩，还有很多人提供虚假的信息。一个人将所谓的隐私包裹得太严实，别人不了解你，就很难建立信任。再次，将自己变得强大，也更容易建立信任感。当一个人内心强大了，对社会和外界的贡献大了，就有很多的人关心他，就会去了解他。

与陌生人快速建立信任关系，并不是一个简单的问题。我们要建立起自信，为自己锻造出一颗强大的内心。

现代社会与陌生人打交道必不可少，不合作就会落伍，而且很多的成果都是由合作达成的。要提高效率，你必须学习与陌生人快速建立信任的能力。

平庸，是因为你甘于平庸

世间大多数人，均是平庸的人。人人都可以变得优秀，或者说拥有变得卓越的机会，但是不少人放弃了。一个人一生毫无建树，碌碌无为，最大的原因是他甘愿平庸，遇到问题就从外界找借口，而不从自身找原因，一味抱怨，实质上是无能的表现。一个人变得平庸，有如下方面原因。

不知道什么叫优秀

当一个人骑着自行车威风八面，没有见识过汽车风驰电掣的时候，他会认为自行车是最棒的交通工具。当一个人蜷缩在一个小地方无法走出去的时候，他认为他所在的地方就是最大的王国。当一个人没有见识过7星级酒店豪华的时候，他会认为自己的复式楼就是豪宅。

见识，会刺激到人，有的人会因此奋发而变得优秀，而有的人会愈加胆怯，缩成一团。有时候胆怯也等同于无能。走更远的路，到更多的地方，见识更多的人，读更多的书，可以拓宽一个人的眼界。

有所依赖

"在家靠父母，出外靠朋友"，我们经常说到这句话，很多人也说自己的成功靠朋友力挺。但我们往往忽视了一个重要方面：很多人成功是因为别人帮忙，但被帮助的前提，是他们自身的强大，包括担当、谦虚等因素。一个值得别人帮扶的人，一定是一个敢于负责任的人，是一个愿意付出的人，是一个对未来怀有希望的人，最起码他是一个独立自主的人，绝对不是一个习惯于依赖别人的人。

很多人之所以平庸，只因为心中有一个声音：这不是我的责任。

安于现状

人都是追求舒适的，人都是趋利避害的，人天生都是愿意用最小的成本换取足够大的回报的，这是人的天性。当一个人拥有一定的财富和地位的时候，慢慢地就会有一种想赢怕输的心态，开始珍惜眼前的一切，惧怕风险，惧怕投入，惧怕失去眼前的一切，不去学习，懒于思考，这一些最大的根源都是因为安于现状。

凡事多问自己几个为什么，多听听外界的意见和建议，是一个不错的方法。很多人故步自封，一方面是因为心态上满足了，另一方面是因为屏蔽了外界不同的信息，要么是不去听，要么是认为自己都对，听不进不同的意见。

只想不做

人有懒惰的天性，亦有向好向善的天性。人天生都会做白日梦，这是好事，因为有梦想才有可能去行动。比敢想更重要的是敢干、会干、勤干、巧干、坚持干，大多数人仅仅停留在想的阶段，甚至有的人想都不敢想。如果说敢想是第一步，行动就是剩余的99步。

一个人最大的无能，就是为自己的不作为找出各式各样的理由；一个人最大的能力，就是为克服困难，找到各种各样的方法去尝试，即使失败了也会继续坚持。

有一种强大叫主动示弱，承认自己的无能。有一种懦弱叫硬撑，内心弱小却不敢去面对真实自我。

想做成一件事情，一定要懂得，手高于脑袋。一个人平庸，是因为选择了平庸，再无其他缘由。

成大事者首要看决心

很多朋友问我，如何去判断一个人是否有潜力，是否能成事。我说其实很简单，就看他做事的时候是否有决心。朋友问，不看能力吗？我说只要有决心，能力差些也不打紧，因为有了决心，能力提高是迟早的事情。朋友又问，那有信心呢？我说有信心不一定，因为信心是来自外界的，而决心是由内而外的。就像一个人要去搬动200斤的石头，再有信心也会放弃，有决心他才会找人一起抬，去找起重设备，想各种方法去办到。

那么如何去判断一个人做事有没有决心呢？其实也不难，你只需去看一个人做事是不是不断改变目标，是不是一直坚持在一个行业耕耘，是不是在一个企业待的时间足够长。朋友圈内有个曾经的熟人，多年未见，以前他经常约我去他所在的城市一起聚聚，但是去过数次后我就没有再去见他。原因并不复杂，通过他的朋友圈，以及在微信群里聊天的内容了解到，他几乎什么都做，卖红酒、卖保险、承接工程，疫情期间还倒卖起了口罩。

还有一个朋友，见过两次后，我也不敢再见面。跟他聊天，讲话内容就是如何寻找机会，如何并购一个濒临倒闭的企业然后转卖，如何结识某高官获取资源，如何拿下某项目赚一大笔钱。这个社会并不缺少机会，缺的是能够抓住机会的人。我们不应该天天判断某件事情该不该做，而是要考虑这件事情该不该我做，我有什么，缺什么，应该发挥什么，弥补什么，规避什么。

　　人人都会犯错。由于能力不足和决策失误导致的错误都将被改正，因为下一次他会总结教训。投机者遭遇失败，是难以被改正或者被改变的，因为投机者永远认为是机会不够好，没能抓住机会。

　　为什么投机者会失败？理由其实很简单，因为他总在外界找借口，而不从自身找理由。从事任何行业，都是有周期的，有低谷也有高峰，有逆境也有顺境。投机者会在顺境时入行，在逆境时逃离，或在顺境时认为竞争激烈不敢入行，在逆境时认为钱难赚而选择旁观，最终只能做一名局外人。

　　这个世界上，能成大事者，均是那些看起来笨笨的，而又非常坚持的人。那些聪明绝顶的人，因为到处都能看到机会，于是不断地改变目标，转换行业，也许赚到了很多钱，但是却很难成就一番事业。

　　凡是能在一个行业坚持很多年的，都不是耍耍小聪明的人，而是怀有大智慧的人，而你盲目地杀入不熟悉的行业，结果将难以预料。

　　成大事，决心很重要，走入逆境，决心依然很重要。这个世界上，顶用的大道理到处都是，关键是弱者不去反省自己，改变自己，认为到处是"毒鸡汤"；而在强者眼里，许多所谓的"毒鸡汤"都是至理名言、成功之道。

　　世上很多事都很简单，只是我们经常人为地将其弄复杂了。

第九章　学习是获取本领的最快方法

工作是赢得尊重的最直接方式，学习是获取本领的最快方法

当初，如果不是因为高考改变自己的命运，很有可能我会一直从事着简单机械的工作。只要在工作，就会赢得尊重，但是毕竟是简单机械重复的劳动，创造的价值太小，我认为赢不得足够多的尊重。

一个人创造价值的大小，取决于本领是否高强。本领高强包括两个方面，一是能力出众，二是善于合作。部分人能力高强，但喜欢单打独斗。现实中太多的事情需要在良好合作的基础上依靠团队去完成，有的人能力出众但不会团结他人，也无法被他人团结，最终变成孤家寡人，怀才不遇；还有一些人，善于团结人，能说会道，但能力太弱，发现问题、解决问题的能力太差，又不值得被团结，因此也很难做成事情。

要提高本领，就要提高能力，提升合作力，最快的提升方法就是学习，其中自我学习所起到的作用最大。能力的提升靠智商，一个人的智商主要靠后天努力进行提升，天赋这个东西，在起跑线上可能会占得一点优势，但人的一生是马拉松长跑，后天不去训练提升，很难跑完全程，笑到最后。合作力的提升靠情商，最高层级的情商叫不计回报地付出，或者说愿意帮助人。换位思考，察言观色，探人需求，使其满足，也叫情商，只不过是低层级的情商。

现实中，太多的人在成年以后就停止学习，停止思考，面对困难选择放弃，面对逆境选择逃离，面对机会却不争取，看似勇气不足，实则是自信不足，能力不足，本领不强。没有后天超强的学习力，智商和情商不可能提高，看问题既不够精准也很难全面，行动力低下就很容易解释了。现实中，一眼就看清楚事物本质的人和一辈子不断犯错栽跟头的人，最大的差别就在于愿不愿意学习，善不善于学习，能不能坚持学习和做到深度学习。

对人才的衡量，第一是看其学习能力如何，只有学习力强了，才会有未来。如果只看当下，不看未来，就浪费了上天给予人的想象力的天赋。

劳动，可以解决温饱，赢得尊重；学习，可以提升价值，赢得更高的尊严。

如何学习

2020年12月30日，我前往参与正和岛举办的"企业家新年大课"，享受一场由知名企业家精心准备的思想盛宴。我受益良多，因此写下了这篇文章，主题是如何学习。

中国的学生，其实是不缺学习的，缺的是正确的学习。从小学教育、中学教育到大学教育，都以学习知识，追求成绩为中心。成绩的确重要，但并没有我们想象中那么重要。

在我主导下，公司倡议读书已经有两三年的时间，推行"共读一本书"的制度已经大半年，翻阅收集上来的读书心得，依然有不少同事，停留在学习知识阶段。要么是中心思想的总结，要么是书本的要点分析，而对自己工作和生活有什么启发，改变了自己哪些认知，发现了自己哪些错误等方面的内容，则很少。成年人学习的原则是"学以致用"，目标是"改变（改造）自己"，但不少人还是停留在看他人故事，堆积知识的阶段。

我认为真正的学习应该遵从如下三个原则或者阶段：对比、对标、改造。

首先是对比，和比自己优秀的人对比，和做得比自己优秀的企业比，通过对比，找出差距，找出自己的不足。许多人把自己和别人对比，优于别人的，沾沾自喜；不如别人的，暗自神伤。一部分人将自己封闭起来，为了不"自讨苦吃"，不愿意接近比自己优秀的人，或者总是和自己兴趣爱好、价值观相同的人在一起，寻找认可和共鸣。

其次是对标。一个人的成长，榜样的力量无比巨大。如果一个人愿意成为某人的样子，就会迸发出无限的热情和力量，就不会感到迷茫和困顿。成为或者接近榜样的样子，其实就是在激发自己订立目标。很多人愿意改变，也不断学习，但是却没有对标的榜样，或者不断地更换目标，如此一来，行动上就会显得凌乱盲从。通过对标，就能找到自己的不足，甚至能找到改进的方法。当我一年读50本书的时候，见到一个教授，不用讲稿，不用PPT，妙语连珠地授课一整天。他说他曾经一年读1000本书，我看到了自己的渺小。当我还在为一个小小的决策纠结，一个成功的老板说他为了他的事业，卖了两栋楼房和一台豪车，关闭了一个会所时，我不再瞻前顾后。当我还担心出丑而不敢站在前台演讲时，一个曾经惧怕演讲的成功者说，演讲靠的是50%的准备和不断地练习，于是我一次次地走向讲台。对标，可以帮助一个人激发起斗志和勇气。

最后，也是最重要的是改变。学得再多，学得再苦，如果不去改变自己，所有的学习几乎没有任何作用。我见过不少饱读诗书的人，尖刻而偏执，甚至在很多场合显得无礼。他们的学习，是为了标榜自己比别人博学，提升自己的优越感，进而助长了自己的傲慢习气，就更不用说成长了。很多人的学习，永远是听别人的故事，增加和别人在一起的谈资。有的人学习多了，就不断地找他人的缺点和不足，找社会的问题和毛病，却从来不把着眼点放在自己身上。又或者只是学习知识，却学不会触类旁通，从来不会把发生在别人身上的事情和自己的实际结合起来。有的人不愿意改变，一方面是因为他认为自己很优越，没必要改变；一方面是因为内心不够强大，不敢去勇敢地面对那个孱弱的自己，不敢承认那个不完美的自己，不愿意承受痛苦，不敢直面外界的评论和批评。不改变自己，就不可能进步。

让我们学会对比，找到对标的目标，勇敢地改造自己，在未来，必将收获一个更美好的自己。

如何学习才有用

某日一位朋友善意地提醒我，说我的计划中跟工作不相关的事情太多了，没有把心思都用在工作上。非常感谢朋友的善意提醒，其实我一直有一个烦恼，就是工作与学习的矛盾，到底应该在哪些事情上投入更多的精力。工作是为了当下，学习是为了未来，其实我一直都在思考并权衡如何在当下和未来之间平衡时间和精力的分配。

创业以来，我对学习这件事抓得很紧，不管是个人的学习，还是组织的学习，当然可能在有些时候对工作造成了一定的影响，但实际上通过学习我所获得的收益更多。今天我就来讲讲，什么样的学习才能产生价值。

学习要能引发思考

当下有太多的读书会，还有各种的公众号、短视频平台，看似都在做知识的传播。很多人每天都忙着听书，读公众号的文章，刷知识分享的视频，时间久了，发现这些学习对改善个人的工作和生活没有任何的促进作用。其实并不是这些媒介有问题，而是你的认知有偏差。读书会是激发读书兴趣的，公众号的文章是传递信息的，短视频平台是散播知识的，但它们都很难引发一个人的思考。它们让你获取了信息，掌握了知识，甚至增长了见识，但是改变不了你的认知层级和思维模式，基本没有价值，或者说没有大的作用。

不论是成年人还是儿童，都有自己的想法。但是想法不能等同于思考，更不能等同于科学的思考。唯有通过大量的阅读，见识到了诸多的观点，才能引发你的思考。其实很多的书只有一个观点，整本书都在诠释作者的观点。通读一本书，你会去思考，作者为什么有这样的观点，他用什么事例去证明自己的观点正确，他为什么会得出这样的观点。如果一个人只是为了简单地寻求答案，或者学习知识，没有学会思考，不论读多少书都没有用。

我曾经读了不少的半本书，因为知识太深奥，或者其他原因，最终没有读完，直到在一本书里看到了曾国藩读书的方法："一书不尽，不读新书。"于是我就按照曾公的方法读书，现在很少读半本书就轻易放下了。

读书破万卷，下笔才有神

很多朋友问我，读书学习有什么用？又不能当饭吃，也不能帮着赚更多钱，还不如去经营关系接一个项目，甚至不如陪陪老婆孩子更实惠。这话不完全对，读一本书也许不能帮你赚到更多的钱，也无法帮助你解决更多的问题，但是书读到一定数量后，也许就能达成你的目标。书读到一定的数量，自己建立起自己的认知架构时，才会真正地产生作用。这个数量是多少呢？我个人读书，从量变到质变的数量是300本，我大概用了3年的时间，如果你想让读书对你的工作和生活产生正向的促进作用，你可以根据自己的读书速度计算一下时间。

查理·芒格说："我这辈子遇到的聪明人没有不每天阅读的。"因此，如果你真正想改变自己的现状，就要克制自己急功近利的思想，静下心来读书，安安心心去做一件事情，将事情做到极致。

还有人给我建议说，读书就读经典，读《史记》，读《论语》，老话说"半部《论语》治天下"嘛。且不去讨论这个观点的正确与否，一个人的人生中遇到的问题太多，工作创业、婚姻家庭、投资理财等等，靠一本书或者几本书就能解决所有的问题，实在是有难度。而且要读懂某些书，需要阅读相关方面的书作为理解这本书的知识储备。没有这些储备，读了也读不懂，基本上也没有多少用。

前不久，一位领导在授课时说到为什么基层的领导很难获得提升的问题，他的观点是，基层的领导都很忙，解决问题的能力都很强，但是理论这块是个短板，很难补齐。没有理论指导，永远不知道为什么这样处理，谁来处理，什么时候处理，处理到什么程度。

只有读书读到一定的数量，学会了科学的思考，才会对面对的问题和需要解决的难题进行全面的分析、科学的思考，并提出切实可行的方法。凡是遇到问题都想着求助别人的人，做事效率肯定不会很高。

学习要用于指导实践

成年人的学习，都要以应用实践和指导实践为目的，如果你还是把读书当成学习知识，要么就是方向错了，要么就是目的错了。我朋友中有些人读书，所写的读书心得就是中心思想概括，或者再把作者的故事讲一遍，这样读书最多只能让你有在朋友之间闲谈的资本，对自己的成长没有任何好处，甚至接触到的观点多了，还会让自己变得无所适从。读完一本书，对比作者的观点，看看自己做的哪些是正确的，就去坚持；发现自己有哪些不足，就去弥补；发现自己有哪些缺漏，就去规避。通过与自己对比，就更能客观全面地认识自己。

不是书本错了，不是读书错了，而是你自己错了。我还遇到一些朋友，在年纪轻轻的时候熟读四书五经，深入研习国学和哲学，读的都是高大上的书，理论丰富了，但是方法论缺失，闲谈的资本积累了不少，实干的本事没增加很多，自己的现状依然没有大的改变。

读适合自己的书，读适合自己当下的书，多读对自己当下有"小用"的书，留一定的时间读对未来有"大用"的书，才是正确的选择。哪些书是适合自己的，需要自己去弄明白。很多事情，他人可以帮助你，但是有些事情，只能自己解决。

学习目的要纯

自 2016 年开始，我每年都会报一个班，去进行更系统的学习。很多朋友看到我去上课，就让我推荐课程，我也非常乐意。有的朋友说，听说那个班上的资源很多，去对接资源，开开眼界。我内心就打鼓，还是不推荐算了，否则对接不回资源，会埋怨我。资源对接，实际上是资源互换，你要跟别人交换，首先要想想你自己有什么可以交换的资源，如果没有，怎么能交换回资源？你的目的根本不是交换，而是索取。

我去上课，目的就是学习。我去上课，就是为了提升自己的认知，改变自己的思维模式。

凡是做出成就的人，没有一个人是不爱学习、不会学习、不善于学习的。一个班上的同学，也同样符合二八原理，20%的精英和80%的一般学员。我会在聚会和交流时，寻找20%的精英，学习他们思维的方法、待人接物的态度和做事的行为模式，然后思考自己的缺点和不足，进行弥补和提升。

因为目的纯正，就更专心。如果你的目标是登上山顶，你就不会被半山腰的野花所吸引。

凡事没有绝对的对与错，对了就坚持，错了就改正弥补，但是要对坚持和改正的东西进行一个全面的评估，权衡付出的成本相较于换回的成果是否值得。

感谢朋友善意的提醒，最近的学习是有点多，接下来要好好工作了，否则学的东西不用，也是没有价值的。

怎样学习才有效

前几日，我去光谷资本大厦办事，想顺道淘几本书，但是书店的大门紧闭。我问隔壁手机店的店员，是没开门还是关店了？店员说关店了。近年，不断有实体书店关门，除了来自线上的冲击，估计更多的是人们兴趣的转移，特别是各种屏幕抢占了人们的关注。

我们都知道读书好，但是依然有很多人不读书，甚至还有部分人抱有"读书无用论"的观点。也许我们很多人为了解决一个问题，读了一些书，但无法用理论指导实践，于是作罢。还有部分人说书上写的他都知道，但知其然和知其所以然是有很大差距的，只有知其所以然才能帮助你做到。还有一部分人，从来不判断自己知道的是否正确科学，别人说什么就是什么，盲目跟风，人云亦云。现在很多视频、公众号文章、朋友圈"鸡汤"，只是告诉你很多信息，传递很多的知识，但这些最多只能帮助你做到"满腹经纶"，但很难帮助你解决现实中的很多问题，因为这些碎片化的知识很难形成体系。书本的知识学到了，不思考，不改变自己，不应用于实践，都是没有大用的。

有的人参加培训学习，目的不是为了学习，而是为了交朋友，交朋友的目的也不是向同学学习，而是为了所谓的"资源对接"。有的人学习了，不管自己的企业实际，生搬硬套地将学习的东西应用于企业，不但不能使企业发展得更快，甚至加速企业走向破产。有的人听课，不专心，不做笔记，或者做了笔记不复习。还有的人参加培训就是为了拍照拍视频，发朋友圈发抖音。培训的目的不纯正，学习的方法不科学，应用没有针对性，最终却认为培训无用，这样的认识是不对的。

寓教于学，教学相长，把你学的东西写出来，给别人讲出来，用输出倒逼输入，学习的效率就会高很多。只做到知道，是远远不够的。

读书，是自我学习；培训，叫高人指点。

学习还是要靠自己

曾给朋友分享了一个观点：学习要靠自己，靠自学为主，特别是成年人的学习。老师或者导师只在两个方面起到作用。首先是启蒙，就是当你不知道一个方面的知识时，老师告诉你，当你不了解某个领域时，导师将你带入。其次，你自己学了，但是仍不得要领，老师帮你梳理；当你陷入迷局，导师点拨你，你会突然醒悟。

如果你指望老师能够指点你一切，每一步都领着你，这几乎是不可能的。由于家庭环境不同，成长经历各异，需求千差万别，没有人比你更了解你自己，当然也没有人比你更有必要了解你自己。你的长处与不足，优点与缺点，特质与个性，只能由你自己去认知和分辨，而别人既无这个需求，也没这个必要。因此，如果一个人把自己的成长托付于他人，把自己的成功交付于别人，把自己的幸福依附于外人，其实是对自己最大的不负责任。

我是一个热心肠的人，偶有朋友非常谦虚地咨询我问题，我便会停下我手头的事情，进行尽可能详细地分析，并给出解答，之前还要花一定的时间，了解朋友个人的现状、处境与需求。但交流过几次后，发现我的观点和见解他一点都不采纳，甚至很难引发他的思考。他所谓的求教，只是为了表现出自己谦虚好学而已，于是我不再轻易发表看法，当然也不再给出答案。谦虚当然是好的，但是没有真诚作为前提的谦虚是没有价值的。

成年人学习，是为了改变，如果不愿意去改变自己，学了也没什么作用。纵有再多的想法、观点和思路，没有行动，没有坚持，不去打破自己固有的模式和习惯，不去改变、改造自己，还不如不学。学习多了，思路多了，想法多了，没有行动，苦恼会比原来更多。

前些日子参加了一个聚会，认识了一位圈外的朋友，非常优秀，大家在酒桌上都表示要向这位优秀人士学习，也都互加了微信。后来，我去他的公司拜访，恰好朋友在外办事未归，公司副总接待了我，并送了我一本书，还给我推荐一本书。回

自砺为王
ZI LI WEI WANG

来阅读后发现这两本书简直太棒了，纠正了我以往的很多错误认知，后来终于有机会约在一起见面，没有太多的客套，就共同的话题交换了观点，收获颇丰。

后来，我又见到了上次聚会中的其他朋友，问他们有没有联络拜访那位优秀人士，朋友说没有。世界上，太多的人都说自己热爱学习，大多都是停留在说说而已，其实我们对自我成长、对改变自己的需求并不足，学习的决心也并不强。

学习是自己的事情，不是老师的事情，想要学习，还是要靠自己。

你多久能读完一本书？

曾经面试一位行政助理，女孩，本科毕业三年，在一家小型的培训机构做财务兼行政工作。我看到她的应聘登记表爱好一栏填写有"读书"二字，我就问，你一年里能读完几本书，她说大概能读完两三本书吧。从此答案，我已经预测到了后续面试的走向。问这个女孩的爱情观，她说只要男孩对她好就行，我说还有什么条件吗，例如胖瘦，是否有钱，上不上进等等，她给我的回答还是对她好。得知她与父母同住，我问她每个月有无给父母生活费，她说没有。最后我告知这个女孩公司不能录用她，也告诉了她我的理由，她是否听懂就不得而知了。

无独有偶，我一个很好的朋友，很早就辞职创业，但公司发展一直缓慢，五六年过去了，公司还是当初创业的两个股东，两个人都亲自跑业务，公司里里外外的事情都是他在张罗。我曾跟他建议招个文员或者助理，把事务性的工作交给助理，而他去做价值更大的事情。他的回复是，现在用工成本很高，合适的人也很难招。跟他在一起，他说的比较多的是环境恶劣，生意难做，而没有想到去改变自己的观念。每每有学习机会，我都会想到他，邀请他，但是每次临培训前，他都因各种理由推掉了。记得一年多以前，他来我的办公室，我说著名财经作家吴晓波写的《腾讯传》非常好，推荐他阅读，书是拿去了，但是一直未归还。某次打电话问他书看完没，他说太忙，还没有读完。我不知道这个朋友是否在同期读完过其他的书，但是我想他肯定读书不多。

自从开始创业，我深感压力巨大、能力欠缺、学识不足，慢慢地在繁忙的工作之余，撇除一切借口，拿起书本，弥补自己往日落下的功课。印象最深的一本书是随冯仑先生讲企业组织结构的音频附送的小册子，随后我就买了冯仑先生出版的所有书籍，接下来是俞敏洪的作品，还有就是财经作家吴晓波出的不少作品。自从这些书看完，我就慢慢地养成了读书的习惯，现在我保持一个星期看完一本书（约200

页）的速度，已经有两年多。在此后，我不断地选书、买书，甚至借书阅读，及至今日，我的人生也因读书慢慢地发生着由量到质的变化。

我有一个朋友，最开始认识他的时候，我认为他只是一个书法家。虽然我不懂书法，但是对文化人有一种由衷的崇拜，随后我有意无意地增加与他交往的机会。后来他的第一本书出版，我很荣幸地受邀参加了他的新书发布仪式，获赠了一本新书。我在翻开前认为这是一本关于书法的书，而当时的我对书法的兴趣并不浓，更重要的事情是如何将公司经营好，因此这本书一直放在书架上。直到有一天乘坐火车出差，随手拿出了这本书，在车上一口气读完后，被他从访谈、日常琐事中提炼的人生哲理所折服，我才明白他的身份更应该是一个作家、哲学家。日后，他依然在他的朋友圈发着他从生活中提炼的哲理，为他的第二本书慢慢地积累素材，而我为了锻炼自己的文笔，开通了我的个人公众号，有一搭没一搭地更新着拙作。有一天我们参加完一个朋友聚会，我送他回家，伴着酒兴，他告诉我，上大学的四年间，他几乎读完了他所在大学的图书馆和所在省会的省图书馆中人文社科方面的书籍。这使得我更深刻地领会到"罗马不是一天建成的"深刻含义。

书本上的东西，都是作者由自己人生的感悟浓缩而成的精华，希望对周围的人甚至后人有参考意义、借鉴意义，甚至警示意义。读名人的书，就像和他们交朋友一样，能够走进他们的心灵，领悟他们的思想，从而启迪自己的人生。但是我们很多人基本上不去读书，而是找跟自己层级差不多的人寻找共鸣或认同，或者找层级不如自己的人寻找优越感，不愿学习比自己层级高的人的闪光之处，不愿寻找自己的不足，去改变自己。方法有很多种，但是规律只有一条，很多人花太多无谓的时间想在规律之外寻找捷径，要么碰得头破血流，要么裹足不前。其实他们不知道，读书学习才是唯一的捷径。

你有阅读的习惯吗？你一年能读完几本书？你有多久没读完一本书了？

不读书有多可怕！

在公司内部倡议读书有些日子了，有时候我会给朋友送书，跟很好的朋友在一起时也会善意地劝他们读书。有的朋友也真的下单买了书，但是读书的进度和质量如何就不得而知了。公司有的员工在读书，也有部分员工没有看我推荐的书，而是选择自己感兴趣的书，还有的员工读书质量很可能打了折扣。

总之，执行的效率有一定的差异。我分析原因，应该是他们心中有一个疑问，就是读不读书，会对我日常的工作和生活有什么影响？读书多了，也不会多挣一分钱，甚至还会耽搁"葛优躺"以及打游戏的时间。对于如此的疑问，因为没有人提出，我也无法给予回复。直到有一天，我参加一场学习，遭遇同组中的一个奇葩学员，我终于有机会总结出不读书带来的坏处。

我先说说这位大哥的基本情况。他曾经当过干部，随后移民，在国外拥有一所农场。儿子在美国读完本、硕，创立一家公司。他说儿子的公司有硅谷的投资家要投资，但是他感觉不能让别人得了便宜，于是自己投资了儿子的公司，现在他回国，当了该企业国内的首席运营官，儿子继续在美国，担任公司的董事长。

四天三夜的学习中，发生在这位大哥身上的故事可真不少，但从大哥的行为举止来看，大哥一定是一个不怎么爱读书的人，我们就从大哥的表现来展示下不读书有多可怕，有多少害处。

以自我为中心

自从大哥参加学习，和组内的人相识以后，就不分场合和时段地宣传他的公司，讲述他过往的豪迈人生，讲述在美国优越的生活和优秀的儿子，到处找人下载他公司开发的App，宣扬他的公司要在全球设置多少分部，此项目获得了多少创业大赛的奖项，有多少投资者有意向投资而被他婉拒。不管是在早餐时还是在正常的讨论时，或者准备完成课后作业时，他不顾别人是否在正式发言，是否正在忙手头的工作，都滔滔不绝地宣讲。有人打断他时，他就勃然大怒，可他打断别人谈话或者工作时，却心安理得。

不遵守规则

学习过程中，需要做几个游戏。老师宣布游戏规则时，他不断地提出游戏的规则有问题。当游戏开始的时候，团队已经有了合理的分工。有人在做决策指挥的时候，他会放下自己应承担的责任去指指点点，指挥者制止他时，他就发火。游戏出现失误的时候，他就指责队友。游戏失败的时候，说别人是马后炮，自己是多么卓越，等等。学习的过程中，他常拉着同组的同学、授课的老师、主持人谈论跟自己有关，与学习内容无关的话题，别人善意地提醒也没法制止。

最后，再没有人愿意和这样一个不遵守规则的人一起游戏。没有合作，就没有团队，而单打独斗能够取得的成就非常有限。

不自省

刚开始培训时，小组的成绩还一直遥遥领先，但是由于有几次复盘没有认真做，小组的分数开始落后，终于，组长带头反省，大家也开始制止这位大哥在复盘时宣扬自己、儿子及公司。由于不止一个人让他安静并回归到复盘的主题，他认为整个团队都不尊重他，都与他为敌，表示要退出小组，终止学习。

打断别人的谈话和发言时理直气壮，自己闲谈时被别人善意地打断则勃然大怒，是典型的对别人严苛，对自己宽松，这本身就是一个人不会自省的极端表现。

不能做到表里如一

大哥前面还在吹嘘回国后一周请人吃饭花七八万元，回头却问同住的学员，为对方垫付的几元早餐钱有没有还给他，又在小组群里面问同住的室友有没有拿他带来的零食。

在几天的交往中，这位大哥表现出的自私、偏执、刻薄等性格特点在同组的学员中留下了深刻的印象。这些毛病，其实我们身上也有，只是多与少、深与浅的差别。如果你想成为一个受人欢迎的人，请捧起书本，洗去这些毛病！

我与书的故事（一）

我出生在一个贫寒的农民家庭，父亲只读过一年小学，母亲没有上过学，连自己的名字都不会写。由于父母都忙于农活，无人照看，6岁时我就入学读学前班，7岁时我就读小学一年级。由于家贫，所谓的"闲书"，家里是找不出来一本的。

当我识字达到一定的数量，能够囫囵吞枣地读完一本书的时候，就到处找书看，但是在一个只有30多户的村庄里，能找到课外书难之又难。有一年，我向一位知青阿姨借到了一本金庸的武侠小说，爱不释手。读完后去归还，因为不小心折了一个角，阿姨就再也没有借书给我。那时，凡是我能找到的书我都去读，甚至将高年级姐姐的《生理卫生》课本当成课外书来读。

农村的孩子，唯有读书一条出路，读书上学唯一的目的就是考取大学，跳出农门。那时家庭依然贫穷，寒暑假和周末，还要帮助家里干各种农活，所谓的课外书少之又少。高中时，我的英语成绩一般，为了提高英语成绩，我从每月5元的生活费中省出一部分，定期骑自行车到邻县县城去购买《中学生阅读》和《中学生英语》等杂志。

好不容易考上大学后，我也像现在的很多大学生一样迷茫，也面临着毕业即下岗的困境。那个时候买书不像现在这么便利，加上囊中羞涩，很少买书。学校图书馆的书籍，更新得也很少，基本上都是蒙了一层灰尘的"古籍"。那时租书相对便宜，但是要在短期内熬夜看完，我做不到，基本也很少租书。

工作以后，我是单位图书室的常客，但是迫于生计压力，工作繁忙，书往往是借得多，看得少，却给图书管理员留下了一个好学的印象，甚至有新书到了，她会根据我的喜好，通知我去借阅。读书是需要氛围的，那个时候，大多数的同事不读书，我也盲从于他们。在参加工作14年后的一天，我突然发现，我的书桌上只有一本与专业相关的规范，我并不需要学习，凭着过往的经验已经足够应付日常工作，于是日益变得焦躁起来。综合种种原因，我决定换一个环境，离职开始创业。

我真正开始养成读书的习惯，是在创业后的第3年。

2016年读完了36本书，2017年54本，2018年102本，2019年和2020年，我年均读书数量都超过了140本。2021年第一季度，我读完了约40本书，成了一个真正的书虫。出差途中读书，地铁上读书，午休前读书，甚至坐在马桶上读书，我利用一切可以利用的时间读书。5年多的阅读，提升了我的能力，拓宽了我的视野，改变了我的脾气性格，同时也在改变着我的命运。

通过读书，我看到了愚昧和无知的可怕，看到了固执和偏见的可憎，当然也意识到了自己曾经的年少无知。通过读书，我收获了太多，现在我在五所高校任兼职教授或者兼职硕士生导师，还是几个机构的创业指导老师。

2014年我开始通过微信朋友圈"涂鸦"，2017年开通了公众号进行写作。2020年，我摘选了部分公众号的文章结集成册，当作礼物送给朋友，很多人反馈说，对他的启发很大，受益匪浅，我真正体验到了帮助人的乐趣。从2019年开始，我每年的写作达30万字，当然，质量依然有待提高。

2018年，为打造学习型组织，我在公司倡议全员阅读。通过3年多的坚持，我发现公司的很多员工因为阅读而变得比原来更优秀、更卓越，心生许多欣喜。当然，也有部分同事因为这些额外的"任务"选择离开，我也很惋惜，但却释然。一个人不愿意读书，就是拒绝成长，而拒绝成长，就没有未来。

我创业以来，最高兴的事是我拿起了书本，改变了我自己，进而影响了周围很多的人，让他们变得更好，当然也包括我微信中5000多名"好友"。大多第一次见到我的人，都说他每天早晨上班前，一定会阅读我发送的原创文章。生活中有太多的不如意，或者为了生计应酬较多，还有部分的风言风语、热嘲冷讽，我几度想放弃，但是每每想到朋友们的鼓励，又开始"无病呻吟"，咬牙坚持。

少年时因为买不起书、借不到书而苦恼，如今尽管依然没有大富大贵，但不再缺书。据不完全统计，2021年我购买纸质书的费用超过1万元，可惜的是大部分的书只是读了前言、推荐序和后记，就没有再拿起来翻阅。但我依然享受着读书和买书的乐趣,我时常会把书架上所有书的名字浏览一遍,用于计划自己近期要读什么书,但更多的时候,我会把我读完的书或者未读的书,推荐给他人,赠送给朋友。

赠人书本,手留墨香。我还会继续将读书、买书、送书的习惯坚持下去。以上就是我这些年来与书的故事,接下来的人生中,这个故事还将继续。

我与书的故事（二）

2016年以前我也看书,但没有养成习惯。现在回想起来,不去读书,有两个方面的原因:一个方面,曾经拥有的知识和能力已经能够应付当时的工作;另一个方面,由于无知,或者是不知道自己有多无知。

关于读书的故事,我讲如下三点:

读书得到了什么

以前认为读书无用,除了没有认识到自己的无知外,还因为不知道提升自己。男人一般是看不到家务活儿的,以往在家里,妻子交代我干什么,我一般都会拖到睡觉前才干,因为这些不知发生过多少争吵。后来听樊登讲家庭关系,说家庭女主人在乎的不是你做了什么,而是在乎你对她的态度。听完后,我在家里干活既卖力又勤快,基本上没有为此再吵过嘴。工作上,以前开会讲话的时候非常啰唆,特别是刚创业的时候,会议开得很长,却没有什么重点,很多不重要的内容不断重复,让同事反感,还浪费时间。究其原因,还是因为脑袋里装的词汇量少,等到用时就捉襟见肘。后来读书多了,就开始写作,近年我写的文章,多次在武汉民建公众号上发表,而且公开场合的演讲能力、讲课水平也大有长进,近年我入选武汉创业天使导师团,受聘为武汉大学、武汉理工大学和中南民族大学的客座教授或者兼职教授。因为读书,我得到了不少的荣誉。

我是如何读书的

读书就像长跑,在刚开始养成习惯的那段时间非常困难,很难专注,很难坚持,但是当那一段艰难的时期过了,养成了习惯,就会容易很多。我一般从一些专业平台选书,或者在听名人访谈录的时候,根据名人推荐的书籍选书。成年人的学习是学以致用的,只看自己喜欢的书远远不够,关键你要知道自己的需求是什么。我读书一般都是精读,不会跳过章节,这个做法是跟曾国藩学习的,我一般不轻易拿起一本书,只要开始读就一定要读完,否则容易养成浅尝辄止的习惯。我读书不太注重质量,因为我们读书不只是学习知识,还为了改变认知。书读多了,你会发现有很多观点会在不同的书里出现，读多了，很多的东西就理解了。我一般不在上班的时候读书，而会在早晨起床、中午饭后、晚上睡觉前、周末没有外出的时候，还有出差的旅途中读书，特别是放长假的时候，我的阅读量反而相对更大。压力非常大的时候，或者不顺心的时候，我就会拿起一本相对薄的书，然后从头到尾看完，等书看完，情绪也就平稳了，边看边思考，很多烦心的事情也就想清楚了。

读书有什么用

近些年我阅读的各类书籍有500多本，而且阅读的速度越来越快，效率也越来越高。我感觉读书能够帮助我们解决如下问题。

少犯错少走弯路

人的一生，要成长，就是不断地重复犯错、认错、改错的过程。少犯错，不犯大错，犯错后迅速改正，是很多高效人士的做法。看很多的名人传记，看历史故事，如果你愿意将书中的内容与自己的实际相结合，你就能避免他们曾经犯过的错，他们也提供给你解决问题、克服难题的方法。如果我们不去阅读，不去吸取前人的经验教训，靠我们自己的实践去积累，成本往往太高，而且效率低下。

变得平和而不偏执

人天生是自恋的，也是自私的。很多时候，我们考虑问题往往只站在自身的立场上，只考虑满足自身的需求，而没有关注到别人和外界的需求。当我们的需求得不到满足的时候，就会情绪不稳，生气、郁闷、发火等等。看书，可以让我们看到形形色色的人和丰富多彩的世界。当我们认识到了人与人的不同，以及外界的差异之后，我们会慢慢变得平和。世界上人最难了解的是自己。一个偏执的人，往往只看到问题的一个方面，然后用片面的认知看待这个世界，眼界狭隘，就会心胸狭窄，变得固执和偏执。对普通人来说，我们很难走遍世界，但是我们可以通过书本，去观察和洞悉这个世界，当我们认识到自己的渺小时，就会变得不那么偏执自私。

心胸开阔不封闭

我性格看似外向，但其实更喜欢一个人安安静静地待着，也不太愿意暴露自己的心境和感受，内心藏有太多恐惧，恐惧外人用异样的眼光看我。当听到不同言论时，我也会气急败坏，跟别人争斗。这几年通过读书，我发现人的天性是自恋的，更习惯于关注自己，而我们那么在乎来自外界的眼光，往往是自己吓自己。我们之所以在乎别人，是因为我们的内心还不够强大。我们内心封闭，是因为我们恐惧外界可能给我们带来的伤害。实际上，只要你足够坚强和自信，外界的任何冷嘲热讽都是伤害不到你的。

当了解这一切后，我变得开朗、开放和健谈，慢慢地建立了自信，也结识了很多朋友，因为别人相信我，很多合作也能够很快达成。

近些年读书，我收获了很多，进步了很多，幸福感也增强了很多，读书改变了我的生活。

闲暇时多读读历史

人类最容易健忘，人最容易犯的错误就是好了伤疤忘了疼。例如每年的国家公祭日，很多人发了一个朋友圈就完事了，根本不去反思历史上的悲剧为什么会发生。其实，我们更应该在这一天多读读历史，警示当下的我们，让历史不再重演。

人与人之间的差别，在于一部分人能够从别人所犯的错误里汲取教训，进而少跌倒；但更多的人，犯过错后还不汲取经验教训，一而再再而三地跌倒，直至头破血流，遍体鳞伤。

人需要自信，但往往自信的度把握不好，要么变成了自卑，要么变成了自负，总的来说，自负的概率更高一些。我们之所以有苦恼，最主要的原因还是很多的事情我们看不清楚，找不到方法。读读历史，你会发觉，你遇到的问题，前人同样遇到过，而且已经有了解决的办法。甚至有时候，你遇到的事，根本就不是个事。

一个人要进步，首先要认识到自己的渺小，认识到自己只是沧海一粟，只是空气中的一颗尘埃，接下来才会努力拼搏，奋力进取。安于现状、贪图安逸的人，多多少少都会有一些傲慢和自负，认为自己所拥有的财富、权力、名誉足以让自己去炫耀。但财富最终都会散尽，权力最终也会因为职位旁落而转移，名誉是职位赋予你的，最终也会随风而去。把自己看低一些，你就会看到更广阔的天空。多读历史，看到自己的不足，还有和他人的差距，才能找到自己努力的方向。

一个人一生中，最大的成本并不是金钱和时间成本，而是决策成本。左思右想，瞻前顾后，犹豫不决，消耗了我们太多的精力和时间。机会是干出来的，而不是想出来的。读读历史，太多能走通的路，前人早已记录下来。话不多说，干就对了！

时代变迁，风云变幻，但规律一直未变，其实从一连串的历史事件中，我们可以摸索出历史演进的趋势。历史人物在不断地变化，但是人性却一直未变，所有的事件都是人去推动的。从历史中看透了人性，就能看清楚趋势，就能规避风险，看清了，烦恼也就会少很多。

闲来无事，多了解下历史！

谈读史的益处

小时候，历史被列入所谓的副科。似乎在应试教育之下，读书的目标就是为了考一个高分，学习历史就是为了记住节点事件的年份、重要人物和发生了什么，老师讲课也是流水账的形式。于是我对历史不感兴趣，甚至还有些排斥。

高中文理分科后，理科生高考不用考历史，也不再开设历史课，因此我文科的基础并不好。工作后，要胜任岗位，要赚钱自立，成家后又要赚钱养家，即使读书，也是读专业书，学习了专业就能提升能力，能力提升后做事的效率就高，成果就大，赚钱就多。于是，工作好多年，我在人文社科方面的学习基本上都是空白。自己创办公司后，慢慢地拾起书本，广泛阅读，涉猎了大量人文社科类书籍，其中就包括不少的历史类书籍，对我的帮助非常大。

人年少时是读不懂历史的，因为缺乏生活经验，也缺少阅历，但成年后不读历史，就会走很多弯路，栽很多跟头，吃很多不必要吃的苦头。古人云，以史为鉴知兴替，以史正人明得失，以史化风浊扬清。意思就是，以历史为镜子，可以发现社会发展的规律；以历史人物的功过得失为鉴，可以弄明白自己的选择；以历史为戒鉴，可以与不正之风作斗争，弘扬正气。今天我就来谈谈我读历史的感受和体会。

读史可以通规律，少走弯路

现在的书很多，互联网上的信息很多，知识的获取相对容易。人随着年龄的增长，经验和阅历也会不断增加，但是仅靠这些还远远不够。知识是死的，只有活学活用才叫智慧，很多爱读书的人讲读书无用，原因在于不会应用，不会触类旁通，不会举一反三。所谓的举一反三，就是发现了不同事件之间的规律。规律是隐藏起来的，仅仅只看到了事件而不去思考，是无法发现和应用规律的。例如教育孩子，领导团队，其实都是管理自己，把自己做成榜样，影响他人，但现实中很多人只会要求他人，对自己却无限"宽容"，管理既做不好，孩子也教育得不成功。

很多人败在没有经验上，但更多人栽跟头，是栽在过往的经验上。更糟糕的是，很多人所谓的经验是把一次经历重复很多次，没有创新，没有进步。读历史，从历史事件和历史人物中梳理出规律和趋势，才是最有效的方法。死守所谓的经验，可能会走进死胡同。

读史可以明事理，做明白人

读历史，如果当故事读，就会把"玄武门之变"看成是秦王弑杀兄弟，逼父亲禅位，但如果能够站在历史的角度综合考量，就会发现事件发生的必然性。

最近读一本将一些戏说和正史进行对比分析的书，发现很多的戏说、杂剧、故事，与正史出入很大，甚至很多都是以讹传讹的臆想。故事很精彩，满足了人们的好奇心，但往往不符合逻辑、规律和趋势。或者说这些东西都是虚假的，是根据我们的欲望需求量身定做的，既不接近真相，又不符合人性。但是普罗大众喜欢，于是更多的故事被制造出来，使得我们距离真理越来越远，也越来越从众和盲目，甚至无知和愚昧。

我曾经对比过某些小说和改编的同名电视剧，小说被改编成剧本，剧情改得面目全非。悲剧改成了喜剧，坏人变得可爱，让死人复活，这些满足了我们的欲望，却不符合常理。所谓的收视率，就是取悦大多数人的喜好，让商家赚到更多的利益，但对于民众的开智，作用是极其有限的。

读史可以更通达，善于决策

有的人能取得很高的成就，有的人却碌碌无为，究其原因，主要还是效率的差异。效率的差异跟努力程度无关，而是跟决策正确后的努力和坚持有关。选择大于努力，就是首先要做出正确的抉择，然后再继续努力，但大多数人的努力是建立在错误的选择上，"方向不对，努力白费"就是这个意思。

其实要做一个正确的抉择是非常困难的，能经常性做出正确的决策更是难上加难。我个人认为，要做出正确的决策，符合时势和场景的决策，首先要占有尽可能多的信息，还要分析、归纳、整理，权衡利害得失，研究过往历史，判断发展趋势，在未来和当下做出适当的决策，还要在正确的时机拍板，既要全面又要深入，这本就是一个矛盾的综合体。

我曾经说过，科研技术人员不要轻易创业，创业也不要当领头人，当老大要能够决策，善于决策，勇于决策。而技术人员，很多人是能力专而不全，对于很多教授、博士，已在专业方面作出一定的成就，若要放弃相应的成就开拓新的能力，则放弃的成本太高，因此当决策人实是勉为其难。但是当带头大哥的理想人人都有，于是就有了太多以身探险，葬身鱼腹的失败者。

做决策，就是在于对概念、本质、真理、规律和趋势的掌握和驾驭，但做事的人都沉于事中，很难着眼全局，做出的决策就很难全面、客观。读史也是提升效率的捷径。

读史可以知进退，善于审时度势

人生要知进，还要知止，更要知退。有的人撞得头破血流，往往是只知前进，不知后退。历史上，遇到昏君，很多所谓的忠臣以死相谏，最终要么隐退回乡，要么搭上性命，勇气值得嘉奖，但策略不值得称道。小不忍则乱大谋，有些时候，有些事就得忍，否则送了性命，怎么东山再起？

昨天跟一位朋友聊起职业转型，他说只要收入不降低，职位还能有所提升，就考虑换工作，如果达不到就继续在原岗位待着。我对他说，你原来从事技术工作，能够胜任技术岗位，要去做管理，就要学习管理，就要占用做技术工作的时间和精力，而学习本身是不直接产生经济效益的，那你就要忍受学习的枯燥。世俗方面的追求，无非名、权、利等，晋升了职位，名、权得到得多了，利自然要让一部分出去，如果三者都要占，要转型成功，获得提升就更难了。

学习历史还有很多好处，例如可以用成功人士的思想方法和行为选择验证你的想法——是对的，就快速行动、执着坚持；是错的，就可以从失败者身上找出经验教训，修正自己错误的思想和行为。

闲谈莫论他人非，人后多读有趣书。历史相关的书籍就是很好的选择！

我是如何读书的

每年年中盘点时，看年初制定的目标的完成情况，决定了一个人一年内能做出成绩的大小。其他先不论，今天说读书，我大致估算了一下，从 2021 年 1 月 1 日起到 2021 年 6 月 30 日，我读完了 63 本书，计划完成量是 75 本，完成率 84%。

有些朋友感到难以相信，问我是如何读完这么多书的？是不是只看推荐序、前言和后记？是不是牺牲了其他的事情来读书？我借此给大家介绍我的方法。

凡事要达成目标，一定要设置目标

要完成一件事情，一定要有科学的计划，我在每年年末的时候都会计划下一年的目标，总结上一年的完成情况。不制定目标，相当于努力没有方向，而且目标制订要科学，太容易了没有挑战性，太困难了容易中途放弃。

去年我完成了 140 本的阅读量，今年我制订了 150 本的阅读量，大概一个月 12 本，一周 3 本。接下来是目标分解，一年的完成量分解到月、周和日。

今年上半年的完成率较差，我也分析了原因，首先是目标设得稍微高了些，去年是因为疫情防控期间有两个月基本上专门用来读书，那时候一周读五六本，而今年工作一直很忙。其次，以往读书都是读 10 余万字的书，今年我特意挑战一些大部头的书，有时候一本就有 40 万字。

读书，设置目标很重要，而且要有科学性。

合理利用碎片时间，竭力达成目标

计划制订后，读书目标能否达成，就看执行的情况了。其实我们日常生活中，有太多的碎片时间，还有很多被琐事占用的时间，都可以用来读书。

先说琐事占用的时间，毫无目的地刷抖音或朋友圈、无所事事地平躺、漫无目的地玩游戏、在微信群内闲聊、太多打着友情旗号的聚会，都是琐事。这类时间其实都可以用来阅读。我不玩游戏，不刷抖音，朋友圈只是看看动态，微信联系不太重要的工作，很少参与闲聊，这些时间都可以节约下来做事情，最主要的还是用来读书。

我倡议大家在公司养成一个习惯，随身带一个包，包内放一本书、一个笔记本、一支笔，有空闲时间都可以拿出书本阅读。车站内，高铁上，地铁里，没有其他事时我都会拿出书阅读。

为了看书，我也牺牲了一些陪伴家人的时间和干家务的时间，但我更多的是寻找所谓无聊的时间。注意，在这一条上，我们一定要学会对日常的事务做重要度排序。

进行自我奖励和激励，激发自己的动力

以前我每读完一本书，就在书后写上"胡文斐已读"，注明日期，以示对自己的奖励，如今我会在周工作报表上列上读书心得，然后将读完的书名加在年初新设的文档《××年已读书目》上，看着文档上的书名不断地增加，就有一种成就感油然而生。当阶段性的目标完成后，我就会给自己一个奖励——完成自己的心愿，更多的时候是奖励自己一套想买但舍不得买的书。

除了自我激励，他人监督和鼓励也很重要，有时候看到自己写的文章被朋友转载，还有朋友圈的评论、点赞，也非常受鼓舞，便读得更多，写得更多。在朋友圈写作，其实也有主动要求被监督的成分，因为独自写作，又没有发表的门路，写着写着就没有了动力。很多朋友见面会说每天都会跟读我的文章，慢慢地让我有了责任感，也有了压力，鞭策我把读书和写作坚持下去。

上面讲了如何读完一定数量的书，下面讲如何提高读书的质量。

结合自身的情况，选择读书方法

我们经常听到"读书百遍，其义自见"，但这是否适合自己，则要好好考虑一下。

如果你是一个初级阅读者，你首先要阅读到一定的数量，建立起基本的认知架构。以我的经验，这个数量在200至300本之间，我大概用三年的时间完成了这一目标。如果没有达到这个数量，把一本书或者几本书读再多遍，依然难免偏执和无知，因为你仍然会掉入人云亦云的陷阱。

初级阅读者，首要的目标是养成阅读习惯，培养阅读兴趣，切忌选比较难的书，因为书是给能够读懂的人阅读的，就是说作者著书，是有他的目标读者群的。初级读者，我建议从小说、人物传记，还有和自己工作相关的书籍读起，先累积到一定的数量，再开始书读百家，书读百遍。

不要跳跃阅读，不要力求记得

很多事情要按照规律去做，千万不可走捷径。很多人读书，只读所谓的精华部分，读完序、后记和跋，就以为掌握了作者想要表达的精髓，其实是错误的。读书最主要的目的是引发读者思考。成年人读书主要是为了学会科学地思考，客观地思考，弄清楚"为什么"。走马观花的阅读，是引发不了思考的。

读一本书，首先要想着作者为什么要提出这个观点，他是如何论证自己的观点的，他的观点是否正确、客观，如果我要写这本书，我要如何表达、论证我的观点，等等。只有这样做了，才能有所收获。不然，所谓的爱读书，就只是在学习知识，而不是学以致用。

很多人说书读完了就忘记了，有的人说读了很多，但好像没效果，原因就是你还停留在学生阶段，为的是学知识，或者读书的量还没有达到一定的程度。

初读者，先大量地阅读，阅读到一定的数量，慢慢地就可以用前面读的书理解后面读的书，用后面读的书验证前面读的书遇到的问题。读多了，就融会贯通了。

我现在读序、读跋，是为了选书读，但拿起一本书开始读了正文，就一定要读完，就算是一本"坏"书，读完了和"好"书对比，才知道什么书叫"好"书，什么书叫"坏"书。

读书的最终目的是学以致用，将别人的智慧变成自己的

书读到一定的数量和程度，要开始写作，我的个人观点是写作是更高级的阅读。唯有通过写作，你才能把别人的智慧变成自己的智慧。没有输出（写作）的冲动，往往是你输入得还不够，思考得还不够。

写作，是一个思考、分析、归纳、总结的过程，是读书升华的过程。一个朋友，书读得不少，我鼓励他写作，结果他写了几篇就停下来，遇到了事情还是自己解决不了，自己的思考只是想想，而且越想越乱，最终做出的决策依然与实际相差甚远，也听不进他人的意见，甚是可惜。

把作者的观点变成自己的，分类归纳，然后找机会讲出去，根据反馈修正自己。如此反复，才能不断提高。很多人不写作，或者悄悄地写作，写得好不好没人知道，有时候只是文字的堆砌，根本没有思想和观点。自己的孩子自己越看越喜欢，但是别人是否喜欢就不得而知了。自己的写作也是如此，我在朋友圈写作也是出于这个原因，在别人的批评指正中调整自己。

有的人读书，只读自己喜欢的；有的人读书，喜欢阅读短文、公众号文章；有的人喜欢读畅销书。其实这些都失之偏颇，最重要的还是要找到适合自己的读书方法。

为什么读了那么多书，还是老样子

记得《中国诗词大会》中有一个快递小哥，古今中外的诗歌能倒背如流，好像才华对一个人改变经济状况并没有直接关系。那么是读书学习真的没有用吗？很多人有不同的看法，导致读书无用的原因可能有如下几个方面。

当故事一样读书

很多人读书，只当看故事，哈哈一笑，或者掉几滴眼泪，根本不能和自己结合起来；有的人读完后，就用书中的教条去要求别人，如书上讲了，你这样做不对，应该如何如何。他们学习，不去改变自己的习惯，不修正自己的行为。

只当学习知识

有一些人，知识渊博，才高八斗，但依然没能活出不一样的人生。这样的人有一个共性，讲的时候高谈阔论，但都是正确的废话，只会纸上谈兵。你会发现他们讲的都是转述别人的话，没有自己的思想和观点，甚至讲出来的都是二手三手的信息，基本毫无价值，但自己却沾沾自喜。

简单地以为学习了就能改变

很多人认为只要学习了，改变命运就是水到渠成的事，结果书也读了，课也上了，圈子也混了，但是自己依然没有长进。久而久之，就会开始鼓吹读书无用论，什么书是骗人的，鸡汤有毒，成功学就是洗脑。培训学习，只能教给你方法，帮助改变你的认知，提供一个思路。但是路子对不对，方法是否得当，需要你根据所处的环境和现状去权衡，试错后调整，正确的继续坚持，但我们大多数人都是想当然地照搬。

真正的高人都是读书的，而且阅读量都很庞大。读书并不仅仅是为了学习知识，也不是为了炫耀，更不是为了找出更多的论据去约束别人。真正有用的读书是为了学以致用，为了改变自己的认知，改变自己看世界、看他人的角度和方法，并弄懂自己内心的真正需求。读书是把死的知识变成活的智慧，活学活用，用以指导实际的工作和生活。抱有学习了知识就能改变现状的思维是失败的一个重要原因，其实是把复杂的问题人为简单化，是想走捷径。

学了再多知识，如果不能和自己的实际结合起来，没有空杯心态，不去和软弱的小我诀别，不去改变认知、行动、思维和习惯，不去将学到的东西应用于实践，变成智慧，也就没什么用。

抱这样的态度读书，书读得再多，也只是让世界上多了一个书呆子而已。

谈谈读书那点事

之前有幸请到了《装台》中"老大"的扮演者杨卫国老师莅临公司，并为全员做了一个多小时的精彩分享。杨老师讲述了他从一个只有初中学历的农民变成家喻户晓的演员和国内顶尖的道具师的重大转变和心路历程。杨老师数次提到了读书的重要性，他说他每次去拍戏，都会带上一个拉杆箱用来装书，拉杆箱的杆子被压断了很多次。今天转述下杨老师关于读书的经验，也加上我的一点心得。

要读专业书籍。通过读书获得技术和能力，有了技能就有了生存的本领，技术水平高了，就能够使得你的生活过得更好。

要读人文社科方面的"闲书"。这些书能够丰富你的精神世界，毕竟人不是为了活着而活着，人的存在不仅仅是为了生存。我们很多人不断地从自己的经历中吸取教训，而不去从别人的失败中借鉴经验教训，等到终于想明白了，人生也到了终点。读书，可以帮助你接触到更多的人，可以和书中的人物对话，甚至可以和作者对话，相当于扩大你的人际关系网，增长了见识，就会变得不再偏执，心态变得更平和，也更能客观地认识自己。书读得多了，就会知道为什么一个人会有相应的行为和处事方式，慢慢地就学会了换位思考，进而情商也就提高了。

要读一些"无用"之书。这些书不能帮助你赚更多钱，却能够使得你变得更通达。很多人际关系紧张的人，他们很多事情看不明白，捋不清楚。近年，我数次被人逼到墙角，要放在四五年前，我绝对会进行凌厉地还击，但如今我选择了隐忍，选择坚守住底线。如果不是因为读书，就会采取过激的行为，一定会两败俱伤，或者让事情变得不可收拾。像哲学、宗教之类的书籍，看似无用，既不能赚钱，也不能让你快乐，但关键的时候可以帮你保命。

除了读书，还要进行更高级的学习，比如写作和演讲。有的人也读书，涉猎也广泛，但是不去归纳总结和分析整理，就像各种物品混乱地堆积在仓库中，用起来麻烦，甚至因为相互腐化而变质失效，变得无用。写作的实质是总结归纳的过程，总结的是规律，归纳的是精粹，这是更高级的学习。演讲重在演，而不是讲，演讲得多了，"演技"就提升了。我们每一个人，在工作和生活中要扮演各种各样的角色，只要你能根据身份和场景扮演好每一个角色，人际关系肯定不会差，幸福感肯定很强，但现实中很多人只能扮演好一两个角色，甚至连一两个角色都扮演不好。人生如戏，全靠演技，就是这个道理。

读书，是为了改变，为了自己变得更好，但人的天性却是追求稳定和舒适，因此养成读书习惯并不是件快乐的事情。杨卫国老师尽管年少辍学，但因为酷爱读书，从一个农民成为一名全国知名的道具师，到如今又成为知名演员、制片人。

读书，真的可以很好地改造自己！

再谈读书

不可否认，微信已经成为我们不可或缺的社交工具，朋友圈也是个人展示自我的重要平台。经常会遇到圈友发来信息，欲清理"僵尸粉"。

为什么这篇文章突然和读书联系起来？因为我发现，对待删不删、屏蔽不屏蔽的态度，真和读不读书有关。不读书的人，很少用"该不该"去评判一些事情，而习惯于用"喜不喜欢"甚至是"恨不恨"作为评价指标。自己被对方屏蔽或者删除，很多人的反应是，有什么了不起，你要屏蔽我，我还早就想把你删了呢。不经过读书改造的人，总是关注现象，而不深究现象背后的原因，甚至不会思考"为什么"。不去读书的人，想得最多的是自己的需求，感受最多的是自己的感受，干得最多的是"为所欲为"的事情，却不去了解别人的需求，感受别人的感受，很少帮助别人干别人想达成的事情。一个人，要脱离低级趣味，要成就自我，必须要脱离"自我"，但不去读书，很难学会认真细致的观察、科学的思考、顺畅有效的沟通，还有优雅得体的行为举止。

太多的人，不去读书，总是坚持自己的观点，听不得他人不同的意见和建议，他们把他人善意的提醒当作反对，当成对自己人格的蔑视，也不考虑事物本身，基本上陷入为了反对而反对。"你瞧不起我，我还瞧不起你""你总说我坏话，我就选择跟你翻脸""你看我不顺眼，我还看你恶心"，干脆一删了之。但现实是，你屏蔽了太多和你持不同意见的人，你删除了那么多你"不喜欢"的人，但你依然是你，他人依然是他人，这个世界还是这个世界，一切都没有朝着你想要的方向前进。愿意给你提意见的人，也慢慢地闭口不言，甚至早就被你排除在朋友圈之外，你能听到的就完全变成了虚情假意的奉承，冠冕堂皇的恭维，你得到的永远只是"自我感觉良好"。

一个人真正的成熟，在于他脑袋里能装下两种截然不同的观点，还能让它们和平共处。未通过读书改造自己认知的人，只能接受一种观点，对于其他不同的观点一律抵制和反对。要提升自己，也许读书是唯一的路径。

我也发现，世间有一类人，态度极其诚恳谦卑，喜欢提各种问题向人请教。但提出的问题非常幼稚，别人给了解答又听不懂。毕竟这个世界上，光有一个好的态度，只是有提升的可能，但是否能够提升，还要有能力，这个能力，叫学习力。一个学习能力不强的人，永远会将解决问题的希望寄托在他人身上，但现实是进步最快的方法是自省自查，自我改造提升。

当然，如果一个人读书的目的不是为了改变自己，是为了挑别人的刺，为了显摆自己，为了附庸风雅，那不读也罢。

还谈读书

两日出差，舟车劳顿，当地朋友非常盛情，招待异常热情，在兴头上我不知不觉就喝多了，结果第二天早晨就很难早起，连续几个早晨的读书作业就没有完成，看来要坚持每天做同一件事的难度还是非常大的。不过还好，只要心里想着这件事情，总会再次拾起，重新开始，或者后面再给补上，这也许就叫不忘初心。

之前公司搬新址，收拾之后我将部分书买了，但是来不及读的书放上了书架，发了个朋友圈。这些书，主要是一些手册，还有一部分大部头、一部分套装书，有中西方管理经典、哲学、佛学、国学经典、名人传记和部分经典小说等，其中有两套知名管理学教授的套装书、国内顶级企业家的管理套装书以及西方论述某个方面的管理问题的套装书。有几位朋友留言，一位朋友说这些都是"流行书"，没什么价值；还有一位让我推荐管理方面的书。借此机会，我再谈谈我对读书的几点看法。

要读经典书，而不是流行书

曾经有人说，读书应该读"死人"写的书，不要读"活人"写的书。这个说法失之偏颇，但是也有一定的道理。有的书经过一代代的读者检验，仍能一再被加印，就已经证明了它的价值。流行很多年的书叫经典，我们要多读经典，不过有些流行一时的书也要读一读，了解当下某一阶段的趋势也是好的，还有就是掌握一些方法的书，技巧也是有用的嘛。例如直播，就是展现影响力带动销售或者继续扩大影响力，买个圈灯、耳麦，学习一下如何暖场，如何调动观众打赏，这些叫方法和技巧，本质和方法都掌握了，才能做好直播这件事，毕竟理论和实践是要结合才有用的。

当然，如果只读流行书，不读经典书，就像没有方向的努力，只是浮于表面，是做不成事情的。

接受别人的推荐，更要会自己选书

一次分享阅读计划时，朋友说希望我推荐几本关于管理的书。管理这个范畴很大，如果细分，最起码可以分几百个细小的方向，任何一个方向用一本书讲透，就是几百本书。想着读几本就学会管理，估计彼得·德鲁克的书也爱莫能助。其实我将我认为厉害的书都搬上了书架，拍照也尽量将书名都拍到，如果朋友花点儿时间看看，也许就能找出哪些书适合自己，但他还是要我给出书名，这其实还是有走捷径的想法。就像一个人说我想赚大钱，这其实是一个很难回答的问题，是想赚长远的钱还是赚当下的钱，是想赚体力的钱还是脑力的钱，想赚男人的钱还是女人的钱，想靠自己赚钱还是靠团队赚钱，赚钱的目的是做什么，没有界定，这个问题就很难回答。人首先还是要想清楚自己是谁，有什么，缺什么，还有想要什么。

读书的规律

凡事都有规律可循，读书也是。当一个人有明确的目标后，再加上一些思考，就知道自己缺什么，利用什么手段和方法达成目标，就会找相关方面的书籍。愿意读书，证明这个人比较谦虚，还追求上进，愿意改变自己。接下来，开始读书，一本一本地读完，辅以听书听课，慢慢地养成阅读习惯，把读书变得像吃饭睡觉一样自然，千万不要把读书当成一件很优越的事情，学到了知识到处显摆。书慢慢地读多了，也读了一些"好书"、一些所谓的"坏书"，慢慢也就会选书了，没有坏哪来好，不跌几个跟头哪知道平路好走。其实好书和坏书，本质的差别还是适不适合你和当下你的需求。再接下来就是读了几百本，搭建起了自己基本的认知架构，可以给别人推荐书了，其实更重要的是深刻地知道自己需要什么，方向更明确了，然后找适合自己研究方向的套装书，继续拔高。有的人输入多了，就开始输出（写作、讲课），我将此定义为一种更高级的阅读。

书要多买，买多了总会看一部分的

很多美好事情的开端，看似不经意，却又有其必然性，读书也是一样。之前摆在书架上的书，都是我买了很久，但一直没有读的，现在书架大了，摆上去，总有一天会翻出来看看，兴趣来了，一个美好的开端就促成了。

书，都是有需求或者共鸣才买的，买了就搁在心中，就像许下了一个心愿，种下了一颗种子，或早或晚都要生根发芽的。这些年，买了不少书，看完的也就是其中很小的一部分，坏处是花了不少钱，好处是想看的时候顺手就可以抽一本。

一本书经由作者写出来、出版社出版、发行商推向市场、销售终端上架、读者购买，本就是一件因缘际会的事情。书和读者是讲求缘分的，千万别浪费任何一次缘分，谁知道你不经意的一次开卷，会结出什么样的美妙果实。

如何阅读之一：我们为什么要阅读

一日和朋友谈起读一本人物传记的感受，朋友善意地提醒我说，别被蒙蔽了，真正有价值的东西作者才不会写进书里。几年后，当我将我的所想所思写下来印成册子时，我才发现，朋友告诫我的，失之偏颇。

当今社会，通信技术足够发达，互联网已经覆盖乡村，基本上人人手持一部智能手机，各种信息唾手可得。这个时候，很多人不禁会萌生一个问题，我们还需要阅读吗？需要阅读纸质书吗？

我的答案无疑是必要的。尽管搜索技术如此发达，但是当你打开搜索引擎想要搜索某个东西的时候，你要知道应该往空白处输入什么字符，而这些，搜索引擎不能帮你。就算你知道输入什么字符，查询到的内容你能甄别真伪吗？毕竟搜索引擎并不完全对搜索结果负责，而是对广告商"负责"，还会用巨量的大数据和精妙的算法，自动推送相关的内容，霸占我们的屏幕，满足我们即刻的需求，蒙蔽我们的双眼，使得我们拿起手机就爱不释手，不知不觉就度过了好几个小时。可很多人看后想想，感觉好像什么都没得到，只是让自己哈哈一笑而已，还有更多的人根本不会去思考，整日与手机须臾不可分离。

有位青年作家说过一句话，如果一个人不读书，他的世界观就只能由最亲近的十个朋友来决定。有许多人想去改变，但不去读书，在机遇面前，求助亲友，结果可想而知。我们之所以结为夫妻或成为朋友，是因为价值观相同而走在一起，这样的咨询问了等于白问。

如今，阅读到底对我们有什么价值和意义？在我个人看来，读书的功用有如下几点：

可以拓宽我们的知识面

当你对一个新生事物产生兴趣的时候，可以找这个领域的资深人士咨询，虽然行业精英的时间都很宝贵，但是你却可以找出一本精英所著的书来读，以弥补你在这个知识领域的空白。遇到了疑惑，当然可以通过互联网的渠道向作者或者领域内的高人求解。假如你寄希望于让一个高人花很长的时间进行一对一的灌输式的"扫盲"，那是异想天开。一个成年人的成长，起到最大作用的是主动式的成长，总寄希望于别人给你答案，是对自己最不负责任的行为。如果你对佛教感兴趣，找一个高僧给你讲述佛法的难度很大，但是找来慧能的《六祖坛经》（带注解的）要容易很多；如果你对相对论感兴趣，虽然爱因斯坦已经离去很多年，但是找来他的著作也不难；如果正打算创业，或者已经开始创业，要学习管理，想见见管理大师费用肯定不低，但买一套彼得·德鲁克的书，花费依然不高。

我曾经写过一篇文章，谈到街边的店铺开张了又关，关了又开，花费不菲的装修材料装了又砸，砸了再装，除了让 GDP 虚高外，基本上没有对社会创造任何的价值，只是积累了毫无意义的经验和教训。如果你有一点经济学的常识，知道什么叫"投资回收期"，知道什么叫"固定成本"，什么叫"可变成本"，再懂一点什么叫"营销"，也许坚持个半年，也就不会轻易地放弃一间投资可观的店面，也不至于血本无归。

可以让我们的精神得到满足

这周看了几本小说，其中谈到了"城中村"现象，很多人因为拆迁补偿，或者出租民房，轻易地获得一笔甚至好几笔"不劳而获"的收入，接下来，这些人当中好一点的喝酒打牌闲逛，坏的豪赌，毁掉的不是一代人，而是好几代人，甚至一个家族。昨日跟朋友谈起此事，朋友说，一个人花钱的方式，背后是其文化的积累和精神的需求，文化沉淀厚重的人，不会轻易地乱花钱，更不会挥霍。人，除了生存和生理的需求外，更重要的是精神层面的需求，但现实中，太多的人眼里只有物质，甚至物质的富足程度已经很高的时候，依然没有唤醒精神层面的需求，以至于很多人已经很富裕了，但是难称富足。这也是为什么很多人被称为"土豪"而不是"富豪"的根本原因。

很多人做一件事情的时候，很喜欢问干这个事情有没有用，但现实中，很多看似有用的东西只是"小用"，看似"无用"的东西却有"大用"。这也许能解释为什么很多人虽然很有钱了，依然不快乐，甚至越有钱越焦虑、越不快乐。心理学、哲学、佛学，甚至小说，这些看似"无用"的东西不能帮助你赚钱，但是却能使你产生真正的喜悦。

可以让我们的心态变得更平和

现代社会，就算你丧失了劳动能力，趋于完善的社会保障系统也足以让你存活，但现代社会太多的人却因为抑郁出现精神问题，通过极端方式结束自己宝贵的生命。还有很多商人因为攫取不当利润锒铛入狱，很多高官因为对权力过度的追求没能善终，还有很多人淹没在名利场不能自拔。最根本的原因是我们对生命，对世俗的名、权、利没有一个客观的认识。过度的攀比，使得我们心态失衡、扭曲，进而铤而走险，孤注一掷。

如果你读过名人传记中的"至暗时刻"，你从历史书中寻找过答案，懂得一些心理学的知识，能够用哲学的思维安抚自己，也许就不会选择这种最"自私"的方式，带给亲友们无尽的痛苦。

我们为什么要阅读？因为读书是成本最低的投资，是追求成功最短的捷径，是拯救自己最有效的方法，这是我尽我最大所能给出的答案。

如何阅读之二：如何养成阅读习惯

一次带女儿去参加一个培训机构的公开课，培训老师通过简单的技巧，让小孩在几分钟内记住作家莫言的著作名，并请学生示范。老师讲，通过他们的培训，可以让小孩的阅读能力达到每分钟 2000 字。8 岁的女儿闹着要报名，我规劝女儿不要报名，并不是因为报名费昂贵，而是觉得这种杀鸡取卵的方式不可取。

急功近利，想走捷径是大多数人容易犯的毛病，但事实上，根据规律去办事，就是最短的捷径。上一篇文章讲了我们为什么要阅读，本篇就讲讲如何养成阅读的习惯。要养成良好的阅读习惯，个人认为可以从以下几个方面着手：

树立目标，挖掘需求，寻找榜样

我们之所以愿意去做一件事情，背后一定有目标在驱动，很多人之所以没能养成良好的习惯，是因为目标不明确，或者目标不兼容，再或者就是根本没有目标。得过且过，麻木不仁是我们首先要战胜的拦路虎。很多人不去读书，多是不知道自己想要什么，或者说仅仅只是想要，而不愿意花费时间和精力去获取。目标不明确，可以理解为我们的需求不明确，或者需求没有被开发。我们不知道阅读能给我们带来什么，也不知道不阅读将会失去什么。一个人没有大量的阅读，没有接受更多的观点时，是不会去思考的，当然也很难思考碌碌无为有什么损失，奋力进取有什么收获。在还没有养成阅读习惯前，可以有意识地结识部分饱学之士、成功名人，以这些人为榜样，去克服自己的惰性。

通过听书等方式激发自己的兴趣

兴趣是最好的老师，对一件事情有了兴趣，才会有热情，有源源不断的动力。现在线下和线上的读书会很多，而且门槛也不高。通过读书会认识部分爱读书、会读书的朋友，通过和他们交流，激发自己学习的兴趣。也能让自己了解到这个世界还有众多从未涉猎的领域，还有太多从来不知道的东西，意识到自己曾经犯过多少自认为正确的错误，进而认识到自己的愚昧和无知。通过听书，也可以发现自己对某些领域有浓厚的兴趣，听多了，兴趣有了，捧起书本就不那么难了。

更换或者创造一个读书的环境

我们很多人读书，躺在床上，坐在空调房的沙发上，对面电视开着，手头还放着手机，要么睡着了，要么神游了，要么拿起手机就忘掉了眼前的书本。结果到头来，书没翻几页，时间却过去了大半天。环境对一个人的影响至关重要，要做一件事情，就要营造适合做这件事情的环境。在我培养读书习惯的时候，我曾将手机丢在楼上，坐在楼下的沙发上读书；或者干脆到一家书店，点一杯茶，用一个上午的时间读完一本书；有的人喜欢在茶庄或者咖啡厅，点一杯自己喜欢的饮品，慢慢品读；还有的人自己买的书读不下去，但是借别人的书读，速度反而更快。总之，只要你找到自己喜欢读书的环境和方法就行，不要拘泥于别人的意见和建议。

遵从由易到难的方式

我们不得不承认，很多书阅读起来需要一定的知识储备，而且很多书是非常晦涩难懂的，古典哲学、心理学，甚至很多小说，读起来都非常难懂。我们读书，可以遵循从易到难的方式，一步一步地深入。在培养阅读习惯的时候，可以从小说、人物传记、短篇散文集等开始，慢慢地积累到一定的程度，接下来再接触一些难度更大的书。对于西方人的著作，由于中西方思维习惯的不同、译者水平的差异，还有文化基础的影响，先不要阅读，有时候读一本书，书中人物的名字都很容易混淆，就更不用说理解作者表达的内容了。

找到自我激励的方式

很多人认为读书是件痛苦的事情，就不愿意去阅读。实际上世间的苦乐都是相对的，可以相互转化的，有时候可以从苦中找到乐趣。要培养阅读的习惯，一定要想办法找到激励自己的方式，例如读完一本书，奖励自己一些小物件，或者让自己外出放次风。通过这样的方式，我在过去三年的时间内，累计阅读了各种纸质书籍400多本。要达到读书破万卷的境界，第一是先要养成读书的习惯。

如何阅读之三：如何选书

一个朋友对我说，他有创业的打算，让我推荐几本书给他，我说我日后会在公众号推出一个"阿斐荐书"的栏目，请他关注。当我们有读书想法的时候，要读什么书，就成了新的问题。我经常去很多老板的办公室，老板桌后面的书柜上也会摆放很多书籍，但从书的摆放整齐程度来看，估计很多书都不是用来读的，而是用来摆设的。如何选书其实也是一个问题，今天我来讲讲。

了解清楚自己的需求

很多人说要去创业，但实际上想的是赚钱，或者说打算做生意。做生意和创业（打算做企业家），其实是两条不同的路，找来创业的书，也许往往并不适用。有的人说要读教育方面的书，但实际上他的目的就是为了提高孩子的成绩，教育类的书他也不会认真去看，因为他的目的并不是学习如何教育好孩子。很多人的需求和目标不明确，那么他选择的书目，满足不了他读书的目的，于是拿起了书本，并不能提起他阅读的兴趣，要么说作者写得不好，要么说推荐的人瞎推荐。

要选对书，首先要弄清楚自己真实的需求是什么，如果要真正提高自己，就要认真地选书；如果为了消遣，为了显示自己喜欢阅读，那什么书都可以用来装点门面。

听从业内专家或成功人士的意见

要想选对书，业内专家的意见非常重要。我偶尔会拜访行业的大咖，还有部分事业有成的成功人士，有时候对方会主动送书给我，或者我离开前会问他最近在看什么书，或者我有什么问题要解决，麻烦推荐几本书，对方都会非常热情地推荐书目。拿回或者买回来看，发现这些书都是精品。

我开始读书的时候，其实也不知道要读什么书，很多时候听周围的朋友说某本书好就买来阅读。现在看来，当初读的部分书质量真不怎么样，甚至很多观点都是错误的，误导了我。后来参加企业管理的培训，授课的老师会在课堂上推荐部分书目，授课的教案中也会推荐部分书目，从那个时候开始，我读的"烂书"才少了很多。

选择优质的出版社出版的书籍

一般情况下，大的出版社出的书籍的质量相对较好，而很多小的出版社出版书籍的质量参差不齐。好的出版社，就像名人一样，比较在意自己的名誉和影响力，出版书籍时都比较慎重，就像层级比较高的人，一般不轻易地作出承诺，作出了承诺就会想方设法兑现。中信出版社、机械工业出版社"华章经管"系列，湛庐文化出版的管理类的书籍多是经典。其他的出版社也有其他优秀的书出版，由于不太关注，无法进行点评。

读经典书目，读名家之作

一般情况下，风行一时的书不一定是好书，但流传几十年甚至几百年的书，一定都是好书。西方的经典小说，中国的古典小说精品，都是经过时间检验的，经过几代甚至几十代读者检验的书籍，一定是好书。正因如此，我对网络文学作品是比较排斥的。正式出版的书籍，是经过编辑排版的，经过审阅校核的，各方面质量相对有保障。但很多网络小说，都是一个章节一个章节地更新，就像驴推磨一样，写到哪儿算哪儿，这样的内容只是为了迎合读者的需要，有些并不符合逻辑，也不符合事物的发展规律。近期读小说，很多的作者在小说的结尾会写到什么时候定的一稿，什么时候定的二稿，甚至有改到四稿、五稿的。相比之下，大多数网络小说根本就没有经过雕琢和修改。

很多经典书目，书中会引用其他书的内容，书的附录中也有引用的书目，这些书一般都是好书。

不要轻信所谓的排行榜

现在很多的网店喜欢排名，但是畅销的书，不一定就是经典，也不见得都是好书。你需要知道，某些书的受众群体是哪些人，而你属于什么人群。我曾经根据某些网站的推荐，路过机场的书店时买了部分书籍，要么内容太过浅显，要么只满足人们猎奇的心理，读完后发现什么收获都没有。慢慢地我不再买畅销书，也不再盲从网站的推荐。很多书，由于受众对象不同，就决定了它一定不会畅销，如果畅销了，可能满足的是"吃瓜群众"的需求，你要想想自己是不是自愿去当一名"吃瓜群众"。

读书，选对书很重要，而且其中有大学问。

如何阅读之四：高阶阅读

我曾经见过几个朋友，阅读量极大，与朋友谈论间，满口"之乎者也"，但是夫妻不和，对父母呼来喝去，与朋友离心离德。还有的朋友，书读了不少，谈到道理都懂，做起事来却严重走形，生活过得一塌糊涂。难道是书本出了问题吗？我看非也，是读书的人出了问题。

一般成年人读书，分三个境界。第一层，为了消遣而读书。很多人找一个咖啡厅，放一本书，结果咖啡喝了好几杯，时间消磨了大半天，书没翻几页。拍个照，花半个小时美颜，然后发了一个朋友圈。原来他是热衷于朋友圈的点赞和评论，从他人的围观中寻找满足和快感，并不是为了读书。第二层，为了学习知识而读书。很多人读书不少，但为的是在朋友聚会时有吹牛的资本，显示自己的才华，或者是为了验证朋友的错误，活脱脱地变成了批评家、评论家。结果学识越高，挑刺力越强，学得越多，看待这个世界的心态越不平和。第三层，为了改变自己而读书。成年人的学习，学以致用很重要，要么通过读书坚定自己的选择，要么寻找到自己的不足，要么丰富自己的精神世界，要么提升自己的修为。这才是成年人读书最有价值的落脚点。

如果我们停留在前两层境界，就会觉得"读书无用"。一个人读书，读到一定数量时，一定要进行高阶的阅读，要把知识变成智慧。

在此，对于养成读书习惯的朋友，我谈下对高阶阅读的几点认识。

思考

一般很少读书的人，只能接受一种观点，对于相反的观点持有敌对的态度。很多人读书，一开始就抱有批判的态度，与自己观点一致的全盘接受，不一致的全盘否定，找寻到了太多支持自己的观点，结果读书并没有让自己变得更平和，而是变得更加极端。如果把一个人的大脑比喻成一个大的仓库，可以存贮小麦，可以存贮黄豆，然后分类存放，变质的小麦和黄豆，要清理出去。进而还要知道小麦和黄豆的功用，但是不能将小麦和黄豆混在一起，也不能让仓库只存储小麦，把黄豆当作垃圾一样丢掉。你应该做的是分类存放后分类出库利用。小麦和黄豆的分类、存放、去伪、利用是逐步深入思考的过程。只读书不思考的人，就像往仓库里面存了一堆陈芝麻烂谷子，结果却都是一堆废物。

只读书，不思考的人，恰恰印证了读书无用论的观点。

写作

现实中，有很多的非专业作家写作出书，是为了哗众取宠，卖弄才华吗？我看未必，书读到一定的程度，接受的观点多了，特别是对同一事物，存在截然不同的观点，必须要做一个评判，这个时候就会开始思考，必须要对吸纳的知识进行梳理、归纳、总结，写下来就形成了文章，集结后就成了书。有时候可以说，写作是更高阶的阅读，写作是一个不断沉淀的过程，是一个去伪存真的过程，是将知识升华为智慧的过程。很多人写作，往往是为了表达自我，影响别人只是无心为之的结果。有时候，阅读就像输入，写作就像输出，输入得多了，就必然要输出。

有的人不愿意动笔，与其说是懒，倒不如说是阅读得不够多，思考得不够深入。

演讲

比写作更高端的是演讲，很多人在一对一谈话的时候口齿伶俐，但是在一对多的演讲，特别是站在高台上演讲的时候，就会不时地卡壳。我们很多人将演讲力低下归结为胆小，其实不然，一场成功的演讲，来自50%的精心准备，还有50%的技巧。有的人不敢演讲，一方面是练习得太少，另一方面是内容准备得不足，更多的是积累的素材不够多，或者说输入不够多。演讲的技巧方面，最重要的还是要将注意力放在听众身上，而不是放在自己身上，在乎自己演讲得如何，在乎别人如何看待自己，往往会搞砸一场演讲。

演讲跟照着稿子宣读不同，跟讲课也不同，脱稿演讲才能够显示一个人的真正水平。演讲卡壳，一方面可能是因为紧张，更重要的一个方面是因为脑袋转动的速度跟不上嘴巴说话的速度，是因为脑袋里存贮的内容不够，词汇量不丰富，装在脑袋里的内容条理不够清晰而已。通过近7年的大量阅读，4年多的坚持写作，以及近年的不断演讲练习，我现在基本不会怯场，而且还把曾经的口头禅、脏话等清理掉了。

作为一名领导者，演讲力缺失或者低下，是不能被容忍的。思考、写作、演讲，我把它们归结为高阶的阅读，因为唯有如此，阅读才真正有用。

如何阅读之五：阅读的误区

以前有朋友问我，读书总记不住书中的内容怎么办，我说其实没必要记住，我们已经不再是学生，学习知识并没有那么重要。我举例说，读书就像吃饭，很多年后，我们很难记得我们吃过什么东西，但是我们吃过的食物都已经变作我们肌体的一部分，融入了骨子里，流淌在血液中，这已经够了。

关于读书，我们有太多的误区，今天我略举几个。

记不住所读的内容

很多朋友讲，他读书就是记不住，其实成年人读书，大部分是为了学以致用。我们成年人的学习，是为了洞察本质，掌握其中的规律，看清发展的趋势，或者说让自己变得更通透，更有智慧。如果将注意力用在学习知识上面，就很难腾出时间去思考。学到的知识只是信息，只能用来当茶余饭后的谈资，或者炫耀的资本而已。

遇到不认识的字就停下来查字典

很多人读书，会遇到生僻的字，不理解的词句，于是停下来查字典，求助于网络。其实读书遇到生僻的字并不要紧，停下来会打断思路。很多时候一本书只有一个中心思想，越过部分段落，也不影响对整本书思想的理解。我们成年人读书，很重要的一点是提升自己的认知。读一本书，将作者的意图领略得足够深刻，能够将一件事物吃透，能指导自己的行动，收获就已经很大了。

其实书读多了，前面读的书有助于理解后面读的书，后面读的书有时候也会帮助你理解曾经的疑问，如果一直在一个问题上纠结，会延缓阅读的进度，不利于阅读。

一味地热衷于精读

有很多人热衷于精读，一本书累计读到上十遍，其实除了部分经典值得反复阅读外，很多的书籍阅读一遍即可。所谓的书读百家，实质上是让我们接触到更多的观点，诱发我们思考，因为这个世界上并没有一种观点是绝对正确的。科学在不断地发展，人们对事物的认识不断地深化，人们能够探索的边界也在不断地拓展。

有的人讲，将作者的自序读了，后记读了，推荐序读了，就能够理解作者的主旨，如果抱有这种思想，实质上是想走捷径。读书的过程，实质上是一个思考的过程，如果没有将一整本书读完，是无法理解作者的思路的，认识也绝对无法深刻。当然如果你已经读过很多书，部分书可以看个概要就能掌握作者的意图，但作为初读者，还是要向曾国藩学习，拿起一本书，就一定要从前到后将它读完。

在这里强调，听书并不能替代读书，听书时，眼睛可能被其他的事物转移了注意力，而且听书本身就是一个灌输的过程，很少能引发思考。我们成年人最不缺的就是灌输，缺的是思考。

认为畅销书就是好书

很多人买书，热衷于买畅销书，但畅销书实际上是根据图书的销量来排行的，大多数人喜欢读的书，并不一定适合你。有很多书是作者为了迎合读者的需要写的，由于满足了大多数读者的需要，销量就高，但是书本的内容并不一定中肯、客观。现实中，很多人并不知道自己真正的需求是什么，而是别人喜欢什么他们就喜欢什么，他们只是盲听盲从。

我在前文中提到，我们一定要清楚我们的需求到底是什么，什么是我们没有探测到的需求，这才是我们阅读和选书的根本。

盲目地听从他人的建议

我碰到很多年轻人，热衷于看《易经》《鬼谷子》，还有很多玄学的知识，但是看了很多，自己的生活还是老样子，基本上没有比原来改观很多。难道是书有问题？其实不是，是读书的人有问题，是我们脑袋里能够理解这类书籍的基础知识太少，我们的人生阅历太浅，我们的人生经验不够丰富，最终我们学不到精髓。

知人者智，自知者明。了解他人很难，了解自己就更难了，因此一个人要将自己掰扯明白，才会少走弯路。

读书的误区还有很多，需要读书人随着阅读的深入，自己去品味，并从中跳脱出来。

多读书，摆脱盲从

某次和朋友聊到读书，朋友说他也知道读书很好，但是读过的书寥寥。我建议他利用一些碎片化的时间读书，例如乘车、候车的时候用来读书。他说他外出旅行的时候，也带了书，但是看到别人都在玩手机，就不好意思将书本拿出来，甚至有一次，他感觉到周围的人向自己投来了异样的眼光，感觉浑身不自在，于是收起了书本，和他人一样，玩起了手机。

其实我们每一个人都有与众不同的想法，但在行动中往往随了大流，盲目地和他人一样。可以说，人都是盲目的，只是盲目的程度不同而已，一个人想要出众，必须克服盲目，但要克服盲目，首先要认识到自己的盲目，这个其实是最难的。

如何才能克服盲从呢，个人认为可以从如下几点去训练：

要有坚定的目标

其实人都是有目标的，只不过有些目标是积极的，有些是消极的，甚至有些是有害的。而高人有一套自己的成体系的目标，尽管各个目标之间有一定的矛盾，但是总体来说目标之间的关系是兼容的，统一的。

把一份工作当作养家糊口的人，工作上基本没有任何生气，一副逆来顺受的样子，最终在每一个岗位上待的时间都不长；而将责任扛在肩上，能考虑到公司集体利益的，把工作做好的人，会成为一名优秀的员工；而把工作当事业来做，考虑社会需求的，最终都成就不凡。目标设立，需要相应的能力作支撑，但仅仅有能力是不行的，还要有眼界、格局和情怀。

之前看过一个名词"野兔效应"，讲的是几个人一起去打猎，目标是一只野鹿，但由于野鹿需要集体去狩猎，费时较长，难度较大，有的人看到了野兔，就去捕猎野兔，最终狩鹿的群体分崩离析。在朝远大目标进发的过程中，需要的是心无旁骛，专一专注，不要被途中的其他小目标所干扰。

立目标我们都会，但是能够持续朝着最初的远大目标不断前行的人却太少太少。

学会克制自己的欲望

人天生就是很难满足的，特别是在消费方面，因为人有各种各样的欲望。欲望本身没有错，没有欲望，就没有前进的动力，但人被欲望绑架后，就失去了自我，成了欲望的奴隶。要克服盲从，就要学会克制自己的欲望。占有欲是一个人前进路上的拦路虎，名、权、利、色等世俗方面的占有欲，都是有害而无益的。

人生是一个不断取舍的过程，要不断地选择，拿起放下，必须有所舍，才有所得。什么都想要，贪念太重，往往很多东西抓不住。我们的很多贪念，是攀比出来的，人只能通过反省自省，去问自己真正想追求什么、最需要什么，然后把其他的放弃，或者暂时放下。

适当的欲望可以催人上进，过盛的欲望会把一个人吞噬。

要学会科学地思考

很多人认为自己长了一个脑袋，就想当然地认为自己会思考。但其实并不是如此，很多人的思考，只停留在想要的层级，而不会上升到为什么要，怎么要，甚至很多人就是想想而已。还有的人一天到晚去想，由于行动得太少，想要的太多，于是变得失眠多梦。很多心理问题，大多都来自想得太多，甚至钻进了死胡同。

我所说的思考，是客观的思考，科学的思考。所谓的思考，最根本的还是人的终极三问：我是谁？我来自哪里？我要去向何方？一个人的盲目，实际上是这三个问题考虑得不深刻、不周全。

现实中，对物质的追求，使得我们整天忙于奔波，而很难停下来思考。没有经验的思考，思想不可能有深度，没有宽泛的涉猎，思考很难客观，没有一定的底蕴，思考也很难有价值。

要了解自己

世界上最难的事情，莫过于对自我的深入了解和洞悉。由于出身、民族、性别、成长环境、职业特征等差别，我们很难脱离片面和盲目，但通过对他人、对自然、对社会的解读，再结合自身的阅历，慢慢地就能脱离愚昧和无知，自私和偏见。世界很大，时空久远漫长，不去读书学习，不反省自己，就不可能避免盲思、盲从和盲动。

讲很浅显的一个故事：狼请羊吃肉，羊请狼吃草，双方都将自己认为最好的东西拿出来招待对方，但是对方却并不"领情"，就是这个道理。以自我为中心，以自我欲求为出发点，用自我认为最适当的方法去处理问题，往往会事与愿违，这是我们每个人要远离盲目必须解决的问题。

今天一个同学问，老师今天讲得好不好？我说这个问题问错了，应该问自己今天有没有听懂老师讲的内容，自己从老师那里学到了什么。你不知道自己需要什么，总是评判他人，就是以自我为中心，最终会导致自己所得甚少。考虑自身的基础和需求，用批判性的思维审视自己，修正自己，就是在克服以自我为中心，就是在克服盲目、盲从。

盲目是我们前进路上的大敌，本文写的只是一个引子，如果我们愿意去修正、提升自己，总能找到克服盲目的路径与方法。

读书有什么用

某日参加一个座谈会，在座的一位领导在我发言后表扬我比较好学，还鼓励我多读书，将事业做大。我不知道领导是不是在众人面前鞭策我，但这位领导的讲话，我基本是全盘接受的。

本文就谈谈读书的益处。

读书可以让你赚到长远的钱

某日看到朋友发的一篇新闻，说国内名校的高才生，还有国外名校的留学生，争破头抢一个垄断企业的操作工岗位，最终用人单位不得不提高门槛，将学历标准提高到硕士研究生。朋友转发的标题是"未来母校以你为骄傲"。我在底下评论说，这个工作满足了人们对美好工作的一切期望，薪资高、福利好、责任小、风险低且舒适稳定，也就是我们常说的"钱多事少离家近"的工作。

我讲的这些不是调侃，这些所谓的有利因素都是对当下有利，而未来呢？要是工作只为了赚钱养家糊口，这个目标未免定得太低了。

当下的钱用专业和能力去赚，未来的钱用格局和眼光去赚。一个基层的岗位基本上不用读太多书，甚至不用培训就可以胜任，我想在垄断企业做一个操作工也不需要懂市场营销、企业管理、税收财务相关知识吧。

人做事，大多是因为有用才做，一个人在最基层的岗位时，没有需求是不会去读书的，除非胸怀远大的目标，养家糊口真不算大目标，做了这个选择，基本上也不会去读"无用"之书了。

读书能帮你学会做决策

某日去见一个朋友，我也没有提前看天气预报，就开车出去了，结果遇到了持续暴雨，途中因为积水堵车，原本半个小时的车程花了三个小时。因为积水太深，车丢在路边，蹚着没过大腿的积水步行到了朋友家。吃午饭的时候都已经两点半了。我们一直畅聊到交警催促移车。

如果我们只读跟自己专业相关的书，做决策时就只会考虑一方面的因素，或者有限的几个因素，而很难考虑更多的相关因素。我举拜访朋友的例子，考虑的是久未相见，而未考虑安全因素、天气因素。

其实按部就班地做事，难度不算太大，但做决策相对就难很多。做决策是一个庞杂的系统工程，要知识全面、涉猎广泛，只关注一个方面或者熟悉的几个方面的话，决策很难客观。

现实中，很多人做决策，出发点都是钱，目的是赚钱、省钱，而很少考虑其他因素。曾经有朋友换工作的前提就是比现在赚得多，最起码不会比现在少，基于此决策，就很难跳出所在的圈子。

企业中，往往理念和老板趋近的人容易获得升迁，除了情感的因素，更多的还是价值观和理念的趋同，这样做无非就是决策效率高些，沟通成本少些。听话照做可以做好一名优秀的基层员工，而有不同意见，经过充分讨论后达成共识，然后朝一个目标前行，取得成果的人才能做好干部，干到高层。勇于表达，善于倾听，勤于思考，才是高层应该拥有的能力。听懂话，比听话的要求更高。我发现，"企业家"都是读书人，但生意人读书的并不多。

只有多读书，才会做决策，而决策力是领导力的核心能力。

读书可以让你获得幸福感

央视曾经在街头采访路人，问：你幸福吗？得到的答案各不相同。幸福本身是一个状态，一种心境，也是一种能力。烦恼太多，幸福感就不强，幸福在满足温饱以前，或者在解决体面的问题之前，跟物质有关系，但达到小康水平后，基本上跟物质就没有了直接关系。

人的烦恼，无非就是想不开、看不透、做不到、拿不起和放不下。哪一条都可以用读书去解决。遭遇逆境的人很多，并不是所有人都放弃了；很多事情，本质上很简单，并不是每个人都能看清；你做不到的事情，很多人做到了，有的人还很轻松地做到了；很多大事，你办不到，别人却办成了；你心里搁着事情，耿耿于怀，别人一扭头就放下了。为什么别人能办到而你办不到？大多是因为别人能找到方法解决，而你只是冥思苦想，很多事情，只是想想是想不通的，还需要深入客观地思考，如果不读书，又没有高人指点，就会陷入无限的痛苦和烦恼之中。

世间的事，无非分自己的事、他人的事和老天的事，做自己的事，影响他人，老天的事听天由命。如果读书，能把这三类事情分清，烦恼就会少很多。

读书可以平安常伴

不读历史和哲学的人对生命的认识是非常狭隘的，一有想不通的事情钻进了死胡同出不来，就会寻死觅活。读书是成本最小的拓宽视野和提升格局的路径，但是我们却不愿意去走。

昨天回家，女儿在玩手机，一见我就将手机藏于身后。我问为什么要藏，她说怕我批评她。我说，你藏代表了你恐惧，是因为作业没做完，该读的书没有读，因为怕才藏手机。我说，你放心，爸爸不会因为玩手机批评你，不用藏，但是答应我每天读10页书的承诺要做到，我要检查，没做到我是要批评的，如果做到了，作业也完成了，想玩就玩会儿。我还和女儿拉钩约定好了。女儿同意的前提，是我严格要求自己读书。

读书无用是自我欺骗最大的借口，往往习惯给自己找借口的人很难有大的出息。读书要从我做起，从孩子做起，从当下做起。

人为什么要终身学习

一位长辈经常在朋友圈转发文章，也在群里转发一些未经证实的假消息，让人唏嘘不已。这位长辈曾经是我非常敬重的人，他退休仅几年，突然令我感觉如此陌生。

人没有退休的时候，还有工作在忙碌，有一份责任在肩上，并没有太多的闲暇时间去考虑与自身关系不大的事情。一旦退休了，特别是儿女上班了，孙儿上学了，空出了大把的时间，这些时间如何利用就成了问题。如果曾经有未好好培养的爱好，追求一下也是好的；如果退而不休，有工作继续干也是好的。但如果无所事事，就会生出很多麻烦来。

其实不只是小孩，对成人来说，手机同样是戒不掉的"毒物"。互联网的普及，智能手机的使用，自媒体的兴起，网络游戏的发达，移动支付的普及，使得我们一刻也无法离开手机，手机给我们带来了便利，但也控制了我们的大脑，挤占了我们的时间，耗费了我们的精力。

我们对其他的东西也许了解得并不多，对自我和生命思考得也许不够深刻，对人性的认识也许还很浅薄，加上退休后有更多的时间供自己支配，于是各种的负面消息，未经证实的阴谋诡计，甚至很多骗局便有了施展的天地。

我们转发一些消息，称要抵制国外的产品，只要大家每人少买少吃少用某产品，某国的企业就会倒下。但经济的规律不可能被某一个人或几个人左右，消息转发了，别人的企业依然活得很好。一些不法商家借用老人对生老病死的恐惧，兜售产品欺骗老人的存款甚至养老金。骗子古往今来都有，我们需要多了解自己，多了解规律，深入了解社会，防止自己被骗，但是我们却认为自己老了，该享福了，变得忘乎所以。

成年人，自以为已经懂了很多道理，对知识的需求也变得没有那么强烈，特别是已经度过大半生的人。很多老人热衷于各种公众号文章，基本上都是认真地读完，虔诚地转发。但短短的一篇文章是否有价值，其实不取决于传播了多少知识，甚至不是

自 砺 为 王
ZI LI WEI WANG

帮助改变了多少认知,而是引发了多少思考、多少行动。今年,我基本上很少看短视频、看公众号文章,而是啃整本的书本,甚至写起了文章。

一个朋友的父亲,退休十年,创作了两部小说,文艺圈的朋友看过初稿,说文学价值颇高。朋友帮助父亲出版,还鼓励他继续创作。曾经听到许渊冲先生讲授《西南联大求学日记》,得知许老先生百岁时,每日都还在工作,且自己使用电脑。

老天给我们的生命很短,在有限的生命中创造出更多的价值,生活得有意义,也许就是生命的意义。不管到了哪个年龄,都不要放弃对自我的认识和改造,对生命的敬畏和探索,这也许是人要终身学习的原因。

自砺为王

第四篇 你缺的就是冲动

当你把冲动变成决断时，就再没有难事。

第十章　创业需要冲劲

老本还能吃多久？

如今有很多人在职场陷入困境，我认为这些遇到瓶颈的人，大多是由于过往的老本吃光了，又没有学习到新的本领所致。

初入职场，首要的敲门砖即是学历，在校所学的东西实际上在工作中所用的不及20%，而且，因为社会进步，在校所学的知识很快就会过时。如果没能及时训练其他能力，适应职场和社会，就会变成职场流浪汉，只能做着最底层的工作。

稍次要的老本是体力，二三十岁时，身体好，精力充沛，即使熬一两个通宵也能活力四射，但是成家后，上有老下有小，身体疏于锻炼，便感觉力不从心，这个时候如果还没有训练出其他的本领来适应更高的职位，那么被淘汰就成为必然。

还有部分人认为家庭能够作为后盾，认为工作辛苦了、受委屈了，可以回到家庭的避风港休息一年半载，等休息好了再重新出山。结果没有连续性的职场经历，也没有培养新的能力，高位高薪只能停留在梦中。

当今社会，瞬息万变，没有任何的靠山是靠得住的，没有任何的老本是吃不完的，只有保持足够的饥饿感和求知欲，不断开拓新的本领去适应这个世界，才能够有真正意义上的安全和稳定。

老本总有吃完的一天，你要拥有变革的勇气，还要不断磨砺自己的心力，给自己配备更多的硬本领。

创业的本质是什么？

在提倡"大众创业、万众创新"的年代，我想谈一谈创业的本质是什么。

有的人创业起始于追逐金钱；有的人是因为不好就业；有的人是为了人生不能白活，必须要创业一次；还有的人是为了不辜负父辈的期望；还有的人是盲从，别人创业自己也创业。虽然各自的出发点不一样，但是创业的本质是一样的。

创业的本质，就是你能吸引更多的人帮助你实现自己的目标。你影响的人更多，你的事业就能做得更大。拉来更多的投资，招聘到更多的人才，吸引更多更优质的客户，建立优质的供应商渠道，均能帮你实现目标。将自己变得自信可靠，提高自己的知名度，将自己变得学识渊博，提高自己的职位都是可靠的方法。

将以上内容做下分解：达成目标；帮助；吸引（影响）更多人。首先，你得有正向的目标，这个目标可以理解为集合你和团队成员的目标，是众多个体目标集合成一个团体目标，每个人的目标不能相悖，达成目标，可以理解为设立愿景。接下来，要别人帮助自己，你肯定要学会帮助别人，其实帮助别人就是帮助自己，很多人一直都抱有一个索取的心态，不愿意付出，只愿意得到。真正成功的创业者，都是愿意主动帮助别人的人。因为主动付出，取得的回报将更多更大。帮助，可以理解为利他心态，一个创业者如果没有利他心态，很难走得远。最后是吸引他人，也就是团结更多的人。所谓竞争，最终都是人才的竞争，有了人才，能更好地发挥人才的力量，事业才能够做得大，当然这个人才不仅仅是企业内部的人才。如何吸引、团结、激发、带动、影响更多人自发自觉地追逐目标，这是一个创业者应该花更多时间和精力去思考的问题，吸引（影响）更多人可以理解为领导力，落地就叫管理。

你是不是一个创业者？是不是打算创业，或者正在创业的路上？你每天所做所思的，是不是都围绕着这个目标在投入？能否正确地做事，在于能否保持头脑清醒；能否保持头脑清醒，在于你的概念是否清晰。

这里，引用柳传志先生的一句话：管理三要素就是搭班子（吸引人）、定战略（定目标）、带队伍（激发善意和潜能）。对比一下，我解读的是不是有异曲同工之处？

给年轻人的几点建议

尽管我感觉我还很年轻，但是两鬓的白发却不愿意配合我作假。老了就是老了，要有服老的态度。老了还争强好胜，就会埋下不少祸端。当然老了也有老的好处，经验丰富。年轻人活力十足，欠缺的恰恰是经验。

我曾给一位即将进入职场的年轻人分享了五条观点，现整理出来，希望对后来者有所帮助。

不要轻易跳槽，要学会忍耐坚持

职位其实也遵循二八法则，越低的职位可替代性越强，越高的职位能胜任的人越稀缺，因此很多低级别职位的员工收入不可能很高，与其不断地寻找薪资比现在高的工作，不如在一个岗位或者公司好好提升能力，丰富经验。越重要的岗位，领导的安排就越谨慎，除了能力要胜任，还要领导放心。能力只是一个方面，还有就是忠于职守。我们不讲忠于领导、忠于公司，只要忠于岗位就行，当然，这三者之间有时候接近等同。如果自己没有进入关键岗位，没有承担重要工作，拿不到足够高的薪水，可以换一个角度考虑问题：我值得被上级信赖吗？多问几个为什么，也许不一定能得到答案，但最起码开始自省了。很多人犯的最大错误，就是总从外界找借口，从不从自身找缘由。

每天盯着薪水，其实脑袋里想的就是交换，接下来就是在乎干得多了，拿得少了。世间没有一个斤斤计较的人能干成大事，职场上良性的关系，是相互成就的关系，是相互奉献的关系。斤斤计较的人，基本上很难获得什么大的机会。与其把心思用在抱怨微薄的薪水上，不如花精力去提升自己的价值。但价值的提升有个过程，接下来还要掂量一下自己是否有耐心，任何事，不去坚持是不可能办成的。

放下所谓的骄傲，拼命地学习，提升能力

一个人能承认自己的不足，就是好的开始，但太多人总是骄傲自满，行为上就是不阅读、不学习。我们看重学历，其实只是看重大学生有成就美好未来的可能，在未来取得成就的概率相对高一些而已，把拥有一纸文凭当成炫耀的资本就不太合适了。

学历的差别，体现的是接受力或领悟力的差别。我曾发现，同样的话讲给不同学历的人听，接受度差异非常大，有的人很快接受，有的人慢慢理解，还有的人很难理解，甚至内心抵制。其实这说明了一个问题，聪慧的人更容易发现自己的"无知"，而真正无知的人比谁都更坚信自己比他人聪慧。其实学历不太高的人就是因为不善于学习，或者在学习上投入的精力不足导致曾经的成绩较差。进入职场后其实更需要学习，但现实中是越需要学习的人越不学习，学习力强的人越爱学习。财富可以通过税收、公益慈善捐赠等方式进行二次分配，但学习力却没有办法如此解决。

看一个人是否有未来，只看他愿不愿意改变，愿不愿意学习，还有勤奋与否。

通过观察学习，认识真实的职场和社会

招聘面试免不了谈薪资，你能给多少，他要求多少，但一个人的薪资水平是由其价值决定的，肯定不会偏离太远。其实一个人当下的状态能拿多高的工资，已经由自己的能力和素质决定了，奖金的多少跟自己未来的工作成果挂钩。甚至可以说薪资是自己赚的。你能进什么级别的单位，任职什么样的岗位，赚取多少薪资，决定性的因素还是你自己。

这个世界不是你所看到的样子，它从来就是自己本来的样子，你需要做的就是客观地认识它。很多人情绪不稳、抱怨连天，甚至仇视社会，不在于他人和外界如何，而是因为他希望他人和社会要以他为中心，围着他转，让他为所欲为。但现实并非如此。

一个人是否成熟，跟年龄无关，其实就是看他是否学会接受，接纳自己、他人和外界，进而改变自己去适应。

客观地认识自己，缩小与他人评判的差距

我认为，一个人想要客观地认识自己，就算天赋再高，也需要到40岁之后。

其实人的一生，就是不断探索自我的过程，认为自己了解自己，就是自负，这也是很多人不改变的原因。但现实是我们太多人把关注点投在自我的需求上，其实就是欲望的满足上，而从来不去探索自我、研究自我和认识自我。很多年轻人只想着我要生活需要收入多少，需要结婚买房收入要达到多少，但很少研究以下问题：要达到如此高的薪资需要什么样的能力和素质，需要在哪些地方多提升锻炼？为什么上级能拿高薪资，而自己却不能？我和上级之间有哪些差距，如何努力去补足？学会科学地思考，学会客观地思考，是件非常严肃的事情，但不是人人都会思考，难怪一位伟大的哲人说，一般人一年大概只会思考一到两次。

人烦恼的根源就是想要的太多，能付出的却太少，这是对自己的认识与外界对自己的评判差距过大造成的。我奉劝很多年轻人，要学会研究自己，对比他人想想自己，而不是总被欲望所控制。

接受当地的文化，改变自己去适应

大家不愿意谈及文化，是我们太过于看重物质、钱财。很多人说谈钱就实际，谈理想就虚夸。但我想说的是，我见过一些功成名就的人，甚至走在成功路上的人，都谈文化、谈理想、谈价值观。不是谈理想文化太俗，而是自己还没有高雅起来。

文化是一群人思想集合在一起体现的团体精神。能力的提高相对容易些，素质的提升也不是很难，但文化的改变却很难，因为改变一个人的思想就很难，更不用

说改变一个集体的思想，做到统一更是难上加难。

因此，一个年轻人进入一家公司，首先要学会认识规则，遵守规则，接纳并融入公司的文化、当地的文化，而不是让集体去适应个体，也不是与规则和文化对立。一个人是很难去改变集体的，何况是一个职场新人，如果说有一个人能改变集体，那这个人就是老板，而不是你。

很多职场新人总喜欢在对错上纠结，无非就是要证明自己是对的，他人错了。其实现实中更多的是自己错了但是自己不知道，况且盯着别人的错也无益，因为没有人会认为自己在干错误的事情，都是认为对才去干的。

不要在无价值的事情上投入过多的精力。提升能力，提高素质，提升自我价值才是最有价值的事情。

自己实力不如人的时候，狂躁抑郁都无济于事。首先得承认自己技不如人，学会服从和接受，学会自强和奋进，这才是正确的做法，而不是制造矛盾，制造对立，制造不和。

有一种强大叫承认自己的弱小，唯有如此才能变得更强大。以上的话不仅对年轻人有用，对自认为自己年轻的人也适用！

创业抓两头

曾经有一个当老板的朋友，突然在晚上9点钟给我打电话，和我交流人才招聘的问题。那时我正准备收拾东西打算回家，但还是唠叨了半个小时。他说，他能给出的薪资已经非常高了，但是依然留不住人或者招不到合适的人，于是向我讨教。等我给他讲了一大堆，他还是认为是待遇出了问题，根本没有听进去我讲的话。

朋友的公司在一个地级市，是技术服务行业，需求的大多是技术性人才。但在他所在的城市，此类人才的供应本身就不足。他们公司由于长期深耕一个行业，业务这块问题不大，企业的发展就受制于人才的数量和质量。

市场开拓和人才引进的方法暂且不谈，这里谈一下公司地域选择对这两者的影响。一家企业，公司办公地点的选择非常重要，理性的选择应该是一座大城市，或者中心城市，而不是局限在自己熟悉的城市、自己所在的城市。特别是技术服务类的公司，更应如此。

第一是市场因素。因为客户对象选择不多，或者说是市场规模有限，公司注册地所在区域内的需求不足，就很难支撑一家大型的专业化公司。公司的规模有限，就难以专业化，分工不明是一家企业难以上规模的最大原因。很多人追求稳定，但一家企业，面临的最大问题是陷入增长困境。选择一座中心城市，意味着你的市场可以向外辐射。很多公司各个方面做得都不错，但是增长缓慢，他们想开疆拓土，进入其他的市场区域，却难上加难。也有很多公司，在其所在的领域，做到极致后，搬迁企业总部到更大的城市，其考虑的因素就是市场辐射。

第二是人才因素。人往高处走，水往低处流。人，特别是人才，更高层级的人才，向中心城市、大型城市的流动是不可逆的。这么多年来，中国城市化的进程不断加快，也是明证。越是尖端的人才，越是稀缺的人才，越往中心城市流动。因此很多的高技术企业，坐落在小型城市，人才难求就成了必然。一个池子里的鱼少了，就算你垂钓技术再高超，能钓到的鱼也有限；如果池子里的鱼很多，就是瞎碰运气，钓到的也不会少。优秀的人才带来的业绩，可能是一般人才的几百倍、几千倍。如果人才的产出有限，企业的业绩当然受影响，更不用说企业的竞争力了。人才愿意去大城市，就是为了便利，因为大城市的资源相对较多。因此说，用脚投票，去往中心城市、大型城市，就不见得盲目。

做公司抓两头，一头市场，一头人才。大城市的市场辐射力，人才容量的基数，本质上是一个效率问题，而商业组织竞争的核心就是效率。希望这篇文章能够为偏居一隅、人才难求，陷入增长瓶颈的企业提供一点启发。

也谈大学生创业

我本不想去给大学生讲什么创业课，但最终还是去了。不愿意去讲，是我不想去迎合扭曲的现实；但去讲了，也不能说我已经委身于现实。如今，依然有太多的人干着揠苗助长的事情，或者渴望揠苗助长式的成功。如今的"双创"（大众创业、万众创新）如火如荼，但是真正能有多少创新、创业者结出硕果，在当下是很难说得清楚。让一个心智还没有成熟的人，对职场和社会了解还很肤浅片面的人，投身于创业大潮，就犹如将童子军推去面对船坚炮利的现代化军队，大多数人的失败也许早已注定。

有人说失败是成功之母，成功之前遭遇一些挫折也是常事，没有失败过，怎么能感受到成功的喜悦？很多人精神可嘉，内心极度渴望成功，渴望腰缠万贯，渴望位居众人之上，但是自身却缺乏成功者的素质。不修边幅，不关注细节，不注重礼仪，没有基本的能力，也不去学习，空有一腔热情有什么用？对于失败，我们既做不出相应的反思，也提炼不出失败的经验，这样的失败还是少些为好。

有的大学生毕业后盘下一个档口，开一个奶茶店，或者开一个托管班；也有的盘一家打印店，打字复印，就称为创业。如果在上学的时候体验一下创业或者经商亦可，但是如果把它当作事业，就显得太过寒碜。如果一个高中生甚至初中生都能干好的工作，让我们受过高等教育的大学生去干，无疑是对社会资源的极大浪费。

想靠着一个独门绝技就能日进斗金，靠一个新奇的想法就能功成名就，抄袭一个所谓的新商业模式就能一劳永逸，搭建一个平台就能够让别人帮自己赚钱，如此的想法何其幼稚。三五个人的公司就委任副总裁和总监，生存还都解决不了的时候就想投巨资去研发，不知道赚钱的艰辛就谋划着上市，还在花着父母的血汗钱就想着融资，如此的计划不像一个神话，更像是一个笑话。

人是要有幻想，但大多时候还是现实点好。

永远不要指望别人告诉你答案

某日参加一个活动，遇到了一个加了微信许久的年轻人，见面打了招呼后，就各自落座。活动结束后，搭载对方到市区乘坐地铁，就在车上交流了一会儿。

在我印象中，对方是一个热爱学习、乐观向上的年轻人。但是通过短暂的交流后，我改变了想法。根据对方的描述，他在一年多的时间里，已经换了3份工作，而且最短的只干了十多天。第一份工作是朋友介绍的，说是轻松，但是干久了没有挑战性。于是去了第二家单位，也是有人介绍，但是干了半个月，就另谋出路，理由是对方不信守承诺。第三份工作，是帮一个"名人"工作，没有底薪，只有提成。交流中，我能感觉到对方的"自信"，也能隐隐感觉到对方的焦虑和失落，他自顾自地说，要坚持将这份工作干下去，不然再跳槽，朋友如何看待自己？当他询问我这份工作是否有前途时，我经过短暂的权衡，最终没有给出答案，而是给了一些有关价值观之类的话。车到地铁口后，因为我要赶下一个聚会，就此分手。

次日，对方发了一个微信群的链接，邀请我入群，由于不知道如何答复，我只好装作没有看到，我想对方也是出于善意，但是我无意接受他的邀请。我猜他的微信群里面一定有很多的名人大家，但是面对着冰冷的屏幕，就算在一起互动了，又能有什么作用呢？认识了很多名人，加了微信，进入了同一个群，甚至天天点赞留言，双方似乎就成了朋友，但现实是没有以交换价值为前提，所谓的人脉只是认得，甚至连认识都不算，你认识他，而他不记得你。

以前遇到别人求助，我会非常热心地将自己掏心窝的话和盘托出，可谓知无不言，言无不尽。但是实际的情况是即使对方全盘接受了，没有结合自身的处境，结果也是凑合，甚至适得其反。还有一种情况是，我苦口婆心地讲了一大堆，对方离开后，将我讲的话全都抛诸脑后，而我得到的只是一番恭维，满足了虚荣心，却浪费了时间。于是慢慢地，我再说真话，就要判断对方的接受力，要判断自己是否有如此多的时间和精力去帮助人。

被聘为创业导师以来，很多人会向我抛出一个问题："您看看我从事这个行业有没有前景？"以前我也会用自己一知半解的认识去给对方分析，有的创业者会认真地听，具体如何做就没有跟踪了，有的创业者就会辩驳，使你无法将一段话讲完。于是再碰到类似的问题，我只好说，我学识浅薄，对于你所从事的行业知之甚少，不敢妄下结论。营销要解决三个问题：卖什么、卖给谁、怎么卖。如果一个人无法去选择自己从事的行业，那么成功的概率肯定不会高；如果要从事哪个行业还需要向他人请教，那还创哪门子业？什么行业有没有前景，这个行业发展的趋势如何，根本就不是一个创业者需要去潜心研究的问题，你去从事你最熟悉的行业即可。所以，本段开头的这个问题本就不是问题，给出答案根本就是多余的。你要考虑的应该是：你凭什么进入这个行业？你要在这个行业立足，甚至取得成功，你有什么别人没有拥有的东西？你要去创业，你有创业者的潜质么？这些，没有人能够给你提供答案。

一个创业的朋友，给我打来电话，说要约我喝茶，顺道向我请教如何管理公司，如何去招聘人才。我回复有点儿忙，要回老家探亲，抽不出时间。其实前些时候我已经通过电话给对方提了一些建议，但是我发现，问题的根源不在公司，而是在作为领导者的他身上。他是一个极度自信的人，经过一番交流，我发现他根本没有意识到自己身上的问题，于是我也很难愿意花费一个下午的时间，给出他想要的答案。对方的企业体量跟我的公司差不多。据他讲，他上午十点多到单位，下午四点多就离开了，而他要求员工守时守信，认真工作，不能有丝毫懈怠。我想说的一点是，作为领导者，"以身作则"是最起码的要求，自己都做不到，如何去要求别人？道不对，用再多好的法、术、器，也是徒劳无益的。

都说一个人要想取得成就，必须有谦卑的心态，我还想说，只有谦卑的心态是没有用的，要有最基本的判断，要对自己有深刻的认识。没有这些，总希望从别人那里寻求到答案，是无法走得远的。

毕竟，太多的路要自己走。走哪条路，要自己选。

理论应用于实践的难度

一次，朋友问我，又去学习了，学了什么？想想还真不好回答，我只好说，你去学了才知道。

当时接连两个周末，都在课堂上度过。学习了不少理论知识和方法，但这些是否真正落地，还是要看能否应用于实践、指导实践。但理论结合实际，知识应用于实践变成智慧，可真不是个简单的事情。

有很多理论上的东西，我们知其然但不知其所以然，平日也在应用，理论与应用结合得并不是很好。知道得不透彻，做得不完美，实际上还是没能用方法将两者很好地打通。如果要将两者很好地结合，高人指点必不可少。

两天的课程里，老师给我们讲了什么是逻辑，老师说逻辑就是分类和排序。听完后在做一个案例的时候，我们小组分析完案例，并对问题进行了罗列。最终考核分数却不高。为什么刚刚学过的东西应用得并不好？是我们的思维模式还没能在短期内改变，理论是学习了，但一上手做事，就进入了惯性思维。由此可见，改变是多么难的一件事情。

理论转化为成果，第一难在认知。如果不去主动学习，我们永远不知道我们应该知道的东西，或者我们会以为我们知道的东西就是所需的全部。指出一个人的错误认识，要有适合的情境，还需要冒很大的风险，如果一个人没有改变的意愿、提升的期望，给他指出问题往往是帮其增加麻烦，给自己增添烦恼。我曾经给一位盲目跟风的年轻人指出他的方向太多太杂。对方不看问题，问我是谁说的，非得把这个人揪出来，我只好摇手作罢，说我忘记了。

理论转化为成果，第二难在理论和实践的结合。太多的人学习，都是纸上谈兵，打起仗来，要么把兵书上的东西忘得一干二净，要么生搬硬套，最终适得其反。理论转化为实践要做得好，要有迁移和类比（也许这个表述并不精准）的能力，如果没有这种理论，则理论是理论，实践是实践，两张皮不连接。学的东西要用，要试错，反思并修正，把理论和实践结合。

理论转化为成果，第三难在方法，如果没有方法论作为支撑，理论就是一些正确的废话，就是大道理，都是鸡汤。很多人说学习好，就开始学习，学战略、学理论，但是不学方法，结果讲起来长篇累牍，做起来虎头蛇尾，这种贪大贪高的思维会害死人。没有方法论作为支撑，积累的都是吹牛的资本。教会一个人钓鱼，不是把钓竿、饵料给他，让他坐在池塘边就行，还要教会他撒饵、下竿、观察水面的动静、如何起竿，必要时一步一步地演示，看着他钓，然后指导修正。记得实习的时候，师傅让我下一个螺栓，不管我怎么使力，螺栓就是岿然不动，后来师傅说，正扳扳不动，试试反扳一下后再正着扳，结果扳动了。师傅还说，实在扳不动，还可以喷点蚀锈剂等等。简单地下个螺栓，就有这么多方法，何况我们日常遇到的各种事情，难度都比下螺栓大多了。

理论只有正确地应用于实践，才叫智慧。

克服恐惧

前几日与一个朋友谈起他的工作，他说他已经看到他所处的行业正面临洗牌，自己的公司在洗牌中会不可避免地遇到更多危机。我说何不尝试一份新的工作，他说对陌生的行业不懂，而且自己的学历不高，怕新的工作做不好，况且一家四口还要靠他的薪资养活。我说只是去想，很难有结果，干了才知道成不成，才知道自己需要补什么。

人到了35岁左右，在职场经过10多年的历练，总会有自己的梦想想去实现，于是很多人蠢蠢欲动地想去创业。这个时候如果没有从事过管理工作，懂技术的不懂市场，懂市场的不懂技术，想放手一搏，也一样会有各种各样的顾虑。我们总会问自己，万一失败了怎么办？没有业务怎么办？赚不到钱如何养家？我就跟一个带着这样担忧的朋友聊了两个小时。我说，第一，你想好了底线，干不成再退回到原来的状态也损失不了什么；第二，你计算的得失，只是你目前能够看到的，但是你看不到的得失，也许还有很多，不走出这一步，有些东西你永远看不到，也计算不出；第三，失败不打紧，最主要的是你如何去看待失败，这个态度才最重要。你如何看待自己，比别人如何看待你，看待你的失败要重要得多，不要让外界的眼光扼杀你对自己目标的追求。很多人创业前都是专业人员，就算学习也只是学与自己专业有关以及自己感兴趣的事情，但这还远远不够。学习得少了，很难看清规律和趋势，这个时候有恐惧很正常。但不踏出这一步，恐惧带来的就是犹豫不决和瞻前顾后。鼓起勇气，大胆地踏出第一步，逢山开路、遇水架桥，慢慢地路就通了、顺了。

曾经有两个朋友鼓起勇气，从一个小城市来到大城市，寻得了一份非常有发展前景的工作，但是他们的配偶却留在老家所在的城市，因为她们有着一份体面而安稳的工作。最终，他们没能说服配偶，又退回了原来的城市。小地方人际关系复杂，转几个弯都能扯上亲戚朋友关系，突然来到一个新的城市，面对的都是陌生人，焦虑和恐惧在所难免，但大城市的市场广阔，资源易得，对人才的要求也更高。没有朋友，就结交朋友；陌生人太多，就去训练自己与陌生人建立信任关系的能力。只要你肯花时间和精力，敢于坦诚相见，慢慢朋友就会多起来。但是如果不能帮配偶勇敢地跨出这一步，自己很有可能就会退回去。人每个阶段的目标都不是单一的，而是同时在追求和实现数个目标，只追求单一的目标，其他的目标兼顾不到，很难把主要的目标照顾好。

要克服恐惧，首先靠勇气。挽起裤腿先蹚水，能赤脚过就过，过不了退回来再找船，而不要因为水太深忘记了自己的目标是到达对岸。其次靠坚持。任何高难度的事情都是要花很长的时间和大量的精力才能完成的，有时候没有取得预期的成果，并不是方向不对，而是努力的程度和时间还不够，这个时候需要挺、需要熬。最后要有智慧。智慧就是理论应用于实践，经过实践再修正理论的循环重复的过程。不去学习，不去应用，不去观察思考，是不可能产生大智慧的。河水太深，又找不到船，如果你懂造船，又能找来木材、桐油、铁钉，造一艘过去就行。

每一个人都有自己未知的领域，面对未知的领域我们都会有恐惧，克服恐惧的方法，一靠勇气，二靠坚持，三靠智慧。如果胆小、脆弱且懒惰，那就继续抱着空想发着牢骚，接受自己的平庸，得过且过。

你缺的，可能就是冲动

前些日子，见了一个朋友。他七八年前就有创业的打算，但多年过去了，依然没有动静。我问为什么还在原地踏步，他回答说，还没有积累到足够的客户，现在的单位一切都那么熟悉，有点放不下。而且在现在的单位，多少还有个职务，家里也能顾得到，贸然出去，一切都得重新打算，想想都有点怕。

对一个重大的决定，我们考虑最多的，还是得失，但往往对于将失去的计算得比较精确，因为已经抓在手里的，是能够看得到的，容易计算清楚，而对于可能得到的，属于未来的，就看得不是那么清楚，或者说，存在太多的未知。于是乎，权衡来权衡去，感觉总是不划算，要么轻易地放弃，要么就这样权衡着，但时间却不断地在推移。日复一日，年复一年，慢慢地熬成了习惯。

舍得，大舍大得，小舍小得，不舍不得。我们很多人会把舍得挂在嘴边，甚至请回"舍得"二字，装裱后挂在办公室，或者挂在家里，但依然是舍不下、得不到。

凡是有价值的东西，都比较难得，需要付出一定的努力，或者承受一定的煎熬和痛苦才能得到。甚至要在没有条件的情况下，创造条件去获得或者实现，但前提是你要身临一线，才能够感受和争取。

有些事情，跨不出去，是无法计算清楚的。世间凡是能算清楚的账，都是小账，而算不清楚的账，才是大账。冯仑先生说，董事长的一项重要工作，就是算常人算不清楚的账。

对于重大的决策，你更应该考虑的是应不应该，而不是划不划算。是否能够走出关键的一步，可能就取决于那一刹那的冲动。

冲动与决断

前日拜访一个画家，谈到我们共同认识的一个朋友。朋友认识他时非常崇拜他，当时又对画画有极大的兴趣，于是交了学费，开始学画画，结果上了几次课后，就因为各种忙，就不再在班上露面。偶尔他也带着他的朋友来拜访画家，他的朋友亦是，与画家交流后，口头答应要开始学画，当画家准备好学画的画笔和颜料后，通知其来，对方就开始推托。

我也认为学画和练习书法可以陶冶情操，提升审美能力，但是我始终没有提出拜师学艺的要求。倒不是因为拉不下脸面，主要是因为手头有重要的工作要做，一旦要做某件事情，就要腾出时间为此事让路，而我权衡后，还是先不列入计划为好。

学或者不学，看似是一个爱好问题，但背后隐藏的是一个决策问题，也是事关计划的事情。遇到自己感兴趣的事情，冲动是可能的，也许由于自己喜欢，也许是别人鼓动，或者是出于礼貌甚至是客套，就满口答应下来，但后续的行动才真正重要。我也冲动地承诺过很多事情，最后都由于没有办法兑现而懊悔。幸运的是我没有养成轻易承诺，随即反悔的习惯。

朋友答应学画，看似是一时冲动，实则不仅仅是冲动。他考虑的首先是利益，当然这个利益不仅仅是物质上的收益，但是他没有考虑成本，包括要付出的时间成本，以及因为学画而不能做其他事情的机会成本。其次，缺乏计划性，当两件事情冲突时，没有妥善地安排，甚至根本就没有事前计划调整，到关键时刻只能二选一。

朋友经营的是一家小规模的专业公司，要做市场，要定方案，甚至关键时候还要去做售后，他属于全能型选手，忙是必然的。对一名能力超强的人来说，做一名全能型选手可能是不成问题的，但是想要成为一名领导者，显然还要去配备其他的能力，例如果断地抉择，周详地计划，以及坚决地执行。这三点，是一名领导者所要具备的三项核心能力，不仅仅是有信心就能够获得的，也不是冲动一下就能具备的。

对一名专业人士而言，其所解决的问题都有标准的答案、确定的流程。专业问题经过分解，都是简单问题，或者简单问题的叠加。但是对管理人士，或者领导者而言，他们处理的都是复杂问题，而复杂问题没有标准答案，要说有，就是"不一定"。果断地抉择，是根据事件发生的背景和因素，随着时间的推移作出选择；周详地计划，要将人生的多个目标进行重要性排序；坚决地执行，是将不重要的事项果断舍弃，为重要的事让路，甚至没有条件也要创造条件去完成。而这其中的任何一个，都不是轻轻松松就能办得好的。

这个朋友也尝试过扩大规模，设立分公司，但实际上要么因为困难而放弃，要么遇到挫折迅速地收手，最终都没有成功，公司的规模多年没有扩大。当然，我绝对没有歧视朋友的意思，也没有认为维持现状就不是一件好事。

当我们做一些重大决定时，可能需要一股冲动，但仅仅有冲动是不行的，还要有源源不断的激情。有了激情，就有了动力，就会萌生更多的方法，不断去行动，聚合了智慧，事情就会变得容易。当你把冲动变成决断时，再也没有难事。

不是能不能做，而是谁来做、怎么做

偶尔会遇到朋友向我咨询，问某某行业能不能做，能不能赚钱。尽管顶着创业导师的名头，但我自知学识浅薄，对陌生行业知之甚少，不敢敷衍回答。

创业之初，有很多难题需要解决，当然也可以咨询他人，但最不应该咨询的是应该从事什么行业，或者什么行业赚钱。行业的选择，要看两个因素，一个是选择自己熟悉的行业，第二个是选择自己喜欢的行业。选择熟悉的行业，失败的概率小，成功的概率大；选择喜欢的行业，是真心热爱，就能在遭遇挫折时，越挫越勇，遇到困难能够扛过去。

现实中，很多创业者选择行业的时候，依据的是这个行业赚不赚钱，有没有机会。实际上，任何一个行业都有赚钱的企业，都有亏损破产的企业；任何行业都有机会，但关键问题是你该不该去做，你做了能不能赚钱。你是掌握了这个行业的规律，占有了足够多的资源，还是看清了行业发展的趋势，或者说你在这个行业浸淫了多久，等这些都想得差不多了，是否加入一个行业就很清晰了。

很多人，选择进入一个行业，是觉得这个行业能够赚大钱，或者听别人说这个行业有很大的机会，自己没有做深入的研究，贸然进入，进入之后，才发现太多自己没有预料到的难题，然后又轻易地退出。

不少初创企业的人会犯这个错误，很多在某一行业有了一定成就的企业主也会犯同样的错误。很多企业的失败，都能归结于盲目的多元化和扩张。在盲目自信的驱动下，或者在所在行业遇到所谓"瓶颈"的情况下，跟风进入自己不熟悉的领域，发现困难比想象中的要大很多，但是资金、精力和资源已经投入，丢之可惜，抓着烧手，由于不能及时抽身，于是将主业的资金资源用于新进入的领域，最终鸡飞蛋打，两者都没抓住。

人不是不可以犯错，关键在于对待错误的态度和犯错后如何修正。有的人及时收手，总结经验，回归主业；有的人深陷泥潭，越陷越深，最终主业垮掉，自己也身败名裂。

现今，垃圾分类是一个风口，有的朋友跟我讲，你们的机会来了，要赚大钱；还有的朋友问我，垃圾分类是个机遇，是否打算搏一把，或者准备进入赚一笔？我只是摇摇头说，要慎重考虑。行业内，一直从事垃圾收运处置、技术服务的企业有许多，他们介入垃圾分类轻而易举，但其他行业的企业进入难免要走不少弯路。很多的事情是不是风口，行家早就知道了，等外行知道了，风口其实已经过了，或已是强弩之末了。

创业，选择进入一个行业前，不是问他人自己能不能进入，而是要问自己，我凭什么能进入？

远离负能量的人

世间人形形色色。有些人遇到不如意的事，总是抱怨社会不公，自己运气不好。偶尔的宣泄，可以缓解部分压力，但是如果不注意场合，就会造成一定的负面影响，在社交中变得不受欢迎，也不会有多少真心朋友。如果长期被抱怨、愤恨的情绪所绑架，也许自己也慢慢地变成了负能量的人。

一个人在成长的过程中，一定要远离负能量的人。而且，还要将自己变成正能量的人。如果你周围的人都负能量满满，那么很有可能你也是一个负能量的人。将发生不愉快的事情的原因归结于外界是最简单的事情，但这往往不利于解决问题。对社会上碰到的负能量的人，我都会避而远之，至少不会选择深交。有抱怨倾向的人，可以用如下的方法修正。

人遇到的事情分三类：老天的事情，他人的事情，自己的事情。天阴下雨，风霜雨雪，阴晴圆缺，生老病死，属于老天的事情，老天的事情，接纳就好。他人则包括自己的父母、配偶、子女，属于影响圈，改变自己，影响他人，此类事情随缘就好，人的很多烦恼就是希望他人都按照自己的意志去行事，这基本上很难实现。自己才是成就一切事情的中心，自己也是一切问题的根源，要建立自信就必须披荆斩棘，建立一个强大的自我，认识到自己的不足，并不断修正，让自己变得好起来。如果能将人生的事情分得这么清楚，就会少不少抱怨，如果能够认识到自己的不足并不断改正，就会不断成长。

远离负能量的人，首先得保证自己是一个正能量的人。

远离没有敬畏心的人

曾经认识一个人，经商，为人非常亲和，见面笑嘻嘻的，开口闭口就是如何合作。两年未见，换了房子，也买了办公楼，还租了厂房。当时由于相交不深，我还羡慕不已，但终究因为不甚了解，最终也没有合作，只是泛泛之交。

有一日，碰到行业内一个朋友提起他，说他事业刚起步的时候，他的一个朋友借钱给他，介绍业务给他，他说赚钱后一起分成，后来业务谈成了，不但没有利润分，本金还讨不回，问他，先说没赚钱，后又说客户没付款，等到终于没有任何借口可找时，就玩失踪。他的朋友也许因为拉不下脸面，他正是利用了他人善良的天性。对如此积累起来的财富，我很不屑。

其实我也发现了一些端倪，我和他常年没什么来往，但等我有项目要采购时，他就立马跳出来。因此，认识很多年，我只是敬而远之，不敢深入接触。做人，要有敬畏心，敬畏身边曾经帮你的人，不要做过河拆桥的事情。

还有一位朋友，为了业务，数次在酒桌上喝得胃出血，年纪不大，身体就垮了。身体发肤，受之父母，爱惜身体是对自己的敬畏，更是对自己父母的敬畏，为了业务，为了利润，为了金钱，丧失敬畏心并不可取。

很多人过于追求奢靡的生活，为满足自己无尽膨胀的欲望，过度地消耗资源，破坏生态和环境，给人们及后世子孙带来了沉重的负担。地下水污染，沙尘暴肆虐，荒漠化严重，雾霾弥漫，河流鱼虾绝迹，均是人类对自然无限制的索取和破坏造成的。我们都是地球人，取用地球的资源，却破坏着地球的环境，自己的罪孽可能不用亲自偿还，但是后世子孙却不得不偿还！

做一个有敬畏心的人，敬畏他人，敬畏自己，敬畏自然，才是一个让人放心的人。

创业成功的要素

我约莫是在写下此文 7 年前的这个时候离职创业的,企业生存的时间已经远远超过中国民营企业平均 2.9 年的寿命。我一直在思索,创业的愿望很多人都有,包括我曾经的同事,但敢于跨出这一步,能够坚持到现在的为何是我?一个出生在外地,并且不在本地读书,甚至没有家族能给予任何支持的人为何能走到今天?

我们打算做一件事情时,包括创业时,总会计算自己想要什么,拥有什么,衡量得失后再行动。但实际上我们考虑到的因素,包括看到的物质因素,往往不是最关键的因素。很多人迈不开步子,或者迈开了又轻易地退回,也许缺的恰恰是一些看不到的关键因素。

在此回顾一下我创业七年的历程,总结为什么我能走到今天,或者说创业者需要什么,特别是创始人需要什么。

要有高情商,或者说要会察言观色

一位前同事,经常夸赞我情商高;当然也有人说我情商低,总说大实话,得罪人。我们对情商的理解是不同的,衡量的标准有差异,得出的结果当然不同。我认为的高情商叫付出,有目的但目的性不要太强的付出。曾经有一位作者给予情商的解释是真诚加换位思考。真诚做起来就很难,说真话实话并不容易;换位思考其实更难,如果一个人被自私裹挟,就很难做到换位思考,甚至有一部分人嘴上说为他人好,其实是为自己谋利益。随着企业规模的变大,我慢慢地也变成一个是非人,夸我的、骂我的人都有,我无法做到让所有人都满意,我只能最大限度地不得罪人,但是得罪了就得罪了。自己的情商高不高,我依然不知道,但是自我感觉我察言观色的能力尚可,这要感谢我已经逝去的父亲。我从小就经历了家庭的贫穷和父亲的暴脾气,小时候因为所谓的一点儿"小错",或者调皮闯了祸,都会挨一顿打。为此,我自小就学会了察言观色:父亲不高兴了,要表现得乖巧一些;父亲心情好,就放肆一些,可以外出多玩一会儿。察言观色,就是能够考虑体察别人的情绪,感受他人的感受,这点我还行。现在太多的人,物质生活富裕了,就无限度地满足孩子的一切需求,孩子要什么东西都想尽一切办法满足,导致孩子考虑的永远是自己的需求,感受的是自己的感受,而父母却从来没有对其进行过情商方面的锻炼。

独立自主,自力更生

现代社会,父母培养孩子,从还未出生时就开始进行胎教,一直照顾到成年后还为子女做饭，带孙儿。如果父母寿命够长，甚至都可以做到终身托管。相比现在的年轻人，我就没那么"幸运"了。从小到大，父母从来没管过我的成绩，高考填写志愿，去哪里工作，换工作，跟谁结婚，在哪里买房，选择创业，都是我自己做的主。当然商量是有的，但最后都是我行我素。我也栽过跟头吃过亏，但好处是主意是自己拿的，失败了想"栽赃"别人都不成，只好从自身找问题，这样问题更容易解决。那些事事处处为子女规划好了路径的，到头来亲子关系好像也不是那么融洽。杨绛先生曾经说过，世界是自己的，与他人毫无关系。但太多的父母并不理解这句话。我从七八岁开始，放学回家后，父亲就会给我一个担笼，一把镰刀或者一把铲子，天黑前要给猪、羊、牛、马割一笼子草，这一割就割到初中毕业去上高中。父亲只要结果，不问过程，我依然记得多少个放学后的下午，提着担笼去割草。冬日里，我用四个手指夹着三厘米高的草，镰刀就在指头下飞舞，照样要割一笼。手指割破了，找马剌蓟（能止血的一种草）止血，回家了也没有人嘘寒问暖。自小，我就学会了承担责任，但当今社会，孩子的责任都让父母承担完了，孩子就养成了逃避责任的习惯。一个没有责任感的人，难称为一个成人，成人从来跟年龄无关。

独立自主，自力更生，就是成年人的标准，总是靠别人，想着靠别人，是很难独立的，而这个"别人"，自然也包括父母。

敢于吃苦，不怕困难

人的本性中就有逃避困难、逃避痛苦的基因，但任何有价值的事情，都是有难度的，都是伴随着痛苦的，或者说只有难的事情，干成了才有价值，受本能驱使的事情，顺风顺水，简简单单，但价值不大。

一路走来，我面临的逆境、遭遇的困难不计其数，一直伴随着我到今天，以后还会有，甚至更困难、更艰巨。不去面对，不想办法，不去解决，是无法前进的。

工作后进了单位干工程，那个年代大学生还不多，在工地上，我跟着工人一起抬钢管、挖地沟，什么累活儿、苦活儿都干，不会就学，不懂就问，工程干完了，领导让我管理这个污水处理厂的运行，那时候我还不满24岁，污水处理厂员工包括我，一共15人。不去吃苦，不勤奋，就没有机会。现在我的公司，已经有30多人，我判断一个好员工的标准，就是看其愿不愿意吃苦，愿不愿意学习，勤不勤奋，偷奸耍滑的、好吃懒做的、自以为是的、斤斤计较的，我基本上很少给予机会。实际上大多数主动离职的、被动离职的，也就是这一类人。

创业时，万事开头难，先愁没项目，有项目了没钱，筹到钱了没人才，有人才了项目又不够了，再继续愁项目、愁钱、愁人才。没什么找什么，有什么困难想什么办法，遇到复杂问题了，一个一个解决，这一路走来就是七年。世间没有什么难事是解决不了的，扛一扛就过去了，扛不过去，停下来思考一下、想办法，实在扛不过去，承认自己能力不足，提升能力就行。我最看不起那些遇到困难就找借口，不从自身找问题的人。

现在还有一些家长，去学校替孩子值日，孩子与同学产生一点儿矛盾，父母就出面解决，甚至还有父母陪着孩子去应聘面试的。人生不可能一帆风顺，困难和逆境无处不在，做父母的大都会早于孩子离开这个世界，与其照顾他半生，不如给他独立自主的能力和精神。

创业成功的因素很多，我今天只结合自己的成长经历总结三点，希望对创业中的人、打算创业的人、为人父母的你，有一些启示。也以此文向已经在天国的父亲，还有在老家劳作的母亲，表达深深的感谢，感谢我平凡又伟大的父亲母亲。

成功的人都是注重细节的

大学毕业后，我有幸进入安琪酵母股份有限公司工作近两年，但后来因各种原因选择离开。当时的安琪酵母职工已有六百余人，销售额过亿元，公司正值上市前夕，时任公司董事长兼总经理俞学锋先生已经是全国人大代表，获得了诸多荣誉。我作为一个初入职场的新人，被分配在年产 15000 吨的酵母项目部，简称"一五项目部"，跟随负责环保工程的李工参与污水处理站的建设工作，分管环保工程的领导是时任集团公司总经理、总工程师的李总。我与俞总并无工作上的直接交集，最多是我参与项目协调会时，俞总参会做过总结发言，再就是项目刚启动时项目办公室与总经理办公室同层，但项目实施阶段我已转至工程现场办公，因此见面并不多。而且在我进入安琪酵母的 2000 年，安琪酵母正值快速发展期，当年招聘的应届毕业生多达 100 余人，而我表现得并不突出。我以为，我在安琪工作时间很短，离开公司已有十余年，俞总对我是不会有多少印象的。

我离职后有一次出差到宜昌，顺便到安琪拜访老同事，我们二人正寒暄时，俞总从内间办公室走出，老同事立即向俞总介绍："这是……"还未等他讲完，俞总说："我知道，胡文斐，原来在公司做环保的。"俞总问我现在哪里工作，从事什么职业，还说多回安琪看看，关心安琪发展等，就离开了。事后，老同事说，我还以为俞总会将你喊成胡云飞（胡云飞是俞总曾经的秘书，离开安琪多年，因工作出色，俞总一直挂念），没想到俞总还认识你。

我也在感叹，离开已经有十余年，因时光推移，人近中年，身体发福，容貌改变也很大，想着当时工作没有太多交集，俞总肯定不认识我，但是事实证明我错了。

一个成功的老板，一个成功的企业家，是将每个员工装在心里，对员工的各种特长了如指掌的，否则他怎么可能将他们安排在合适的岗位上，发挥其特长？那么，记住员工的名字只是小菜一碟罢了。

成功的人都是注重细节的，而"吃瓜群众"只愿意选择看到成功人士成就大事的辉煌一面。

第十一章　创业需要能力

能力不足

9月1日，中小学生开学，不少家长就会用"神兽入笼"来形容，以示庆祝。

学生入学，目的是学习。众多的成年人，有没有扪心自问，我们是否还在学习，还在成长？昨日与久未谋面的一个朋友闲聊，谈起一个我们共同认识的人，我问对方，怎么看他，朋友说了四个字——"能力不足"，这也是我的看法。

这个人，应该说我与他并无什么交往，就是在某些活动中见过几面，但是听闻还是有一些的。加了微信已经有些年头，中间有两年基本上没有消息，据说是因为企业陷入危局，资不抵债后销声匿迹。好几次有朋友问我是否认识他，我只能说认得，没有什么交往。对方就说，他曾经借给他几万元，后来催还，但是一直无果，最终就没了消息。

据我判断，对方既有宏大的理想，也有善良的本质，但是为什么会信用破产？原因还是朋友讲的：能力不足。

能力不足，就要去学习，提升自己的能力。但我们大多数成人是不去学习的，或者假借学习的名义去做所谓"扩大人脉"的事；还有一种，就是为了证明自己的正确才去学习，跟自己观点一致的，全盘接受，跟自己观点相左的，一概抛诸脑后。

第一次跟这个朋友谋面，是在一个论坛上，最后一次见面是在一个培训班上。老师讲课，他答非所问，弄得满堂哄笑，可以看出他的目的并不是学习知识，而是为了让别人记住自己。也许他并不知道，知名度和美誉度并不是一回事情。课程没有进行多久，坐在前排的他就开始酣睡，整整一堂课，睡觉的时间超过了听课的时间。我的座位就在他的边上，我来得早，早已落座，他到后看到我，就问："你叫什么名字，做什么行业？"其实我加他微信已经有4年多了，就在几日前，他还给我私信，让我参加某个学习，我也回复了他信息。微信朋友圈，我一直在坚持输出文字和我的照片，如果是有心人，不会不记得我的名字和长相，况且，课桌上还摆着学员的姓名牌。

对一个人最起码的尊重，就是记得对方的名字，而作为一个老板，首要营销的就是尊重。这位朋友心中一定装满了理想、格局、慈善、成名，甚至钞票，但是没有装下一个"人"字，你不把别人装在心里，别人如何把你记在心头？当然我并不是因为对方不记得我而耿耿于怀，我只是想说，一个老板，不去琢磨你的客户，你的员工，你的合伙人，心里只想着模式、套路、技法，是不会成功的。

学习，并不仅仅是学生的事情，更是一个成年人毕生要面对的课题。

机会是给有准备的人的

公司业务增长，需要增员，遂让相熟的学校老师推荐几个毕业生来面试。公司规模尚小，没有专职的人力资源专员，面试的任务只能由我来承担。三四年时间，面试的应届毕业生不少，简历大多千篇一律，专业知识也基本不敢恭维，所谓的面试也只是提问，让面试学生回答一些相关的问题。

其中有一个高高瘦瘦的男同学（以下简称M同学），外表可以用俊朗来形容，家在西北某省的农村。填写完应聘履历表后面试开始。

"为什么不选择在家乡读大学，而来武汉？"

"在家乡找不到好的工作！"

"为什么毕业了选择留在武汉而不是回老家工作？"

"同学毕业了在武汉待得多，而老家在农村，回去也找不到好的工作。"

"从小学到高中的同学在老家的更多，老家应该有不少关系可以利用！"

"同学都做些小商小贩，没什么前途！"

"武汉也算大城市，竞争还是很激烈的，如果在武汉发展得不顺利怎么办？"

"那就过两三年再回老家吧。"

"那女朋友怎么办？（经前面沟通得知，M同学已经有女友，早毕业一年，在武汉已经有一份不错的工作)"

"带她一起回老家吧!"

"平常周末习惯早起吗?"

"睡到自然醒,醒来也没啥事!"

翻看履历表,看到 M 同学 4 年内竟没有取得任何培训类的证书,我又问:"现在很多同学都积极参加培训考证,提高求职成功率,你为啥没有去做呢?"

"问了毕业的学姐学长,那些培训证书大多没有用!"

"驾照没考吗?"

"考了,没考过,就没再去了!"

"是一科没考过,还是都没考过?"

"只过了科目一。"

"对工作有什么期望和要求吗?"

"做技术工作可以,做销售也行!"

随后我们还谈了其他一些话题,便结束了此次面试谈话。

我们的工作岗位,是给那些做好了工作准备的求职者;是给那些能帮公司解决问题,创造价值的负责任的人;是给那些憧憬未来,拥抱未来,创造未来的奋斗者。那些随遇而安、随波逐流、随便随意的,没有追求的是难堪大任的,甚至试的机会都没有,因为试的结果也是失望!

为了给对方面子,过两日我给 M 同学回复了一个短信,说抱歉,我们提供的岗位不适合他的特性,祝后续求职顺利。

对待生活,随遇而安可矣,对待学习和工作,还是要有所追求!

独自上路

如今,对企业内部骨干的激励,很多老板认为股权激励是一个好的方法。很多培训机构推出了股权激励的课程,但现实中,我们弄懂了绝对控股权、相对控股权、一票否决权,就能真正用好股权激励,将企业做大做强吗?我看未必。

很多企业将股份大方地奖励给时下的功臣,等到企业真正发展壮大了,却没有给予未来人才股份的可能,导致企业发展受限。

完美的股权结构,对广大中小企业来说,并不是设计出来的。当想拉起一支队伍开始创业的时候,对创始人来说,能力、资源比自己强很多的人,不愿意入伙,比自己差很多的人，自己又看不上。强强联合的结果，就是均分股份。小企业同样有决策，而决策的背后就是股份的多寡，于是很多企业在权力的争夺中，乱了方寸，也迷失了方向。一家没有股份制改造的企业，管理很难正规化，也很难公开化。我认为与其分配股权，还不如分配分红权。

我曾遇到过一个老板，他一个人顶起了公司的市场、生产和内部管理，为了分担压力，公司进入了一些家族成员，也就是所谓的自己人。一日跟我交谈，说他想把股份转让给部分骨干，但操作层面，亦是困难重重。股份给少了，起不到激励作用，给多了，几百万元的资金对方拿不出来，白送吧，自己舍不得，对方也不会珍惜，他也是进退两难。

真正的创业，多是一个人独自上路，随着公司的发展，风险会逐渐变小，随后加入的人员承担的风险相对小些，所占的股份也相对小些，公司的决策权依然掌握在创始人手里。对股东的引入，老板要有胸怀，也要掌握时机，公司太小的时候，存在决策权分散的风险，公司估值做得太大，基本上也很难将职权出让出去。因此可以说，创业是干出来的，不是想出来的，很多的事情是在干当中想明白的，而不是在想清楚后干出来的。

除了股权，还有市场、管理、人才培养等等，都是靠干出来的，而不是仅仅靠学习就能明白的。讲授股权激励课程的老师，会教给你完美的股权结构，但是他无法教给你谁是最适合的股东，在什么时机适合加盟。理论可以学到，但是应用到实践，还得创始人自己把握。

创业要做的，首要是独自上路。如果你总认为条件不足，需要找到帮手结伴而行，说明你的内心还不足够强大，勇气不足，就算找到了强强联合的帮手，也会埋下遭遇挫折的种子。

自我激励

人是社会动物，需要得到他人的肯定和认可，于是就有了赞扬和鼓励；同时人又有自私的天性，面对危险和责任，会天生地攻击或者退缩，于是也就有了批评和指正。但这些都来自外界，而发自内心的自我肯定和自我激励，有时候比来自外界的肯定和反馈更为重要。

在职场中，有一类人不需要管理，工作同样能干得很好，就是那种成就动机很强的员工。他知道自己追求什么，应该选择什么、放弃什么、去做什么。工作中也会排除各种干扰，努力达成自己的目标。他们知道自己为谁工作，怎么工作，会自觉制订自己的工作计划，并有条不紊地执行，进而达到企业和个人满意的目标。知道自己的定位和职责，也会做到胜不骄，败不馁，不卑不亢地工作和生活。能够心静神闲地对待生活中的喜事和忧事，是一个人自尊水平的体现，对此类员工，公司的管理者往往会多多授权。

现在很多家长抱怨孩子难管，家庭作业需要父母监督才能完成，甚至有时候因为作业，母亲会变得歇斯底里。产生这种现象的原因是父母没有解决孩子学习的动机问题，没做到以人为本，而是把孩子当成被自己控制的物件。父母投入那么多的精力和心血在监督孩子上，孩子下意识地会认为，他们学习是为了父母。孩子被迫学习，就会产生逆反，最终父母养成了打骂的习惯，孩子也就自暴自弃了。作为父母，一定要让孩子知道他是为了自己学习，父母需要做的是激发孩子的成就动机，激发孩子的自驱力。

放假时，女儿抱着手机不放，我和妻子都没有发火。工作日回到家里，妻子和孩子坐在沙发上看书，而我在办公室读完了一本书。教育孩子，不是你讲了多少大道理，而在于你给孩子示范了多少正向的行为。我教育孩子，按妻子的说法是比较佛系，成绩好时适当表扬，成绩差时绝不批评。关于孩子的需求，只要能满足的我会尽量满足，我会跟孩子说，爸妈满足你的需求，只因为爸妈爱你，成绩和表现不是前提，你做事要对自己负责，也只能自己负责。孩子上到四年级，成绩年年都在稳步提升。女儿报任何培优班，先去试听，报了就好好上课，感觉不好，再找一家试听，我们总留给孩子选择的权利和空间。对孩子的不当行为，我会给孩子讲述这种行为的危害，改正了能得到益处，至于如何做，自己抉择，屡教不改时，才会批评和惩罚。以人为本，最基本的是得把人当人看，孩子是人，不是物体，最高明的是要把孩子当成年人看，给予充分的尊重。

做企业的创始人是孤独的，因为很少有人敢于批评你，表扬也是少之又少，做到自查自省的同时，更要学会自我激励。习惯于日复一日地早六点至七点之间起床，我会在周六或者周日没有重要事情的前提下，睡个懒觉，睡到八点。每年年初，我会建立一个文档——《某某年已读书目》，读完一本书，就将书名输入在文档里，随着书单不断加长，成就感油然而生。当阶段性的目标完成时，我会买一套想买但一直下不了决心去买的书奖励自己。年终，为了在公司营造读书学习的氛围，我提议设置一个"读书达人"奖，在公司年会上颁发。

做一个负责任的人很好，但只是为了尽到责任，会身心疲惫，只有激发出一个人的自我成就动机，才会迸发出无限激情和活力，有了激情和活力，人就不会那么累。

人在世间，要自我担当与负责，必须培养自己的成就动机，激发出自我驱动力。

如何拓展人脉圈子

某次返回武汉途中，一位朋友打电话给我，说事业遇到了瓶颈，想拓展自己的人脉圈子，却无从下手。他看我每天"不务正业"，忙得不亦乐乎，就想跟我聊聊，由于时间有限，而且这也不是一个简单的问题，就借这个机缘，唠叨唠叨写篇文章。

如何突破瓶颈，拓展人脉圈子，应考虑在如下几个方面多加努力。

改变自己的身份

当你有了新的身份，就能跟新的人在一起，然后拓展到新的圈子里。正所谓物以类聚，人以群分。

把自己变成某一方面的专家

商业的本质是交换，唯有与更高层级的人脉产生交换，你才能慢慢地融入他们的圈子。仅仅靠谦卑、努力、低调是换不回有价值的资源和人脉的。就算你变成了专家，但是对部分高层级的人来说，你的专长对别人无用，也是没有交换价值的。例如，你有英语方面的专长，对某些公司来说并没有市场营销的专长更有交换价值。成为某方面的初级专家，最起码需要5年，成为某一行业的专家（简称行家），最起码需要10年，而且绝不是"混"到一定的时间就行。这也是我在很多场合勉励年轻人，不要心急，工作不要换来换去的原因。

努力提高自己的认知

要进入一个圈子，必须和这个圈子的人有相近的价值观，有共同的话题，话不投机半句多就是这个意思。真正干事业的人都是不爱钱而惜时的，如果你一门心思搞钱，或者认为价值观是骗人的谎话、麻醉人的鸡汤，那么你的认知层级基本上还停留在底层，想进入高层级的圈子几无可能。认知的改变在于学习，如果你每天忙于应付各种关系，挖空心思赚钱，大事小事亲力亲为，却从来不去学习、读书、思考，不去提升自己的认知，那基本上与高层的圈子无缘。即使参加了不少总裁班，也只是多认得几个人，多加了几个微信朋友而已。也许你读了一些书，但都是帮助你赚快钱的书，对提升认知也几无作用。很多人的起点开始还不错，但是一味地相信天赋，相信关系，而不相信努力，最终也会掉队。认知的改变是一个循序渐进的过程，是一个不断提升的旅程，就像爬山一样，坐缆车是无法体验到认知攀升的过程的。急功近利，是人最容易犯的错误。

学一点管理，学会授权

很多人抱怨没时间学习，没时间听课，没时间社交，自己每天都很忙。我不否认你的努力，但你的努力创造的价值不高。在一个组织内要学会授权，学会搭建人才梯队，把已经程式化的事情制度化，授权给他人，不断将自己的权力下放。但很多人贪权，贪功，贪利，进而不舍得授权。不是员工顶不上来，不是员工不愿成长，而是你不愿意舍弃和放下，是你自己没有开发出新的能力去充实自己。一个老板，不仅要不断地提升自己的专业能力，还要提升自己的领导力，进而提升整个组织的能力。不是你不努力，而是你努力的方向和领域选错了。无为而治，需要深入地思考一下。

多思考一下人性，少思考一点人欲

一个人成就的高低，有时候跟权力和财富并无直接关系，而在于你对这个世界，对你自己，对社会趋势，对人性是否有深入思考和独到看法。如果你每天都想着怎么赚钱，怎么逐利，如何成名，如何擅权，整日忙于填平自己欲望的沟壑，你的心就无法平静。静生定，定生慧，一个没有智慧的人，用再多的钱财也驱散不了烦恼。学会克制自己的欲望，多去思索人性，能够帮助你更清晰地认识他人，更清醒地认识自己，更透彻地认识这个社会。成大事者都是谋全局的，只谋一己私利或者一个小团队的利益，不足以让你成就大业，想进入或融入更高层级的圈子也是难上加难。

成功是因为有人提携

记得一次给某大学创业班的同学讲课，课程结束后，一位同学给我反馈，说老师课讲得很好，但是劝他们不要过早创业，这点他接受不了，我不应该打击他们的创业激情。我讲东西，不一定都是对的，但是我会尽可能地在我认知能力范围内表达自认为客观的观点，有时会根据环境和对象，少说真话实话，但绝不讲假话，顶多保持沉默。

创业，其实就是为了成就不凡。渴求成功，起步得早，并不意味着获得成功就会早。一个人的成功，主观因素是主要的，但客观因素也同样重要。我曾经对一个25岁就要去创业的年轻人说，工作先干着，等到35岁后再开始创业也不晚。他问为什么，我说创业的目的不要仅为了赚钱，只为了赚钱的创业往往会失败，失败本身并不可怕,可怕的是,失败会给你带来信用上的损伤,信用受损再重新开始难度就很大。为什么要在35岁左右开始?因为一个人如果能力尚可,35岁前基本上解决了住房、车辆、婚姻家庭和生育子女的问题,还会有一定的积蓄,这个时候对金钱就不会那么渴求。结婚生子以后,才会真正感受到什么是责任。有了积蓄,即使亏本了,信用也不会受损。上班多年,有了一定的专业能力和职业素养才会真正弄懂什么是规则,学会接受规则和使用规则。35岁,基本上经历了两个行业周期,高峰和低谷都经历过,如果一直在一个行业,而且用心了,就可以成长为一个行家。

我要讲的另外一个论点,是你的成功需要更多的人和资源帮助你,当你什么都不是的时候,或者说成功的希望很渺茫的时候,很难有人投入资源和精力去帮你,因此成功的概率并不大。有人统计过,世界富豪排名榜上的大多数富豪,他们人生中70%的财富是在50岁后积累的,年轻的时候积累的财富并不多。当然也有例外,但我们讲事情,一般不拿特例做样本。

为什么是50岁?因为一个天赋资质都很好的人,在40岁时基本成熟,50岁时依然是壮年,依然精力充沛,待人接物接近炉火纯青。50岁,你的同学、发小、老乡、战友等,要成功的基本上也成功了,没有成功的也命数已定。你有成功的潜力,能够和成功人士为伍,别人才愿意帮助你,成功人士能够调动资源帮助你,他们有能力,就能够帮助你成功。

一个20多岁的年轻人创业,你的同学、朋友都还在为房子、车子、妻子、孩子、票子努力奋斗,自顾不暇,如何帮助到你?30多岁,个人的尊严解决了,才有余力和闲暇去成就他人。40多岁小有成就了,对这个世界认识基本客观了,才会有帮助他人的能力和精力。50岁,功成名就了,成就他人就变得游刃有余。

人与人之间的关系,是奉献和成就的关系,你帮我,我帮你,想不成功都难。你踩我,我踩你,是无法实现共赢的。年轻人到处碰壁,遭遇挫折,经历失败,并不是你不够努力,而是缺少耐心,缺少有能耐的人帮助你成功。

最后引用褚时健先生给年轻人的忠告来结束此文:"年轻人太急了,我80岁还在摸爬滚打。"

当你开始自满时,你的上升通道已被堵死

(一)

一日,参加一个培训,见到一个朋友引荐的人,虽加过微信,但未曾谋面,我

匆匆递上名片，由于临近上课，就没有多聊。临走时，看到他左右的两位跟他非常熟络，我也礼貌性地递了两张名片，打了招呼，然后去前排就座听课。下课后出教室时，看到我的名片静静地躺在课桌上，几人均已离开，我便收起名片离开。我想，有可能是因为匆忙疏忽，也有可能是因为对名片上的我不甚"感冒"，但不管如何，将别人的名片随手一丢，都是一种不太礼貌的行为。朋友是一位很有成就的企业家，引荐的人肯定不是泛泛之辈，但由此小事看，此人的事业想取得进步较难，不管他是有心还是无心。

(二)

某次，在一个社交场合认识了一位官员，因为有共同的经历，倍感亲切，相谈甚欢后说有空聚聚，其间曾谈到他离家多年，由于公务繁忙，很少再回老家，于是，我记在心里。机缘巧合，一次出差到他的家乡，由于航班晚点，正好有空到处逛逛，于是就给他买了他们家乡的特产。回汉后，我将特产放在车上，一次经过他单位附近，说送去，对方说不方便，于是离去。再后来，我两次打电话，对方均表示不便，我将心意说明，但最终也没有等到其电话，最后此事不了了之。一个人可能认为手头拥有的东西（财富、权力、名望）很重要，但在别人的眼里可能根本算不得什么。我突然想起一句话，人在低谷时要将自己当回事，因为努力后可能会攀到高峰；人在高处时，要把自己不当回事，谁能说清楚是否有一天会掉入谷底。

(三)

曾经看过一个小故事，一位书生中举后，即将赴任为官，在途中过河，乘船后不停向船夫炫耀其学识渊博，琴棋书画样样精通，前途不可限量等等，全然不顾船夫在使劲地摇橹。船夫静静地行船，书生一路滔滔不绝，船夫默默倾听。船行到河中心时，船夫打断书生问，会游泳不？书生答，不会。船夫说，船漏水了。

当一个人看所有人都不如自己，自视甚高的时候，那么你就很难再去学习进步。只有当你足够谦虚的时候，你才会将自己清空，留出足够的空间吸纳鲜活的智慧。勤反思，会自省，善学习，才能不断进步。

矛盾的人生

人生处处存在矛盾，而矛盾就是烦恼的根源。世间有过得洒脱自如的一群人，他们依然有烦恼，生活中也有矛盾，只是他们看清了矛盾的本质，既看清了对立的一面，也看清了统一的一面,而且能够快速地作出取舍,能够包容不利的一面,追求有利的一面。

人的矛盾,或者苦恼,还来自意愿和认知(或者能力)之间的矛盾。

曾经遇到一名40岁的专业技术人员说要创业。我问创业为了什么,他说赚大钱,要自由。我问如何创业,他说现在努力赚到500万元,然后租一个大的办公室,招聘一群骨干员工,让他们努力干,给自己赚钱,然后自己去周游世界,满足自己未竟的理想。这可能是很多人对创业的认识。作为创业的带头人,或者领头羊,首先要有大公无私、以身作则的准备。仅仅是为了追求财务自由,追求自我实现,就已经注定创业不能成功,甚至永远不会迈开第一步。所谓不受约束的绝对自由,实质上可以理解为精致的利己主义,或者叫自私。一个只考虑自己私利的人怎会有人跟随?一个不受规则约束的人,如何能够建立规则,如何用规则去约束别人?这才是每一个想成为领导者的人需要深入思考的问题。

人生处处是矛盾,如果你没有看清矛盾的本质,看不到矛盾的另一面,或者你不愿意接受不利的一面,甚至不愿意花功夫去追求自己的目标,那么你就无法解决任何矛盾。

别把自己太当回事,能够多方面地去看待一件事物,能够从最底层去看待这个世界,也许就会少了太多的烦恼,也就不会面对很多矛盾。

蹩脚的销售

因为工作需要,我的微信加了不少陌生人,其中部分人员从事销售工作。碍于面子,就保留在微信内,由于太忙,很多信息也就顾不得回复。

经常有销售员在月末的时候发微信,说任务还差多少万没有完成,请问有某方面需求不,高抬贵手之类。还有的业务员总发,有某方面需求不,我们价格优惠,给你报个价呗。我想此类信息都是群发的,毫无感情成分在内。还有的人讲,月底冲销量,充多少值送什么赠品,等等。此类的消息基本都没必要回复。

我不知道这些所谓的销售员有没有经过培训,靠这样的群发信息,是很难获取客户,更难达成交易的。因为客户没有义务帮你达成你的销售目标,客户不可能为了赠品去买一堆毫无用处的产品,也不会单单因为价格便宜而下订单。

曾经一个销售员跟我有一点渊源,有一次她来到武汉,说要拜访我,让我介绍几个潜在的客户给她,定在某个周末见面。于是那个周末我就在公司等着,但最终她没有来，也没有电话，事后我通过她的朋友圈，得知她去了武汉的景区游玩。她在微信里回复我说，看我很忙，怕周末打扰我，就没有联系。我在想，大家的时间都很宝贵，这样承诺了而不兑现，估计以后也难以再见。

销售业务对一个公司非常重要，但销售业务最终是靠企业的销售员完成的，销售员还代表着公司的形象。蹩脚的销售行为不仅很难成交，还会使企业的形象受损，甚至让职场人士瞧不起销售这个工作。

一次，公司闯进一名业务员，点名找我。他说自己是某公司的代理，服务意识很强，可以拿到最低价格。我打断他后说，我们存在的问题有哪两点，如果能帮助解决，再谈合作。

做销售工作，以满足客户需求、探测客户潜在需求为基础，要学会研究客户，倾听客户的需求，帮助客户解决问题，给客户创造价值。或者直白地说，帮助客户达成需求，这样客户才会为你的价值买单，支付相应的费用。

客户关注的是如何解决自己的问题，如何用最小的代价为自己创造更多的收益，如何得到相对质优价廉的产品或者服务，跟客户要先谈价值后谈价格。准客户是不会关心你是否完成任务的，是不会优先考虑赠品的，也不会花无谓的时间去听你的报价。

对于工业品的销售，客户想知道的是销售方是否值得信任，自己会不会被骗，和销售方打交道的体验好不好。但很多销售员总是问客户是否有某某方面的需求，能否帮自己完成任务。人是需要被同情的，但商场上不是，任何一个客户都不愿意和可怜虫合作，更不愿为毫无价值的事情付费。

很多销售员动不动发来冷冰冰的产品照片，朋友圈的内容都是产品的资料。产品本身没有错，但销售的人错了。人是有感情的，销售是要有温度的，有温度的营销更有利于成交。

销售产品是销售，应聘成功是销售，成功脱单是销售，让别人接受自己的观点也是销售，如果这些你都没有做好，很可能你缺的是销售思维。

别让不懂销售害了自己！

初创企业是否应该打造企业文化

每一名创业界的新兵，都会有一个困惑，就是初创企业是否应该打造企业文化。经过近年不断地思考、学习和实践，这里粗略地谈一下我的想法。

有的人说，做企业的目的就是为了赚取利润，谈其他多余的都是"耍流氓"。也有人说，小企业靠老板，中企业靠制度，大企业靠文化。还有人说，做企业就应该像西方一样，用严格的制度、规范化的流程去管理。

其实以上说法都对，也都不全对。要回答这个问题，首先应该搞清楚做企业的目的，或者创业的初衷是什么。

做企业，分两个境界：第一个境界是做生意，做生意的目的就是为了赚钱；第二个境界是做事业，做事业的目的是创造价值或者解决问题。两者的本质区别是，前者的本质是利己，或说以利他为手段或者方法，最终落脚点为利己；后者的本质是利他，在提供价值、解决问题的基础上顺道利己。冯仑先生曾经说过，做事业，就是追逐理想，顺道赚钱。当然我并不是说不应该赚钱，只要靠辛苦劳动付出、合法守规去做生意赚钱一样受人尊敬。

我们很多人开始创业的时候，都是奔着赚钱去的，有的人穷其一生，都一直停留在做生意的境界，无非是生意大小的区别。而有的人开始创业的时候，就是奔着解决问题去的。还有一部分创业者，抱着赚钱的目的，但是走着走着就走到了干事业的道路上。所以说，有时候错误的目的也有可能引导你走上正确的道路，关键看你有没有行动，会不会思考。

因此，我个人认为，只要你打算去干事业，那么从企业设立之初就应该去打造企业文化，如果你只是去做生意，那么就没有必要去打造企业文化。干事业是奔着理想去的，而做生意是纯粹为着赚钱去的，就没有必要去打造企业文化，因为这样的企业文化也只是为赚钱打的一个幌子而已。当然也有一种可能，你一开始将企业文化当成一种口号（或者幌子），印在宣传册里，贴在墙上，挂在嘴上，结果当它不断地被重复，潜入你的思想的时候，你就不知不觉地走到了干事业的道路上。

所谓的企业文化，归根到一点，就是说到做到、表里如一，只是有时候是有形的，有时候是无形的而已。

我就是公司

有句话说，真正厉害的人，都是直击本质的！

以前我面试新员工，会问应聘者公司是什么，公司是谁的。回答五花八门，有的人可能读了一些书，会把书中的概念复述一遍，但书本上的很多东西，也未必都是最根本的答案。公司搬了新址后，我召开了一个临时会议，问了同事两个问题，其中一个是什么是公司，你认为武汉市最好的环保公司是哪家。另一位同事反问我，你的答案不会是我们武汉佳园环境是最好的吧！最终，我回答：我就是公司，最好的环保公司就是我们武汉佳园环境。

公司是谁的，有人说是老板的、股东的、大家的、社会的……公司是什么，有人说公司是营利组织，是公司员工的平台……这些回答基本上没有错，但知道这些，基本上没有用，因为这些回答都把公司当成一个物理的事物，并没有讲出自己与公司的关系，没有感情色彩，对促进自己的工作也没有任何益处。

我的答案，"我就是公司"，公司的每一个人都代表公司，"我"就是公司的形象。有人可能会说，这个答案太过霸道，员工不就是个打工的？但现实是，抱着打工心态的人，很难干成老板、干成高管，赚不到令自己心动的薪水，有的连工作都可能保不住。把自己当成公司的主人，认为自己代表公司，就会以公为先，时时处处严格要求自己，个人想不进步都难。如果站在老板的角度去考虑，大公无私和自私自利的两种员工，老板更愿意将机会给前者，更愿意提供高薪，给予提拔。现在公司间的竞争，就是人才的竞争，没有老板会故意开出没有竞争力的薪资待遇，逼着人才离开。

把自己和公司割裂开来的员工，最多只能做一个合格的员工，做到尽职尽责，很难称之为优秀。现代企业，讲求团结协作，只盯着自己的工作，就很难将眼光投向同事，更不用说积极主动了。还有，要升职，必须有一定的沟通能力，要协调关系，达成共识，沟通最重要的一点就是积极主动。只想着把自己的工作做好，但不能配合他人，不能顾全大局和全局，只做个人尖兵，不可能成为团队中的优秀分子。

什么公司是最好的公司？说排名肯定是产值巨大、影响力强、美誉度高的公司，但这些只能算行业信息。对个人来说，自己所在的公司是最好的公司，就像说自己老婆是最漂亮的老婆一样。公司内的任何人，要在职场上干出一番业绩，能够依托的就是公司这个平台，没有第二选择，赚薪水、赚经验、赚资历，只能通过这个平台。

有人肯定说我自恋，而且蛮横。说句真心话，一个老板如果认为自己的公司不是最好的公司，就可以将公司关掉不干了，没有这个信念，公司一定会干垮，或者处于半死不活的状态。一个员工如果没有这个认识，就不会全身心投入工作中，没有全力以赴的状态，打动不了自己，也感动不了别人。如果认为这家公司不好，完全可以换家公司，人最悲哀的就是自己无力改变，又逆来顺受，还牢骚满腹。"九点领导力"第一要素就是激情，有远大目标的人才会催生激情，有感情温度的人才会产生热情，而冷冰冰的状态是很难打动人的。一个人有了激情和热情，就有了无穷的动力，还可以带动和影响更多的人，很难想象一个没有激情的人能当好领导，也很难想象一个没有活力、死气沉沉的人会获得上级赏识。

现在职场上有很多"流浪汉"，随随便便入职一家公司，然后用挑剔的眼光审视公司和领导，凡事考虑自己的需求和感受，而不顾及他人、帮助他人，进而产生不满情绪，心生抱怨，再换一家自己认为更好的公司。但随着时间的推移，新鲜感消失，负面情绪又开始滋生，直到自己不能抑制的时候，进入下一个离职、入职循环。实际上，不是一家适合的公司都没有，而是你总用挑剔苛责的眼光去评判外界。学会欣赏他人，包容对方，改变自己的心态才是王道。

一个直击本质的人和一个用半生都看不到事情真相的人，人生的状态和体验感是完全不同的。

企业的核心资产

近日与一个做跨境贸易的公司的老板交流。他说最近碳达峰和碳中和很火，他打算和别人合伙注册一家公司。对方有资源，认为这是一个好时机，准备大干一场。由于我做环保这方面，他想听听我的意见。我们是很好的朋友，我无法用"这个行业前景很好，掌控时机，机不可失，时不再来，拼他一把"来回复。于是我跟朋友说，我对碳达峰和碳中和虽然有一点儿了解，也听过相关的解释，但是由于它们与我从事的工作相关性不是很大，因此无法给出专业性的意见。

其实朋友可能没有意识到，他打算注册公司进入这个行业，已经是在进行多元化经营了。他的跨境电商公司做的时间也不长，大约三年，业务量比较饱和，但远没有到走多元化之路的程度。

通过这个事情，引出了一个话题，就是企业的核心资产是什么。有人回答是人才、产品、专利技术等，但这些其实都是结果或者现象，而非最根本的因素。人才可以引进，产品可以研发，专利技术可以引进或者自行研发申请，这些因素的核心依然是人，是公司的核心团队，或者说是企业负责人的精力分配。在什么地方投入，就会在哪里有产出，关键是这个精力投入是否适宜得当。

一家企业处于什么样的阶段，在行业处于什么样的地位，自己的优势和劣势是什么，企业的负责人要有清醒的认识，这样才能够分配好自己的精力，掌握好精力的投向。商业中，没有哪一个行业是好行业，也没有哪一个行业是坏行业，只看你有没有经营好自己企业的能力与资源。作为企业负责人，应该研究好自己的企业，分配好自己的精力。

对于初创型企业，处于生死线上，应该以业务为导向，主抓市场。因为没有业务，企业就会破产，而老板就是企业最大的业务员。当度过初创期，企业人数增长到一定程度后，就要学习规范化管理，着重提升企业的组织能力，建立管理体系，提升团队能力。当企业达到一定的程度，用纪律、规则和机制无法约束的时候，就要投入精力到企业文化建设方面，要开始研究人性、人的需求、人的恐惧，更要研究自己。不同阶段的企业面临的问题不同，需要投入精力的方向不同，作为负责人必须去做其他人做不好的事情和不愿意做的事情。

很多老板很忙，是因为做了本不该自己做的事情，而自己应该或者必须做的事情没有投入精力，这样，公司陷入停滞或者发展无力就很好理解了。但是老板应该在什么时候做什么事情，做到什么程度？没有人能够为老板做决定、给方向、下命令，这也许是做老板最大的一个难题。

我毕业后从事环保工作21年，一直认真踏实地对待每一份工作。做公司7年，我一直谨小慎微，生怕自己的精力投错了地方，把公司的方向带偏，每天我都花一定的时间和精力去思考和计划，我今天应该做什么，做得对不对，合适不合适，但依然会犯错，会走弯路。我现在只有一个烦恼，就是应该为当下投入精力多一些，还是为未来投入精力多一些，每天都在权衡判断。

现代人的烦恼，不是欲望太多，不是机会太少，也不是我们的能力太弱，而是我们的精力太少。克制自己的欲望，忽略不相关的机会，提升我们的能力，管理好自己的精力和时间，也许烦恼就会离你远一点儿，喜悦就会离你更近一点儿。

恐惧失败，比失败更可怕

曾经有朋友问我，如果创业失败了怎么办？怕不怕？我回答他说，不怕，因为创业本来就有两种结果，成功或者失败，如果终究要失败，就看能坚持多久。我还说如果哪天因为能力有限导致公司破产，也没有什么好后悔的，因为在创业的过程中，你所获得的其他东西，其实也是你人生的财富，不管怎么比，你总比当初刚刚创业的时候要强了很多。

失败并不可怕，可怕的是你恐惧失败的心理。人之所以恐惧，一是因为无法预判未来，对未来发生的事情无法控制；二是事情的发展可能会让自己造成一定的损失，担心成本过大，难以承受。无法预判未来，可以通过加深学习，认识自我，了解自我的优劣势来改善。通过分析历史发展的趋势、自我所处的环境，就能对未来有一个比较明晰的判断。因此，周详的计划、一丝不苟的执行、灵活的调整才是应对不可预知的未来的良方。如果你做任何事都把可能造成的最大损失预估清楚，觉得可以承受，就不会犹豫不决。对可能造成的损失，有的人盲目乐观，有的人盲目悲观，实质上还是对自我的了解不够客观。回想我当初离职创业，恐惧也是有的，但是一想到我把自己定位为干实事的人，而干事的人向来都很难得，也就不怕了。而且我跟妻子说，如果我们两年不开张，一分钱不进账，就卖一套房、卖一辆车，家里的生活用度也可以维持。现在看来，实质上也是用这两条战胜了恐惧。

归根结底，我们之所以恐惧，还是因为智慧不够。智慧越高的人，作出重大决策时就越从容淡定，遇到困难就越能勇往直前。遇事犹豫不决，做事瞻前顾后，实质是智慧匮乏。很多人将自己的不作为归结于外界因素，实质上还是不敢承认自己的无能。不敢承认自己无能，实质是内心太过脆弱，内心不坚定的人不配得到成功，只配得到平庸。平庸就是什么大的决策都不用做，这甚至比经历失败更失败。

很多人之所以害怕失败，实质上是把事的失败当成了人的失败，在遭遇挫折后给自己贴上了失败者的标签。他们害怕别人以看待失败者的眼神看待自己，不能接受自己是失败者，因此从不行动，或者经历一次尝试后就退缩回去，不再前进。

所谓的成功者，是因为他们自信，相信自己是成功者，但是在走向成功的路上，必须要经历一些挫折和失败。

当你定下一个目标时，不能因为有可能失败就缩手缩脚，不去行动，也不能盲思盲动，对可能发生的失败熟视无睹，麻木不仁不等同于心胸开阔。如果一个人不断地从一个失败走向另外一个失败，从小的失败走向大的失败，仍不吸取经验教训，找出失败的原因，继续大踏步前进，这中间就算有很多人鼓励，也是不可取的。

很多人鼓吹失败，说失败是成功之母，这本身也没错，但真正意义上的成功，是从成功走向成功，成功是成功之母。古今中外凡大成者均是从成功走向成功的，当然也有部分人从失败的泥沼中爬出来抓住了成功。

一个好人偶尔做件坏事，还是个好人，但是如果接连不断地做坏事，就会变成坏人。失败也是一样，如果凡事不敢尝试，遇到困难轻易放弃，不断地遭遇失败，自我制造失败，习惯了失败，就成了一个彻头彻尾的失败者。

人们可以宽容失败，但是接连失败会使得你的信用受损，从而导致更多损失。因此，做事不要轻言失败，不要对失败麻木，更不要将失败当成炫耀的资本。不要把外界对你的宽容当成自己麻木不仁的借口。

失败并不可怕，可怕的是你面对失败时的消极态度。人人都有成功的机会，但不是每个人都配得到成功。

让自己配得上成功

某日，跟朋友一起，谈起另一个朋友。他原来在外地做生意，因为不愿意接掌家族生意，所以远离家族。后来由于家人患疾，无力继续管理家族企业，他于是回乡接管，掌控上亿资产，但最近很少听到他的消息，我个人感觉他并不像原来那么快乐。

当下，很多初入城市的职场人，认为在城市打拼若干年，拥有自己的房子、车子、妻子、孩子，还存下点儿票子就是成功。当拥有这一切后，却感觉还是缺点儿什么，依然郁郁寡欢，于是开始追求位子、面子，当达到了，仍是感觉缺点什么，于是追求更多的票子，更高的位子，更大的面子，最终身居高位时，环顾四周，却还是感觉空落落的。我们很多人都做过或者正做着快速致富、一夜成名的美梦，没有达成的，郁郁寡欢；达成的，也会突然发现名利所带来的不仅有满足感，更多的还有压力、负累和委屈等。

人生在世，每一个人都渴望成功，但大家对成功的理解和定位因人而异。如果一个人不了解自己，不能定位好自己的成功，最终可能勉力实现了其他人描绘的成功，却发现为此而失去的东西才是最宝贵的，感到不幸福，那么还能算作成功吗？

首先，说说我认识的成功。对每一个人来讲，你下决心追求什么，通过自身努力达成了就是成功。一个刚毕业进入职场的年轻人，认真工作，获得公司认可，顺利转正叫成功；一个业务员，经过精心准备，打动客户，顺利签约叫成功；一位进城务工人员，辛苦付出，定期结算薪水，够给子女交学费，够家里支出叫成功。成功是对自己来讲的，跟他人无关。比如有些人认为早起是平常事，但对有赖床习惯的人来说，养成早起的习惯也叫成功。很多人将别人的成功转嫁到自己身上，却很少去分析自己所处的环境和掌控的资源，最终目标难以达成，获取甚少，付出的代价却很大。成功其实没那么高大上，只要你设定一个目标，达成后就会收获满足感和成就感。一个个小目标会累积成大目标，大目标实现了就是大成功。很多人之所以不成功，是因为不会分解目标，不屑于去追求小成功，只是做着黄粱美梦，而不去行动。

其次，什么人能够获得成功。我认识的很多成功人士，都是内心强大，意志坚定，能作出取舍，脚踏实地，勇于行动的人。曾经与一个创业失败的年轻的应聘者交谈，他说对成功学深恶痛绝；问他是否了解成功学，他说听到某某的名字就感到恶心；再问他上一段创业为什么失败，他恼羞成怒，认为不应该去揭他的伤疤。于是，这个谈话没有继续下去。一个不敢直面曾经的失败，无力总结失败经验的人，不配得到成功。曾经看到一篇报道，数名变卖家产，凑够百余万元学费参加某成功学课程，最终落得家徒四壁、妻离子散的人，痛斥培训机构无良，是骗子公司。我认为培训机构纵然有错，不择手段赚钱，但倾家荡产，将致富成功的美梦寄托在别人身上，难道没有反省过自己吗？自己变卖家产交纳学费时，是因为被培训机构胁迫吗？加入传销组织的人，加杠杆炒股的人，将养老金投入互联网投资平台的人，都是被人胁迫的吗？

想走捷径，想靠投机的人，是不配得到成功的；一个心不能安定，四处寻找机会，不断更换赛道，总想结交权贵，不提升自己实力的人，也是不配得到成功的。想通过一门姻亲就改变命运的人，也叫投机。投机的人最多能成功一时，但得到的最终可能还会失去，甚至被夺走更多。

判断一个人能否取得成功很简单，一看是否独立，二看是否具有感恩之心。花着父母的钱却心安理得的人，获得别人帮助还嫌不够的人，都是不值得寄托期望的人。

最后，谈谈如何才能成功。要想取得大的成功，有多种多样的因素存在，但最重要的一点，其实还是人。因为只有人对了，才能将其他的一切因素正确利用。我的一个同学研制的产品填补了国内空白，替代国际最高水准的产品，使得他的公司人才云集，获得政府支持，订单主动上门。

很多人抱怨创业无门，没有资金，没有资源，没有人才，唯独没有关注到自己是否有志向，是否有能力，是否有足够的吸引力。就拿我这位引以为傲的同学来举例。他的父母师长皆是知识分子，使得他有较高的认知能力；他的学习成绩不算突出，但是他在大学时期严守作息时间，从不偏执；他从不怕外界异样的眼光，敢以二本学校的学历，加入名牌高校的高学历人才扎堆的企业，不计报酬，奋力工作，最终成为一群技术牛人中的领头人；他在成为一家大型企业的职业经理人后，敢于离职创业；他有坚持学习、不断实践的良好习惯，他曾经是一名行业内的专家，如今则是一名优秀的领导者，没有学习，就无法改变，没有改变，就不可能持续进步；他乐于助人且不给人添麻烦，一次校友聚会，主办方安排他做演讲，虽然安排仓促，但他还是挤出时间参加，在演讲前我向他请教了一个小时，他都真诚而毫无保留地给我解答。

人人都有成功的机会，但如果一个人不改变自己，不让自己变得强大起来，总想着依靠他人，依靠投机，是不配得到成功的。

还有一点，就是要执着于成功，但是不要太过，有时候在通往成功的路上，顺道收获点儿作为副产物的成就，感觉也是极好的。

人生还是要靠自己

一个人无所建树，最大的原因是将希望寄托在别人身上或者寄托于外界因素。尽管说机会是需要争取的，但是我们极力追求，却依然抓不住机会，或者辨识不了机会，甚至有时抓住了但又溜走了。

他人的帮助和外界的力量固然重要，但最根本的还是靠自己。很多人读了很多书，认为拥有了知识，但现状依然没有改观；很多人走了很多路，已经变得见多识广，但仍无法找到改变命运的法门；很多人见识过很多高人，为人也谦虚低调，找到了许多成功的方法，但失败却一直相随。究其原因，是他们学到的东西虽然都对，但他们没有考虑最重要的因素，即这些知识是否适合自己。

学到的知识无法与自身结合，没有办法在实践中运用，不能改善自己的处境，学习已然无用。知识的正确运用叫智慧，而掌握了智慧，才能将知识变现。

获取信息其实并不难，特别是如今，信息的获取更是低廉便利，你知道的，别人也会轻易地知道，以前耗时耗力才能获取的信息，现在变得轻而易举，但知道如何获取知识的价值，如何运用知识的人变得比以前更少。很多人以为拥有了知识就可以变得富有，但事与愿违，甚至很多人获得的根本不是知识，而是一堆对自身无用的信息。

就像很多人创业前，学过股权结构的知识，但是开办公司，仍然会因股权结构问题导致公司失败。知道什么是正确的、合理的，但不知道如何去做。

学习是有用的，但学习只能学到知识；各种知识学习得多了，就能搭建自己基本的认知架构，认知水平提高了，才可能独立地思考，建立起自己独立的价值观，对事物有客观的评价，做事就能够打好坚实的基础。拥有以上的一切，若没有行动，仍然得不到成果。很多事情不是想明白的，而是干明白的。

优秀的企业家一定是思想家，但更是行动家和实干家。没有思想，会干得不明不白，但拥有了行动，才能干得正确，干得高效。

但干了，就能干明白，干出成果吗？并非如此。因为动作太慢，不够坚决，没

自 砺 为 王
ZI LI WEI WANG

有持续不断的正确行动，仍然成不了大事。这个时候，考验的是勇气，是意志，以及是否敢于取舍，是否能够承受打击，如果不能做到，依然会失败。这时，看清本质，掌握规律，预测趋势就显得尤为重要，凡是珍贵的东西，都不易得，没有持续不断的尝试、坚持、思考、修正，很难掌握真理，甚至真理在你面前，你也无法辨认。真理往往都会披着谎言一样的外衣，这也是为什么很多人成功之前会经历无数小失败的原因。内心强大的人将问题归结于自己，改变了自己，最终获得了成功；内心脆弱的人将问题归结于他人和外界，要么心生抱怨，要么认为自己的失败是理所应当，于是心安理得。

你的人生，只有你能够主宰，凡事只能靠自己，自己才是最根本和最关键的因素，自己的问题解决不了，靠外界，靠任何人，都无济于事。

每个人的命运，只能自己掌控，将自己的命运寄托于别人身上，是对自己最大的不负责任。

骆驼

自砺为王

你就是光

第五篇

这个社会中真正厉害的人，都是在背后付出艰辛努力的人。

第十二章　职场感悟

慎独

某日出差空隙，参观了一代名相张居正的故居。张居正是万历中兴的功臣，以一己之力使明朝的寿命延续了近一百年，功绩不可磨灭，但其身后却留下不少的争议。我有幸阅读了朱东润先生的《张居正大传》，现借阅读传记之由，参观之机，谈谈如何去做好一个高级领导人。

领导要无为而治，而不是强人之治

张居正晚年，在接近生命终点的时候，还躺在病榻上批改奏疏，操劳国事，不得休息，数次申请致仕，却因太后的挽留而不得。无疑张居正是一个强力的领导，但当政局稳定，制度改革尘埃落定时，是否还需要事必躬亲就需要再行商讨。退不下来，离不开，也许更多的是对权力的贪恋，是对过往功劳的不舍。

在敌人伤害不到你的时候，保持宽容

张居正当首辅期间，政敌死的死，退的退，为了推行新政，他把政敌赶尽杀绝，最终导致了自己想退下来却无人接班的局面。毕竟能力挽狂澜的领导者不是一时三刻就能成长起来的，因此，不要因为个人的恩怨和一时的改革而彻底废掉政见不合者。

敌人在侧，使得你更清醒，更谦卑

一个人高高在上时，获取最真实有用的意见就越来越困难。毕竟大权在握，呼风唤雨，难免滋生骄纵和傲慢。如果有敌在侧，听听不同意见，随时保持警惕也好。

张居正的用人方针是"顺我者昌，逆我者亡"，结果政权在手时，听到的都是一种声音，也为其最终的遭遇埋下了伏笔。

管理靠疏而不靠压

张居正在万历帝登基后一直辅政，被皇帝称作相父。他采用严格管束、严厉批评的教育方式，对幼年皇帝尚可，但对青年皇帝、成年的皇帝是否可行就有待商榷，就算是为了国家中兴，方式也不甚妥当。压制，最终导致了万历皇帝的秋后算账。

结队而不结党

张居正当首辅时期，官场清一色的都是"自己人"，重用之人都是心腹，但在他离世后，第一个跳出来秋后算账的就是他的"自己人"——继任首辅张四维，推翻新政的亦是此人。任何人都是有思想的，没有人会百分之百顺从他人。结党看似解决了很多麻烦，但是埋下了更大的祸根。

以上是我的一点儿浅薄认识，希望能给企业的领导者一点启示！

职场新人"八忌"
——2018年在中南民族大学资源与环境学院的演讲

我做过14年的员工，也做了多年的老板，分别以两种身份工作过，所以我认为我的分享可能相对比较客观。

首先，澄清几个观点。第一，在一家公司里，老板一定是公司的核心，是那个将大家团结在一起，带领大家去实现共同目标的人，是公司调动资源能力最强的人。第二，大家要明白工作的意义是什么，工作不只是养家糊口的手段，更是自我肯定、自我实现、自我超越的途径；工作让自己活得更有尊严，更快乐，更有价值。尽管我们去工作，身份是打工者，但是不能一直抱着打工者的心态。一个人只有把公司的事情当成自己的事情来做，往后才能发展成企业合伙人，直至成为老板，成为领头人。第三，在一家企业内部，一个人最核心的竞争力，不是能力，可能也不是素养，而是相信你的老板，相信你的领头人，相信领头人能够带领大家实现既定的目标。就这点举例，软银集团董事长孙正义在创业初期，招聘了10位员工，上班的第一天，他说，他会让这些员工都成为亿万富翁。此话一出，在场的10个人走了8个，第二天又有1个人离开了，最终只留下1个。果不其然，留下的最后一个员工成了亿万富翁。第四，大家要弄明白老板和员工之间的关系。老板和员工之间不是敌对关系或者劳资双方的对立关系，而是既对立又统一的关系，但最终还是统一的关系，是协作、合作、共赢的关系。虽然在短时间内、局部范围内会有一定的矛盾，但从长远的眼光来看，老板和员工的目标是统一的。

接下来，切入正题，说说职场新人的禁忌，也就是老板不喜欢什么样的员工。

一是目空一切、好高骛远的员工。这是大多数年轻人的通病，虽然初入职场确实需要一定的积极性和热情，但是不能目空一切。曾经有位高材生进入华为，入职一周后，洋洋洒洒写出一篇万字长文，大谈华为战略，任正非批复：此人如果有精神病，建议送医院治疗；如果没病，建议辞退。职场新人对公司所处的市场环境、商业模式、管理策略知之甚少，甚至连战略两个字都不理解，怎么可能对公司的发展出谋划策？对年轻人来说，虚心学习、脚踏实地，认真做好每一件事情，认真观察，仔细思考，才是应该着力去做的实事。

二是心无原则、拉帮结派的员工。每个老板都希望公司全员朝一个目标前行，一家健康的公司不能有任何帮派。有的职工为自保而臆测公司，选择自认为有权力的派系站队；或投其所好，跟部分领导拉关系，想不靠实力，靠关系站队获得晋升。我认为这是极不可取的。工作中，别人可以帮助你，但是不能代替你，要加薪升职，唯有靠自己的能力、本领、素养和格局，唯有将自己的目标和组织的目标捆绑和统一，才能保证你不断前进。在一个组织内工作，融洽的同事关系当然非常重要，但良好的关系是建立在共同的目标，个人积极的工作态度和与岗位匹配的工作能力之上的。能力和关系，不能本末倒置。

三是只看私利，不看全局的员工。一家公司就像一台机器，各个部门之间是相互配合、相互协作的关系，同一个部门的员工之间也是相互协作的。一个人不能只关注于自己的工作，而对别人的工作视而不见。而且一个员工的目标和公司内其他员工的目标也是相互作用和影响的。在公司目标实现的过程中，全体员工一方面要去解决问题，另一方面还要就问题进行沟通，看问题的眼光要放得长远、视角要宽广，要用整体的、系统的思维去考虑问题，而不能仅仅只考虑自己或者局部。

四是浮于表面，难以深入的员工。职场新人刚进入一家公司，首先是从小事情、简单的事情开始的，但如果只愿意做简单的事情，不愿意做复杂的事情，稍微做一点有难度的事情就抱怨，这是极不可取的。钻石都藏在大地深处，金子都藏于细砂之中，要获得珍贵的东西，就要付出更大的努力，工作中仅靠别人推着走是不行的。在职场中，只有功劳，没有苦劳。努力了却没有结果，那努力就白费了，不深入地去工作，不去坚持，是很难取得成功的。有部分员工认为在一家公司工作时间久了，就可以要求加工资，这明显是一种错误认知，一个人工资水平的提升取决于他能否胜任更重要的职位,能否承担更多的责任,能否为公司创造更多的价值。另外插一句,在座的同学,尽量不要在家待业太久,待业太久会丧失激情,如果没有合适的工作,可以选择先就业,后择业。哪怕在家庭中,女性承担了更多养育子女的责任,但并不能因此放弃工作。

五是不找方法,只会抱怨的员工。适度的抱怨可以给自己释放压力,但要分场合、分对象和控制抱怨的程度。这个世界上,改变别人是很困难的,最容易的是去改变自己。抱怨是不敢或不愿意从自身找原因的懒惰做法;抱怨的根源是因为自己没有足够的智慧去找到能解决问题的方法。抱怨如果不加控制,任其发展,会逐步演化成自卑、孤僻以至喜怒无常的性格,也会造成人际关系紧张的局面。想要改掉抱怨的毛病,首先要改变凡事以自我利益为出发点的心理,要适度地考虑别人、外界的需求,慢慢地寻找自我与外界关系的平衡点。

六是孤僻偏执、脆弱封闭的员工。互联网时代的精神包括开放、协作、包容、分享。我们接触过一些成绩特别好,做事能力尚可的应届毕业生,但由于家庭环境、成长环境等因素的影响,他们在自己的人际交往中划定了很多的雷区、隐私、伤疤,统统不能触碰,一触碰就会爆炸,一"招惹"就怀恨在心,一"揭开"就情绪低迷。究其原因,是其在强大的外表下包裹着一颗脆弱的玻璃心,需要周围的人对他处处关怀、忍让、迁就,其实这本质上就是自私、幼稚的表现。一个公司招聘的员工,首先就是一个能够独自承担其所在岗位的责任和义务的人,当然公司对员工的关爱是必要的,但是不能去过度地迁就。一个人的强大,能量最大的是内心的强大,而不是外强中干。忠实于自己的内心,承认自己的客观起点和真实现状,是取得一切进步的基础,选择逃避是没有任何用的。

七是贪图安逸、胸无目标的员工。公司的管理根本是目标管理,公司设立目标后,要将公司目标分解到各个部门,部门再分解到个人。个人对自己的目标,需要寻找完成的方法和途径,作出足够的预判,信念坚定地执行。曾经流传着这样一句话:成年人的世界里没有"容易"二字。现实中也没有任何一项工作是容易的。如果一个人贪图舒适就很难承担更多的责任,一家公司没有目标会垮掉,一个组织没有目标会迷茫,一个人没有目标会迷失自我。在面试员工时,我会问应聘者为什么要去工作,有人说不想在家闲着,也有人要养家糊口,最终我没有录用这些人,因为他们即使来了公司,也不可能做好这份工作。

八是懒于学习、故步自封的员工。职场上每个人的核心竞争力都是不断学习、终身学习、深度学习的能力。不要以为自己足够优秀,就可以懈怠不前。很多企业的倒闭都是从企业家安于现状、停止学习开始的。对我们个人来说，离开学校才真正是职场学习的开始。我曾经面试过很多人，他们毕业之后就丢弃了书本，这与应试教育有关，但更深层次的还是要从自己身上找原因。我们常说的中年危机，本质就是没有在危机到来之前学习，给自己武装上足够的本领，从而导致危机到来时措手不及。

我的分享就这么多，希望对在座的同学有所帮助，希望同学们进入职场后，尽量规避认知上的误区，能够尽快地适应工作，干出优异成绩，获得更大进步。

最后，祝愿大家能够客观地认识自我，不断地磨砺自己，努力提升各项本领，将自己融入集体之中，照亮他人，成就自己。

职场层级，你在哪层？

职场发展可以定义为五个层级，分别是打工、工作、职业、事业和使命。你在哪个层级呢？

打工，就是打短工的意思，目的就是为了"挣钱"，没有长期的打算。目的是挣钱但往往挣不到钱，挣不到很多的钱，挣不了长久的钱。很多抱有此目的的人不知道职场和商业的本质是交换。他们秉承"你给多少钱，我就干多少事"的原则，绝不吃一点儿亏。但是他们不知道还有一条原则，就是要让对方感觉"占了便宜"，只有对方感觉占了便宜，你才有更多的机会。毕竟长久的买卖比一单一单的积累要轻松很多，很多人只看工资，不看长远利益，认为别处能多开五百元工资，立马拔腿走人，事事处处计较，最终迷失了职业方向，不断地换工作，换专业，换行业，能力也没提升，最终只能沦为一个低层级的劳动者。这样的人，抱有的心态是"锱铢必较"。

工作，比打工更进一步，归属感强了一些，也比较服从纪律约束，但还是以熬时间为主，出工不出力。此层级的人，上班的目的就是为了下班，工作日盼着周末，上班就盼着放假。"上班"以物质生存为目的，有一定的精神寄托，就是总要找个事情干，不能闲着。抱有"工作"心态的人，事事需要领导指示，处处需要监督检查，主动性差，工作能力提升缓慢，也很难去带动别人，基本没有上升空间。这样的人抱有的心态是"斤斤计较"。

职业比工作又进了一步，有了敬业精神，有了职业道德，有了初步的责任感，有了上进心，也有了职业规划。跳槽不仅仅是为了薪资，还会考虑个人的长远发展。抱有这种心态的人，开始就能够站在组织的角度去考虑问题，而不仅仅只看到个人的需求；能够根据自己的职业发展规划，去熟悉陌生的领域，为自己配置更多的能力，提升自己的素质。在此层级的人可以分为两种：一种是会学习、爱学习的人，通过学习，提升观察力，开始客观地认识自己，逐步有了自省自查的能力，职业发展慢慢进入快车道，更容易获得加薪升职的机会；还有一种是不学习的人，脑袋里装满了升官发财的念头，但是自我认识和外界对自己的判断有严重偏差，自认为无所不能，但是上级和组织认为不过如此。这样的人，不断地更换单位，寻找机会，却总是觅而不得。现在的年轻人中，"心比天高，命比纸薄"的大有人在，他们只想干大事，小事干不得，张嘴口若悬河，做事缩手缩脚，最终很难成就大事。这样的人抱有的心态是"不太计较"。

事业又上升了一个层级，是把工作当自己的事业，全身心地投入工作中去，以"老板"的心态去工作。他们不计较工作的时间和强度，主动工作，快乐工作，有条件高效工作，没条件就创造条件达成成果，最终都干出了傲人的成绩。很多企业家都属于这个层级，他们工作，更多的目的在于个人价值的实现，而非赚到更多的钱，但最终他们也没少赚钱。抱有这样理念工作的人，升职加薪都是迟早的事。这样的人抱有的心态是"毫不计较"。

使命是最高的境界。把工作当作"用生命去做事，用生命去完成的责任"。正是这种使命感驱动，让很多人达到了卓越的高度。优秀的企业家都有这种使命感，他们看淡个人得失，推动社会变革，带动社会进步，往往起到了决定性的作用。这样的人抱有的心态叫"舍我其谁"。

很多人一辈子不断试图从低层级向高层级进阶，但是一直在低层级打转，这叫按部就班。但有一部分人一开始就高举高打，最终短时间内达到较高或者最高层级，这叫出奇制胜。

人跟人的差别，最终还是定位和格局的差别，当然，蛰伏状态下的默默努力也同等重要。

工作是赢得尊严的最直接方式

近日，与某经理聊天儿，他说他非常忙，从他脸上疲惫的表情也可以看出的确如此。他说，每天他要辗转某个地区的数座县城，接待应酬是免不了的，他无法决定他每天在哪座县城休息，早晨起来，他需要深度回忆，才能确认他在哪座县城。

短暂交流后，我起身告辞，内心满是钦佩之情，当然也心有戚戚焉。我每年也是四处奔波，好一点儿的就是我累了可以常常回家休息，而且酒后有妻子照顾。

这些年创业，公司中进进出出了太多人，我也面试过不少年轻人。员工提出离职的原因不外乎收入低、不受重视，但回过头来，有没有深思过收入低是因为公司赚得太少，还是因为付出得不够多而换不回自己所想要的高薪？自己不受重视，是不是自己的工作成果不够多，不够大，自己是否付出了足够努力使得自己看起来更有潜力？

面试的很多年轻人，在提问环节结束，问对方还有什么想要了解的时候，他们会问，公司是否有双休，是否加班，有无加班工资，是否经常出差。甚至很多心情急切的年轻人，还没有介绍自己，没有了解工作内容，就问收入水平。还有的人提出先谈好收入，然后再谈工作岗位和内容。我只好无奈地结束面试，或者顾全对方面子，象征性地再问几个问题。

我非常崇拜那些白手起家的成功人士，当然也很佩服那些以家庭背景为基础，通过自身努力将家族企业做大做强的所谓"富二代"。我也很欣赏很多年轻人，毕业后离家到更远的城市，用自己的勤劳和智慧去打拼，赢得美好未来。有些家庭条件较好的年轻人，父母的收入可以支持他们的开销，因此他们不用工作就可以生活得不错。但是，这样就应该放弃努力吗？

父母创造的财富毕竟是父母的，虽然父母因为无私的爱也愿意将财产留给我们，让我们养尊处优，安稳舒适，但这些却换不回我们内心深处需要的自尊感和成就感。正常情况下父母都会早于子女离开这个世界，当父母的庇护和光环消失后，我们还能依靠什么？我们很多人分不清楚别人给予我们的尊重多少是来自自己，多少是来自父母。就像很多人，工作久了，就分不清哪些能力是自己的，哪些是平台赋予的。

对很多主动付出艰辛努力的年轻人，我愿意给予更多的机会；对一些年纪轻轻，却想要安稳舒适的人，我选择放弃，由他去。很多年轻人因为赚钱少，因为不被重视而不断地更换平台，但没有去深层次地思考，为什么赚钱不多，被重视的程度不够？工作需要加班时，能推就推，能拖就拖；有重大任务时，能缩就缩，逃掉最好。当遇到定工资、发奖金时，却力争上游，不甘人后。

很多人不理解，商业的本质就是交换，而这个社会最不缺的就是公正，当然时间要拉得足够长才行。没有付出，没有长久而艰辛的付出，很难赢得高薪，也很难居于高位。别总想着一时一事的努力就足以换回你所期望的一切，你要看到他人在背后付出的艰辛努力。这个社会真正厉害的人，都是在背后付出艰辛努力的人。

太多的人认为这个社会的平等是别人拿到多少薪水我也要拿到多少薪水，别人受到多少尊重我也要受到多少尊重。其实人生而平等，只是人格和尊严方面的平等，更多的自尊和成就要用自己的勤劳和智慧去换取。公司曾引进几名专业人士，他们愿意向管理者转型，专业能力不错，但决策能力还需历练。就公司的重大事项征求他们的意见，要么不符合实际，要么考虑不够全面，要么以个人喜好去决策，因为几次建议没有被采纳，就愤而提出离职，他们认为自己不被重视，没有被尊重。

一个人被重视、被尊重的程度，来自自己被需要的程度，被多少人需要和被需要的紧急程度。太多的年轻人重视的只是自己的需要和感受，你若只考虑自己，那有多少人来考虑你？有一个前员工，提出离职后第二天就消失，完全不顾手头项目是否执行完毕，甚至等不到工作交接完成和继任者招聘到位。要求得不到满足，竟然要挟、恐吓，在社交媒体上谩骂。是你的，终究都是你的，不是你的，强求也不会得到。因为这个社会还有一条原则，叫配得原则。

一个人，赢得尊严的最直接方式就是努力工作，一个人价值的高低，取决于你创造的价值多寡。一个人的幸福感，源自你被多少人需要和被需要的程度。一个满脑子都想着自己的人，很难获得他人的重视和尊重，当然也不配得到。

商业的本质叫交换，而不是索取，职场亦是！

浅谈办公室政治

前些日子，一位朋友与我谈起了他的苦恼。他的直属领导和另一个部门的领导都是老板面前的红人，而另一个部门的领导经常插手他的工作，指令又与直属领导不同，两位领导他都得罪不起，经常无所适从。不难看出，这位年轻的朋友被办公室政治困扰。

一谈到办公室政治，我们就会想到钩心斗角、明争暗斗，实际上这都是片面的认识。有人的地方就有江湖，有江湖的地方就有政治，不管你愿不愿意承认，愿不愿意参与，我们每一个人都在江湖中，这个政治我们既躲不过，也逃不脱。

就办公室政治，我谈几点我的认识和看法。

大是大非面前不糊涂

人际关系混乱，工作干得乱七八糟的人，多有一个最根本的问题就是在大是大非面前犯了迷糊。一个人不拘小节可以，但是如果做不到明辨是非，就会出大问题。任何组织，在每个时段都有关键目标和任务，工作要紧扣主题，抓主要矛盾。

权力边界要清晰，是你的责任你要担当，不是你的权力你不要争夺，权力越界是办公室政治最大的忌讳。很多人看似责任心很强，不该自己管的管了，不该自己拍板的拍了，势必会造成同级不和，上级忌惮。不在其位，不谋其政，永远不要动别人的奶酪。

要做到大是大非面前不糊涂，要学会一心为公，公在私前。大是大非，就是战略。战略这个东西，一般是公司高层在思考，在分析、判断、决策。因此初入社会、刚进职场的年轻人，不要对公司的大政方针品头评足，指手画脚。多观察，多思考，多问几个为什么，充分地认识和理解公司的战略就够了。

分清轻重缓急不忙乱

很多人做事，眉毛胡子一把抓，做所有事都不紧不慢，按部就班。结果到头来，捡不了几个芝麻，西瓜也滚得好远。工作要有主动性，要积极认真，但不会思考问题，不会选择判断，只靠勤恳踏实是不行的。什么时候该干什么事情，不可能都有人交代得清清楚楚。尽管规则、标准和流程都可以制定得非常完善和精细，但这些都是针对事，针对人用这一套可能作用不大，再说了，事最终也是由人去完成的。

如果一个人只是按照流程和标准去做事，不分清主次，那慢慢地就会被机器淘汰。做企业，不仅要激发人的手脚，还要激发头脑，也就是聪明和智慧。但很多人不愿意开动脑筋，增长智慧。

分不清轻重缓急，最主要的根源是懒惰，是思想上的懒惰，不愿意动脑筋，或者说用体力上的勤奋掩盖思想上的懒惰。

有很多人无法上升到管理岗位，最主要的就是这个原因。有的人做到了管理岗位，但依然只知道如何做，不知道为什么这么做；知道如何解决问题，但是很难发现问题。

没有学习，不会观察，不会科学地思考，是分不清主次、轻重和缓急的。

执行而不是站队

有相同的观点和看法的人组成一个队伍，就是派系；有了派系，就会有矛盾，这是再正常不过的。不同的派系由于观点不同，就会有一个调和人、拍板人，这个人就是老大，就是中心。这个人看似有这样那样的缺点和不足，却不可替代，甚至很难找到一个接任者。

那么在众多观点中，肯定了一个观点，按照这条道路走下去，就叫执行力。

低层级的职员，一定要学会执行上级指令，想尽方法把事情干成，千万不要站队，因为组织中只有一个老大，做事情要在以组织利益为重的前提下服从上级命令。

千万不要只看短期利益做墙头草，意志不坚决的人一般很难干成大事。知道组织的长远目标，头脑上与老大保持一致叫顾全大局，手脚上和上级步调一致才能把握当下。

要做到执行力超强，要把自己置于整个组织中来考虑自己的位置和贡献度，还要清晰地知道自己的岗位和职责。没有提升到一定的职位，很难看清全局。与上级保持一致，提高执行力是基层员工和年轻人要注意的。

干出成果，而不是总在分辨对错

职场中总有一部分人整天忙于分辨对错，但是分不清大是大非。例如看到领导整天指手画脚，就认为其游手好闲、不干实事，还吃香喝辣、逍遥自在，于是不满情绪不断滋生。

其实世间没有什么绝对的对与错，组织内也是。有些事情，在这个部门这样做就是对的，在其他部门就不见得是对的。有些事情，在当下是对的，但在下一个时段可能就是错的。对错都是相对的，甚至可以转变。整天想着所做的事是对是错，就没有足够的精力把事情干成，也就没有信心把事情干得坚决。

一个人如果能够把整体利益、局部利益和个人利益都看清楚，就不会整天陷入对错的纠结中。另外要学会换位思考，从对方的职位和职责、做事情的初心去考虑问题。

在这方面，职员一定要分辨清楚，领导之所以坐在领导的位置上，成为你的上级，是因为他比你高明，至少大多数方面都比你高明。

有好处上推下让，有责任争先恐后，这样的职员一定会前途无量。很多人在出了事情后，第一反应就是领导错了，张三李四错了，把自己的责任推得一干二净，其实最终目的还是为了证明自己没有责任。现实中，太多的人认为自己没有错，结果出局了。

避免陷入对错泥沼，一方面要学会顾全大局，考虑整体利益和局部利益，而不仅仅考虑个人利益。有一个好的办法，就是认为自己是人群中最"笨"的那一个。

凡是总在争辩对错的人，其实都在计算自己的利益得失、情绪感受。

最后总结一下，一个组织只要有两个人以上，就会有是非。对年轻人来说，兢兢业业做好工作，勤奋努力提升能力，踏踏实实干出成绩，不要陷入不必要的是非中。

让心静下来

一位朋友问我，如何让心静下来？我感觉话题好大，而且对朋友的了解不是很多，就简单地回复了一句："克制欲望，提升能力。"但感觉还是不够，于是再多啰唆两句。一个人的心不静，是因为有烦恼，有烦恼还是因为想要的太多，而自己的能力却不能满足。

客观地了解自己

世间最难的命题，就是客观地了解自己。为什么人会有委屈，主要还是外界的评判和自己的认知不一致造成的。如果一个人没有极强的自省能力，那么他对于自我的认知就很难客观，而且人天生带有自恋的天性，对自我的评估往往超出现实很多。

日常生活中我们很难有时间去反思自己，更多的时候我们考虑的是我们的感受、我们的需要，但是很难去想我们哪里不够好，我们有哪些地方需要改进，我们有哪些错误认知等。一个人能认识到自己的脆弱是需要有一颗强大内心的，如果内心脆弱，是很难认识到自己的各种不足的。

真正认识自己的需求

人都有攀比的心理，攀比往往比的是表面的东西，比的是已经拥有的东西，而很难进行全面的比较，很难去分析事物背后的逻辑。别人有什么，我就想拥有什么，别人追求什么，我就追求什么。这个世界上，太多的人处于盲从状态，根本就不了解自己真正的需求是什么，或者说自己是跟着大众的脚步在前行，而根本不知道自己的目标是什么。

破除心中的执念

当我们不切实际地制订一些目标时，会认为只要坚持不懈地追求就可以实现。有决心固然是好事，但是很多时候，时过境迁，环境已变，很多事情就要学会放下。例如对意外离世的亲人，我们抱有执念，希望他还在世上；对已经分手的恋人或者分道扬镳的爱人，我们还怀有深深的仇恨；财富已经损失，我们还在眷恋过去美好的生活……这都是执念。过去的都已经过去了，未来的还没有到来，我们要把握好当下，把握好今天，把握好现在。

具有明确的目标并执着追求

人之所以迷茫，是因为没有目标，或者目标不切实际，或者目标太多且不兼容，或者目标只停留在空想阶段。

现在很多年轻人来到城市，想在几年内拥有自己的房子、车子，走入婚姻，但完全不顾自己家里的经济情况能否帮衬（本人并不提倡），也不愿意付出艰辛的努力赚取足够多的薪资，更认识不到自己能力的提升需要一个长期的过程。

还有的年轻人为了贪图轻松去创业，连一份工都打不好，就要去做老板，完全听不得他人的意见和建议。有的人到处投机钻营，东一榔头，西一棒槌，总是在寻找机会，想依附大佬，结果自己实力不济，终究谁也没能靠得到。有的人的宏伟目标，可能停留在只是想想，或者只是说说，从未去行动。这个世界上很多的事情没有做成，并不是因为我们思考得不够，而是因为想得太多，行动得太少。

心静下来，认清自己才有从容。心在躁动，只有迷茫，还有烦恼。

人生最大的成本——选择成本

外出到西安学习，周四晚课程完结。半年没有回老家探亲，前日跟母亲说了回老家看看，但同事来了电话，说公司的事情需要协商，于是就开始纠结到底是回公司还是回老家。反复权衡中，上课的内容也没有掌握很多。

人生中，我们往往会面临太多的选择，于是不断权衡利弊，瞻前顾后，甚至不会做选择，放任自流，最终没有把握住当下，造成损失。选择什么，不选择什么，收获和付出往往难以估算，其实只要去做了，收获往往比不断地权衡和思考要大很多。很多成果是干出来的，甚至干的过程中还会有意想不到的收获。

现在对一个好工作的看法，大多会说，公司氛围好，成长空间大，薪资待遇高。于是部分人骑驴找马，简历长期挂在招聘网站上，不断地寻找好的机会，有薪资比现单位高一点儿的就辞职走人。还有的人遇到一点儿挫折，受到一点儿委屈，出现一点儿困难，就打退堂鼓。有的人因为自己的需求没有满足，心生不满，但是又不善于沟通，不提出自己的需求，开始敷衍了事地应付着工作。最终几年下来，能力没有提升多少，经验也没有增长。

作为一名创业者，我面试过不少年轻人，也翻阅过无数简历，对待业半年以上的，毕业两年换过三份以上工作的，基本上不关注，更不用说去安排面试了。长期待业的，做事一定不会坚持，而任何的成果都是坚持的结果；不断变换工作的，方向感差，目标意识不强，现在的企业需要的不是凡事都要指导、说服和安慰的员工。

薪资待遇好，是要用工作成果换的；个人成长空间大，是要用你向上的激情去追求的；公司氛围好，是要全员一起去营造的。关键在于你是不是一个积极向上的人，你若积极，就会选择积极的团体加入，如果你是消极负能量的，你选择加入的十有八九也会是消极的团队，就算加入了积极向上的团队，你若不改变，久而久之也会被团队淘汰。

我们总以为我们能够作出更有利的选择，但是对未来的认知不够明晰，对自我的认知不够客观，对利弊的权衡过于片面，往往作出的选择并不一定高明，最终失去的远远比得到的要多很多。

成事，贵在坚持，而非选择。过去已去，未来没来，把握当下，方为上策。

如何构建互信组织

为什么要建立互信组织

一个良性发展的组织应具备以下几点特征：第一，共同的目标——公司共同的目标必须深入人心，获得所有成员的认可，公司的大目标必须包含成员的小目标；第二，明确的分工——团队成员必须清楚了解自己的位置、所扮演的角色和承担的职责；第三，严明的纪律——无规矩不成方圆，公司要有适合的纪律，赏罚要分明；第四，相应的能力——团队成员要有各自岗位所要求具备的基本资格、素养和格局；第五，互信的关系——团队成员要互相信任，互信才能高效，真实、真诚、真挚地对待团队其他成员，才能使得团队走得更高更远。

在保质保量的前提下做同一件事情，谁的动作更快谁就能抢占先机，所以，高效率的协作就非常重要。对个体而言，在消费的时候，决策、购买、消费的主体是一个人，各个动作段由一个人完成，不存在衔接和配合的问题。但是对一个组织而言，需求、决策、购买（执行）、体验（应用）会下放到不同的个体或小团体中，那么相互协作就显得非常重要。简单的事情可以由个人完成，但是复杂的事情必须要依靠团队。所以，建立一个互信的组织就显得格外重要。

如何去建立互信组织

信任是相互的，要让别人信任自己就先要有自信，内心要坚强，要有一定的能力。要去相信别人，就要学会看到对方的优点与特长，不要过分挑剔别人的缺点与不足。关于建立互信，个人认为有几个方面的因素：自己要真实、待人要真诚、感情要真挚，这也是交友的基本原则。如果在组织内部，相同部门的员工之间，上下级之间，同级之间，不同部门之间，均建立互信的关系，那么所有的工作活动就像一个人去完成一件事情那样容易。

我个人是如何去实践的

要想构建一个互信的组织，我个人是按照以下几点去实践的。

首先，要敢于展示一个真实的自我，我是哪里人、从哪里毕业、工作经历如何、我的座右铭、人生目标是什么，这些信息要真实。其次，要勇于表达观点，不怕出错,不怕出丑,这样别人可以深层次地认识你,了解你的价值观和人生观,更容易建立互信。偶尔出出丑不算什么,没有缺点和不足的人是不真实的。最后,对一个人或者一件事物,不去做不必要的预判,不用过往有限的知识和固化的思维去妄加猜测。我选择相信任何人、任何事和任何话。这与我公司企业文化中的员工精神"真诚、笃信"也是一脉相承的。

企业经营三要务

经营企业,必须兼顾三个方面的工作,不可偏颇。本文分享如何做好企业经营的三个方面:市场、创新、组织能力。

市场

没有利润,企业难以生存,而利润主要来源于市场营销。市场营销,不仅仅是承接项目、销售产品那么简单。营销最基本的手段就是提供高品质的产品或者服务,但这在企业的规模和管理水平没有提升到一定的高度时,是难以做到的。一家初创企业的盈利能力不可能很强,利润率水平不可能很高,而需要资金的地方却很多。如果企业将利润都用于股东的分红,那么企业是一定做不大的。上不了规模,就不可能有明确的分工,责任也很难落实到个人,更无从谈及精细的管理。市场营销的工作包括很多方面,市场研究、市场推广、客户跟踪、成交服务、售后服务等。很多企业所谓的市场工作,都是为了成交,对市场前期和成交后的工作投入的精力过少,于是市场工作做到一定的程度后,就会遇到瓶颈。现实中,有些人认为做市场就是做关系,因为资源方变动,人事调整,自我的精力限制,不愿意放权等因素,工作难以持续开展,最终企业达到一定的规模时就会陷入停滞。

创新

创新,是创造比竞争对手更高的价值,是制造差异性以给客户带来不一样的体验,进而提升企业的盈利水平。很多企业做与别人差不多的工作,提供同质化的产品,产品的不可替代性太小,自然会导致盈利水平不高。创新之中,存在大量的试错,也就伴随着大量的失败成本。因此,一家企业要提升盈利水平,就必须投入成本用于创新,但创新不是一下子就能产出成果的,这也导致很多没有长远眼光的企业不愿意在创新方面投入。当然,也有一些初创企业,完全不顾企业处于生死边缘,盲目地投入研发,导致好钢用不到刀刃上,使企业陷入绝境。同样,企业有了盈利,不投入发展,盈利能力就提升不了,企业也会很被动。创新分产品创新、模式创新和管理创新等很多方面，不少人特别喜欢谈前两者，实际上思维的创新为中小企业带来的收益更大。现实中很多的中小企业主大多忙于具体事务，很难有时间静下心来阅读、思考和创新。去权衡长期和短期利益，生存和发展之间的矛盾，本来就是件折磨人的事情，做取舍更是件痛苦的事情，甚至很多人大多时候都不去想未来的事情，谈创新就有点奢侈了。

组织能力

很多初创企业的负责人，最容易忽略的就是组织能力建设，而这一点恰恰是一家企业能否做大做强的最重要的因素。组织能力的建设是一个系统工程，是一项需要持续投入，短期内很难见效的复杂工程，这也是很多企业负责人在这方面不愿意投入精力的原因。很多初创企业的老板，十八般武艺，样样精湛，自己决策自己执行，效率奇高，于是很多事情亲力亲为，企业内部养成的也是单打独斗的文化氛围。还有一些企业老板，不断地提升自己的能力，而不愿意去提升员工的能力，或者培养方法不当，很多事情无人可授权下去，没有时间和精力投入更重要的工作中，也无法提升企业的组织能力。还有的企业主，将所谓的核心资源牢牢地掌控在自己手中，对下属严格保密，在此情况下，其他的人只出力，不走心，结果心不齐，组织能力也很难提升。我认为一家企业的核心竞争力来源于企业负责人的精力和时间分配，而不是所谓的专利、核心资源和资产等，民营企业的竞争利器是企业家精神，而不是所谓的深层关系。商业的本质是交换，但最重要的则是吸引。组织能力提升了，对客户、人才和供应商的吸引力都会提升，市场和创新做起来也会容易很多。

组织能力提升分为个人层面和企业层面。个人层面，包括能力、素质和修养三个层面。企业层面包括文化、规则和执行三个层面。如果老板只为了成就自己，企业就很难做大，更不用谈组织能力建设了。

企业经营之要素，都很重要，缺一不可。

企业最大的危机是什么？

做企业，最大的危机是什么？有很多人说是资金链断裂，利润暴跌，员工大规模离职，业务停滞，等等。而我个人认为，以上只是表象，企业最大的危机，是企业陷入增长困境。

试想一下，一家企业如果前途光明，事业蒸蒸日上，它的资金链会断，利润会降低，业务会暴跌吗？要论述清楚这个主题，就必须回答一个问题，就是企业存在的理由是什么。其实企业和人一样，都是有寿命的。一家企业，一定是经历过创业期、成长期、成熟期、衰亡期，而最终的命运一定是死亡。试想一下，一个人终究是要走向死亡，但我们会因为此就不追求成长了吗？一家企业的追求，也应该是成长，因为成长可以解决企业面临的所有问题，因此当一家企业陷入增长困境时，那么企业最大的危机就到来了。

企业的产值增加是增长，员工队伍壮大是增长，生产效率提高是增长，业务领域拓展是增长，市场份额提升是增长，产品质量升级是增长，企业排名提升也是增长。试想一下，一家企业一旦陷入停滞，员工的收入可能就不会增长了，但随着员工能力的提升，经验的丰富，员工对收入的增长是有预期的，当一个员工在一个职位上工作若干年后，该职位的薪资水平增长预期有限，那么他一定会在职位上另有追求；如果企业陷入停滞，没有更多更高的职位满足员工的需求，那么人才成长后一定会离开；当一个人收入不会增长，职位不会提升，学识无法拔高的时候，他一定会选择离开；当你的企业陷入增长困境的时候，你的竞争对手是不会停下来等你的，因为人类社会是会不断进步的。没有增长，就是停滞，就是退步，退步是没有希望的；没有希望，危机就会来临，接下来就是各种各样的危害。

讲到这个时候，你也许会理解为什么很多企业会破产，很多企业会被转卖兼并，很多企业会消亡，因为它们陷入了无法增长或者不能持续增长的困局。有的企业在停滞增长时会去多元化发展，有的进行上下游延伸，有的进行相关产业的延伸，无非都是横向或者纵向的延伸，还有一部分企业进行盲目的延伸，盲目的多元化，最终走向消亡。

停止增长，有的是被动选择的，还有的是主动选择的。主动选择的叫守业，守业其实是一个伪命题，因为业是守不住的，只有不断创新，才是最好的守业。

消耗一个人最大的因素就是沉迷稳定，成就一个人最大的动力就是追求成长，企业也是，人亦同理。你有陷入增长停滞的困惑吗？

你的企业为什么做不大？

遇到很多做公司的朋友，会抱怨企业生存环境艰难，业务拓展困难，员工难招聘，熟手流失率高，年轻员工难管理，老板当演员累死累活，员工当观众只在一边旁观，等等。其实以上问题只是表象，是众多现象的一种，造成如此现象的原因有很多种，我今天提出大家最可能忽视的一种，就是企业组织架构的变革。

创立都是从无到有，从零开始的，很多大公司都是从小公司成长起来的。但很多公司在经营多年以后，还停留在不超过10人的状态，究其原因，是因为企业架构没有进行变革，或者说还没有开始搭建企业的架构。

创业开始的时候，老板一般是个能人，既懂技术，又会营销；能抓生产，还会开发客户；能开发产品，还会疏通关系。所以说，初创企业的老板是无所不能的。但是在企业度过生死存亡期后，这样的思维惯性往往成为企业发展的桎梏。

企业创立之初，因为要存活，老板必须无所不能。但当企业度过艰难的存活期以后，在客户和员工等都趋于稳定的时候，就可能遇到一个瓶颈，那就是企业的员工规模会稳定在10多人，很难超过20人。在这个时候，作为老板，你应该考虑企业组织架构的问题了。

从管理学的角度讲，一名主管只管6至8个人的时候，效率是最高的。也就是说，当企业人员达到10人的时候，就要设立生产部门、销售部门、售后部门等，并委任相关部门的主管，作为老板，只要联系相应部门的主管就可以了。

组织架构的搭建，其实意味着把公司的成员分层，经理（老板）、主管（部长）、员工，那么也就意味着老板的权力要下放或者部分下放。但现实中很多老板最担心的就是权力旁落，依旧是生产、销售、售后、招聘、财务一把抓，所谓的副总、主管形同虚设，导致所谓的副总、主管走马灯地换，老板依然抱怨企业难做。

造成这种现象，我认为原因有三方面。第一是不知道，即意识层面的问题，老板认为企业不需要管理，因为管理会增加成本，自己直管最为高效，也就不需要设置副总、主管，自己可以管好所有的事情。第二是办不到，即意识到了，但是不去做，或者只做一点点的努力。老板很忙，也去招聘了相应的副总、主管，但是招聘不到合适的人员，也没有耐心从自己的员工队伍中培养。第三是坚持不了，很多老板招聘到了所谓的副总、主管，但权力始终下放不下去，依旧各种怕，怕损失客户，怕接不回业务，怕方案汇报不好，怕客户被副总带走，怕公司机密泄露，怕成本增高等。最终的管理依然走回老路，所有的事务一竿子插到底，直接对所有的员工发号施令，从而架空了副总、主管，显得副总、主管无能，依旧自己最有能耐。

当你两手都抓得满满的时候，你是没有办法再去抓取其他东西的。舍得、舍得，有舍才有得，舍掉权力，得到格局，付出成本，换回成长，舍弃眼前利益，赢得长远目标。

你的企业为什么做不大？最本质的是你还没学会选择。选择即是放弃，你有放弃的勇气吗？

企业做不大之一：公私不分

经常有朋友问我，你的工资多少？我会如实相告，对方就会说，怎么这么低？我说创业公司，老板和合伙人不应该给自己开出很高的薪资。有些朋友表示理解，但内心可能并不相信。还有的朋友会继续说，你们当老板的可以将家里的吃穿用度在公司报销，实惠多着呢，对此我只能笑笑。

简单的对话，实质上暴露了一个问题，就是太多的小微企业无法做大的原因之一：公私不分。当然朋友所说的现象也存在，但存在并非就是合理的。

这个问题往大了说，是公司的归属问题。很多老板认为自己创立了公司，工商注册资料里自己是公司的大股东，是公司的实际控制人，公司理应是自己的。这样的认识不能说完全错误，但最终还是没能深刻理解公司的归属和公司的边界。我们都曾听说过这样一句话，小公司是老板的，中型公司是大伙的，大型公司就是社会的。如果老板仅仅将公司视为自己的财产，那么公司就很难做到一定的规模。其实不管公司的规模如何，公司终究是顾客的，因为顾客的需要以及需要程度的高低，决定了公司的现状和发展潜力。如果企业老板把企业视为私人财产，那么很难培养出顾客思维；没有顾客思维，企业决策只站在自己的立场上，企业长不大就成为必然。

这个问题往小了说，是老板对企业的认识。如果老板将公司视作赚钱的工具，那么老板可以称为生意人，为的是赚取收入与成本之间的差价，赚取尽可能多的利润，于是将自己家的吃喝用度拿到公司报销，可以将成本做高，节省部分税务开支等。如果老板将公司视作干事业的平台，那么打造平台，提升公司的吸引力就成为其选择之一。一般来讲，小微企业掌控的资源有限，企业的盈利水平不会很高，如果企业创始人团队给自己开具高额的年薪，那么其他员工的薪资就会变少。人才的价格是由价值决定的，给员工开出的薪水不高，就很难吸引到人才或者有潜力的年轻人，而员工产出不高，企业也很难提升自己的竞争力。

做企业的可分为两种人，一种叫生意人，用自己的勤劳和智慧赚钱，守法经营赚钱，无可厚非；一种叫企业人，用自己的格局和胸怀干事业，舍弃短期利益，追求长远目标，令人赞叹崇拜。你选择什么样的经营之路，其实就已经选择了你的人生方向，因此生意人就不要羡慕做企业的闲云野鹤，做企业的就不要羡慕做生意的短时间赚得盆满钵满，很多老板的痛苦来自脑袋想的和手脚干的事不一致。

很多企业老板将公司视为自己的财产，不愿意培养员工，又因为员工犯错会增加成本，因此不会授权；很多老板没日没夜地干工作，没有自己的爱好，甚至都没时间休假，因为企业中只有自己尽心尽力，其他人袖手旁观；很多老板为了赚取更大的差价，不愿意花成本打造平台的吸引力，因为这些都要投入，于是企业无法更上一层楼；很多老板认为自己英明神武，在企业推行一言堂，这样决策更快，但大树底下不会长小树，自己的左膀右臂无法培养出决策力，甚至都没有建议权，最终受累的还是自己。

朋友，如果你是老板，你想过自己到底是生意人还是企业人吗？如果你打算创业，你考虑过企业的归属吗？希望本文能对你有所帮助。

企业做不大之二：能力陷阱

大多老板要么是技术出身，要么是销售出身，往往都是能力超强的人。能力超强，在创业初期，一人身兼多职，能里能外，甚至无所不能，这当然是好事，但是当企业走过初创期后，如果老板还是大包大揽、别人不行自己顶上的模式，那么企业的发展就会受到一定的限制。

我曾经偶然遇到一个多年未见的朋友，他已经创业十多年，在某一专业领域小有名气，但是经过多年发展，公司的人员规模总突破不了20人。一日，我帮他介绍一位行业内大家，邀请他时，他勉强答应了，见面后去别人企业参观考察，晚上接待方请吃简餐，喝了一点儿酒，他离开时已经是晚上10点。其间，他接了无数电话，脸上满是焦虑。他在考察间隙跟我说，因为他不在，一份合同要他拍板，可能会黄掉；一个案子要他定调，他不定调，其他人没有办法工作。闲谈中得知，公司的业务都是他去承揽，方案都由他定稿，没有他，公司就乱成一锅粥。我本来是好心介绍高人与他认识，结果反倒成了罪人一样，于是我再也不敢成"他"之美。事后我得知，为了节约成本，他的公司没有专职的行政职员，这些工作都由生产部门的员工兼任，他和下属都是一专多能。由于朋友太忙，渐渐地我们的交往也少了很多。直至有一天公司举办答谢会，我给他发了邀请，他说无法前来，身体出了点儿小毛病，正在住院治疗。

无独有偶，我曾结识一位博士老板，他曾经跟着某知名院士做过两年博士后，在行业内具有一定的知名度，论文经常见诸业内核心期刊，并经常在行业内会议上做主题发言。一日去他公司走访，他叹气，说春节后公司有3名技术骨干离职，而且他们都是他手把手地带了四五年，刚刚能独立处理一些事情的。接待我们时，他亲自洗水果、倒茶、做介绍。交谈中我了解到，他的公司人数多年没有突破10人。其实论企业实力，他有独到的技术和专利，几千平方米的生产车间，企业产值连续多年达到数千万元，他为人也诚信真诚，但经常为留不住人才而烦恼。

企业发展受到限制，难道是企业老板的能力太差了吗？其实恰恰相反，是企业老板的能力太强了。研发能力、销售能力、技术能力太强，对一个立志于做大做强的老板来说并非好事。大树底下不长小树即是这个道理。前面两位老板不可谓不重视人才，也愿意花重金吸引人才，给员工开出的薪资在业内并不算低，但是为什么留不住人？问题的本质还是老板的能力太强了，而且将精力都用在琢磨事情上，比如如何承接业务，如何将事情做好，如何研发新技术等，他们大多亲力亲为，没有将时间用来研究人、研究人性、研究下属的需求。他们以为员工上班就是为了钱、为了物质财富。但实际上，人不仅仅是为了钱财而生存的，还有其他方面的需求。在职业生涯初期，钱物对一个人很重要，也许对一部分人终身都很重要，但并不代表所有人的人生追求都是为了钱。

任何人都是有成长需求的，人是有自恋天性的，当一个人在一个集体里再怎么努力，都超越不了他的上级或老板，在企业里只是听命执行，那么给再多的钱，都满足不了他渴求成长，满足自恋的天性。如果一个老板能力超强，决策都是英明神武的，那么员工做事就会请示领导，久而久之，员工也提升不了决策的能力。一个人的成长，就是犯错后的总结、自省、修正，但是在一个能力超强的老板手下，基本上没有犯错的机会，那么成长一定会受到限制。人有推诿的天性，都不愿意犯错，不愿意被批评——专业技术方面往往有唯一解，如果老板总是对的，就意味着员工都是错的；如果老板能力强于下属，又热衷于技术，那么下属犯错挨批便成了家常便饭。

每个人内心都更愿意接受表扬和肯定，而不是批评和指正。人往往习惯于将自己已有的能力不断训练和使用，以使之变得更加纯熟，这就叫能力陷阱。对一个老板而言，掉入能力陷阱中，并不是什么好事。你的企业做不大，很有可能作为老板的你，能力太强了。

企业做不大之三：跟风投机

近日，一个朋友突然加我微信，发了一款产品图片给我，问：做这个产品前景如何？这个产品是一款清洗剂，我没接触过，于是实话实说，不了解。其实这个朋友以前并不从事相关行业，而且据我所知，他频繁变换行业，但由于距离太远，联系甚少，个中详情我并不了解。

当我们从事某项事业时，往往会问，干这个能不能成，干这个赚不赚钱，却忽略了最重要的一个因素，就是谁来干，他有什么资源和优势。其实这个世界没有干不成的事情，干任何事情都有机会成功，但我们更应该考虑能成功的凭什么是自己，当你想清楚这个问题后，就去行动；如果还去咨询别人，那么说明决心还不够大，对自身的了解还不够多。

当今社会，想靠一个人单打独斗去成功已经很难，想轻轻松松干成一件事也异常艰难。从事某个行业要取得一定的成绩，需要亲友的帮助，更需要行业内的行家和专家的帮助，但"入行"两字，看似简单，实则很难，曾经有位培训专家说一个人想真正入行，要熬8到10年。很多成功的人转行不成功，不是因为眼光不准、人才不够、资金不足、资源稀缺，而是缺乏行业的感知力。所谓感知力就是在一个行业内摸爬滚打很多年，经历失败教训后，不断思考复盘得出的经验的统称。当然，如果你经商多年，业已功成名就多年，对商业的本质有极其敏锐的理解，那另当别论。

没有在一个行业摸爬滚打多年，你就不可能经历一个完整的行业周期。我们常在顺境时入行，看似顺风顺水，但在逆境时，行业内的经验和行业内专家的意见就显得尤为重要，新入行的新手恰恰就缺这个。

我之所以没有给朋友建议，是因为我不是行家里手，怕我的浅薄建议误导了别人。疫情期间，口罩变成了紧俏商品，特别是境外疫情暴发后，口罩厂家内销转出口。很多企业为了自救，转行生产口罩，很多贸易企业也转行售卖口罩。当生产线建起来时，才发现熔喷布原料价格上涨甚至缺货，生产口罩的工人和工程师工资奇高，才发现出口许可证及产品的认证不是一时三刻就能办下来；当囤积了口罩准备出口时，突然发现口罩的标准不符合目的地的要求，发现生产的口罩质量不能达标，等等。其实他们遇到的问题，正是平常我们作为行外人并没有关注过的问题，而这些问题在行内人来说都是常识，当然还有很多行业内秘而不宣的共识，没有入行根本就听闻不到。

本文开头提到的朋友，非常能吃苦，也异常勤奋，开始做贸易，后来建起了一家工厂，当入行渐深时，才发现行内竞争异常激烈，由于管理不善，经济低迷，将厂子转让。其实我想给他一个建议，就是要赚钱，但不要赚快钱，要吃苦，既要吃身体上的苦，更要吃思想上的苦。

投机者可能成功一时，但往长久看，最终还是会失败。当然如果你把原本是投机的事情变成了穷尽一切投入的事业，经历过一些失败后也能成功。

我大学毕业的这二十年来，一直干环保，从未转行，只是现在顺道做个直播、讲讲课、写写文章，贩卖点儿正能量而已，但我从来没有偏离我的主业。

企业做不大之四：私欲太盛

疫情期间，房地产低迷，很多房企为了拉动销售，推出各种各样的优惠手段，不少人开始蠢蠢欲动，当然也包括部分企业主。其实很多人购房，并不是真正需要，而是认为价格便宜，这是占有欲在作祟。

曾听到过一个故事，一名企业家为企业的流动资金不足而苦恼，朋友问他，你的企业产品销路顺畅，回款顺利，利润丰厚，为什么还缺流动资金呢？后来老板支支吾吾地回答了。原来他的妻子跟着他一起创业，经过了企业最难的初创阶段，如今赋闲在家，热衷于游山玩水。他们以前创业时租房住，因为房东经常涨房租，被迫搬家无数次，如今有钱了，就热衷于买房，去哪座城市旅游，就在哪座城市买套房。当然，她买房也不去住，为的就是一份安心，或者叫安全感。

现在，人们对房产的渴望，就相当于以前农民对土地的渴望，这是一种不安全感在绑架着我们的思想，部分意志不坚定的企业家也是如此。当有钱后，放弃了艰苦奋斗的精神，私欲膨胀，开始享受生活。

曾经认识一个老板，没有合伙人，很多事情都要他亲自打理。终于有一位有技术专长的人加盟了他的公司，可以帮他分担部分事务，但年中的时候，他看中了一套房子，就用公款付了购房首付，接下来公司流动资金不足，影响公司经营，合伙人和员工的奖金无法按时发放，春节后这名技术人员离开了公司。其实，这位朋友在武汉已经有好几套房，而且买这个房子并非刚需，也非改善性住房，就是因为价格低，他认为房价未来会上涨，就果断出手了。

对于经营企业的人来说，有非常强烈的欲望本身没有错，人都是被欲望驱使的动物，企业主也是。但是强烈的个人欲望，特别是占有欲，对企业本身是一种伤害，对立志将企业做大做强的企业主更是如此。广大的中小企业，由于占有的资源有限，企业的盈利水平不高，要做强，先要做大，要做大就要有适当的投入。为了未来，当下就要投入，投入的就是企业赚取的利润，很多企业主为了满足自己的一己私欲，将利润用于购房、购买豪车、开办茶楼酒庄等，甚至不惜缩减各种成本，却不将利润用于有益于企业成长的方面，最终企业做大做强只是他个人脑海里的一种美好设想。

欲望太强，不仅仅在于贪财，还在于贪名贪权等。省内曾经有一名非常知名的企业家，带领一家濒临死亡的县级小厂发展成了国内行业龙头。他在企业里的职务有一长串，党委书记、董事长、总经理、总工程师，还要加上工会主席。不知道是企业没有人才，还是这些工作必须要他亲自管理，依我看，还是他对权力的欲望太重。果不其然，这位企业家后来因为贪污银铛入狱。当然，还有贪名的，有的小企业主，公司内部的组织系统还没有搭建完善，就热衷于社会上的各种虚名，喜欢名头上挂各种"长"，参加各种"高峰论坛"，热衷于上各种"头条"，不管跟自己有无关系，最终用于企业经营的精力所剩无几，企业也毫无生机可言。

立志于将企业做大做强的企业负责人，要学会克制自己的私欲，去满足自己的合伙人、员工、客户和供应商的欲望，这样才能各取所需，合作共赢。一个功成名就的人，一个立志于成就一番事业的人，一定是一个能够克制自己人性贪欲，满足他人人性需求的人，可以说，成功者都是逆人性的高手。

企业做不大之五：成本考量

近日，给一位做老板的朋友打电话，他说在忙，问他在忙什么，他说他供的货在客户那里出了问题，正在现场协调处理。朋友开办公司已经10多年了，但是公司如今还是三个股东在经营。有一次，我建议他招聘一个助理，接收快递、文件处理、贴票报销等工作让助理来做，他说他的工作综合性很强，助理不一定做得来，再者，现在人工成本很高，一个助理的工资、社保，再加上补贴，一年最少6万元，而且助理也不好招聘。

那么问题来了，我的老板朋友的成本核算有没有问题？可以说没有问题，因为招聘一个助理，熟练人才的成本太高；而不熟练的，要手把手地教，加之小公司要承担一个助理的费用也不算小数目。说有问题，就是这样只是计算了直接成本，而没有计算机会成本。如果将收发货、文字处理、文件归档、财务记账等工作安排给助理做，自己腾出时间，能够拜访更多的客户，签下更多的单子，这样的收益更高，可朋友并没有考虑这些。

对成本的考量，很多人只会计算直接成本，但是间接成本、机会成本和沉没成本往往不予考虑，或者考虑得并不周全。很多老板凡事亲力亲为，认为授权不下去，下属的做事效率不如自己，就亲自来抓。看似是下属的能力不够，实则还是只进行了直接成本的考量。下属做事效率不如自己，自己亲自来干，节约了时间，节约了成本。授权不下去就不授权，多是不愿意给下属犯错的机会，因为犯错会产生额外的成本，而老板不愿意承担。但实际上，员工做错事了，只要他自己去分析为什么会犯错，找出原因后，吸取经验教训，下一次就不会犯了。那么对此类事情，就可以放心地交给他来做，看似多花费了一次犯错的成本，但是换来了他的成长，节约了老板的时间和精力。授权不授权，其本质还是看老板是否只看直接成本。

本系列开篇举例的那位老板，公司发展到20个人的时候，就每天都有忙不完的事情，须臾不可与公司分离，看似他对公司非常重要，实则是公司的系统没有建立。老板亲力亲为看似节约了人力成本，却限制了公司的发展，使得公司的增长受限。

陷入增长停滞的公司，如果要开发一个新业务，那么必须抽调老业务的人员，或者新招聘相关的人员，还要投入一定的成本去开发客户、调研市场、培训人才等，由于公司内的资源需要向新业务倾斜，那么老业务会受到一定的影响，造成公司成本上涨，于是很多老板就放弃了开拓新业务。这种放弃，就是沉没成本，你不仅拿不到未来可能的收益，之前的努力也付诸东流。很多企业最终走向破产，或者停滞不前，就是在新机会到来的时候，看不清，或者不愿意接受放弃老业务带来的损失，于是看着机会白白溜走。在各项成本中，沉没成本带来的损失可能是巨大的，甚至是灭顶的。

公司发展到一定的阶段时，老板要思考的问题很多，如果老板将过多的精力用于具体的事务上，而不是用于公司未来的发展考量、人才的引进和系统的搭建上，那么公司就很难做大。

如果你是一名创业者，或者是创业多年的老板，对成本的核算，你考虑到了多少呢？

企业做不大之六：观念固化

曾经拜访一位企业家前辈，跟其交流时，他好像对很多事情都已看穿，交流中提出任何问题，他都有明确的观点。无疑，他的认知在他创业的年代是符合时代背景的，在当时他是对的，但如今，他已经满六十岁，很多观点已经不合时宜。据我所知，如今他企业的盈利情况尚好，他深居简出，也很少参加酒局宴请，当然，他的企业规模也已经多年未有扩大。

我们所处的这个世界在不断变化之中，甚至大到整个宇宙，也在不断变化中，宏观的经济在变化，微观的企业所处的环境更是在不断变化。一个企业的外围，客户的负责人在变，供应商在变，甚至内部员工的需求随着时间也在变，因此每一个企业的负责人必须随着周围的环境变化而变化。所谓的观念，就是以往成功的经验和失败的教训积累到一定程度，形成的对某一事物的意见和看法的集合。以前让我们成功的，现在往往可能成为我们的包袱，会使得我们负重前行，成为我们变革的拦路虎，也可能使得我们走向失败或者停滞。

以前物资紧缺，只要能拿到代理权，只要能买地建厂，产品就基本不愁销路；以前凭关系，就能拿到指标，拿到项目，就基本不愁赚钱；以前只要付得起高工资，就基本不愁招人；以前靠吃饭喝酒送礼打牌，就能交到朋友，拉到关系；以前拥有豪车豪宅，就能换来身份地位。凡此种种，在当今社会，已经慢慢地不再管用。

现在物资不再紧缺，大家更看重产品的品质，不再过分看重品牌；不再看重生产厂房和设备，而看重产品的技术含量和使用效果。人们的追求不再将金钱放在首位，而是将个人价值和自我尊重放在首位，高薪不再容易吸引到所需的人才。

观念的固化，使得我们很多人对当下的很多事情熟视无睹，进而限制了我们的成长。例如，我本身就没什么社会关系，只能这样了；我学历不高，别人会瞧不起我；商会只是吃吃喝喝，参加了也没什么意义；总裁班不参加还好，参加了后按照那一套管理公司，还不如以前经营得好；别人说了，干公司就是将客户抓在自己手里，要防着员工离职撬走关系；要花力气在经营客户上，不要投入精力在员工培养上，员工受不了委屈如果跑了，前面的投入就白费了……我听过太多这样的论调，有的是自己认为的，有的是他人说的，且不说是否正确，没有经过深入思考和求证，就想当然地接受的做法显得太过轻率。

一个人不管年龄多大，以前有多成功，依然要保持好奇心和求知欲，这样才能保证思想观念不过时。我们要不断地将自己脑袋里面装的思想观念清零，然后对外界的论点进行分析和判断，结合我们所处的立场和环境加以综合考量，形成自己的观点和论断，才能适应不断发展和变化的环境。要多出去走走看看，接受不同的观点与理念，开阔自己的视野，才能找出更多的方法和手段应对自己所遇到的问题。

以前看到一个故事，在某个偏僻的乡村，大家都靠种果树致富，有一个村民却开始种柳树，其他村民都笑他傻。结果果树挂果了，外运不便，需要大量的柳条筐，种柳树的村民赚得盆满钵满，而种果树的收入却有限。

一个人贫穷，始于思维的贫穷；一个人富裕，始于思想的富足。

思考致富，此话不假，如果你想改变现状，想发财致富，想出人头地，请勿掉入观念固化的陷阱。

企业做不大之七：先己后人

某年春节回老家，与堂弟闲聊，说起创业，堂弟对培训机构的老板羡慕不已，说老板不用上课，还可以赚大把的钱。堂弟师范毕业后曾在外地公立学校当老师，后来返回老家，一时又找不到合适的公立学校，就在省城的几家培训机构当代课老师，工作日白天休息，工作日晚上和周末上课。他工作十余年，在省城和曾经工作的外地城市都购置有房产。

看到堂弟表现出的羡慕之情，我刚好做了几年老板，就问堂弟，创办培训机构需要租赁或者购置教学场地，你愿不愿意将你的房产抵押或者出售后用于创办培训学校？堂弟听后连连摆手，嘴里接连说"不、不、不"，我苦笑着转移了话题。

创业做老板，不管是去做生意还是去做企业，看似为了不想打工，不被别人"指使"，想自己做主，想行使自己的意志，但不管目标是为了赚更多的钱，还是成就自己，本质还是想做"人上人"。想做人上人，必须有人支持，有人力挺，有人追随你去达成目标。要实现这个目标，必须要有先人后己的精神。先人后己，是为了长远目标，首先要自己付出。很多只是心里想想的人，永远不会跨出这实质性的一步，就是不愿意付出自己已经拥有的，他们的梦想只能是想想而已。

很多人想做老板，却不愿意付出本钱，总想着有人给自己投资；有的人想创业，却不愿意放下安稳舒适的工作；有的人想吸引人才，但他只想着自己赚钱，却没有将企业做大做强的梦想和实现路径。出现上述情况是因为他们不懂得商业的本质就是交换，要获得更大的收益，首先要敢于付出，要先于付出，主动付出，要处处将客户、合伙人和合作伙伴的利益放在自己前边，而不是将自己的利益摆在前面。想做好一个老板，做好一名企业家，一定要有先人后己的思想。

很多企业做不大，上不了规模，多是老板以自我为中心的理念阻挡了公司发展壮大的步伐。对一家初创企业来说，最重要的是快速迈过企业生死存亡的阶段，构建起初级的企业组织和系统。如果老板是为了自己赚钱，赚更多的钱，对企业的未来没有切实可行的规划，那么他就没有足够多的钱去吸引股东和人才。股东是为了梦想而来的，人才是由自身价值定价的，没有梦想，也没有足够多的资金用于吸引人才，是不可能吸引来独当一面的骨干和高水平的人才的。

人的需求说起来并不复杂，不外乎名、权、利三条。作为企业创始人，名是分不出去的，因为企业的声誉需要创始人个人去带动。其次，权也是很难分出去的，因为企业的战略需要老板的权力和意志去实现，而且越是小企业越要坚持一个方向，当然我说的不是创始人不能去授权，只是未达到一定规模的企业的某些权力永远无法授予他人。那么剩下的就只有利可以分，一家初创企业的老板的收入不要高于企业其他骨干太多，最好比其他的股东略少，这样是最有利于企业发展的，老板唯有将利舍出去，才能吸引来高水平的人才，人才来了，自己才能腾出时间去思考企业的未来，推动企业的变革，才有更多的时间用于市场开拓，吸引更多的人才。但太多老板认为自己在企业的贡献最大，一边理所当然地拿着丰厚的年薪，一边却感叹千里马不常有。

一家企业能否做大做强，关键在于企业能否吸引到更多高水平的人才，在于老板能否吸引到更多单方面能力比自己强的人才帮企业去经营某一方面的业务，分担某一方面的压力。因此各方面能力都很强的老板也不能大包大揽，因为人的追求还有自我肯定和个人价值实现，试想一下，如果一个人再努力，所做出的成果都不能使得老板满意，得不到老板的认可和称赞，久而久之终会萌生退意。高级人才追求的是荣誉感和成就感，而这些在一个无所不能、三头六臂的老板面前，是不可能实现的。

因此，一个老板能否将企业做大做强，不在于自己的能力，而在于自己的思想、格局和境界。有时候能力越强，伤害越大。我已经有几年不去提升我的专业能力了，也不去管项目、钻研技术，就是这个道理。在公司，有人能够负责的事情，我一律放权，基本上不去过问。

其实创业，就是考验人性，做老板的需要逆自己的人性去满足别人人性的需求；做老板的，要放下自己"自恋"的需求去满足他人"自恋"的需要。

想把企业做大做强，首先要深刻地理解"先人后己"，还要将这四个字付诸行动，并坚持到底。

老板朋友们，你做到"先人后己"了吗？

企业做不大之八：激情消退

一家公司能否做大，最重要的是有没有欲望在驱动，当然不仅仅是对物质财富的追求，还有对持续增长的追求。任何公司，都会遇到各种各样的问题，但如果领导者只专注于解决各种问题，那么老的问题解决了，新的问题还会不断地涌现，让人疲于应付。增长不是万能的，但企业增长了，很多问题也就迎刃而解了。

很多企业度过了生死存亡的初期阶段后，业务稳定，慢慢地也积累了一定的物质财富。企业老板房子有了，车子还不错，手头开始有余钱，于是就不再想去辛苦地赚钱，不再想花大力气拉关系，过起悠闲生活。或者开始热衷于养生、享受，开始培养自己的爱好，将自己认为曾经损失的东西补回来，慢慢地将心思用在企业经营以外的事情上。这个时候，是企业走下坡路的开始。

一家企业不管大小，能引领企业渡过难关，引领企业变革，引领企业发展的，都是企业家精神，是企业创始人追求卓越的决心。但当企业创始人或者领导者开始满足眼前的需求，追求稳定舒适的生活，不再去追求产品品质提升，不再追求服务升级，将精力用在企业经营之外的时候，他对市场环境和社会发展的敏感性就会变差，对危机的预判会变得麻木，此时危险就已经在慢慢向他和企业靠近。

一个创始人只为了追求金钱，充其量叫作生意人，生意人追求赚到一定额度的物质财富的目标是可以达成的，可一旦达成就会止步不前。当然，即使是立志于追求理想的人，当阶段性的理想实现后，也有可能萌生退意，这个时候曾经的企业家精神也会随之消失。所谓的企业家精神，是对所从事事业的热爱，还有永不满意、不轻易放弃、不轻易服输的精神追求。只要理想还在，还能够不断地树立更高更远的目标，那么企业依然会不断向前发展。

看一家企业能否做大，就要看企业的领导者，包括创始人是否有激情。一个人还能否进步，就看他是否带着激情去工作和生活。当企业领导者认为他追求的东西已经到手了，不再去打拼了，不想再去劳累辛苦地工作了，这个时候激情便已经消退。不带激情去做事，是无法去激发、感染和影响他人的，那么企业陷入危机甚至消亡就是迟早的事情。激情在领导力中是排在首位的，如果让你去和一家企业合作，你要看这个企业家是否具有激情，如果说要培养一个年轻人，激情是考察的重要方面，抱着打工赚钱心态的人是很难有激情的。

干事业，奔日子，激情很重要，小富即安是前进路上的绊脚石。

企业做不大之九：心中无爱

曾经认识一个做定制服装的朋友，多次推销他们的西装套装给我，碍于面子，我打算定做几套试试。当时看着面料款式都还不错，就选择了价位适中的一款。但当成品拿来，穿在身上时，完全没有定制应有的合身效果，而且面料明显低劣。衣服重新修改后依然不合身，面料是换不了了，碍于熟人面子，只能哑巴吃黄连，有苦说不出。

一次沙龙活动，我被邀请作为点评嘉宾在前台就座，桌上放着我的席位牌，这次的主持人恰恰就是做定制服装的朋友的合伙人，当她开场介绍嘉宾时，六位坐在前台的嘉宾偏偏"漏"掉了我。

作为企业的创始人、合伙人，需要能力，需要素养，也需要格局，而最需要的，是爱，博大的爱，爱你的合伙人，爱你的部属，爱你的员工，爱你的客户和合作者，爱这个社会。而这位做定制服装的老板，预谋以次充好，带笑"杀熟"，一门心思赚钱，完全于道义和友情不顾，这是极度自私，心中无爱的表现，甚至因目的未能得逞而伺机报复，心中充斥着仇恨。如果生意场充斥着各种算计和尔虞我诈，那么无论做什么，都不会做好。

无独有偶，前几日一个朋友告诉我，他们公司被曾经的员工投诉到劳动监察部门。他讲了事情经过，这位员工在距离年末还有一个多月的时间提出离职，在未做完工作交接的前提下就离开了公司，完全不顾手头工作谁来接手，接任人员是否招聘到位。他的理由是他要去创业，越早越好，晚了就没有机会了。他不去做工作交接，却急切地要拿到年底的考核奖金，那个时候，一个企业的考核年度还没有结束，按照惯例，企业都在每年的元月进行年度核算。由于要求无法得到满足，他竟然打电话给公司其他副总，出言威胁。当初，他是被朋友当作高管引进的，在这之前他在原单位只是一名技术骨干，也曾短暂创业但以失败告终，来公司后，发现他并没有做高管的能力和度量，工作并不尽如人意。

一个跟前任老板都处不好关系的人，一个动不动就撕破脸皮要拼个你死我活的人，一个只顾着自己利益而置他人感受于不顾的人，创业是很难取得成功的。因为一个人的心里只要装下了仇恨，就不可能再装下爱，更不可能装下未来。

一个企业的创始人，只有心中有爱，才不会去算计自己的合伙人，才不会去伤害自己的客户，才不会坑害自己的合作者，不会欺压自己的下属；一个企业的领导者，只有心中有爱，才会真诚地赞扬他人，善意地批评下属，诚挚地对待朋友，才会有和谐的社会关系，才会有更多的人支持，才配有未来；一个人，只有心中有爱，才会感恩，才会孝敬自己的父母，才会爱护自己的孩子，才会真心地为配偶付出，会无私地帮助朋友。

爱是一切创造的源泉，恨是吞噬一切的黑洞。没有爱，就没有创新，没有爱，就没有未来。

作为一个企业的领导者，你的心中能装下多少人的需要和期望，你就能够影响多少人，成就多少人，就会有多少人支持你、力挺你。怕就怕你的心中只能装下你自己，你的心被自私自利填满，那么你终将被这个社会所遗弃。

心中有爱，光明自来；心中无爱，黑暗笼身。

正走在创业路上的你，可以数一数，你的心中装下了几人？你所做的，是真正为了利他，还是精致的利己？

第十三章　管理心得

管理，是严格要求自己，影响他人

　　某日一位朋友微信留语音，问我如何在企业里开展读书活动，如果我有时间，可以电话沟通一下。我看到信息后，回复了一条语音，我说要在企业中开展读书活动，有两个前提条件：第一，老板要读书；第二，老板读书员工要知道，或者相信。朋友听完，就没有下文了。我还补充说，我在公司，照例做日清日结的日记，周工作报表，还有月计划总结，每天、每周、每月，我读书的书目和心得都会在工作报表中出现，而且报表会在公司传阅，每个人都能看得到。而这样的工作，我做了近五年。

　　在公司里，老板首先是员工，而且是优秀的员工，你做到了才能去要求别人，你做不到就不要去要求。但现实中，老板们学不学习，读不读书，员工不知道。很多老板要监督员工，但是自己不接受员工的监督，甚至自己打破自己制订的纪律规则，很多事情推行不下去，就在所难免。

　　前几日，和一个朋友聊天儿，他说女儿正在叛逆期，课业负担很重。他教女儿如何规划晚上的时间，用于学习。女儿反驳他，要他自己去计划，他不禁愕然。后来他反思，女儿在学习时，他确实在刷抖音。进入职场后，特别是工作已经变得轻车熟路后，很多人就懒于学习，却把希望寄托在子女身上。你可以要求女儿成绩往前三冲，但是子女敢说"你都干了十年，怎么一直原地踏步"吗？子女当然不敢，因为他们的衣食住行都要靠父母，于是只能隐忍着，等到翅膀硬了，再来反抗，或者远走高飞。我跟朋友说，以人为本，首先是把人当人看，要把子女当成大人看，要平等地对待子女，而不是只发号施令。

曾经有一个朋友约我谈事，叮嘱我千万别迟到，结果我如期赴约，他却睡过了头，晚到半个小时。现实中，我们太多人把宽容留给自己，用苛责对待他人，进而搞得朋友关系不和，亲子关系紧张，自己苦恼不已。

早晨，我喊醒女儿，说爸爸去上班了，你的作业别忘记做了哦，我想女儿一定不会敷衍我。

领导者要务

一个职员晋升为主管，最重要的是完成身份的变换，随之而来的是工作职责的变换，然后伴随着思维方式的转变，关注对象的变换，还有所需能力的变化，由一名个人贡献者转变成一名团体目标的实现者。作为一名管理者，或者说领导者，专业能力随着职位的提升越来越弱化，而领导力的重要性越来越凸显。

作为一名领导者，以下三点更为关键。

是非观（做正确的事情）

作为一名职员，大多是根据上级定下来的目标或者指示做事，执行好即可；作为一名主管，首要的是进行是非判断，哪些事情可做，哪些事情不做，哪些事情坚决抵制。一些职员执行力强，却只知道按部就班地做事，很难区分事情的价值，可一旦从事管理，逻辑思考和独立判断的能力就非常重要。有的人，有了一定的思考力和判断力，但是经不住他人死缠烂打、软磨硬泡，最终抹不下面子，进而就范。有的人"服务"思维模式难改，喜欢沉浸在外界的一片赞美声中，愿意充当老好人，从而忘记了自己的职责和使命，又退回到过往的舒适状态。一名称职的主管，要认识到一点，你不可能让所有的人都满意、都舒适，要做好取舍，做好是非判断。

重要程度判别（做重要的事情）

初级主管者最容易犯的错误是按部就班、平均用力，而不能判别事情的重要程度。最本源的问题实质还是不能让自己闲下来，做专业工作，根据设定的目标严格执行就行，他们仍以为只要每日忙忙碌碌，自己的工作就有价值。但是一名主管，要保证自己每天所做的事情是重要的，而且还要指导下属，根据下属的能力强弱，性格差异分派胜任的工作。因此学会独立思考，并开发出适应主管职位的能力就非常重要，例如逻辑推理能力、计划能力、沟通能力等。作为主管的忙和作为职员的忙，是完全不一样的。一个不会判断事物重要性的人，只会自己受委屈，下属难受，上级不满意。还有一些主管，每天忙忙碌碌，看似整天都在处理十万火急的事情，把自己的重要性体现得淋漓尽致，但与自己领导者的身份不甚匹配。做领导者，是要让下属成功，帮助下属成功，而不是总想着自己，追求自己的成功。

时机把握（什么时候做）

分辨清楚了事情的重要程度后，还要判断事情的紧急程度，进而在合适的时机做正确的事情，否则时机错过了，再多的努力都会白费。时机的把握，是决策能力的体现。优柔寡断的人，也许并不是不会区分轻重缓急的问题，而是勇气的问题。勇气的背后，更是认知深度的问题，而认知深度，是对事物形成前的诸多因素作出分析，对当下的环境作出判断，对未来趋势客观预测的能力，本质上就是在广度和深度之间作出判断和取舍。只看一点，忽略全局，或纵观全局，却抓不住重点，都不是正确的做法。事情在变，环境在变，投入事情本身的人力在变，随时势的变化，在适当的时机，采取合理的措施或行动，就是彰显一个人领导力的重要所在。"忙""盲""茫"，是一个不合格领导者的生动表现。

做一名合格的领导者，抓好各项要务，其他的事情授权他人去做，下属才有成长的机会，事事亲力亲为，才是领导者的大忌。

新晋管理者的窘境

一个人在进入职场之初，首先要努力提升自己的专业能力和职场经验，当表现优异时，就有可能被提拔为初级管理者，但并不是所有人都能成功完成向管理者的转型。

首先，初级管理者会陷入一个窘境，他们因为专业能力强而获得擢升，但是因为专业能力强而很难达成职业生涯的转变。一个专业工作者，实质上是一个个人贡献者，但是一旦进入管理岗位，就会变成一个管理者。管理最根本的含义是通过他人达成工作目标，不能只想着靠自己。专业工作者拥有的优秀品质是自律，通过良好的自我管理就能完成工作。但是作为一名管理者，需要通过设定团队计划，帮助团队成员制订计划，完成计划，并调动他人的积极性。

一个初级管理者，要胜任相应的岗位，会有以下问题需要去面对或者克服。

追求个人贡献，而不是团队目标

专业工作者是通过个人工作成果体现个人价值的，而作为管理者却是通过团队业绩体现个人价值的。从事管理工作比从事专业工作，需要更长的时间才能达成一定的目标，于是很多初级管理者由于不能忍受损失个人专业工作带来的成就感，往往更容易退回凡事亲力亲为、事无巨细的工作状态，从而挤占了下属的成长空间，使得团队效率低下，团队士气消沉。

抵制日常的例会

尽管我们抵制文山会海，但是会议本身是一个很好的团队沟通模式，且手段高明的会议比一对一的沟通效率要高很多。很多初级管理者晋升前是优秀的专业工作者，他们习惯于进行自我管理，并想当然地认为所有人都应该如此。于是他们认为会议就是浪费时间，花费大家的时间还不如埋头干事效率更高。但实质上并不是如此，团队成员要制订各自的工作计划以满足团队工作的计划，各自达成个人目标以达成团队目标。大家对团队目标的理解千差万别，这个时候就需要会议来统一大家的目标。由于初级管理者不愿意召开例会，甚至完全不召开会议，从而导致团队的成员工作没有方向，没有目标，最终做了很多没有价值的工作，导致团队矛盾丛生。

不理解成功的定义

作为个人贡献者，成功的定义是取得个人成果，但是作为管理者，成功的定义就是让团队的每个人都成功，这个时候激发团队成员的积极性，培养团队成员的专业能力，帮助团队成员达成各自的工作目标就变成了初级管理者的主要工作。但是这样的工作需要长期投入，短期内收效甚微。很多初级管理者还习惯于个人贡献者的成功模式，一旦心急，又陷入了个人贡献者的老路。因此看一个专业工作者能否成功地转型为管理者，就要看他是否愿意放弃专业工作带来的成就感，看他是否真正理解了成功管理者的定义。

对时间管理的认知

作为个人贡献者，工作的常态就是，按部就班地工作，通过目标倒排，如期地完成自己的工作任务。但作为管理者，首先要学会做重要的事情，要对自己的各种工作目标进行排序。现实是很多初级管理者容易陷入不分轻重缓急、平均用力的窘境，或者很多管理者总是忙于救火，忙于弥补自己或者下属工作中的漏洞，投入重要事务的精力少之又少。由于无法分辨关键事务和重要事务，精力分配不够合理，团队效率低下，团队成员没有成就感，最终被高层管理者更换。

作为初级管理者在晋级的路上所需要解决的问题还有很多，暂列举几点，希望对朋友们有所帮助。

有效授权

曾经面试一个求职者，他来自同行业的一家企业，我对这家企业早有耳闻，但是却一直没有与这家企业的老板当面交流过，询问起他所在公司老板的管理模式，说是管理事无巨细，也非常地敬业，但是公司的副总却一茬一茬地换公司，创立很多年，没有做大规模。对一名精明强干的创业者来说，如果企业多年没有办法取得长足的进步，并不是老板的专业能力有问题，而一定是授权出了问题。个人认为有如下几个方面的可能。

老板不愿意授权

很多中小型企业，规模达到20人以上，公司里里外外的事情已经足以让老板忙得够呛，为了分担自己的压力，老板找来了"副总"的人选，但在实际工作中，老板发现新来的副总在分管业务方面能力并不如自己突出，于是越过副总直接指挥副总的下属人员，因为这样比自己交代一遍副总，副总再交代部长或者员工效率更高些，久而久之，副总认为自己只不过是老板的一个助理而已，并没有职位所对等的权力，于是悄然离开。很多老板也许真的想找人分担一部分压力，但当权力被分担时，因为掌控感缺失，就会产生强烈的失落感，于是不自觉地启动了"智慧"的大脑和充沛的体力，掉入了公司以往的管理习惯。上面提到的老板大抵如此，副总像割韭菜似的一茬一茬地换，企业的规模却一直原地踏步。

老板没有创新的能力

有一次，帮一个朋友介绍一个合作者，下午参观了一个厂区，晚上留下来吃了顿便饭。一路上，朋友电话不断，如坐针毡，焦虑异常。我问有什么事情这么急。他说项目的设计方案要他定，合同条款要他审核，重要的客户要他去见，他不回去，这些事情都没有办法往前推进。朋友已经创业十余年，公司接近20人，又招聘了两个专业能力很强的高手做副总。我说这些事情其实都可以让他们去负责，你掌控大方向就行。他说不行，这样的事情还是他最拿手。这位朋友曾跟我讲，项目前期的谈判，签订合同，前期方案设计和后续的汇报都得他亲自上，否则就容易出乱子，他想放手，但是同事这方面的能力都不如他，没有办法。由于交集不多，跟这位朋友见面和联系的次数也少了。我只想说，公司的规模要扩大，公司的管理模式要改变，最应该改变的首先是老板。

不愿意承担因为授权造成的损失

授权不下去，最重要的也许不是老板不愿意授权，而是老板只是个生意人，不是一个企业家，首先想到的是钱，是成本。对广大中小企业来说，老板基本上都是摸着石头过河，一家使命愿景不是很清晰的公司，很难引进在大公司工作过的称职的副总，而只能内部挖掘潜力或者从外部引进一些潜力股培养。培养一个人，使他具有相应的能力，是需要付出成本的。如果老板看到问题的苗头，就过去提点一番，那么，这位副总永远变不成真正的副总，永远是一名名不副实、听命照做的员工，如果副总是一名有上进心的年轻人，就会愤而离职。一个人的成长固然需要高手指路，但是犯过的错需要自己去思考，去找出问题并解决，才能够真正地获得成长。

有效控权，绝不是死抓不放，更不是委任几个副总，换汤不换药。

精力管理

疫情基本得到控制后，回到武汉，在小区散步时见到了许久未见的邻居，他看上去瘦了不少，精神头却比原来更好。一问，果然在减肥，而且已经瘦了10多斤，我不禁为他的毅力和精神所折服。

当今社会，很多白领忙于工作，疏于锻炼，身材也就慢慢走形，很多人为了保持身材，决心坚持早起，日行万步，办理健身卡，拼命节食，但能成功的又有几人？

关于锻炼、节食和身材，我个人认为最重要的还是要做好精力管理，不要过分看重身材和体重。管理好精力，主要是管理好如下几个方面。

时间

一个人每天早晨一定要对自己的一天做相应的计划，晚上要进行总结，并对第二天做初步的部署。要把计划的事项进行排序，先挑重要的事情去做，再做次重要的事情，最后是次要的事情。久而久之，经过长期的计划、执行和调整，你的单位时间效率就越来越高。

睡眠

经常看到有朋友凌晨还在发朋友圈，却不知充足的睡眠对一个人的身体的影响非常大。当下人们睡眠不好，除去生理性因素外，更多的原因是：1. 对物质和世俗的东西欲望太过强烈，远远超出了自己能力承受的范围，即想得太多，做得太少；要得太多，付出得太少；2. 过多饮用含咖啡因或酒精的饮料；3. 长期沉溺于电子设备；4. 长期运动不足。

专注力

当今社会实质是比拼效率的社会，太多的人认为同时做好几件事情就能提升效率，例如吃着便当，还看着文件，时不时刷刷手机看看有无遗漏重要的信息。结果忙完后，什么重要信息也没记住，更没感受到美食带来的乐趣。当今社会，专注力越来越成为稀缺的品质，高效并不是在同一段时间内干很多的事情，而是高效地投入注意力干一件事情。

在职场，大家看似都朝九晚五，但很多人很快就能出成果，而有些人却碌碌无为，很大程度是因为专注力不同导致的效率不同。

锻炼

适度锻炼可以让人身体更健康，促进新陈代谢，恢复肌体活力，但锻炼却因人而异，锻炼并不是要每天走数万步，跑马拉松，练出水蛇腰或8块腹肌。锻炼因人而异，不同的身体状况采用不同的锻炼方式，最终目的是保持精力充沛。

激情

"九点领导力"中，排第一位的就是激情，很多人虽然熬夜工作，但第二天仍然精神饱满，很多人日常无所事事，依然显得慵懒疲沓。两者最根本的差别在于他们对所从事的工作是否有热情和激情。当一个人对事业具有发自内心的热情时，就会迸发出无限的激情，会激活组织细胞，全力以赴地去完成。当一个人对任何事情都没有热情和兴趣时，就容易走神、发呆，显得毫无斗志，最终人生也会走向平庸无趣。

其实，关于精力的管理，还是建立在个人对自己全面客观认识的基础上，必要时还要借助科学手段或寻求他人帮助。

快速培养一个人的方法

企业的竞争，最终还是人才的竞争，但是职场中并非人人都是人才。人才可以从别处引进，也可以自己培养，不管选择什么方式，大多数人才都要经过培养。

培养人才的方式有很多种，其中三种方式可以快速培养起一个人才。

表扬

表扬可以激发一个人的工作热情和责任心，让他建立起对工作的认可。很多管理者吝啬自己的赞美之词，或者寡言少语，都是不合适的。一个人工作久了，如果上级对他的工作没有及时评判，他就会慢慢地失去工作热情。赞美是一种能力，发现对方的贡献或者优点，选择合适的时机，用得体的语言表达出来，绝不是一件简单的事情。赞美对方，也需要有一颗感恩之心，很多上级抱怨下属没有责任心，但你凡事吝于表扬肯定，怎么能让员工建立起主人翁意识？下属也一样要学会赞美，毕竟上级的工作成果也需要有人肯定。不会赞美的人，要么内心缺乏爱，自然给不出去，要么没有感恩之心，也就不屑于去多言。

批评

表扬可以激发一个人的工作热情，却不足以帮助一个人成为人才，批评能够真正帮助一个人认识到自己的错误和不足，并加以改正和弥补，不断进步。人的缺点，就像搭在肩上的褡裢甩在背后的部分，一般情况下，不通过特殊手段是看不到的。

一个人的成长在于能否改正以往的错误，当一个人自省能力欠缺时，接受批评无疑是最快的方式，但很多年轻人不愿意接受批评，只愿意听到表扬，还有部分上级怕批评会让下属感到不适，选择睁一只眼闭一只眼。不会批评下属，实质是上级的严重失职，各级领导和主管重要的职能就是培养下属，帮助下属成长。有的人内心脆弱，只愿意接受表扬，不愿意接受批评，久而久之也就停止成长。有的人经不起表扬和批评，有的下属对上级的批评听之任之，屡教不改。如果你的上级既不去表扬你，也不去批评你，证明你已经没有了价值，处境就非常危险了。

有人批评和指正你，证明你还有成长的空间和被帮的价值，证明你还在要求上进而且态度端正。

犯错

当一个人犯过错，感受过疼痛后，才能真正知道做错一件事的损失有多大。别人犯的错误，吸取的经验教训永远在别人身上。给一个人讲数万遍他人的案例，可能还不如让他自己错一次的成效大。真正会培养下属的上级，就是看到下属犯错，然后旁观，看到他造成损失后亲自去承担，然后拍拍下属的肩膀，讲句"这事我负责"。

犯错是要付出代价的，要么付出金钱，要么付出名誉，很多人不允许下属犯错，实际上是不愿意帮下属担责，这也是为什么无法授权的根本原因。选对人，授权给他，让其独立操作，适当监督，员工自己承担后果，领导最终兜底，久而久之，一个人独立自主的能力就会被培养起来。容许下属犯错不仅仅是胸怀广阔的表现，更是一种高级的智慧。

培养人才的方法很多，需要用心去琢磨，上级以身作则是最为重要的，表扬、批评和容许犯错只是几种手段而已。

个人领导力提升之一：感召力

创业，是集合价值观趋同，能力和性格互补的一群人，设立一个目标，通过不懈努力，达成目标后再设立更高目标的周而复始的过程。在这个过程中，参与的人员通过设立目标，达成目标，发现自己的不足，并不断修正，实现个人的不断成长。狭义地讲，开设公司，作为领头人或者跟随者算是创业；广义地讲，一个人参加工作，能力和素养不断提升也叫创业。一家小微企业为了生存和发展叫创业，大型企业不断地变革和创新，也叫创业。

创业能否成功，能否取得更大的成就，在于你能吸引多少人跟随，能够调动多少人的积极性，能够调动多少资源，这跟一个人或者一个组织的感召力有关。感召力是一种吸引力，就像一个磁铁，磁场越强，能吸引的钢铁就越多。吸引力在世间无处不在，情侣走进婚姻，员工入职公司，朋友互相帮助，创业班子搭建，均是吸引力在起作用。

要提升自己的感召力，就要极力提升自己全方位的实力，还要提升服务于各方的能力。一个人被尊重的程度，来自他被需要的程度，也就是"自己有用"和"对别人有用"。对一个组织或者组织的领导人来说，就是你有多大能耐，能满足多少人多大的期望；对一个人来说，就是你能解决多少问题，你愿意和能够解决多大的问题。

一个人的吸引力可以分为三个方面：能力、态度和潜力。首先是能力，一个没有能力或者能力不强的人，是没有多少吸引力的，因为你办不成多少事情。要提升吸引力，首先要提升能力。一个有能力的人不愿意帮助人，就像很多吝啬鬼，最终也没有多大的吸引力。其次是态度，一个能力一般的人，如果他的态度尚可，能力的提升就是迟早的事情，只是效率有所差别而已，有的人提升得快点，有的人则提升得慢点，但是没有积极的态度，能力就会原地踏步甚至倒退。最后是潜力，一个能力一般，态度尚可的人，如果醒悟了，就会作出改变。但当一个人直到步入职业生涯晚期才打算改变自己时，身上带有各种固化的习惯和思维模式，早已积重难返。一个人能力一般，态度消极，而且拒绝改变，基本上就不会有多大的吸引力。

其实不管是创业，还是在日常的工作和生活中，感召力都很重要。对一个领导者来说，激发并调动全员甚至外部的资源达成组织的目标，必须具有极强的感召力，因此要提升自己的实力，保持积极、开放、乐观的态度，还要有规划未来的能力。年轻人同样要学会磨砺自己的能力，保持积极的心态，还要有勇于改变的魄力。

我判断一个年轻人，就用这三点：第一是做事的能力，能够认真高效地达成目标；第二是有什么样的态度，是想尽方法达成目标，还是不断地找理由和借口推脱责任；第三是愿不愿意改变，通过给予建议观察其接受能力和改变的速度。如果一个人能力、态度和潜力，有两条或者三条都不满足，基本上可以放弃，因为他对企业的贡献实在太小。

青春是用来奋斗的，而不是用来挥霍的。讨人喜欢，并不仅仅在于性格温顺，还在于你是否对他人和外界有用、有大用、立即有用。当然，即使到了中年，改变自己也不算晚，不怕你没想法，只怕你没行动。一个只知道索取的人，能索要到的东西少之又少；一个懂得吸引和交换的人，能拿出来更多，也愿意舍弃，最终换回来的更多。自私是吸引力最大的敌人。

吸引力无处不在！你的吸引力如何？你知道如何提升自己的吸引力和敢召力吗？

个人领导力提升之二：前瞻力

有一段时间，我在参加学习，很多人问我学什么，我说在学习抖音。不同的人有不同的回应：一、我没装抖音，不懂；二、抖音不就是娱乐嘛，有什么好学的；三、你真是闲得慌，还学这个。面对质疑，我只是笑笑，岔开话题。

记得淘宝刚开始进入我们视野的时候，我认为线上的交易不靠谱，拒绝了解；当物流开始发展的时候，我认为不如大宗运输后的分发更高效；当支付宝出现的时候，我认为还是现金用起来更有感觉；当外卖小哥出现在街头巷尾的时候，我说线下消费体验更好；当微信朋友圈兴起时，我说晒自己很幼稚。但是过了很多年，我也用淘宝购物，用支付宝付款，用快递寄送，吃外卖便当，用朋友圈晒图，"淘宝们"基本没变，改变的是我自己的态度。

若干年过去了，淘宝已经是最大的电商平台，物流行业出现了好几家上市公司，支付宝手握数亿月活用户，外卖已经成为常态，我也成了一个微信朋友圈玩家。有的人开淘宝店赚大发了，承包物流门店的老板资产超千万元了，微商也赚得盆满钵满了，而我还只是一个消费者。为什么出现如此结果？其实是我们的前瞻力不足，对未来的趋势看不清，把握不了。

马云说，因为相信，所以看见。而我们更愿意因为看见，所以相信。你能看到的，他人也可以看到，因此我们和他人一起成了人群中的大多数。

人是被习惯绑架的动物，要自救，必须从以往的习惯中挣脱出来。对新生事物，我们有天然的防御心态和恐惧心理。我们每天忙忙碌碌，是在追求一种叫"确定性"的东西，但时代在变，环境在变，社会在进步，所谓的确定性根本就不存在。当我们执着于不变的时候，就会被社会突发的剧烈变革打得措手不及，加之过分的自我防御和保护机制，我们开始变得麻木、钝感和无动于衷。

如何才能提升我们的前瞻力呢？我认为，人应当一生保持好奇心和求知欲，对新生事物要保持浓厚的兴趣，不管跟我相干不相干，了解一下再说；搞不懂的事情，查查资料，深入进去，弄清楚之前不妄下结论，这样我们才能不被这个社会淘汰。

其次，还要有超强的自学能力。任何新生事物的出现都有隐藏在其背后的逻辑，规律类的、本质的东西总藏在事物的背后，必须经过不懈的探索才能获取。人有懒惰的天性，但是你要能够认识到并克服它。不去学习，你很难了解这个社会被什么所推动，我们现在生存的环境是如何来的，那么，我们就更难看清楚我们未来即将走向哪里。

最后，我们还要有面对异样眼光的勇气，当你开始改变时，习惯于你曾经或者现在模样的人会对你的看法开始改变，最亲最近的人会为了维持原来的习惯让你变回原来的样子。于是矛盾产生了，没有足够多的勇气，你很难坚持下去，或者因为恐惧，你就退了回去，变回原来的样子。在这个世界上，没有勇气、毅力和坚持，很难有所作为。

前瞻力是一种预见力，未来是不确定的，你唯有洞悉到不变的东西，才能够看清未来，把握未来。最后再提一句，抖音，并不仅仅是一个娱乐工具。

个人领导力提升之三：计划力

很多人怯于在公众场合演讲，是因为恐惧或者胆怯，但除了克服以上因素外，精心准备也非常重要，充分的准备就意味着成功了一半。

这其实说明了计划的重要性，但做好一个计划，或者提升计划力，并不是一件简单的事情。

做好一个周详的计划，需要对该事件的影响因素进行周详的分析，对事情的发展要有深远的洞悉。

无视重要的因素，对事态的发展预估不足，计划就起不到应有的作用。没有应急预案、备用措施，当环境发生变化或者突发紧急情况时，就会措手不及。

周详的计划是为既定目标服务的。只有达成目标，计划才有意义；如果达不成目标，再周密的计划都没有实质意义。目标确定，计划制订后，改变和调适的应该只是手段和方法，而不应该是目标，但大多数人在意外情况发生时，改变的往往是目标。

管理者要有一项重要的职能，就是指导下属制订计划，帮助下属完成既定的计划。如果一个管理者只是一味地执行上级的指令而不会分解计划，那么他就是不称职的；如果一个管理者永远都很忙，忙于各种"救火灭火"，处理各种突发事件，那一定是有计划力不足的原因。

人在漫无目的时是最舒适的，但是这样的舒适只能算作低层级的享受。人天生抗拒具有目标性的事情，但是设定一个目标，通过努力去达成，会获得成就感和满足感，而这种需求是更高层级的。

凡是已设定目标的事情，就需要计划力去实现。企业的经营，职场的发展，人生的成长，任何一项都需要设定目标，都需要有计划力。没有计划，就会陷入混乱；精于计划，一切都会井然有序。

个人领导力提升之四：决断力

曾经有一个姑娘，同时喜欢上了两个小伙儿，小伙儿甲家境优越但性格木讷，小伙儿乙家境贫寒，但生性活泼。眼看姑娘到了适婚年龄，却没有作出选择，家人问她如何打算，姑娘回复说，她打算夜宿甲家，白天与小伙儿乙厮守。

这虽是一个笑话，但是反映出一个问题，就是做决策相对容易，要决断却难上加难，一是利害关系难以判别，二是在利益取舍方面难下决定，这也想要那也想要，什么都不愿意舍弃，最终错失良机。占有欲，人天生有之，贪欲伴随着一个人的一生，想要的越多，要付出的也越多。但人的精力有限，这也想要，那也想要，最终可能什么都抓不到。任何事物都有阳光的一面，也有阴暗的一面，阳光的一面容易看到，阴暗的一面也不难洞察，但看到了、知道了只能解决认知层面的问题，只有做到了取舍，才能将认知转化为行动，而唯有行动力，才能达成成果，毕竟这个社会太多的事情是用行动，而非想法去说话的。很多年轻人，想要财富，却抹不开面子，总怕别人对自己指指点点；很多人想要自由，却忍受不了规则的约束；很多人想事业有成，却放不下安乐窝，这都是不会做取舍。

世间太多的人，之所以泯然众人，并不是没有好的想法，也不是知道得太少，更不是没有优越的条件，而是想得太多，做得太少，最大的根源，就是不会做决断。想要拥有一些东西，必须放弃同等数量的其他东西，但是太多的人用在权衡方面的精力太多，在行动方面投入的精力太少。决而不断，是很多人最容易犯的错误；盲动盲断，是因为认知高度和深度不够；不动不断，是因为贪欲太重，缩手缩脚，是因为想赢怕输。唯有想明白，才能干明白。

世间还有一种人，能想明白，但是不去行动，如果能做好取舍，也能成就一些事情，例如顾问和军师。但世间太多的事情，是干明白的，而不是想明白的。能够看清趋势，能够分清得失，但最终只能解决部分矛盾，毕竟世间万物所处的状态都是一种动态平衡，事物周围的环境在不断变化，甚至事物本身也在不停地变化。因此，很多条件只能靠行动去争取，很多方法只能在行动中去寻找。不决断，则不会有行动，不会有快速的行动、坚决的行动和坚持的行动。

世间不是"聪明人"太少，而是"聪明人"太多。聪明人因为想得太多，见识也多，选择就更多，他们总是在寻找更有利于自己的事情去做，还没有坚持到一定的程度，就被其他的机会所吸引，最终干任何事情都很难坚持到底，取得大成。反而是一群看起来比较"笨拙"的人，认准一个方向，坚持不懈地行动，咬定青山不放松地坚持，最终成就了一些事情。

一个人一生中最大的消耗，不是辛苦努力付出的消耗，而是权衡利弊，取舍决策造成的消耗。决策力的基础是观察力、学习力和思考力，再加上行动力才能出成果。

一个人即使观察力、学习力和思考力较弱，也必须要拥有强大的执行力。若自认聪明，但却怯于变革，行动迟缓，效率低下，最终垂垂老矣时已是悔恨莫及。

决断，轻在决，重在断，看似简单，实则蕴藏着大智慧。想得明白，干得坚决，你能做到吗？

个人领导力提升之五：控制力

人的天性中，无拘无束的状态是最轻松的，没有目标，没有计划，没有方法步骤，走到哪里是哪里。很多人追求顺其自然，追求绝对自由，不约束自己，不要求别人，认为生命就是如此。

其实任何事情都是有约束条件的，没有规矩约束的绝对自由是不存在的。任何事物背后都隐藏着不变的规律，漠视规律、违背规律去办事，最终都会适得其反。

人的一生中，要达成一定的目标，或者做成有难度的事情，就必须拥有一定的控制力。这种控制力，并不是约束，也不完全是听命服从，更不是扼杀创新与个性，而是驾驭未来的能力。洞悉、掌握并遵循规律的能力，是洞悉人性、驾驭人性的能力，也是判断趋势，掌控并调动现有资源，创造条件，驾驭未来的能力。

设定目标并不难，分解目标也不是很难，难在如何克服实现目标过程中的各种艰难险阻。如果按照规律办事，就会事半功倍；如果违背规律办事，就会事倍功半。

很多人认为的控制力，就是去约束，扼杀个人意志，这是非常荒谬的。产生这种看法最根本的原因还是对生命的认识不够深刻，对于人生的目标不够明确，对自我的了解不够客观。所谓的无拘无束，是动物性的、最低层次的需求，但人跟其他动物相比，追求的东西要多得多。要活出生命的意义，就要去实现更多的目标、更大更难的目标，而没有控制力，很多事情肯定难以实现。

控制力，首先要控制自己，要认识自己作为动物性的一面，并努力克服，这是克制自己人性中的弱点；其次是了解自己，设立目标，分析并发挥优势、规避劣势；再次要认识到外界的规律和趋势，并有遵循规律和驾驭趋势的能力。一个人不了解自己，不谙熟人性，何来控制力？

控制力，还是对他人（合作者）需求的掌握与满足。当今社会，已不是单打独斗、个人称雄的时代，你能使得多少人受益，对多少人有用，你的影响力自然就有多强，控制力就有多强。对他人需求，浅层次的是做到发现并满足，深层次的是发掘并激发。比如人人都需要物质财富，满足这些需求并不难，但人更有被尊重的需求，还有自我实现和自我超越的需求，这就要去激发，去激励，但是大多数人很难做到这一点。

个人领导力提升之六：影响力

从外表看，人和人之间的差异并不大，但是内在精神却有天壤之别。人与人的差距，更多的还是体现在精神层面，而不是物质或者肉体的层面，影响力就是一个方面。

一个人的影响力部分来自职务授予，但更多来自个人魅力，即每个人后天素质修炼的结果。个人认为个人影响力可以从如下几个方面修炼。

能力的提升

这里说的能力，并不仅仅是某方面的专业技术能力，更多的是一种综合能力，专业技术能力只能解决某方面的问题，而综合能力能够解决宏观问题，创造更大的价值。这里所说的能力，是看待事物本质的能力，洞察规律和趋势的能力，提出解决方案远比执行方案的价值要大得多。

内心的安定

一个心中装满各种欲望的人很难心安，或者说把利益得失看得非常重的人，总在算计或者计较各种各样的得失，就更难做到心如止水。拥有太少时，想拥有更多；拥有足够多时，又怕得而复失，于是寝食难安。太多影响力足够大的人，并不是因为他拥有得多，而是他渴求得少，并且为了追求自己的目标而主动放弃了其他的东西。联想创始人柳传志在创业初期，只要公司的控制权，而给部属分房分车分钱，因为他的目标就是为了把联想做大做强。万科的王石，主动将万科股份化，自己不做老板而做职业经理人，不但没有丧失公司的控制权，而且万科在他的领导下，越做越强。特蕾莎修女更是没有财产，没有家人，但影响力旁人却难以企及。

品格的无私

一个人只想着自己，想着小部分的私利，就很难有很大的影响力。即使他拥有财富、权力和名誉，不去帮助和影响他人或外界，也很难有足够的影响力。一个人一定要想清楚一个问题，如果你对他人无用，对他人无所帮助，无法让别人变得更好，那么就算你拥有再多，也很难与人发生并维持关系，而你只能处于"自嗨"的状态，享受自恋而已。我曾经见过不少拥有丰厚物质财富的人，只知索取，不知回馈，对这种人我都避而远之。人天生自私，无私需要培养和修炼，一个只想着个人私利的人，很难得到他人，尤其是有能力的人追随。一个人值得吝惜的东西又能有多少呢？况且人生短短几十年，名利财色，生不带来，死不带走。

要交换，必然要建立一个开放的系统。内心封闭的人，即使拥有很多东西，最终也会陷入死寂，包括思想。谁知道自己了解的东西是否正确客观，正确的成分有多少？不去交换，不去碰撞，如何去修正提高？

影响力实质是一种交易力。没有影响力，你的交换标的就没有价值，也很难产生有价值的互换，进而也很难让自己增值壮大。

个人领导力提升之七：执行力

现在很多企业喜欢讲执行力，想提高执行力，也有很多培训师讲执行力。但执行力并不是单项能力，而是一种综合能力，跟外界因素关系很大。

执行力，并不仅仅是听话照做。过往的命令加服从的管理模式在很多企业已经完全过时，毕竟人天生有主观能动性，而权威式的管理扼杀人的创造性。当今社会，人很难再只为基本的生存条件而工作。要提升一个组织的执行力，个人认为应该从以下几个方面着手：

建立统一的组织目标

企业的管理，也可以说是目标的管理，一个企业的目标必须兼容全员的个人目标，而且要得到全员的认可。当个人目标与企业目标产生矛盾时，个人目标必须服从于企业目标，哪怕是企业的负责人也要如此。因此，企业目标的制订必须全员参与，企业领导者也要不断地贯彻目标，使得企业目标深入人心，给全员指明方向。一个人的烦恼，很大一部分来自没有方向感和目标感。对企业的经营者来说，只把目标记在心里是不够的，不但要说出来，外化于行动中，更要在内心坚信目标。很多企业负责人也谈目标，但是自己不相信，也不去行动，最终变成了"画大饼"。

建立向善向上的企业文化并严格践行

太多的企业都号称有企业文化，印在员工手册上，也贴在墙上，但实际上只是把企业文化当作宣传的口号。甚至还有企业经营者讲，经营企业的目标就是为了赚钱，为了盈利，不要去搞那些虚头巴脑的东西。很多小微企业主讲，企业就是为了活着，别谈什么理想和文化。企业文化是一个企业的精神追求，就像一个人不只是要吃饱穿暖，还要有精神层面的追求一样。如果一个企业没有了精神层面的追求，别说发展壮大，甚至连存活都存在问题。企业文化是一个企业全员认可的精神追求，有了全员认同的企业文化，公司成员之间的沟通成本就会变低，效率就会提升。毕竟企业是一个商业组织，要面对竞争，而竞争成败，拼的还是效率。企业文化的终极目的，还是为了提升企业的管理水平。

一个企业淘汰一名员工，或者有员工主动离职，很多情况下是因为不认同或者不适应企业文化。企业文化里有好的文化，也有坏的文化，有贴在墙上的文化，还有不成文的文化，但向善向上、表里如一的文化才是最值得推崇的文化。

选人育人方面多下功夫

一个组织，首要的工作就是选对人，将合适的人放在合适的位置上。太多的企业栽跟头，很大原因是选人出了问题，毕竟人选对了，一切都对了。其次是育人，培训人，很多小微企业，由于公司体系不健全，忽略了培训的作用，在招聘方面喜欢"拿来主义"，喜欢挖人，可如果一个人能够轻易地被挖来，那么也能轻易地被挖走。

很多小企业主为了企业的生存，将更多的精力投入在市场、业务和关系上，但是在培训方面投入的精力过少，结果是很多事情都积压在老板和为数不多的领导身上，员工的潜力激发不出来，只能自己受累。久而久之，员工的成就感也不能得到满足，最终一走了之。

赋予工作意义和价值

执行力不足，可能还有员工不知道其工作的目标、价值和意义的原因。作为上级，一定要给员工讲清楚工作在公司总体目标中，在社会价值创造方面的意义。如果员工知晓其工作的意义，就不会只是为了钱工作，为了养家糊口工作，迫于无奈工作。员工更要学会在工作中寻找意义和乐趣。一个驾驶员，听到引擎轰鸣要热血沸腾，而不能觉得是噪声，安全顺利地将客人或者自己送往目的地，就是价值和意义，顺道领略沿途的美景，就是工作的乐趣。我们做环保工程，就会让一个村庄，一个工业园，一条河流的污染问题得到解决或者缓解，周围的居民更少遭到环境污染的侵扰。

很多人认为，工作就是把事做实，不要搞什么虚头巴脑的东西，但是试想一下，把事干漂亮了，收获总比勉强干完要多不少吧？

充分授权

一味地下达指令，强调服从命令，对下属而言就是"要我做"，继续推演就是要我工作，而人的创造性来自主观能动性，被动工作很难有激情，也很难有创新。

在分级授权的前提下，做到充分授权，设定工作目标，给予一定的指导，充分发挥员工的主观能动性，员工就会把"要我做"变成"我要做"，工作效率就会提升很多。在互联网社会，人人都是创业者，只不过有的人是自建平台创业，有的人是借助别人的平台创业，最终还是为了自己工作，抱着"打工"心态的人，最终将无工可打，一门心思为了赚钱，最终也赚不了几个钱。

选人、育人、淘汰人

能力胜任岗位，只是选人的一个条件，或者说是最基本的条件，只有价值观相近，能力和性格互补的人才能在一起紧密合作，朝着大目标不断前进。其实一个企业，应该用企业文化去选人，用企业文化去熏陶人，用企业文化去淘汰人。一个人的能力可以提升，性格可以改变，但企业文化只能去适应和认同，因为一个企业的文化一旦形成，只能进化，不能大变。对个体来说，只能改变自己去适应集体文化。当然，所谓的淘汰，并不是人才有问题，而是个人性格与集体文化不匹配，当个人寻找到符合自己性格的企业后，变得如鱼得水的大有人在。

执行力，并不是一项单一的能力，而是一种综合各种因素的外化体现，执行力重点并不在"执行"二字。

个人能力提升之一：观察力

事出必有因，有因必有果。任何行动都有思想上的开端，任何思想都有可能外化于行动。因此，要想把事态控制在一定的程度，驾驭事态发展的走向，使得事态不至于走向失控，观察力至关重要。

一个细微的动作，一个不经意的面部表情，一句不过脑的话语，都可能暴露出内心思想的冰山一角，将其集合后分析，就会窥探到全部。因此，关注细节，把握细节，对一个人成事至关重要。曾经有一名初入职场的年轻人，认为受到了委屈，就打算向领导提出工作建议，领导说此事稍后再议，年轻人还要坚持，领导暗示数次，年轻人不依不饶，最终领导震怒，将其轰出办公室。如果年轻人能够学会察言观色，不至于落得如此下场。

话语会欺骗人，表情会欺骗人，肢体语言会欺骗人，但眼神不会。如果一个人眼神飘忽不定，或者不断地眨巴眼睛，这时他已经不再将注意力用在谈话上，而是开始转动大脑来应付谈话，那么谈话的另一方应该适时地结束谈话，以免伤了和气，丢了面子。

与向外的观察相比，对内的自察就显得更为重要。对自己真正的需求、自己的感悟、自己的情绪，很多人很难去深入地感知和探索，导致外界对自己的评判和自我认知存在严重偏差，最终因为欲求不满，牢骚满腹，整日愤愤不平，烦恼缠身。

情绪对我们每一个人的工作和生活影响都非常大，甚至还是很多疾病的根源。一个人长期处于超压、负疚、悲痛，甚至亢奋状态，对身体的损害都是很大的。任由情绪宣泄，不加控制，还会影响人际关系，而人际关系最终反作用于身体，进而加剧了不良情绪的蔓延。感受自己的情绪，加以疏导，而不是人为地压抑或者控制，才是良方。

处于情绪失控状态时，问问自己，我为什么盛怒或者悲伤，原因是什么，这样放任自流下去有什么危害，能否适时地制止？对接触的其他人，真诚地表达出自己此时的情绪，对化解不良情绪有极大的积极作用。

我自己在情绪不佳时，会选择独处，分析事情的来龙去脉，感受自己的情绪，不让情绪失控，慢慢地将情绪拉回常态。独处，与自己内心相处，是反观内省的最好方式。

观察力，是发现问题的前提条件，很多人存在的问题就是不会发现问题，于是乎，没有问题成了最大的问题。观察力，不只是看看听听想想那么简单。

个人能力提升之二：学习力

据统计，我们大学时代学习的知识能够用在工作中的约占20%，而且在两到三年内，大学时代学习的知识就会过时，因此在职场上，保持高效的学习力，显得尤为重要。

一次，收到一份简历，应聘者为研究生学历，工作两年，换了两份工作，工作的类型相关却大不相同，此次的求职方向又发生变化。他固执地认为有一个好学历就应该有一份好工作，而且只愿意接受固定的高工资，不愿意接受被考核而拿奖金。由于他曾经从事工作方向的变化较大，我最终忍痛放弃。

很多年轻人在求职时，认为有一份好学历就应该有高收入，我承认这个现象存在，也有一定的合理性，但是这种认识在根本上是错误的。我不否认考一个好学校，拥有一份高学历，其悟性和接受程度比他人强，但是考试能力并不等于学习力，更不等于能力，也不能代表解决问题的能力强，也不意味着能够创造的价值大。一个公司，高薪是用来为成果埋单的，是为创造价值埋单的，是为解决难题埋单的，是为更大的贡献值埋单的。

很多年轻人在工作中，执着于自己的专业和岗位，上级安排工作时，会认为这个事情我没做过，我不会做，不是我的职责范围，不应该我做，当面拒绝，或者内心抵制，认为自己做人有原则，做事有底线。其实，抵制的是机会，抗拒的是成长。我们人生下来除了哭什么都不会，"不懂就问，不会就学"才是一个人的核心竞争力，这也是为什么在职场强调"态度大于能力"的根本原因。

公司根据你的学历确定起步工资，然后根据你的能力确定岗位工资，根据你的劳动成果发放奖金，根据你的态度给予机会，根据你对企业的认同投资你的未来。学历是死的，不去学习，能力不能提高，工资如何增长？没有更高更多的能力，如何获得更大的成果？没有态度，哪来建功立业的机会？没有认同，怎么可能有投资的价值，怎么可能有未来？

一个人可能能力有限，但是态度良好，久而久之，他的能力终究会得到提升。但是如果态度顽固，就是拥有一点能力，也会很快被他人超越。学历，作为敲门砖有用，但工作两三年后，学历带来的光环就会消失。

当一个人的态度出现问题的时候，他的能力就很难增长，对组织的认同也无从谈起，那么对组织的领导者来说，他基本上就没有投资价值，这也就是为什么"忠诚大于努力"的原因。当然既有能力又有态度，既努力又忠诚可靠的人，在哪里都是被争抢的人才，高收入自然不在话下。

很多人说，我不愿意忠诚于某组织、某个领导者。其实这个理解是错误的。你只要忠诚于你的信仰和追求，忠诚于你的个人价值与创造即可，追随别人只是实现你价值的手段而已，最怕的就是你忠诚于你的感觉和喜好，恰恰感觉和喜好最会骗人，最终被骗的，恰恰是你自己。

人在职场，核心竞争力就是学习力，其他的能力都是衍生能力，如果你不被重用，不被重视，久未涨薪，久未升职，甚至被降职，被组织放弃，或者你经常性地在不同行业频繁跳槽，原因没有其他，一定是你的学习力出了问题。

人生的意义就是不断成长，要成长就要学习，学习的目的就是为了改变，改变就意味着改正错误，要改正错误就要勇于自我否定。改变就要正视并承受痛苦，太多的人不成长，并不是因为不愿意提升，而是因为惧怕痛苦。

朋友，你的学习力如何，你惧怕痛苦吗？

个人能力提升之三：思考力

某日遇到久未谋面的朋友，上前打招呼，对方一直在读我写的文章。我说，不对之处请指正，他说我写的东西会引发他的思考，我听后非常欣慰，又为每天的写作找到了持续下去的动力。

人最需要的是情感共鸣和认同，于是就有了"狐朋狗友"，甚至夫妻的结合也是因为相互认同。如果我们周围的人和我们对同一事物的观点都比较接近，那么盲从就变成了必然。这也是太多的人都做着自己认为，周围的人也都认为对的事情，却依然改变不了自身现状的根本原因。别人说什么，我就做什么，甚至自己要打算做什么，都要别人给予肯定和认同，于是盲从成了我们大多数人看待这个世界的态度。

近日，收到一份简历，应聘者各个方面的条件都很不错，于是晚上 10 点多我给她发出了面试要求。对方是研究生学历，曾经工作过 3 年，小孩到了上幼儿园的年纪，父母在帮忙带小孩，丈夫在外地工作。说好了本周面试，后来对方回复，老公说了，还是等小孩上小学时再出来上班。跟对方没有见过面，我表示理解后放弃邀约。部分父母有一个观点，就是小孩只有自己带最放心，甚至认为祖父母的观念过时，带的孩子会养成坏习惯，于是放弃工作，自己专心带孩子，认为这样孩子才会健康成长，长大后出人头地。但事实真是这样吗？事实并非如此，樊登读书会创始人樊登先生说，没有任何事实证明，父母带大的孩子比爷爷奶奶甚至比保姆带大的孩子更有出息。现实中，父母距离孩子越远，孩子越能养成独立自主的习惯。这位女士在面临上班还是自己带小孩的问题时，跟自己的老公商量过，但是否咨询过教育专家，就不得而知了。

思考力，绝对不是"我考虑过了"这么简单。对任何事情，只有一种观点，或者有两种非黑即白、非此即彼的观点,不叫有思考力。当你面对一件事情,能够用深层次的思考找出观点背后的逻辑,分析问题的根源,并能决定采用哪种观点,分析出事态发展趋势,或者能够找出第三条思路的时候,才叫有真正的思考力。

为什么大多数人没有思考力?是因为我们的需求只是认同,只愿意接受一种观点。如果一个人不去读书学习,不去结交比自己层级高的朋友,不走出去开阔眼界,基本上培养不出思考力。甚至从高人处得到答案,听书,读各种的公众号文章也不可能培养出思考力,因为获得的只是答案或支离破碎的信息。太多的人总用自己的失败经验积累教训,只有在遭遇挫折时才会思考一下,而更多的时候还是人云亦云。一个人,只有接触到所谓不同的观点多了,发现它们之间相互矛盾了,自己想去探究了,才会开始思考。但是由于人有自恋的天性,没有人天生喜欢被否定,很多人听到不同观点,第一时间想到的是反击和自我保护,然后扭头去寻找认同,接下来又走回原来的老路。高人是很难经常见到的,如果自己不谦虚,接受能力稍差,即使见到高人,对方也未必会给你讲出新颖的观点。世界那么大,都想去看看,但未必每个人都有那么大的魄力和勇气。因此,扩大视野最便捷的一条路径就是读书,但是太多的人宁可刷抖音,刷朋友圈,甚至选择失眠,也不愿意去读书。不读书,哪儿来的独立思考力?

个人能力提升之四:决断力

决断力,即决策的能力。决策,即在占有尽可能多的信息的前提下,兼顾各方利益,规避负面影响,舍掉能够承担的成本(不一定是利益),给出一个最优解的能力。

一个人每天要作出各种各样的决策,或者叫选择。人与人的差别,最终是各种不同的选择不断叠加的结果,因为有的人总在做正确的选择,因此正向的成果越积越多;而有的人昏招儿尽出,积累的负面成果越来越多,最终与他人的差距越拉越大。

不会做选择的表现分为两种。一种是不经过缜密思考,轻易地做出选择,叫盲断,像掷骰子押宝,对了就对了,错了就错了,这样总是输多赢少。世间很多人靠机会赚了钱,风光一时,待风头过去了,甚至会把曾经赚到的老本输得精光。还有一种是总在思考,但是做不出正确的选择,或不做选择,或难做取舍,最终美好的愿景总是无法变现。

人生最大的成本,不是你选择了什么,放弃了什么所产生的成本,而是你什么都不选择所产生的成本。例如睡眠,如果入睡了,则身体和大脑得到了充分的休息;

如果无法入睡，晚睡，看看书，听听音乐，也会有所收获；但胡思乱想，不能入眠，熬坏了身体，扰乱了情绪，损失得更多。这种失眠，并不是因为生理因素所致，而是什么都想要，什么都不愿意舍弃，欲望太盛，而愿意付出的太少。

很多"牛人"会在公开场合说，他的成功来自不做决策，或者少做决策，把决策权交给别人。我们很多人信以为真，然后按照他们所说的去做，结果变成了随大流的盲从。别人阅人无数，读书无数，将次重要的事情授权出去，每天都做着重要的事情，因此才不去做决策或者少做决策。而我们很多人，眉毛胡子一把抓，大事小事来了，统统接盘，总是忙着"救火"，所做的太多事都没有太大价值，或者毫无价值，结果当然可想而知。

决策力，绝不是简单的拍板，想要作出英明的选择，需要比他人看得更广、更深和更长远。但很多人看到的只是眼前的利益，计较一时一事的得失，或者只是自己"一亩三分地"的收益，最终的决策，都是个人短期利益最大化的选择，很难说是一个最优解。真正的最优解，是能够兼顾长期利益和短期利益，他人利益和自我利益，局部利益和全局利益，并能快速计算收益和成本，迅速拍板的能力。久而久之，你会训练出一种直觉，很多时候不需要经过权衡纠结，就能作出正确的决策。

决策力，并不是想想而已。如果占有的信息太少，思维能力太差，眼光狭窄短浅，是没有办法作出客观正确的决策的。

要作出英明的决策，并不在于决断，而在于更多的谋划和策划。

个人能力提升之五：行动力

很多时候，没有决策，甚至比作出错误的决策造成的损失更大。是因为作出决策后，会付诸行动，只有行动了才会产生成果，或者得出结果，最起码可以试出一条错误的路径，经过重新评估后就有可能找到正确的路径。但是不行动，永远不知道决策是否正确。

行动力，才是真正创造价值的能力。行动力不足，可能有如下几个方面的原因：

准备不足，利害关系分析得不透彻。没有想清楚做一件事情能得到多少利益，不去做会造成多大的损失，或者说想得太多，而无法想明白。很多事情，收益和风险是成正比的，越是收益大的事情，风险越高，风险即是对未来和未知的恐惧。人对未来看不清的东西，会滋生出恐惧，就不敢去作出决策，更不用去谈行动。

对成本的考量太重。做任何事情，都要付出一定成本的，很多人行动力不足，往往是对成本看得太重，不愿意付出或者总想以小博大，于是瞻前顾后，不去行动，丧失了最佳时机。

逻辑思维能力欠佳，对事态的发展无法作出正确的推演，只能看到当下的收益和损失，无法利用动态思维的观点推演出未来可能的情况，以及造成的影响，也拿不出应对的措施。

行动力绝对不是盲动蛮干，而是在目标设定后，进行适度的收益成本核算后，即刻行动，根据事态的发展，调动资源，想方设法，排除万难，达成目标的过程。过度的思考，只看重眼前利益，过分地关注成本，悲观地预估未知的损失，不用发展的眼光去分析问题，是行动力不足的根本原因。

我们一直强调"知行合一"，知即是改变观念，深度思考，行即是即刻行动，不懈坚持。必须解决"知"的问题，才能够保证"行"的正确，"行"才能真正验证"知"的预判。很多人一辈子都在解决"知"的问题，最终没有行动，依然达不成应有的成果，"行"没有"知"作前提，就不会产生正确的成果。"知"只是百步中的一步，而"行"是剩余的九十九步，决策只是一刹那间的事情，我们要用更多的精力去解决"知"的问题，用更多的智慧去解决"行"的问题，但很多人将太多的时间和精力用在决策上，却决而不断，最终对收获成果百害无益。

任何简单的事情背后都有着复杂的逻辑关系，任何复杂的事情之下都有简单的底层逻辑。真正的高手都有化繁为简的能力，而大多数人只会把复杂的问题想当然地简单化。真正的高手会把简单的问题程式化，而大多数人则会把简单的问题故意搞得复杂化。

行动力，看似干了就行，但不仅仅是干了就行。

阻碍思考力之一：他人说

我们要作一个重大决定的时候，往往会征求他人的意见，或者让亲近的人给我们出谋划策，当周围的人意见趋同的时候，我们就心安理得地根据大多数人的意见作出决定。但大多数时候，我们作出自认为最稳妥的决定，结果往往并不怎么好，甚至有时是错误的，问题究竟出在哪里呢？难道别人会害我，故意作梗吗？其实并非如此。

做创业导师以来，经常有人问，现在从事某某行业如何？有没有前途？能不能赚钱？面对这样的问题，我很难给出答复，因为这种问题本身就有问题。如果问题改成"我转行（从事）某某行业如何"，那么就能够做出分析，给出答案。问出某某行业是否有"钱途"的人，背后往往藏着投机的动机，而投机的结果基本都会失败，有可能一时得逞，但最终多会走向失败。这个问题背后隐藏的深层次的选择是这个行业好，我就干，不好就放弃。但现实是在任何行业，没有坚持不懈的行动，没有顶住压力的坚持，都很难出效果或者成果。因此对此类问题，我只是笑而不答，或者分析一下行业趋势，而不给出答案。任何行业，都有赚钱的，也有亏钱的。当今社会，冷门的行业如制造蜡烛依然有人在做，而且也很赚钱；热门的行业，曾经的共享单车，大多数入局者都没赚到钱便黯然离场。以上问题的核心应该是谁来做，凭什么做，如何做。提问题的人真正该关注的是干事情的人，也就是你、我、他。

我们平常非常在乎"他人说"，热衷于征求"他人说"，会参考"他人说"去做决定，但最终的结果并不好，因为我们忽视了最核心的因素"我想要"。

他人说的，往往不一定对，也许是对的，但不一定适合你，不管"他人"是资深人士，还是行业大佬。记得一次培训课上，我说我每天早晨坚持发一篇长文到朋友圈。培训的老师在课间休息的时候善意地提醒我说，早晨发朋友圈要短，因为很多人早晨要上班，要送小孩，要赶车，没有时间去看长文。老师德高望重，见多识广，我差一点儿就采纳了他的意见，但最终还是坚持了自我。为什么没接纳老师的意见改发长文为短句，是因为我深思了我的初衷和目的。我发朋友圈，并不是为了吸睛，而是为了锻炼自己的观察力和写作力，积累一定的素材，养成迎难而上的习惯。至于他人恭维，甚至转发，均是副产品，于是我坚持己见，将这个习惯保持了下来。现在跟很多朋友见面，朋友都会说，尽管没有点赞评论，但是他每天坚持看完。我表示感谢后说，如果有意见可以提，我来改正，或者问朋友看后有什么样的收获。朋友会答复我，能够引发他的思考。现代社会最不缺的就是信息，缺的是主见、是思考。能够引发朋友的思考，得到朋友的肯定和鼓励，我内心是愉悦的。

遇到重大事件，我们征求了他人的意见，但效果仍然不好，原因是我们将希望寄托在他人的选择上面。人有自恋的天性，很多时候我们去征求意见，只是为了获得认同而已，那么征求对象往往是跟我们价值观趋同的人。在同一个圈子，处于同一个思想高度的人，给出的往往是我们想要的结果，很难有不同的意见。人天生怕被否定，听不进逆耳忠言，或者很难找到提不同意见的人。失败的另一个原因是我们遇事咨询的都是我们最亲最近的人，而不是专业人士。如很多人择业的时候，明明从事的是高科技行业，咨询的对象却是在家务农的父母；明明打算创业，咨询的却是在一起吃吃喝喝的酒肉朋友；家庭遇到矛盾，想把日子过好，咨询的却是家庭破碎的单身离异人士，最终的决定和结果，都适得其反。

"他人说"是导致失败的一个不可忽视的因素，"我想要"是引发成功的最大动力。但是我们往往忽略了后一个因素，而寄托于前一个因素，忘记了成事的主体是"我"而非"他人"。他人说了，按照他人说的做了，最终事情没有干成，可以将责任归结于他人，自己毫无责任或者不用负主要责任。这背后的逻辑是人有推诿逃避的天性，一个人的成长，就是跟人性的弱点做斗争。

人世间，最难的是"认识自己"，尤其是客观全面地认识自己，其次是"认识到自己的弱点和不足"；接下来是听高人指点，而且能够让高人说真话，讲实话，自己还要有接受的态度，有理解的能力，还要能辨识什么人是真正的"高人"；最后是专心致志，心无旁骛地去行动、去坚持。

他人说什么都不打紧，最关键的是"我想要"，但还要与"以自我为中心"的自恋进行区分。

阻碍思考力之二：我以为

这个世界上，阻碍一个人进步的，除了"他人说"，还有"我以为"，"他人说"的也许并不适合你，"我以为"的未必都对，但是我们却总相信"我以为"的都是对的。"我以为"考了个研究生就能升职加薪，"我以为"人到三十就能安家立业，我以为工作两年就可以买房结婚，"我以为"有两年的工作经历就能另起炉灶。但我们往往忽视了最重要的因素，就是我处于什么样的层级和位置，我有什么样的能力、素质和潜力，我真正的追求和梦想是什么。

一个人的成熟与进步，首先要走出"以自我为中心"的陷阱，当一个人的脑袋里装满了"我以为""我喜欢""我认为"，而不是"我应该""我必须""我能够"的时候，外界和社会回馈你的往往是"我伤心""我失落""我逃避"。

中国一位知名的培训师讲过，一个人判断是否应该入职一家企业，有三个前提条件——"我相信公司的领导""我相信公司""我相信我自己"，即相信在公司领导的带领下，通过自己在公司的努力，能够干出成绩。其中最核心的条件还是"我相信我自己"，即自信。一个没有自信的人，总是把希望寄托在别人身上，往往很难干出成绩。所有的高收入、高职位、高成长，都是由自身因素决定的；索取，往往什么都索要不到。